Messen · Planen · Ausführen

Altbausanierung 8

BuFAS e. V. (Hrsg.)

# Messen
# Planen
# Ausführen

24. Hanseatische Sanierungstage
vom 7. bis 9. November 2013
im Ostseebad Heringsdorf/Usedom

Vorträge

1. Auflage 2013

**Fraunhofer IRB ■ Verlag**

Beuth Verlag GmbH · Berlin · Wien · Zürich

Herausgeber:
BuFAS Bundesverband Feuchte und Altbausanierung e. V.


**Berlin · Wien · Zürich**
Am DIN-Platz
Burggrafenstraße 6
10787 Berlin

Telefon: +49 30 2601-0
Telefax: +49 30 2601-1260
Internet: www.beuth.de
E-Mail: info@beuth.de

**Fraunhofer IRB Verlag**
Fraunhofer-Informationszentrum
Raum und Bau IRB
Nobelstraße 12
70569 Stuttgart

Telefon: +49 711 970-25 00
Telefax: +49 711 970-25 08
Internet: www.baufachinformation.de
E-Mail: irb@irb.fraunhofer.de



Titelbild: Dipl.-Ing (FH) Detlef Krause, Groß Belitz
Satz: Dipl.-Ing (FH) Detlef Krause, Groß Belitz
Druck: Crivitz-Druck, 19089 Crivitz, Gewerbeallee 7a
Gedruckt auf säurefreiem, alterungsbeständigem Papier nach DIN EN ISO 9706

ISBN 978-3-410-24010-5 (Beuth)
ISBN (E-Book) 978-3-410-24011-2 (Beuth)
ISBN 978-3-8167-9101-0 (IRB)

# Editorial

Das Thema der diesjährigen 24. Hanseatischen Sanierungstage ist „Messen, Planen, Ausführen“. Wir haben uns auch heuer wieder bemüht, namhafte Referenten zu gewinnen, was dankenswerter Weise – so denke ich – gelungen ist.

Im Rahmen der heurigen Veranstaltung 24. Hanseatische Sanierungstage werden die Themenschwerpunkte „Messen“, „Planen/Ausführen“, Forschung/Entwicklung“, „Nachwuchs-Innovationspreis Bauwerkserhaltung“, „Regelwerke/Rechtsfragen“, „Praxisbericht“ und „Gebrauchsklasse 0 nach DIN 68800 Teil 2 – Fortschritt oder Problem?“ ausführlich behandelt. Die Fachexkursion zur Schlossanlage Groß Miltzow rundet die Veranstaltung in gewohnter Weise ab.

Die Themen Messen und Planen sind bei der Bauwerkssanierung besonders wichtig, wobei jedoch in der Praxis immer wieder diese beiden wichtigen Tätigkeitsbereiche unterschätzt, übersehen oder unzureichend behandelt werden.

Der Veranstaltungsort Maritim Hotel „Kaiserhof“ ist für unsere Veranstaltung Hanseatische Sanierungstage aufgrund der direkten Meerlage und der großzügigen Veranstaltungsräumlichkeiten bestens geeignet und wurde bzw. wird von den Teilnehmern und Referenten bestens akzeptiert, was die hohen Teilnehmerzahlen beweisen.

Das Ziel der Hanseatischen Sanierungstage ist vor allem der Gedankenaustausch und das Networking von Fachleuten in angenehmer maritimer Umgebung.

Als Veranstalter der Wiener Sanierungstage seit 1992 freuen mich besonders die sehr gute Vernetzung und Zusammenarbeit mit dem BuFAS und die Internationalisierung der beiden Veranstaltungen durch die Teilnahme von Referenten aus unterschiedlichen Ländern. Aufgrund der Tatsache, dass in Zukunft hauptsächlich die Bauwerkserneuerung ein wesentlicher Tätigkeitsschwerpunkt im Baugeschehen sein wird, sind die Weiterbildung und der Erfahrungsaustausch auf diesem Gebiet besonders wichtig.

In diesem Sinne möchte ich allen herzlich danken, die zum Gelingen der 24. HANSEATISCHEN SANIERUNGSTAGE und zur Fertigstellung des vorliegenden Tagungsbandes beigetragen haben.

Im Namen des gesamten Vorstandes

Prof. Dipl.-Ing. Dr. techn. Michael Balak
Vorstandsmitglied des Bundesverbandes Feuchte & Altbausanierung

# Grußwort

## Sehr geehrte Leserinnen und Leser, sehr geehrte Tagungsteilnehmerinnen und Tagungsteilnehmer,

als Präsident des Bundesverbandes der öffentlich bestellten und vereidigten Sachverständigen ist es mir eine große Ehre, das Vorwort zum Tagungsband der 24. Hanseatischen Sanierungstagen schreiben zu dürfen.

Durch die zunehmende Schnelllebigkeit im Baugeschehen und den Anstrengungen der Industrie, neue Produkte im Markt zu platzieren, ist der Erfahrungsaustausch zwischen allen Baubeteiligten wichtiger denn je. So sind es gerade die Sachverständigen, die oft erst in Bauabläufe eingebunden werden, wenn das Kind schon in den Brunnen gefallen ist. Mit dem Thema Messen, Planen, Ausführen soll aufgezeigt werden, dass bei jeder Bauaufgabe, insbesondere bei der Sanierung, der interdisziplinäre Austausch zwingend erforderlich ist.

Die 24. Hanseatischen Sanierungstage gehen in aller Deutlichkeit darauf ein, dass sinnvolles Messen als Grundlage für eine sichere Planung mit einer dann erfolgreichen Ausführung in Verbindung steht. Besonders hervorzuheben ist hierbei, dass gerade der notwendige Sachverstand von den Beteiligten eingefordert werden muss, um zu sachgerechten und wirtschaftlich vertretbaren Lösungen zu gelangen.

Der Bundesverband der öffentlich bestellten und vereidigten Sachverständigen begrüßt es sehr, dass der Bundesverband Feuchte und Altbausanierung diese Notwendigkeit fördert und wie auch in diesem Jahr in den verschiedenen Sektionen anhand von Praxisbeispielen Lösungswege aufzeigt.

Sie werden fragen, was hat dies allgemein mit Sachverständigen und im Besonderen mit öffentlicher Bestellung und Vereidigung zu tun? Wie bei anderen Gelegenheiten der Diskussion unter Baufachleuten wird es nach meiner Überzeugung auch bei den 24. Hanseatischen Sanierungstagen deutlich werden, dass es oftmals ratsam ist, schon im Zuge von Planungen und Beratungen zur Vermeidung von Schäden den Sachverstand des öffentlich bestellten und vereidigten Sachverständigen hinzuzuziehen, um so vielleicht mit anderen Denkweisen Lösungsansätze aufzuzeigen. Die Prävention soll im Vordergrund stehen. Die öffentliche Bestellung und Vereidigung als die höchste und am besten kontrollierte Qualitätsstufe bei Sachverständigen kann dabei nicht nur die fachliche Qualität sichern, sondern auch die Unabhängigkeit des Beratenden. Da auch der Sachverständige nicht allwissend ist, ist er angehalten, sich aktiv an der Diskussion zum Stand der Entwicklungen zu beteiligen und aus seinem Erfahrungsschatz zu berichten.

Ein besonderes Augenmerk ist auf die Nachwuchsförderung, die im Rahmen der Hanseatischen Sanierungstage als vorbildlich anzusehen ist, zu legen. Hier wird versucht, gewonnene Erfahrungen aus Forschung und Lehre auf die Baupraxis umzusetzen, um so Wissenschaft und technische Entwicklungen voranzutreiben und diese Erkenntnisse gleichzeitig der nachrückenden Generation von Baufachleuten zur Verfügung zu stellen.

Die nunmehr seit 24 Jahren durchgeführten Hanseatischen Sanierungstage sind ein wesentlicher Bestandteil für den Erfahrungsaustausch von Wissenschaft, Sachverstand und Anwendung. Gerade die Förderung und Weiterentwicklung beim Bauen im Bestand ist das herausragende Merkmal der Hanseatischen Sanierungstage, wo der BVS nicht nur mit Stolz als Mitveranstalter auftritt, sondern mehrere öffentlich bestellte und vereidigte Kollegen auch Vortragende sein werden.

Mit den besten Wünschen für eine erfolgreiche Veranstaltung.

Willi Schmidbauer
Präsident des BVS
Bundesverband der öffentlich bestellten
und vereidigten Sachverständigen

# Inhaltsverzeichnis

**24. Hanseatische Sanierungstage**
**Messen Planen Ausführen**
**Heringsdorf 2013**

# Die richtige Anwendung der Infrarot-Thermografie im Bauwesen

**N. Fouad/T. Richter**
Hannover

## Zusammenfassung

Mit Hilfe der Infrarot-Thermografie kann die Oberflächentemperaturverteilung eines Bauteils in Momentaufnahmen erfasst und dokumentiert werden. Die Thermografie stellt damit eine zerstörungsfreie und schnell einsetzbare Mess- und Untersuchungsmethode dar, um wärmetechnische Merkmale, Mängel und Schäden, wie beispielsweise Wärmebrücken, Luftundichtigkeiten oder Durchfeuchtungsschäden, zu lokalisieren.
Die Durchführung von thermografischen Untersuchungen erfordert allerdings ein gewisses Maß an Sachverstand und Erfahrung. Um aussagekräftige Messergebnisse zu erhalten, sind einige Randbedingungen einzuhalten und äußere Einflussgrößen zu berücksichtigen.
Die Thermografie sollte in allen Fällen als ein Hilfsmittel einer fachkundigen Gebäudediagnose verstanden und angewendet werden. In keinem Fall ersetzt die alleinige Durchführung einer Thermografie weitere genauere Untersuchungen.

# 1 Einführung und Grundlagen

## 1.1 Grundprinzip

Die Thermografie beruht auf der Tatsache, dass jeder Körper mit einer Temperatur über dem absoluten Nullpunkt (-273,15 °C) eine Eigenstrahlung aussendet. Die Wellenlänge der emittierten Strahlung ist von der Oberflächentemperatur abhängig. Diese Strahlung bewegt sich mit Lichtgeschwindigkeit und gehorcht den optischen Gesetzen. So lässt sich diese Strahlung umlenken, mit Linsensystemen bündeln oder an spiegelnden Flächen reflektieren. Für das menschliche Auge ist die Wärmestrahlung nicht sichtbar und wird dem infraroten Wellenlängenbereich zugeordnet (Bild 1).

Die Wärmebildtechnik stellt sich die Aufgabe, die emittierten Eigenstrahlung zu erfassen und daraus die Temperatur der Oberfläche berührungsfrei zu ermitteln. Die Thermografie ist folglich eng mit radiometrischen Zusammenhängen verknüpft. Die wichtigsten Strahlungsgesetzmäßigkeiten in diesem Zusammenhang sind in [7] erläutert.

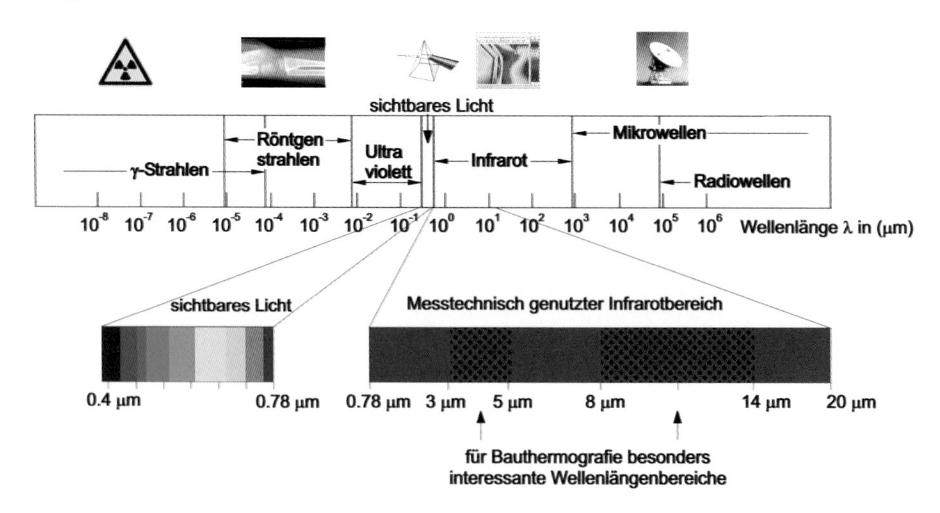


**Bild 1:** Elektromagnetisches Spektrum

## 1.1 Emissionsgrade realer Oberflächen

Eine Vielzahl nichtmetallischer, nichtblanker Stoffe weisen in einem für die Bauthermografie interessanten Wellenlängenbereich der langwelligen Wärmestrahlung einen sehr hohen (ε = 0,80 - 0,95) und nahezu konstanten Emissionsgrad auf.

Bei Metallen, insbesondere mit polierten bzw. glänzenden Oberflächen wie z.B. poliertes Aluminium, wird die Strahlung in dem für Bauthermografie interessanten Wellenlängenbereich stark reflektiert, so dass sich sehr geringe Absorptions- bzw.

Emissionsgrade ergeben. Die allgemeinen Zusammenhänge des Verlaufes der Emissionsgrade verschiedener Stoffe zeigt Bild 2.

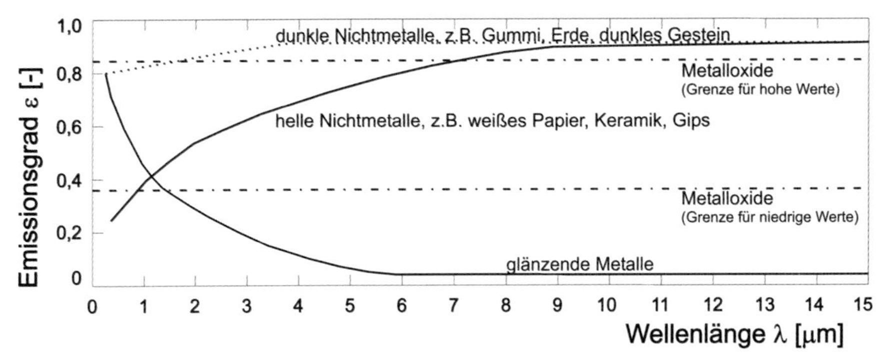


**Bild 2:** Emissionsgrade verschiedener Stoffe bei Raumtemperatur in Abhängigkeit von der Wellenlänge, nähere Angaben siehe [11]

## 1.2 Das Verhalten von Glas im Thermogramm

Ein im Bauwesen wichtiger und vielfach thermografierter Baustoff ist Glas. Hierbei ist zu beachten, dass Glas für kurzwellige Strahlung durchlässig ist, für langwellige Wärmestrahlung jedoch nicht (Bild 3). Dieser Umstand ist auch der Grund für den so genannten Treibhauseffekt bei großflächig verglasten Gebäuden.

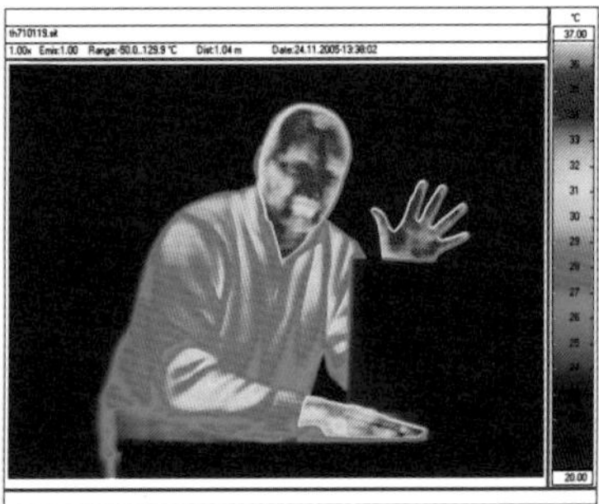

**Bild 3:** Normales Fensterglas ist für langwellige Wärmestrahlung kaum durchlässig.

## 1.3 Einflüsse durch die Messumgebung

Die Infrarot-Thermografie wird berührungsfrei durchgeführt, das heißt, die von einem Körper abgestrahlte Energie durchdringt die Atmosphäre, bevor sie detektiert werden kann. Beim Durchdringen der Atmosphäre wird die vom Messobjekt abgestrahlte Energie von Bestandteilen in der Luft absorbiert, reflektiert oder gestreut, so dass je weiter das Messobjekt vom Empfänger entfernt ist, umso weniger Strahlung beim Empfänger ankommt. Untersuchungen zeigten, dass die Strahlung vor allem durch drei, sich überlagernde Hauptursachen geschwächt wird:

- molekulare Absorption durch Wasserdampf ($H_2O$)
- molekulare Absorption durch Kohlendioxid ($CO_2$)
- Streuung an Molekülen und Schwebstoffen.

Dieses so genannte Transmissionsverhalten der Übertragungsstrecke ist wellenlängenabhängig. In einigen Wellenlängenbereichen besitzt die Atmosphäre einen hohen Transmissionsgrad, in anderen Bereichen einen geringeren. Grundsätzlich besteht die Abhängigkeit der Transmission vom zurückgelegten Weg. Je weiter der Strahlung aussendende Ort vom Detektor der IR-Kamera entfernt ist, umso höher die Dämpfung (geringerer Transmissionsgrad).

## 1.5 Einfluss des veränderlichen Betrachtungswinkel

Die oben angegebenen Emissionsgrade sind im Regelfall für eine frontale (senkrechte) Betrachtung angegeben. Verändert sich der Betrachtungswinkel zu steileren Winkeln, sind Veränderungen des Emissionsgrades festzustellen.

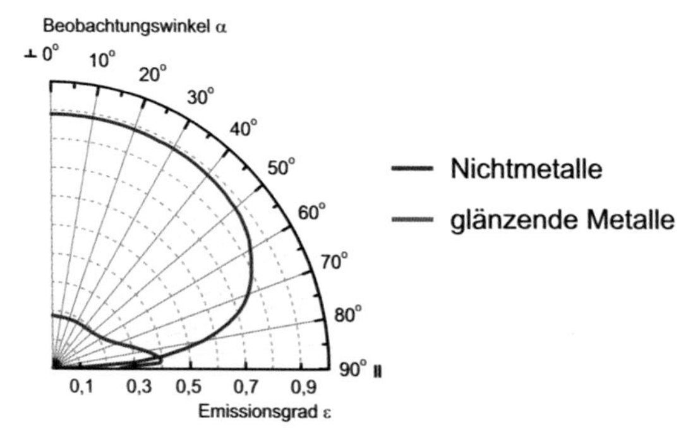


**Bild 4:** Richtungsabhängigkeit des Emissionsgrades vom Beobachtungswinkel (Polarwinkel α), Abbildung nach [3]

**Beispiel:**
Die folgende Thermografie zeigt die ehemals als Werfthalle für den CargoLifter erbaute, mit einer Länge von 360 m und einer Höhe von 107 m enorm große, freitragende Hallenkonstruktion. Dem neuen Nutzungskonzept der Halle folgend wird die Konstruktion als „Tropical Island“ (Bade- und Veranstaltungsort mit tropischem Regenwald) mit Lufttemperaturen von etwa 25 °C bis 28 °C genutzt. Die zum Zeitpunkt der Aufnahme gezeigte Umfassungskonstruktion besteht im Wesentlichen aus zweischaligen Membranen aus PVC beschichteten Polyester Membranen (PES) mit einer Schlusslackbeschichtung. Die in Bild 5 dargestellte Thermografie

soll als Beispiel einer kritischen Hinterfragung von Thermogrammen wie folgt dienen:

**Aufnahmebedingungen**

Der Aufnahmeabstand betrug etwa 700 m, zum Zeitpunkt der Aufnahme herrschte diesiges Wetter und es setzte Schneefall ein. Wie den Ausführungen zu entnehmen ist, ist beim Gang der Strahlung durch die Atmosphäre eine Schwächung der detektierten Strahlung eingetreten. Mit dem für Bauthermografie ungewöhnlich weiten Aufnahmeabstand und dem herrschenden diesigen Wetter ist der Einfluss der Atmosphäre nicht mehr zu vernachlässigen.

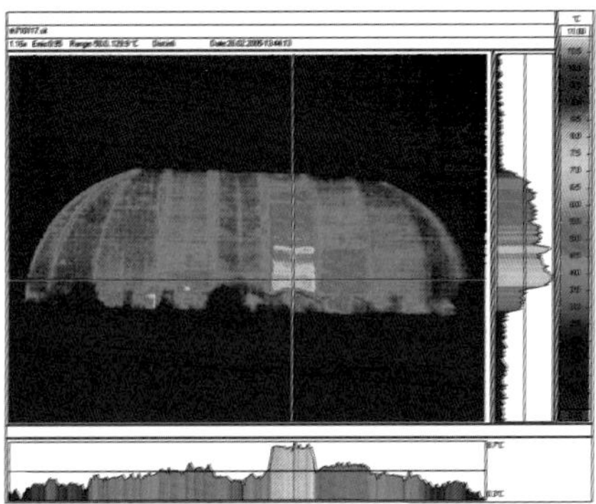

| Aufnahme-datum | Temperaturrandbedingungen | | weitere Informationen |
|---|---|---|---|
| | Außenluft-temperatur | Innenluft-temperatur | |
| 26.02.2005 mittags | ca. -1 °C | ca. +25 °C | ./. |

**Bild 5:** Thermografie der Tropical Island - Halle

**Geometrische Auflösung und veränderlicher Betrachtungswinkel**

Durch das geometrische Auflösungsvermögen des verwendeten Kamerasystems von 1,58 mrad ergibt sich für ein Aufnahmepixel ein Messfleck von etwa 1,58 · 700 m · Optikeinfluss $\approx$ 1,15 m. Nähere Details, die zu der im Thermogramm dargestellten bereichsweisen Erhöhung der Oberflächentemperatur führten, sind bei dieser Messfleckgröße nicht zu erkennen. Weiterhin spielt der veränderlicher Betrachtungswinkel und dadurch veränderten Emissionsgraden eine nicht zu vernachlässigende Rolle (vgl. Abs. 1.5)

**Messung an Kunststoffen**

Das Verhalten des Emissionsgrades der thermografierten Kunststofffolie mit einer Lackbeschichtung (Größe, Winkelabhängigkeit, Temperaturabhängigkeit) ist nicht

genau bekannt und stellt bezüglich einer genaueren Temperaturbestimmung einen wesentlichen Einflussparameter dar.
Zusammenfassend zeigt sich, dass das dargestellte Thermogramm nur als Überblickbild gewertet werden sollte, detaillierte Aussagen auf die Konstruktion lässt es eher nicht zu.

# 2 Überblick über Thermografiesysteme

## 2.1 Kameratechnik und Sensorik

Nachdem etwa 1960-1965 erste bildgebende Infrarotsichtgeräte auf dem Markt waren, bestand für die praktische Anwendung der Infrarottechnik im Bauwesen die Aufgabe, die Intensität der abgestrahlten Infrarotstrahlung zu messen und die Oberflächentemperaturen zu ermitteln.
Moderne Thermografiesysteme lassen sich nach vielen Gesichtspunkten klassifizieren. Als eine grobe Klassifizierung können Kamerasysteme in

- scannende Kameraeinheiten mit einem Singledetektor bzw. einer Detektorleiste oder
- FPA – Kameras mit einer Empfängermatrix

eingeteilt werden.
Bei den Detektortypen, dem eigentlichen Empfänger, kommen zwei grundsätzlich unterschiedliche Typen zum Einsatz:

- thermische Detektoren oder
- Quantendetektoren (auch Photonen- oder Halbleiterempfänger genannt).

## 2.2 Beurteilungskriterium zur thermischen Auflösung

Bei der Auswahl von Thermografie-Kameras ist die Wahl des Temperaturmessbereichs wichtig. Der Temperaturmessbereich beschreibt hierbei die Spanne zwischen der niedrigsten und höchsten mit der IR-Kamera messbaren Objekttemperatur und sollte aus Gründen der Vergleichbarkeit auf die Messung am schwarzen Körper bezogen sein. Für die in der Bauthermografie anfallenden Aufgabenstellungen sollte der empfohlene Temperaturmessbereich im Bereich von -30 °C bis etwa +100 °C liegen.
IR-Kameras können anhand ihrer thermischen Auflösung spezifiziert werden. Die thermische Auflösung gibt die kleinste von der IR-Kamera unterscheidbare Temperaturdifferenz an. Temperatur- bzw. Strahlungsunterschiede unterhalb der angegebenen thermischen Auflösungsgrenze können von den IR-Systemen nicht mehr dargestellt werden. Praktisch hat eine bessere thermische Auflösung ein homogeneres, klareres und somit detailreicheres Bild zur Folge.
Die international gebräuchliche Abkürzung für die thermische Auflösung wird bei einer Objekttemperatur von +30 °C (da die Auflösung mit der Objekttemperatur

schwankt) und einer spezifizierten Bildwiederholrate ohne Mittelwertbildung als
*NETD: **N**oise **E**quivalent **T**emperature **D**ifference [K] (Rauschäquivalente Temperaturdifferenz)*
bezeichnet. Üblicher Standard ist bei heutigen Thermografiesystemen ein NETD von 0,01 K (gekühlte Quantendetektoren) bis < 0,02 - 0,1 K (ungekühlte thermische Detektoren).

## 2.3 Optische Elemente - Linsensysteme

Thermografiesysteme besitzen optische Elemente, wie zum Beispiel Linsen, Spiegel oder Prismen usw., mit denen eine verkleinerte Abbildung der abgestrahlten Infrarotstrahlung auf das Empfängersystem trifft. Wie bereits in den physikalischen Grundlagen in Abschnitt 2 beschrieben, sind herkömmliche optische Materialien aus Glas für langwellige Wärmestrahlung nicht transparent. Für Thermografiesysteme werden daher Linsen und optische Schutzfenster aus infrarotdurchlässigen Materialien, wie zum Beispiel Silizium (Si) oder Germanium (Ge) gefertigt. Zur Erhöhung der Transmissionsgrade können die Linsen zusätzlich mit Antireflexbeschichtungen versehen werden. Spiegel, die die auftreffende Strahlung möglichst vollständig reflektieren sollen, bestehen aus glänzenden Metallen oder werden mit einer Goldbedampfung ausgeführt.
Zur Charakterisierung des optischen Systems einer IR-Kamera werden folgende Größen angegeben:

*FOV: **F**ield **o**f **V**iew [Grad] (Bildfeld, Blickfeldwinkel).*

Die Angabe FOV bezeichnet den von einem IR-System (Kamera mit Objektiv) erfassten Bildausschnitt und hängt von der Art der IR-Kamera (Scanner- oder FPA-Prinzip) und den verwendeten Objektiven (Brennweite) ab.
Neben dem Bildfeld ist auch der Bildfeldwinkel eines einzelnen Detektorelementes von Bedeutung. Dieser wird als

*IFOV: **I**nstantaneous **F**ield **o**f **V**iew [mrad]*
*(Blickfeldwinkel des einzelnen Detektors)*

oder „detector footprint“ (Detektor-Fußabdruck) bezeichnet und spezifiziert, wie groß ein Einzelfleck in [mm] ist, der bei einer Objektentfernung von 1 m jedem einzelnen Detektor vom entstehenden Bild zugeordnet ist. Multipliziert man die Angabe IFOV [mrad] mit der Objektentfernung in [m] und einem Korrekturwert für die verwendete Optik, so wird die geometrische Größe des kleinsten Messflecks berechnet.
In Bild 8 sind beispielhaft die Herstellerangaben zum Sichtfeld (FOV) und der Messfleckgröße (IFOV) für ein FPA-Kamerasystem angegeben.
Interessant ist bei der Aufnahme von Thermogrammen die Angabe von IFOV bzw.

die Kenntnis der Größe des Messflecks, wenn kleine „wärmere“ Details bei größeren Messstrecken genau bestimmt werden sollen. Ist der Messfleck größer als das wärmere Detail, wird vom Detektor die restliche Fläche des Messfleckes mit der Strahlung des kühleren Bereichs zur Mittelwertbildung herangezogen. Für genauere Messaufnahmen des Detailbereichs darf der Messfleck maximal gleich groß wie das Detail sein, besser ist jedoch eine wesentlich kleinere Messfleckgröße.

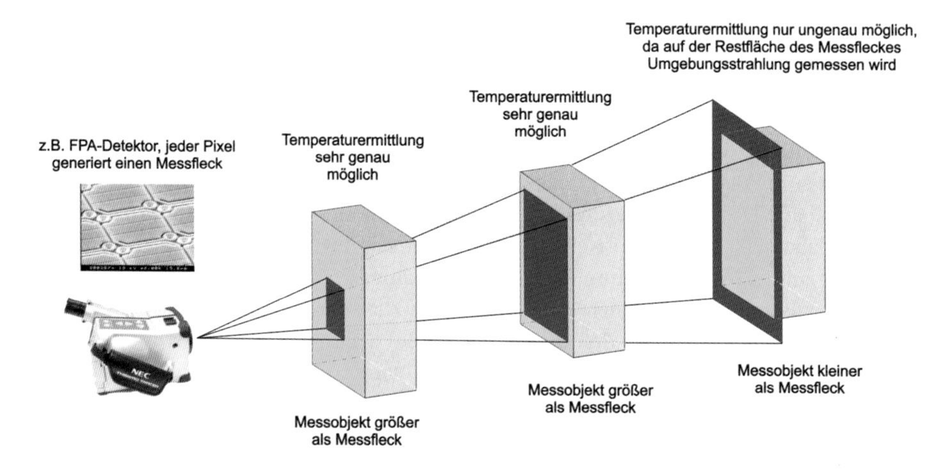


**Bild 6:** Erläuterungen zur Messfleckgröße

## 2.4 Darstellung der Thermogramme, Speicherung und Verarbeitung

Die Thermografieaufnahmen werden vollradiometrisch, das heißt mit allen Angaben zur detektierten Einstrahlung in jedem Pixel aufgezeichnet. Zur übersichtlichen Darstellung und Auswertung der Aufnahmen werden den berechneten Temperaturen Farbtöne zugewiesen, so dass eine so genannte Fehlfarbendarstellung entsteht.
Die Farbtöne der Thermografien werden so gewählt, dass Details optimal dargestellt werden. Dies führt jedoch dazu, dass gleiche Farben in unterschiedlichen Bildern nicht zwangsläufig gleiche Temperaturen bedeuten müssen. Qualitativ gilt jedoch im Allgemeinen: schwarze, blaue und grüne Farben bedeuten geringere Temperaturen, während mit zunehmenden Temperaturen gelbe, orange und rote Töne auftreten. Temperaturen, die unterhalb oder oberhalb des eingestellten Temperaturbereichs liegen, können z.B. durch weiße oder schwarze Flächen gekennzeichnet werden.
In der Thermografie werden herstellerabhängig verschiedene Farbpaletten angeboten, die nach Zweck der Aufgabenstellung gewählt werden (Bild 6).

**Bild 7:** Das selbe Thermogramm ist in unterschiedlichen Temperaturskalen dargestellt und kann aufgrund der Farbgebung einen unterschiedlichen subjektiven Eindruck hinterlassen

Durch eine freie Auswahl der Temperaturober- und Untergrenze ist es möglich, auch Oberflächentemperaturdifferenzen zur Umgebung von $< 1$ K allein durch die Farbwirkung so erscheinen zu lassen, als träten hier große Wärmeverluste auf. Eine Thermografie darf also ausschließlich unter Berücksichtigung der zu jedem Bild gehörenden Farbtemperaturskala und den zum Messzeitpunkt herrschenden Randbedingungen beurteilt werden. Insbesondere bei „Reihenbildaufnahmen“ sollten zur Vergleichbarkeit von Aufnahmen möglichst einheitliche Zuordnungen von Farben und Temperaturen gewählt werden.

Zur Umsetzung dieser Erkenntnisse wurde in der Schweiz im Rahmen eines staatlich geförderten Forschungsprojektes an der Entwicklung eines Auswertetools (Quali-Thermo) gearbeitet. Mithilfe dieses Tools können Musterthermogramme (Referenzthermogramme) erstellt werden, die einen Vergleich von Thermogrammen ermöglichen sollen, die unter verschiedenen meteorologischen Randbedingungen angefertigt wurden [4]. Weiterhin wird zum Beispiel in [6] vorgeschlagen, folgenden Gestaltungsregeln für die Darstellungsneutralität anzuwenden:

- die Skalierung bei ca. $0{,}7 \cdot$Temperaturdifferenz ($\theta_{\text{innen}} - \theta_{\text{außen}}$) einstellen
- für alle Thermogramme dieselbe Farbpalette nutzen, Doppelbelegungen von Farben sind zu vermeiden
- bei Außenthermogrammen, $\theta_e$ etwa bei 20 % der Skala anordnen
- bei Innenthermogrammen, $\theta_i$ bei etwa 60 bis 70 % der Skala legen

Exemplarisch ist in Bild 8 ein nach den obigen Vorschlägen skaliertes Thermogramm gezeigt. Die weitere Praxis wird zeigen, ob die Vorschläge zur Darstellungsneutralität in der Zukunft angenommen werden.

| **Aufnahme-datum** | **Temperaturrandbedingungen** | | **weitere Informationen** |
|---|---|---|---|
| | **Außenluft-temperatur** | **Innenluft-temperatur** | |
| 14.01.2006 mittags | ca. -4 °C | ca. +22 °C | Temperaturdifferenz: 26 K<br>Skalierung: 0,7·26 K = 18,2 K<br>$\theta_e$ bei etwa 20% der Skala |

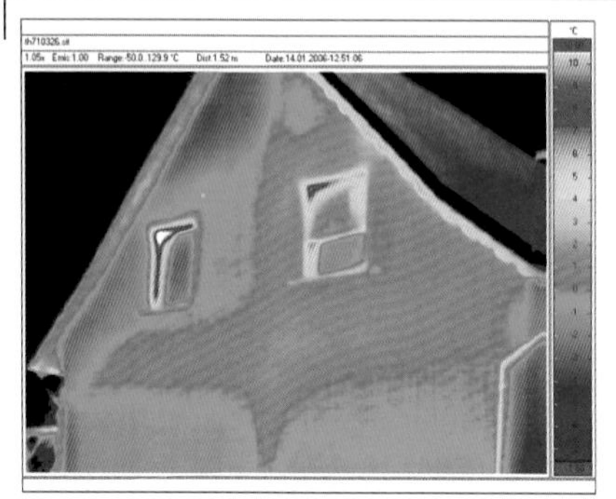

**Bild 8:** Thermogramm, skaliert unter Anwendung von neutralen Gestaltungsregeln zur Darstellung von Thermogrammen nach [6]

## 3 Anwendung der Thermografie im Bauwesen

### 3.1 Einleitung

Ziel der Thermografie ist die Anfertigung von Momentaufnahmen, mit denen die Oberflächentemperatur bzw. -verteilung dargestellt wird. Anhand der Oberflächentemperaturverteilung kann ermittelt werden, wo wärmetechnische Unregelmäßigkeiten, beispielsweise infolge von Wärmebrücken, unterschiedlichen Feuchtegehalten oder Luftströmungen, in den die äußere Umschließungsfläche bildenden Bauteilen vorhanden sind. Thermografieaufnahmen können von der Außen- und/oder von der Innenseite ausgeführt werden. Im Folgenden soll nur auf die passive Thermografie eingegangen werden, da aktive Thermografietechniken, wie zum Beispiel die Impuls-Thermografie bzw. die Puls-Phasen-Thermografie, im Bauwesen an Bedeutung gewinnen, derzeit aber eher in der Forschung angewandt werden.

### 3.2 Thermogramme - Außenaufnahmen

Zur Feststellung von Wärmebrückeneffekten werden Thermogramme oft von der Gebäudeaußenseite aufgezeichnet. Dies ist gegenüber Innenthermografien meist von Vorteil, um einen größeren Flächenbereich in einer Überblickaufnahme zu erfassen. Zur Aufdeckung wärmetechnischer Unregelmäßigkeiten muss zwischen der Innen-

und Außenseite eine entsprechend große Temperaturdifferenz vorhanden sein. In der Fachliteratur wird im Allgemeinen eine länger anhaltende minimale Temperaturdifferenz von etwa 15 Kelvin angegeben, je höher dieser Wert ist umso besser.
Nimmt man eine mittlere Raumlufttemperatur von etwa +20 °C an, sollten ab wärmeren Außenlufttemperaturen von etwa +5 °C keine Thermografieaufnahmen mehr angefertigt werden. Thermografieaufnahmen können natürlich auch bei wärmeren Außenklimaten durchgeführt werden. Potentielle Fehlstellen zeichnen sich jedoch bei zu geringen Temperaturunterschieden nur noch sehr schwach oder überhaupt nicht mehr im Thermogramm ab.

Da die thermografische Messung immer ein „Schnappschuss" instationärer Verhältnisse darstellt, muss die oben genannte Temperaturdifferenz bereits vor der Messung vorhanden sein.
Die Temperaturunterschiede sollten möglichst lang anhaltend und gleichmäßig sein, üblicherweise werden etwa zwölf Stunden als ausreichend erachtet ([10]). Weist die Außenlufttemperatur im Tagesgang z.B. sehr große Schwankungen auf, so ist zu hinterfragen, ob das Messergebnis dann noch aussagekräftig ist. Ausreichend große Temperaturdifferenzen liegen in Deutschland in der Regel in der kälteren Jahreszeit von etwa Oktober bis April vor.

Werden Außenthermografien angefertigt, ist besonders auf den Einfluss der Sonneneinstrahlung zu achten. Das Untersuchungsobjekt sollte während und auch bereits einen ausreichenden Zeitraum vor der Messung nicht mit direkter Sonneneinstrahlung beansprucht worden sein.
Dies ist einsichtig, da durch die eingebrachte Sonnenwärme eine direkte Oberflächenerwärmung auftritt und durch oberflächennahe Wärmespeichereffekte vorab beschienener Oberflächen ebenfalls Fehlinterpretationen auftreten können.
Weiterhin wird im Falle direkter Bestrahlung die Sonnenstrahlung auch reflektiert und fällt zusammen mit der zu detektierenden Abstrahlung des Messobjektes in den Strahlengang der IR-Kamera.

Neben den oben beschriebenen Effekten bei direkter Sonneneinstrahlung ist auch der Strahlungswärmeaustausch der thermografierten Flächen mit der Umgebung zu beachten. So kann es insbesondere bei klaren Nächten vorkommen, dass sich Oberflächentemperaturen einstellen, die auch unter der Temperatur der Außenluft liegen.

**Bild 9:** So sollte man es nicht machen: Auswirkungen von Schattenwürfen und direkter Sonneneinstrahlung auf Thermografieaufnahmen

Die Oberflächentemperaturen auf Baukörpern werden ebenfalls durch die Wirkung des konvektiven Wärmeüberganges beeinflusst. Bei der Anfertigung von thermografischen Aufnahmen sind daher auch die Windverhältnisse zu beachten. Hierbei ist je nach Aufgabenstellung zu entscheiden, ob der herrschende Wind bzw. die starke Änderung der Windintensität einen Einfluss auf das Untersuchungsziel hat. Anhaltspunkte für maximale Windgeschwindigkeiten werden mit 1 m/s in [10] und bis zu 6,7 m/s in [2] genannt.

Aus oben genannten Randbedingungen ergibt sich bei Außenaufnahmen meist die praktische Notwendigkeit, Thermografieaufnahmen in den frühen Morgenstunden und noch vor dem Sonnenaufgang aufzunehmen. Die frühen Morgenstunden sind der Nacht vorzuziehen, weil am Morgen im Regelfall die kühlsten Temperaturen durch die längste Auskühlungszeit vorliegen. Das Winterhalbjahr ist daher für übliche Bauthermografien die beste Jahreszeit.

### 3.3 Thermogramme - Innenaufnahmen

Werden Thermogramme von der Innenseite aufgenommen, wird gegenüber der Aufnahme von außen meist nur ein kleiner flächenmäßiger Teil der Außenwände erfasst, wobei vorhandene Wärmebrückenphänomene durch die bessere Temperaturauflösung meist detailreicher abgebildet werden. Vielfach wird die Ansicht durch Möbel oder sonstige Einrichtungsgegenstände eingeschränkt, so dass unter Umständen ein höherer Vorbereitungsaufwand zur Durchführung der Thermografie notwendig ist. Von der Innenseite aufgenommene Thermografien bieten aber den Vorteil, dass in bewohnten Gebäuden eine relativ gleichmäßige Raumtemperatur über einen längeren Zeitraum vorherrscht und dass die bei den Außenaufnahmen dargestellten Witterungseinflüsse nicht direkt oder nur in abgeschwächter Form zu berücksichtigen sind. So ist es meist möglich, die Innenthermografieaufnahmen auch am Tage durchzuführen. Bei ausgebauten Dachgeschossen mit hinterlüfteten Dächern bzw. hinterlüfteten Außenwandkonstruktionen wird man erfahrungsgemäß zudem nur durch Innenthermografieaufnahmen zu fundierten Bewertungen durch Thermogramme gelangen.

### 3.4 Thermografie zur Lokalisierung von Wärmebrücken

Wärmebrücken sind örtlich begrenzte Bereiche in Raum abschließenden Bauteilen, an denen ein erhöhter Wärmefluss auftritt der mithilfe der Thermografie lokalisiert werden kann.

**Beispiele:**
**Stahlträger ohne thermische Trennung durch Außenwand geführt**

Besonders kritische Wärmebrückenwirkungen können an Bauteilen entstehen, die aufgrund der Materialauswahl eine hohe Wärmeleitfähigkeit aufweisen. In folgendem Beispiel ist ein Stahlträger gezeigt, der aus einem besonders warmen Innenraum (Schwimmbad) ungedämmt nach außen geführt wird.
Im Durchdringungsbereich wurden Undichtigkeiten bzw. Unterbrechungen der Wärmedämmebene festgestellt. Im Thermogramm ist die Wärmebrückenwirkung im Bereich der Trägerdurchführung anschaulich gezeigt.
Neben den erhöhten Wärmeverlusten, der Problematik der Schimmelpilzbildungen und der allgemeinen Zerstörung der Baukonstruktion ist im Innenraum von Schwimmbädern dem Abtropfen von entstandenem Tauwasser Beachtung zu schenken. Hierbei wird es von den Gästen verständlicherweise als äußerst unangenehm empfunden, wenn Tauwasser von Bauteiloberflächen abtropft. Zudem wird die Tauwasserbildung von Laien auch vielfach als Undichtigkeit an der Konstruktion gedeutet.

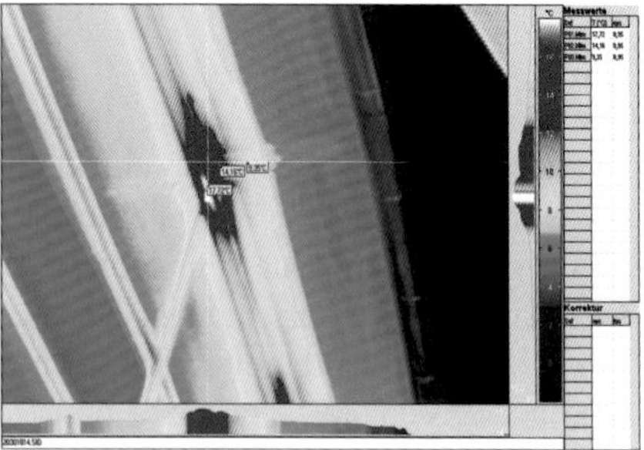

| Aufnahmedatum | Temperaturrandbedingungen | | weitere Informationen |
|---|---|---|---|
| | Außenlufttemperatur | Innenlufttemperatur | |
| 01.03.2002 früh | ca. +2 °C | ca. +32 °C | hohe Innenlufttemperaturen bedingt durch Schwimmbad |

**Bild 10:** Auskragender Stahlträger wird ungedämmt durch die Fassade geführt, die Wärmebrückenwirkung durch die Temperaturerhöhung am Durchstoßpunkt ist deutlich sichtbar.

3.5 Thermografie zur Lokalisierung von Luftundichtigkeiten

**Unterstützung der Thermografie mit Differenzdruckverfahren**

Die Thermografieuntersuchungen werden zunächst im normalen Nutzungszustand durchgeführt, das heißt ohne Aufbringung eines Unter-/oder Überdrucks.
Im Anschluss daran wird eine Blower-Door-Messung mit Überdruck durchgeführt, bei der die warme Innenluft durch Fehlstellen nach außen entweichen könnte. An potentiellen Fehlstellen durchströmt die warme Innenluft die Konstruktion und tritt an der Außenseite aus. Hierbei erwärmt sich diese Stelle und kann durch die bildgebende Thermografie sichtbar gemacht werden.

Beispiel:

An einem in Holzständerbauweise errichteten Gebäude wurden Thermografieuntersuchungen in Verbindung mit der „Blower-Door“ durchgeführt. Hierzu wurde die Konstruktion im Bereich des Wand-Deckenübergangs ohne Zerstörung der Winddichtung/Dampfsperre geöffnet und hinsichtlich der sich einstellenden Oberflächentemperaturen vor und während der Aufbringung eines Gebäudeunterdrucks mit Hilfe der Innenthermografie untersucht.

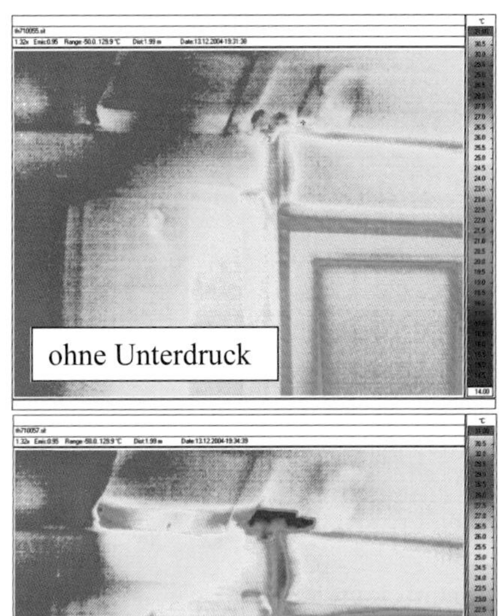


| Aufnahme-datum | Temperaturrandbedingungen | |
|---|---|---|
| | Außenluft-temperatur | Innenluft-temperatur |
| 13.12.2004 abends | ca. -1 °C | ca. +25 °C |

**Bild 11:** Geöffneter Wand-Deckenbereich und Thermogramme vor/nach Aufbringung eines Unterdrucks

Die Auswertung der in Bild 12 gezeigten Thermogramme kann mit modernen IR-Systemen durch die Anwendung der Differenzbildtechnik vereinfacht werden. Hierbei wird eine Temperaturverteilung als Subtrahend angenommen und von den folgenden Thermogrammen als Minuend abgezogen. Als Ergebnis wird der Unterschied zwischen den beiden Temperaturverteilungen direkt angezeigt.

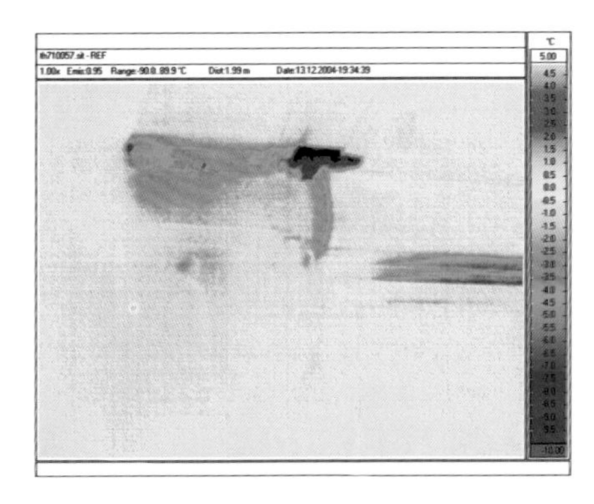

**Bild 12:** Differenzbild der Temperaturverteilung vor nach Aufbringung eines Unterdrucks

## 3.6 Thermografie zur Lokalisierung von Konstruktionseinzelheiten

### Dokumentation des Verlaufes von Heizungsleitungen im Fußboden

Für den nachträglichen Anschluss von Konvektionsheizkörpern war der Verlauf der im Fußboden verlegten Heizleitungen zu bestimmen. Weiterhin war für den Bauherrn von Interesse, in welchem Bereich des Fußbodens der wärmere Vorlauf der Heizungsrohre verlegt wurde.

Die Visualisierung des Verlaufs von Fußbodenheizungsrohren ist mit der Thermografie sehr gut möglich. Zweckmäßigerweise wird in der Aufheizphase thermografiert, um einen möglichst großen Temperaturgradienten zwischen den Heizschlangenbereichen und der übrigen Fläche zu erhalten. Im folgenden Fall wurden die Messungen auf einem Holzparkettboden vorgenommen. Hierzu wurde etwa zwei Tage vor der Messung die Heizung so weit wie möglich heruntergefahren und somit der Fußboden abgekühlt. Am Tag der Messung wurde die Vorlauftemperatur der Heizung auf das Maximum eingestellt und geheizt. Die Lage der Heizleitungen und des Vorlaufs konnten mit den Aufnahmen lokalisiert werden.

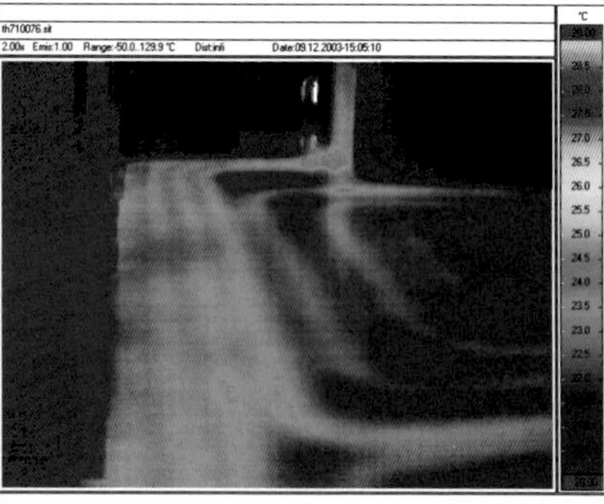


**Bild 13:** Heizleitungen zeichnen sich auf dem Parkettfußboden ab

### Traganker bei Dreischicht-Wandelementen

An einem in Großtafelbauweise errichteten Wohngebäude sollte die Lage von Tragankern und Befestigungselementen in den verwendeten Dreischichtelementen bestimmt werden. Die Außenwandkonstruktion besteht aus Sandwich-Elementen, die zwischen Tragschicht und Wetterschutzschicht eine Wärmedämmschicht enthalten. Die äußere Wetterschutzschicht wird durch Traganker und Torsionsanker gehalten, die sich im Thermogramm als punktuelle Wärmebrücken darstellen.

Für derartige Untersuchungen bietet sich die Thermografie geradezu an, da mit diesem zerstörungsfreien Arbeitsinstrument eine komfortable und schnelle Lagebestimmung vorgenommen werden kann.

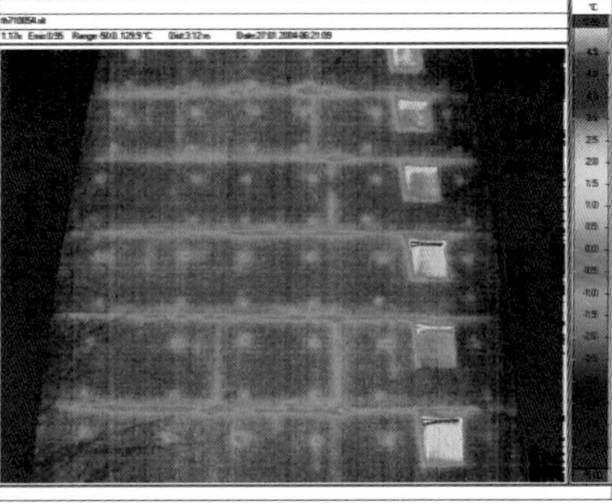

**Bild 14:** Metallische Einbauteile zeichen sich auf der Wetterschutzschale durch punktuell höhere Oberflächentemperaturen ab.

## 4 Fazit

Die vorherigen Kapitel und Beispiele zeigen die Theorie, die verschiedenen Kameratechniken und die vielfältigen Möglichkeiten bei der Anwendung der Infrarot-Technik auf. In Kurzform sollen an dieser Stelle die zu beachtenden Einflüsse bei der Erstellung von Thermogrammen dargestellt werden, wobei deren Bedeutung und Tragweite durch die angegebenen Stichworte nur kurz umrissen werden. Die angegebenen Hinweise sind nicht starr zu verstehen, im Rahmen der Messaufgabe könnten sich andere Kriterien als maßgebend darstellen.

### 4.1 Allgemeine Voraussetzungen

**Anforderungen an Personal**

- Das Personal besitzt fundierte Kenntnisse und Erfahrungen im Bereich der (Bau)Physik, Messtechnik und allgemeinen Bautechnik.

**Anforderungen an Thermografiegeräte**

- Das verwendete System ist für die Durchführung von bauthermografischen Aufnahmen hinsichtlich der thermischen, geometrischen und zeitlichen Auflösung, des Temperaturbereichs sowie der Detektorempfindlichkeit bei den zu erwartenden Messtemperaturen geeignet.
- Die Auswertesoftware ist zur Bearbeitung der aufgenommenen Thermogramme und zur Erstellung eines aussagekräftigen Berichtes der durchgeführten Untersuchung geeignet.

## 4.2 Durchführung der thermografischen Untersuchung

### Meteorologische Randbedingungen

- Temperaturdifferenzen zwischen innen und außen ausreichend hoch und mit geringen Schwankungen.
- Durchführung von Außenthermografien vor Sonnenaufgang bzw. Thermogramme ohne Einfluss direkter Sonneneinstrahlung aufzeichnen.
- Verfälschung der von außen aufgenommenen Thermogramme bei hohen Windgeschwindigkeiten möglich (konvektiver Wärmeübergang), daher unter Umständen windstilles bzw. -ruhiges Wetter abwarten.

### Vorbereitung thermografischer Untersuchungen

- Ortsbesichtigung im Vorfeld der Untersuchungen und Feststellung des vorhandenen Konstruktionsaufbaus aus Plänen, Baubeschreibung oder Probeöffnungen.
- Gleichmäßige und ausreichende Beheizung der Gebäude im Vorfeld der Thermografie (Öffnen der Innentüren zur gleichmäßigen Erwärmung), evtl. auch Umräumung von Einrichtungsgegenständen vor der Beheizung.
- Grundsätzliche Informationen der Eigentümer, Mieter und Nachbarn zur Durchführung der Thermografie, um ungewollte Alarmierungen (Polizei) bei der nächtlichen Thermografie zu vermeiden, Abklärung der Thermografiestandorte.
- Anfertigung von Normalbildern als Referenzbilder für die Thermogramme (vor, während oder nach Anfertigung der Thermogramme).

### Einfluss der Messumgebung

- Messabstand so gering wie möglich halten
- Keine Thermografie bei Nebel, Regen, Schnee Einfluss der reflektierten Umgebungsstrahlung einschätzen und gegebenenfalls Strahlungstemperatur der Umgebung messen.

### Einfluss des zu messenden Körpers (Oberfläche)

- Emissionsgrade der thermografierten Oberflächen sollten bekannt sein, falls die Emissionsgrade nur abschätzend anzugeben sind, sind auch die im Thermogramm angegebenen Absoluttemperaturen bezüglich der Genauigkeit kritisch zu hinterfragen.
- Einfluss von Reflektionen auf den Oberflächen sind zu beachten (z.B. an Verglasungen).

**Erfassung signifikanter Einflussgrößen**

- Zur Erstellung des thermografischen Berichtes und evtl. zur Bearbeitung der Thermogramme ist die messtechnische Erfassung einiger Randbedingungen notwendig:
  - Datum und Uhrzeit der Messung
  - Messabstand zwischen Messobjekt und Aufnahmegerät
  - Außenlufttemperatur zum Messzeitpunkt
  - Entwicklung der Außenlufttemperatur bis etwa 24 h vor der Untersuchung (zur Beurteilung der allgemeinen Klimasituation)
  - relative Luftfeuchte im Bereich der Messumgebung (evtl. zur Bestimmung des Einflusses beim Durchgang durch die Atmosphäre)
  - Innenlufttemperatur (zur Beurteilung der allgemeinen Klimasituation)
  - Windgeschwindigkeit (Einfluss des konvektiven Wärmeübergangs)
  - evtl. Erfassung von Oberflächentemperaturen mit üblichen Messverfahren als Referenz zu den Thermogrammen (Emissionswertproblematik, Problematik der Reflexion der Umgebungsstrahlung bzw. Hintergrundstrahlung)
  - Abschätzung bzw. Erfassung der Strahlungstemperatur des Hintergrundes ($\theta_U$), bei Aufnahme der Thermogramme von außen liefern evtl. die klimatischen Randbedingungen Hinweise (bewölkter Himmel – Strahlungstemperatur nahe der Lufttemperatur, klarer Himmel – Strahlungstemperatur meist deutlich unterhalb der Lufttemperatur)

## 4.3 Erstellung eines Untersuchungsberichtes

Grundsätzlich hängt die Gestaltung und der Inhalt eines Untersuchungsberichtes bzw. -protokolls von der jeweiligen Aufgabenstellung ab. Als Bestandteile eines Berichtes sind im Allgemeinen folgende Angaben sinnvoll:

- Zweck und Ziel der Thermografie und Beschreibung des Messobjektes (z.B. Aufbau der Konstruktion, schwere/leichte Bauweise usw.)
- Aufnahmezeitpunkt, Klimadaten, Besonderheiten bei der Aufnahme
- Angaben zur verwendeten Thermografietechnik und Software
- Thermogramme mit Lagebezug in Grundriss- oder Ansichtsplänen, reale Fotoaufnahmen
- Erläuterung der Thermogramme, Bewertung, Angaben von Oberflächentemperaturen bzw. Temperaturunterschieden (Genauigkeit von absoluten Temperaturangaben beachten)
- Schlussfolgerungen hinsichtlich der Aufgabenstellung.

## Literatur

[1] ASTM C 1046-95 , Ausgabe: 2007: Temperatur- und Wärmeflussmessungen an zur Ummantelung dienenden Bauteilen

[2] ASTM C 1060-11a, Standard Practice for Thermographic Inspection of Insulation Installations in Envelope Cavities of Frame Buildings (Grundlagen für die thermografischen Überwachung von Isolierungen im Holzfachwerkbau)

[3] Baehr, H.D., Stephan, K.: Wärme- und Stoffübertragung, 4.Auflage Springer-Verlag Berlin Heidelberg, 2004

[4] Bertschinger, H., Tanner, Ch, Frank, Th.: Energetische Beurteilung von Gebäuden mittels Infrarotbildern (Quali-Thermo), Forschungsvorhaben, Eidgenössisches Departement für Umwelt, Verkehr, Energie und Kommunikation UVEK

[5] Bonk, M., Anders, F.: Schäden durch mangelgaften Wärmeschutz, erschienen in der Reihe Schadenfreies Bauen, Band 32, Fraunhofer IRB Verlag, Stuttgart 2004

[6] Dittié, G.: Vortrag zur Aussagekraft von Thermogrammen im Rahmen des Seminars „Thermografie am Bau“, Veranstalter: DGZfP (Deutsche Gesellschaft für Zerstörungsfreie Prüfung e.V.) am 28.April 2009 in Berlin

[7] Fouad, N.A., Richter, T.: Leitfaden Thermografie im Bauwesen, Fraunhofer IRB Verlag, 2012

[8] Gubareff, G.G., Jansen, J.E., et.al.: Thermal Radiation Propertys Survey, Honeywell Resarch Center, Minneapolis, Minnesota, 1960

[9] Leitfaden für Anwender der Infrarotthermografie bei instationären Temperaturverhältnissen zur Feststellung versteckter Baufehler, Fraunhofer Institut für solare Energiesysteme ISE, Abschlussbericht ToS4-AR-9910-E01, Thermografie im Bauwesen, 1999

[10] VATh (Verband für angewandte Thermografie e.V.): Richtlinie Bauthermografie, Stand Mai 2011 und Richtlinie Leckortung mit Thermografie, Stand Mai 2011

[11] VDI/VDE 3511, Blatt 4: Technische Temperaturmessungen, Strahlungsthermometrie, Dezember 2011

**24. Hanseatische Sanierungstage**
**Messen Planen Ausführen**
**Heringsdorf 2013**

# Welche Fragen können durch Blower-Door-Messungen beantwortet werden?

**J. Zeller**
Biberach

## Zusammenfassung

Eine Blower-Door-Messung besteht aus zwei Teilen: der Leckagesuche bei 50 Pascal Unterdruck und der quantitativen Messung der Luftwechselrate bei 50 Pascal ($n_{50}$).

Die quantitative Messung dient vorwiegend der energetischen Bewertung und dem Nachweis, dass die Grenzwerte für den jeweiligen Baustandard eingehalten sind.

Die Leckagesuche ist vor allem hilfreich zur Qualitätssicherung während der Bauphase. Werden Undichtheiten aufgespürt, so lange die Luftdichtung noch zugänglich ist, sind sie in der Regel auch leicht zu beseitigen. Auch im Rahmen von Schadensgutachten ist die Leckagesuche hilfreich, beispielsweise um die Ursache von Zugluft oder von Feuchteschäden im Bauteil zu klären. Dagegen gelingt es nicht, anhand der Leckagesuche Feuchteschäden zu prognostizieren oder völlig auszuschließen.

Auch wenn, abhängig vom Zweck der Messung, die quantitative Messung oder die Leckagesuche im Vordergrund steht, sind immer beide Bestandteile der Messung erforderlich: Erst nach der Leckagesuche kann man sicher sein, dass bei der quantitativen Messung der gewünschte Bauzustand untersucht wird, also dass z.B. alle Fenster vollständig geschlossen sind. Umgekehrt hilft der gemessene Zahlenwert, die Bedeutung der gefundenen Lecks einzuschätzen.

Um Fehler bei der Messung zu vermeiden, ist eine genaue Kenntnis der europäischen Messnorm DIN EN 13829 erforderlich. Für die Bewertung der festgestellten Undichtheiten sind außerdem Augenmaß und Erfahrung mit der Leckagesuche erforderlich.

## 1 Bedeutung der Luftdichtheit

Die Luftdichtheit von Gebäuden ist notwendig, um Bauschäden (Abb. 1), Zugluft und erhöhte Lüftungswärmeverluste zu vermeiden. Fugenlüftung allein kommt nicht in Frage, da

- bei ausströmender Raumluft die Gefahr von Tauwasserausfall besteht,
- an windstillen und milden Tagen der Luftaustausch nicht ausreichen würde,
- an windigen oder kalten Tagen Zugerscheinungen und trockene Raumluft zu erwarten wären (Der Fugenluftwechsel kann bei starkem Wind 8 mal so groß sein wie an windstillen und milden Tagen),[1]
- Luftundichtheiten den Schallschutz beeinträchtigen,
- ein erhöhter Heizwärmeverbrauch entstünde.

Dazuhin ist es praktisch unmöglich, gezielt so undicht zu bauen, dass eine bestimmte Luftdurchlässigkeit erreicht wird.[2]
Die Gebäudehülle muss deshalb luftdicht erstellt werden und die Luft entweder durch das Öffnen von Fenstern und/oder durch lüftungstechnische Maßnahmen wie Außenluftdurchlässe oder eine mechanische Lüftungsanlage ausgetauscht werden. Dicht bedeutet dabei, so dicht wie eine verputzte Mauerwerkswand.

**Abb. 1:** Aufgrund von Luftundichtheiten hat feuchte Luft aus dem Bad die oberste Geschossdecke durchströmt und ist am Sparren kondensiert. Die Folge: Schimmelbefall.

### 1.1 Unterschied von Luftdichtung und Winddichtung

Die Winddichtung liegt im Gegensatz zur Luftdichtung außen. Sie verhindert, dass Außenluft in die Konstruktion und an anderer Stelle wieder nach außen strömt (Abb. 2, weißer Pfeil). Sie muss nicht absolut dicht sein. Die Winddichtheit muss umso besser sein, je leichter Luft durch die Konstruktion und z.B. hinter die Wärmedämmung strömen kann.

Fälschlicherweise wird in der Fachliteratur gelegentlich geschrieben, die Winddichtheit würde Luftströmungen von außen durch das Bauteil nach innen verhindern. Tatsächlich verhindert die Luftdichtung beide Strömungsrichtungen, also sowohl die von innen nach außen als auch die von außen nach innen. Bei funktionierender Luftdichtung muss daher die Winddichtung nicht das Durchströmen von außen nach innen verhindern, sondern nur das Durchströmen von außen durch die Dämmschicht wieder nach außen.

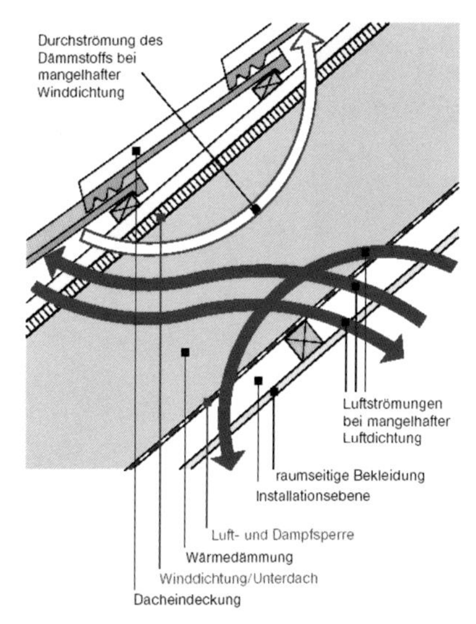


**Abb. 2:** Luftdichtung und Winddichtung bei einem Dach. (Quelle: RWE Bauhandbuch, VWEW Energieverlag) [3]

## 2 Messung der Luftdurchlässigkeit

Zur Messung wird ein Gebläse (Blower Door) luftdicht in eine Eingangs- oder Terrassentür eingebaut, so dass im Gebäude eine Druckdifferenz zur Außenluft erzeugt werden kann (Abb. 3).

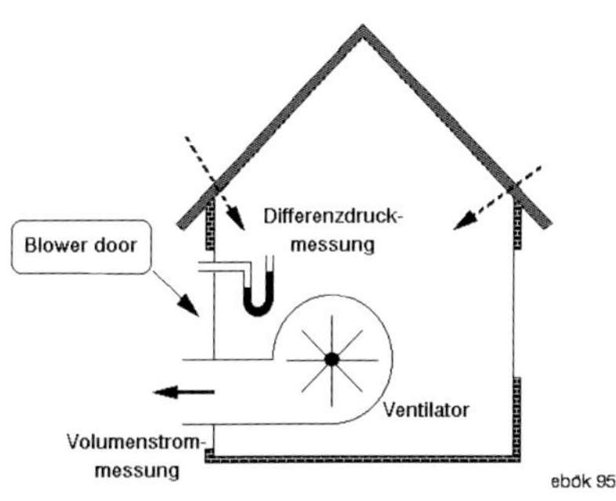


**Abb. 3:** Das Messprinzip der Luftdurchlässigkeitsmessung [4]

**Abb. 4:** Lufteintritt aus einer Installationswand

Die Messung besteht aus zwei Teilen: der Leckagesuche und der quantitativen Messung. Für die **Leckagesuche** werden bei Unterdruck leckverdächtige Stellen, also Fugen, Anschlüsse und Durchdringungen, mit der Hand oder einem Luftgeschwindigkeitsmessgerät (Thermoanemometer) abgesucht (Abb. 4). Bei kaltem Wetter und beheiztem Gebäude können Lecks auch durch Thermografieaufnahmen bei Unterdruck dokumentiert werden. Liegt die luftdichte Bauteilschicht ausnahmsweise auf der Außenseite, dann lassen sich Undichtheiten lokalisieren, indem bei Überdruck im Gebäude Nebel freigesetzt wird, dessen Austritt von außen beobachtet werden kann.

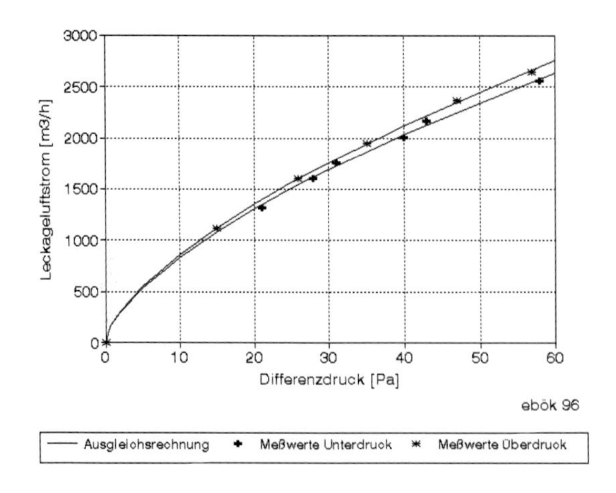


**Abb. 5:** Beispiel einer Leckagekurve

**Tab. 1:** Kenngrößen der Luftdurchlässigkeit nach DIN EN 13829

| | | |
|---|---|---|
| Leckagestrom [m³/h] | | $\dot{V}_{50}$ |
| Luftwechselrate bei 50 Pascal [$h^{-1}$] | | $n_{50} = \dot{V}_{50} / V$ |
| Luftdurchlässigkeit [m³/(m² h)] | | $q_{50} = \dot{V}_{50} / A_E$ |
| mit | | |
| V | lichtes Innenvolumen [m³] | |
| $A_E$ | Hüllfläche (envelope) [m²] | |

Für die **quantitative Messung** wird bei verschiedenen Druckdifferenzen zwischen 10 und über 50 Pa der Volumenstrom am Gebläse gemessen. Durch Ausgleichsrechnung erhält man den Volumenstrom bei 50 Pa Druckdifferenz. Diese Messung führt man sowohl bei Unter- als auch bei Überdruck durch und bildet den Mittelwert beider Volumenströme $\dot{V}_{50}$ (Abb. 5). Dividiert man den mittleren Volumenstrom bei 50 Pa durch das lichte Innenvolumen, so erhält man die **Luftwechselrate bei 50 Pascal $n_{50}$** in $h^{-1}$ (Tab. 1). Diese Messung wird durch die europäische Norm DIN EN 13829 geregelt, in der auch die Vorbereitung des Gebäudes beschrieben ist.[5]

## 3 Anforderungen: wie luftdicht muss ein Gebäude sein?

Für luftdichtheitsgeprüfte Gebäude nach Energieeinsparverordnung darf die Luftwechselrate bei 50 Pascal, $n_{50}$, bei Fensterlüftung nicht größer als 3,0 $h^{-1}$, bei ventilatorgestützter Lüftung nicht größer als 1,5 $h^{-1}$, sein.[6] Nach der einschlägigen Norm DIN 4108, Teil 7, gelten diese Anforderungen für alle Gebäude. Die Norm nennt als zusätzliche Anforderung für Gebäude mit mehr als 1500 m³ Innenvolumen, dass die auf die Hüllfläche bezogene Luftdurchlässigkeit, $q_{50}$, nicht größer sein darf als 3,0 m³/(m² h).[7]

Darüberhinaus empfiehlt die Norm eine bessere Dichtheit für Gebäude mit lüftungstechnischen Einrichtungen. Bei ventilatorgestützten Lüftungsanlagen gilt demnach ein empfohlener Höchstwert für $n_{50}$ von 1,0 $h^{-1}$ (Tab. 2). Dieser strengere Grenzwert lässt sich durch Beispielrechnungen begründen [8].

Bei Gebäuden mit Fensterlüftung wird so erreicht, dass der Fugenluftwechsel auch an windigen oder sehr kalten Tagen die hygienisch notwendige Lüftung nicht wesentlich übersteigt. Bei Gebäuden mit Wärmerückgewinnung ist eine höhere Dichtheit notwendig, damit die erwartete Energieeinsparung durch den Wärmetauscher auch eintritt. Bei Abluftanlagen sorgt die Luftdichtheit dafür, dass der für die Belüftung notwendige Unterdruck erzeugt werden kann.

**Tab. 2:** Anforderungen und Zielwerte für die Luftdichtheit

| | |
|---|---|
| **Anforderungen nach DIN 4108-7 und Energieeinsparverordnung** [6, 7] | |
| Gebäude mit Fensterlüftung | $n_{50} \leq 3{,}0\ h^{-1}$ |
| Gebäude mit mechanischer Lüftung | $n_{50} \leq 1{,}5\ h^{-1}$ |
| nach Norm außerdem für alle Gebäude $> 1500\ m^3$ | $q_{50} \leq 3{,}0\ m^3/h/m^2$ |
| **Empfohlener Höchstwert nach DIN 4108-7 und Anforderung für RAL-Gütezeichen energieeffizientes Gebäude** [7, 9] | |
| Gebäude mit mechanischer Lüftung | $n_{50} \leq 1{,}0\ h^{-1}$ |
| **Anforderung für Passivhaus-Zertifikat und für RAL-Gütezeichen für den Passivhausstandard** [9, 10] | |
| Gebäude mit mechanischer Lüftung | $n_{50} \leq 0{,}6\ h^{-1}$ |

In der Norm steht außerdem die Anmerkung: „Selbst bei Einhaltung der oben genannten Grenzwerte sind lokale Fehlstellen in der Luftdichtheitsschicht möglich, die zu Feuchteschäden durch Konvektion führen können. Die Einhaltung der Grenzwerte ist somit kein hinreichender Nachweis für die sachgemäße Planung und Ausführung eines einzelnen Konstruktionsdetails, beispielsweise eines Anschlusses oder einer Durchdringung.“[7]
Auch Zugerscheinungen an einzelnen Leckstellen sind möglich, selbst wenn die globalen Anforderungen eingehalten sind.[11] Zu der quantitativen Anforderung muss also eine qualitative hinzukommen: große Einzellecks, die zu Bauschäden oder Zugluft führen können, sind prinzipiell zu vermeiden.

## 4 Typische Anwendungen der Luftdurchlässigkeitsmessung

### 4.1 Qualitätssicherung

Eine besonders wichtige Anwendung von Luftdurchlässigkeitsmessungen ist die Qualitätssicherung während der Bauausführung. Solche Messungen sollten zu einem Zeitpunkt durchgeführt werden, zu dem die Luftdichtheitsschichten und insbesondere die Anschlüsse noch zugänglich sind. Unter diesen Umständen können Undichtheiten genau lokalisiert werden und in der Regel sind auch Nachbesserungen mit vertretbarem Aufwand möglich. Unabhängig von den Nachbesserungsmöglichkeiten bietet die Messung den Bauschaffenden die Möglichkeit, aus Fehlern zu lernen.
Oft ist bei diesem Bauzustand die luftdichte Gebäudehülle noch nicht fertiggestellt, so dass Teile der Luftdichtung wie Haustüren oder Öffnungen für Rohrdurchführungen provisorisch abgedichtet werden müssen. Die Messung entspricht in diesem Fall nicht der Norm DIN EN 13829. Das Ergebnis der quantitativen Messung kann, ab-

hängig von den provisorischen Abdichtungen, vom Wert nach Fertigstellung abweichen.
Der Schwerpunkt bei der Qualitätssicherung ist die Lecksuche. Aber auch die quantitative Messung ist erforderlich, um einen Eindruck von der Größenordnung der Luftdurchlässigkeit zu bekommen.

### 4.2 Nachweis der Luftdichtheit

Für luftdichtheitsgeprüfte Gebäude nach Energieeinsparverordnung, für Gebäude mit dem RAL-Gütezeichen energieeffizientes Gebäude und für Passivhäuser ist eine Messung zum Nachweis der erreichten Luftdichtheit erforderlich.[6, 9, 10] Eine solche Messung muss der Norm DIN EN 13829 entsprechen, die luftdichte Gebäudehülle muss fertiggestellt sein.
Der Schwerpunkt bei der Nachweismessung ist die quantitative Messung. Zumindest eine Suche nach großen Undichtheiten ist laut Messnorm auch hier erforderlich – nicht zuletzt, um ggf. unvollständig geschlossene Fenster vor der quantitativen Messung zu bemerken und schließen zu können.

### 4.3 Auslegung von Lüftungskomponenten

In die Auslegung von Lüftungskomponenten geht nach der Wohnungslüftungsnorm DIN 1946-6 die Luftdurchlässigkeit der Gebäudehülle ein. Nach der Lüftungsnorm können dabei wahlweise Standardwerte aus der Norm oder Messwerte verwendet werden.[12] Sowohl beim Neubau, als auch bei der Modernisierung, stehen zum Zeitpunkt der Lüftungsplanung aber meist noch keine Messwerte zur Verfügung. Quantitative Messungen im Rahmen der Auslegung von Lüftungskomponenten dürften daher eher selten vorkommen.

### 4.4 Gutachten bei Zugluft oder Feuchteschäden

Wenn Nutzer über Zugluft an bestimmten Stellen ihres Hauses klagen, findet man bei der Messung mit der Blower Door erfahrungsgemäß auch entsprechende Undichtheiten.[13]
Werden Feuchteschäden in der Konstruktion festgestellt, die nicht durch Regen- oder Leitungswasser verursacht wurden, dann ist die Ursache häufig, dass feuchte Raumluft in das Außenbauteil strömt und dort in kalten Bereichen Wasserdampf kondensiert (Abb. 1). Durch eine Leckagesuche bei Unterdruck lassen sich ggf. Undichtheiten in der Luftdichtungsschicht feststellen und die Schadensursache ermitteln.

### 4.5 Gutachten wegen Nichteinhaltung der anerkannten Regeln der Technik

Etliche Luftdichtheitsmessungen werden beauftragt, um am fertiggestellten Gebäude das Einhalten der anerkannten Regeln der Technik zu prüfen. Dabei ist zunächst das Ergebnis der quantitativen Messung zu beurteilen. Auch wenn im EnEV-Nachweis keine Luftdichtheitsprüfung berücksichtigt wurde, sollten die Grenzwerte der EnEV für die Luftwechselrate bei 50 Pascal, nämlich 3,0 $h^{-1}$ für Gebäude ohne Lüftungsanlage bzw. 1,5 $h^{-1}$ mit Lüftungsanlage nicht überschritten werden. Nachdem diese Grenzwerte von 1998 bis 2009 obligatorisch waren, spricht viel dafür, dass höhere Werte nicht den allgemein anerkannten Regeln der Technik entsprechen, zumal auch DIN 4108-7 diese Grenzwerte angibt.[7, 14]
Schwieriger als die Bewertung des quantitativen Messergebnisses ist die Bewertung der festgestellten Undichtheiten. Berücksichtigt werden sollte bei der Beurteilung die Größe der Undichtheit, die Strömungsgeschwindigkeit (bei 50 Pa), die Lage im Haus, die Richtung der Luftströmung (parallel zur Bauteiloberfläche ist das Zugluftrisiko gering), der Baustandard und die vorhandene Haustechnik.[15] Das Zugluftrisiko lässt sich so mit etwas Erfahrung einigermaßen einschätzen. Dagegen ist es selten möglich, einen Feuchteschaden zu prognostizieren. Umgekehrt kann ein solcher oft auch nicht mit Sicherheit ausgeschlossen werden. Wenn allerdings schon ein Schaden durch Luftundichtheiten entstanden ist, kann er anhand der Ergebnisse der Leckortung auch erklärt werden. Letzten Endes bleibt zwischen eindeutig tolerierbaren Undichtheiten und eindeutigen Mängeln ein großer Bereich von Undichtheiten, denen weder Mangelhaftigkeit noch Mangelfreiheit bescheinigt werden kann.

## 5 Typische Fehler bei Messung und Interpretation

Die Beurteilung der Undichtheiten ist also oft schwierig und bedarf einer sorgfältigen Abwägung.[16] Liest man die Gutachten von manchen Messdienstleistern, dann hat man allerdings den Eindruck, dass sich diese zutrauen, jede Undichtheit eindeutig zu bewerten: Anscheinend abhängig von der Person des Beurteilenden werden festgestellte Undichtheiten immer als belanglos bezeichnet, sofern die Luftwechselrate bei 50 Pascal den jeweiligen Grenzwert nicht überschreitet, oder jede festgestellte Undichtheit wird als Verstoß gegen die Regeln der Technik und oft sogar als mögliche Ursache für spätere Feuchteschäden angesehen und als Mangel deklariert.
Eine eindeutige Fehlinterpretation liegt vor, wenn anhand einer Luftdurchlässigkeitsmessung die Qualität der Winddichtung beurteilt wird. Die Winddichtung muss nicht so dicht sein wie die Luftdichtung. Natürlich wird bei der Luftdurchlässigkeitsmessung auch die Winddichtung von Luft durchströmt. Da aber die Luftdichtheitsebene die dichtere ist, bestimmt sie die Luftmenge und –geschwindigkeit, so dass eine Beurteilung der Winddichtung mit dieser Messmethode nicht möglich ist.

Neben Fehlern bei der Interpretation der Messergebnisse gibt es leider auch immer wieder Fehler bei der Durchführung und Dokumentation der Messung:

- Der Messdienstleister klebt Undichtheiten zu. Sofern es sich dabei um provisorische Abdichtungen handelt, ist das quantitative Messergebnis nicht geeignet, das Einhalten eines Grenzwertes zu belegen.
- Der Messbericht enthält keine nachvollziehbare Volumenberechnung. Oft wird auch fälschlicherweise der umbaute Raum statt des Nettovolumens verwendet, was zu erheblich niedrigeren Ergebnissen führt.
- Der Bauzustand wird nicht dokumentiert. Somit ist unklar, ob durch den weiteren Baufortschritt noch mit Änderungen des Messergebnisses gerechnet werden muss.
- Die Gebäudepräparation wird nicht dokumentiert.[17] Meist findet man zwar eine Angabe darüber, ob die Messung dem Verfahren „A" oder „B" der Messnorm entspricht, aber welche Öffnungen am Gebäude vorhanden waren und welche davon geschlossen oder abgeklebt wurden bleibt unklar.

## 6 Fazit

Die Blower-Door-Messung ist gut geeignet um die Luftdurchlässigkeit von Gebäuden quantitativ zu beurteilen und beispielsweise Auswirkungen auf die Lüftungswärmeverluste abzuschätzen. Die Lecksuche bei Unterdruck ergibt außerdem einen guten Eindruck darüber, inwieweit Zugerscheinungen auch im Normalbetrieb zu erwarten sind. Beim Auftreten von Feuchteschäden im Bauteil kann mit Hilft der Blower-Door-Messung beurteilt werden, ob es sich um einen Schaden infolge von Konvektion warmer Raumluft ins Bauteil handelt. Umgekehrt ist es dagegen nicht möglich, mit Hilfe von Blower-Door-Messungen Feuchteschäden zu prognostizieren – Undichtheiten gibt es an fast allen Gebäuden, aber konvektionsbedingte Feuchteschäden nur gelegentlich.
Zur Durchführung der Messung ist die Kenntnis des Messverfahrens nach DIN EN 13829 erforderlich. Die Interpretation der Messergebnisse, insbesondere die Leckagebewertung, erfordert Augenmaß und einige praktische Erfahrung.

## 7 Literatur

[1] EMPA; Hg: *Luftwechselmessungen in nichtklimatisierten Räumen unter dem Einfluß von Konstruktions-, Klima- und Benutzerparametern - Bericht II*. Empa-Bericht 36630. EMPA, Dübendorf (Schweiz) ca. 1977

[2] Christoph Tanner: *Die Messung von Luftundichtigkeiten in der Gebäudehülle.* Aachener Bausachverständigentage 1993. Bauverlag Wiesbaden und Berlin 1990

[3] Joachim Zeller: *Luftdichtheit der Gebäudehülle.* in RWE Bau-Handbuch, 13. Ausgabe, VWEW Energieverlag 2004

[4] Joachim Zeller, Sigrid Dorschky; Robert Borsch-Laaks und Wolfgang Feist: *Luftdichtigkeit von Gebäuden – Luftdurchlässigkeitsmessungen mit der Blower door in Niedrigenergiehäusern und anderen Gebäuden.* Institut Wohnen und Umwelt, Darmstadt, August 1995

[5] DIN EN 13829: *Wärmetechnisches Verhalten von Gebäuden - Bestimmung der Luftdurchlässigkeit von Gebäuden - Differenzdruckverfahren (ISO 9972:1996, modifiziert).* Beuth Berlin Februar 2001

[6] EnEV 2009: *Verordnung zur Veränderung der Energieeinsparverordnung – Vom 29. April 2009* in Verbindung mit *Verordnung über energiesparenden Wärmeschutz und energiesparende Anlagentechnik bei Gebäuden (Energieeinsparverordnung – EnEV) – Vom 24. Juli 2007*

[7] DIN 4108-7: *Wärmeschutz und Energie-Einsparung in Gebäuden – Teil 7: Luftdichtheit von Gebäuden – Anforderungen, Planungs- und Ausführungsempfehlungen sowie –beispiele.* Beuth Berlin Januar 2011

[8] Johannes Werner und Matthias Laidig: *Empfehlung von Luftdichtheitsanforderungen.* in FLiB Buch Band 1, Fachverband Luftdichtheit im Bauwesen (FLiB) e.V. Berlin, 2. Auflage 2012

[9] *Güte- und Prüfbestimmungen für energieeffiziente Gebäude – RAL-GZ 965.* Ausgabe April 2009, Download unter www.effiziente-gebaeude.de

[10] *Zertifizierungskriterien für Passivhäuser mit Wohnnutzung.* Download unter www.passiv.de

[11] Rainer Oswald: *Vernachlässigte Details – Luftdichtheit von Anschlüssen.* db 9/1995

[12] DIN 1946-6: *Raumlufttechnik – Teil 6: Lüftung von Wohnungen – Allgemeine Anforderungen, Anforderungen zur Bemessung, Ausführung und Kennzeichnung, Übergabe/Übernahme (Abnahme) und Instandhaltung.* Beuth Berlin Mai 2009

[13] Joachim Zeller: *Möglichkeiten und Grenzen der Luftdichtheitsprüfung.* in Aachener Bausachverständigentage 2001, Vieweg Wiesbaden 2001

[14] Joachim Zeller: *Luftdichtheitsanforderungen in der Gegenwart.* in FLiB Buch Band 1, Fachverband Luftdichtheit im Bauwesen (FLiB) e.V. Berlin, 2. Auflage 2012

[15] Karl Biasin und Joachim Zeller: *Luftdichtigkeit von Wohngebäuden.* VWEW Energieverlag Frankfurt, 3. Auflage 2002

[16] Rainer Oswald und Ruth Abel: *Hinzunehmende Unregelmäßigkeiten bei Gebäuden.* Bauverlag Wiesbaden und Berlin, 2. Auflage 2000

[17] Wilfried Walther: *Typische Fehlerquellen bei der Luftdichtheitsmessung.* in Aachener Bausachverständigentage 2013, Springer Vieweg Wiesbaden 2013

**24. Hanseatische Sanierungstage**
**Messen Planen Ausführen**
**Heringsdorf 2013**

# Denken, sehen oder messen? – vom Wert des „zerstörungsfreien Nachdenkens" und kleiner, zerstörender Untersuchungen

**R. Oswald**
Aachen

## Zusammenfassung

Für viele Beurteilungsaufgaben im Zusammenhang mit Mangel- und Schadensstreitigkeiten des Hochbaus sind inzwischen zerstörungsfreie Messmethoden mit handlichen, auch für kleinere Planungs- und Gutachterbüros erschwinglichen Geräten verfügbar. Das ist grundsätzlich begrüßenswert, führt aber auch zu Fehlentwicklungen. Es scheint, dass auf einigen Arbeitsfeldern des Bausachverständigen inzwischen Begutachtungen ohne den Einsatz von Messgeräten von manchen Auftraggebern als minderwertig eingeschätzt werden. So gewinnt man bei der kritischen Lektüre von Bauschadensgutachten manchmal den Eindruck, dass nicht technische Notwendigkeiten, sondern in erster Linie Imageaspekte Anlass für Messungen waren.

Man kann weiterhin beobachten, dass es auf dem Markt der Anbieter von Gutachterleistungen eine nicht kleine Gruppe von Personen gibt, die offenbar meint, dass mit dem Erwerb eines Messgeräts auch die Kompetenz erworben wurde, ein Gebäude sachkundig zu beurteilen. Die Spanne der Fehlbegutachtungen reicht von völlig unnötigen Messungen, über die fehlerhafte Gerätebedienung, bis hin zu falschen Schlussfolgerungen aus fehlerfrei ermittelten Messdaten. Der Vortrag stellt dazu Beispiele dar. Es bedarf dann eines großen Aufwands und ggf. mehrerer Gegengutachten, um die Fehlbegutachtungen wieder zu korrigieren. Deren Ergebnisse haben sich die davon profitierenden Streitparteien nämlich gerne und überzeugt zu Eigen gemacht, basieren sie doch scheinbar auf „objektiven" Messwerten. Wenig seriöse Messgerätverkäufer fördern diese Entwicklung, indem sie suggerieren, dass mit ihren Geräten ohne viel Aufwand und Nachdenken per Kopfdruck oder Mausklick verlässliche Daten gewonnen werden können.

## 1 Sinnvolle Vorgehensweise bei Begutachtungen

Der Beitrag möchte daran erinnern, dass Messungen in sehr vielen Fällen nicht das A & O von Begutachtungen sein sollten. Selbstverständlich gibt es Fälle, in denen der Sachverständige unmissverständlich aufgefordert wird, zu beurteilen, ob ein bestimmter Messwert (z.B. zur Luftdichtheit) eingehalten wurde. Dann sind Messungen natürlich unumgänglich. Grundsätzlich sollte aber anders vorgegangen werden. Der Beitrag beschränkt sich dabei auf die typischen Problemstellungen, die bei der Bauschadensanalyse im Rahmen von gerichtlichen Gutachten zu lösen sind.

Eine typische Veröffentlichung von großem Gewicht, die nach meiner Ansicht hinsichtlich der Bedeutung von Messungen falsche Signale setzt, ist *der „DIN Fachbericht 41 8: 2010 09 – Vermeidung von Schimmelwachstum in Wohngebäuden“* (dieser Fachbericht wird nach einer Einspruchssitzung vom 18.03.2013 zurzeit überarbeitet und wird demnächst als Gelbdruck der Fachöffentlichkeit zur Diskussion vorgelegt werden).
Die Passage des Fachberichts, die sich mit der Beurteilung der baulichen Ursachen von Schimmelschäden befasst, beginnt mit dem Abschnitt „Messungen“. Das ist kritikwürdig. Die meisten Messungen im Schimmelzusammenhang sind nämlich über mehr als die Hälfte des Jahres klimabedingt nicht möglich. Messungen ergeben zudem nur bedingt „harte Fakten“. Sie können stark fehlerbehaftet und interpretationsbedürftig sein. Auch dazu gibt der Vortrag Beispiele.
Der visuellen, durch Pläne und günstigstenfalls durch Baustellenfotos belegten Klärung der baukonstruktiven und ausführungstechnischen Randbedingungen ist der Vorzug zu geben. Man hat mit der Interpretation des Schadensbildes zu beginnen. Bereits die Verteilung der Schäden am Bauteil oder Gebäude und der Oberflächenzustand lassen häufig eine grundsätzliche Ursachenzuordnung zu. Ergibt z.B. die Untersuchung nach Studium der vorliegenden Pläne (und Überprüfung der Übereinstimmung von Planangaben mit der realisierten Wirklichkeit), dass ein Stahlbetonringbalken in einer 30er Wand der 60er Jahre völlig ungedämmt eingebaut wurde, so sind weder Messungen erforderlich, noch Berechnungen nötig, da ein solcher Querschnitt mit Sicherheit nicht den Mindestwärmeschutzanforderungen entspricht.

## 2 Ursachenanalysen als rückgekoppelter Prozess

Die mit Sachverstand durchgeführte Betrachtung der Situation, ggf. kombiniert mit sehr begrenzten, bauteilöffnenden Untersuchungen ist überzeugender und in der Regel auch schneller und kostengünstiger als eine ggf. teure Langzeitmessung an einer Wärmebrücke. Nach der Erfahrung kann man sich über die Interpretation solcher Messungen nämlich anschließend noch unter Sachverständigen jahrelang streiten. Messungen sind meist nur als zusätzliches Hilfsmittel anzusehen.

Die Untersuchung sollte daher bei Bauschäden nicht mit Messungen beginnen, sondern zunächst mit einer sachkundigen Besichtigung des Objekts und der Schadensbilder sowie der Sichtung der zur Verfügung stehenden Unterlagen.
Danach sollte man die Frage angehen, ob das Problem nicht ganz ohne Untersuchungen lösbar ist. Im Rechtsstreit ist dazu zu klären, ob die Frage zwischen den Verfahrensbeteiligten überhaupt streitig ist oder ob nicht bereits Vorgutachter den Sachverhalt erschöpfend untersucht haben und die Verfahrensbeteiligten der Verwertung der Ergebnisse zustimmen können.
Es bleibt weiter zunächst zu klären, ob ggf. andere Beweismittel vorliegen, also z.B. Planunterlagen und Lieferscheine, die selbstverständlich dann auf ihre Plausibilität und auf ihre tatsächliche Verwirklichung überprüft werden müssen. In vielen Fällen sind die Sachverhalte dann schon weitgehend klar und benötigen dann ggf. nur noch kleine Untersuchungen zur Bestätigung der durch Nachdenken und Schlussfolgerungen gefundenen Ergebnisse.
Schließlich sollte man sich fragen, ob das Problem nicht durch Grenzwertbetrachtungen lösbar ist. Man überlegt, ob auch in der ungünstigsten denkbaren Konstellation der Einflussgrößen der behauptete Schadenshergang überhaupt möglich ist. Sind diese Schritte getan, kann weiter systematisch Vorgegangen werden. Die Untersuchung ist dann meist ein rückgekoppelter Prozess: Das Flussdiagram zeigt den rückgekoppelten Prozess am Beispiel der Klärung der Ursachen von Rissen.

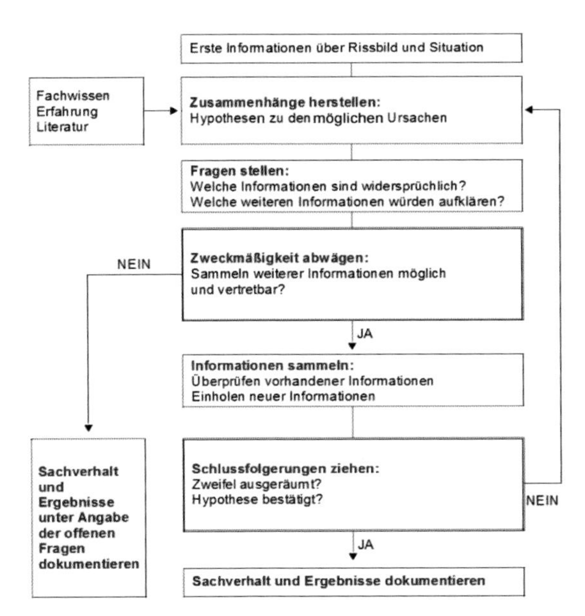


**Bild 1**: Flussdiagramm zur systematischen Vorgehensweise bei der Schadensanalyse

Man sammelt zunächst erste Informationen über das Rissbild und die Situation. Auf der Grundlage der eigenen Erfahrung, des Fachwissens und ggf. hinzugezogener Literatur stellt man Hypothesen zu den Ursachen auf und fragt sich, welche weiteren Untersuchungen erforderlich sind, um bei mehreren möglichen Hypothesen die richtige herauszufiltern. Man sammelt weitere Informationen und fragt sich dann, ob die zusätzlichen Informationen die Zweifel ausgeräumt und eine der Hypothesen bestätigt haben. Ist dies nicht der Fall oder erweisen sich die bisher aufgestellten Hypothesen als falsch und unhaltbar, so stellt man neue Hypothesen zu den möglichen Ursachen auf und durchläuft den Untersuchungsprozess erneut.

## 3 Unbeantwortete Gutachtenfragen

Mir ist wichtig darauf hinzuweisen, dass in den Untersuchungsablauf ein weiteres wichtiges Entscheidungselement eingeschoben werden muss – nämlich die Klärung der Frage, ob die weiteren Untersuchungen noch mit angemessenen Aufwand möglich und auch – in Bezug auf die Bedeutung des Problems – noch vertretbar sind. Ist dies nicht der Fall, kann eine Untersuchung durchaus zum Ergebnis kommen, dass Teilaspekte des Problems mit vertretbarem Aufwand nicht zu klären sind und Fragen offen bleiben müssen. Dies sollte im Gutachten nicht schamhaft verschwiegen sondern ausdrücklich thematisiert werden. Gutachten, die nach sorgfältiger Klärung und Abwägung Fragen offen lassen, sind nicht zu bemängeln sondern verantwortungsbewusst.
Ein Richter kann auch mit nicht beantworteten Sachverständigenfragen viel anfangen, da dann davon auszugehen ist, dass die beweispflichtige Partei den zur Begründung ihrer Forderungen beantragten Sachverständigenbeweis nicht erbringen konnte.
Auch hinsichtlich dieses Aspekts hat der Fachbericht DIN 4108-8 keinen die Qualität von Gutachten fördernden Effekt:

Zu Beginn des Abschnitts 8 des Fachberichts wird nämlich die Forderung aufgestellt, dass durch die Begutachtung „eindeutig“ geklärt werden sollte, „ob die Ursache auf baukonstruktive oder nutzerbedingte Einflüsse zurückzuführen ist“. Dies ist gerade bei Schimmelschäden eine sehr häufig nicht erfüllbare Forderung.

Dies hat im Wesentlichen zwei Gründe:
Zum Ersten sind die Ursacheneinflüsse außerordentlich vielfältig. In Wirklichkeit ist für die meisten Streitfälle charakteristisch, dass sowohl nutzerbedingte als auch baulich bedingte Einflüsse zum Schimmelschaden geführt haben. Es gibt in sehr vielen Fällen keinen eindeutigen „Verlierer“ und „Gewinner“.
Zum Zweiten muss beachtet werden, dass hinsichtlich des Untersuchungsaufwands die Verhältnismäßigkeit gewahrt werden muss. Schimmelpilzstreitigkeiten zwischen Mieter und Vermieter haben häufig einen Streitwert, der bei 500 € bis 2.000 € liegt.

Der Aufwand einer völlig eindeutigen Klärung – sowohl der baukonstruktiven Situation, wie der Beheizungs- und Belüftungssituation – ist unter diesen Kosten-Randbedingungen häufig nicht zu leisten. Der Sachverständige ist insofern auf Einschätzungen angewiesen. Das liegt in der Natur der Sache. Diese Einschränkungen in der Aussagegewissheit müssen natürlich im Gutachten thematisiert werden. Diese Passage des Berichts fordert vom Gutachter praktisch häufig Unmögliches.

## 4 Zerstörende Untersuchungen

Die – nach meiner Einschätzung in weiten Teilen völlig unnötige – breite juristische Diskussion über die rechtlichen Konsequenzen zerstörende Untersuchungen durch den Sachverständigen hat dazu geführt, dass viele Kollegen vor jeglichen zerstörenden Untersuchung am Objekt zurückschrecken und lieber versuchen, nur noch zerstörungsfreie Messmethoden anzuwenden. Ich halte diese Entwicklung für sehr unglücklich.

Kleine zerstörende Untersuchungen z.B. zur Feststellung der Schichtdicken, zur Ermittlung der tatsächlich eingebauten Materialien, zur Klärung des Vorhandenseins von Dämmschichten u. s. w. sind kostengünstiger und aussagefähiger und führen weniger zu Streitigkeiten als Messungen, die in der Regel interpretationsbedürftig sind. Eine kleine zerstörende Untersuchung ist nach meiner Ansicht in vielen Fällen einer zerstörungsfreien Messung vorzuziehen. Das gilt umso mehr, wenn man bedenkt, dass ohnehin auch die meisten „zerstörungsfreien“ Messmethoden nicht ohne Probeentnahmen aussagefähig sind, die zur Kalibrierung der Messwerte nötig sind.

Hier soll nicht der Eindruck entstehen, dass Messungen grundsätzlich negativ zu bewerten sind. Zerstörungsfreie Messmethoden wie die Thermografie oder Messreihen mit dem kapazitiven Feuchtemessgerät können einen wertvollen Überblick über den Zustand von Bauteilen geben. Deutliche Änderungen des Messwertes geben dann schon wichtige Hinweise, denen dann durch andere Untersuchungsmethoden genauer nachgegangen werden muss.

## 5 Stichproben

Ein besonderes Problem stellt die Frage nach der notwendigen Zahl und Lage von Stichproben dar, die mindestens genommen werden müssen, um eine zuverlässige Aussage über das Gesamtproblem machen zu können.
Zunächst muss dazu nach technischen Kriterien geklärt werden, wie groß die mögliche Streuung des zu untersuchenden Merkmals am Objekt sein kann und welcher Genauigkeitsgrad erforderlich ist.

Die mögliche Streuung ergibt sich in der Regel aus dem technischen oder physikalischen Zusammenhang, aus Dokumenten (Plänen oder Baustellenfotos) sowie aus der Erfahrung. So kann bei älteren Gebäuden, die mehrere Umbauphasen durchlaufen haben, das Mauermaterial der Außenwände erheblich variieren, während auf einem in einem Zug hergestellten Industriehallendach die Art des verwendeten Dämmstoffs in der Regel wenig variiert (ggf. können dort zwei Dämmstoffe aus Brandschutzgründen nebeneinander eingebaut worden sein).

Die erforderliche Genauigkeit ergibt sich aus dem Ziel der Untersuchungen und aus der Bedeutung des Merkmals. Es ist z.B. zu untersuchen, ob der Korrosionszustand der Fassadenverankerungen den Absturz von Fassadenteilen befürchten lässt und ob ggf. eine Nachverankerung erforderlich ist, so wird man eine große Zahl von Untersuchungen durchführen müssen, sobald die ersten Untersuchungen an besonders ungünstigen Stellen (z.B. auf der Wetterseite) zeigen, dass tatsächlich Korrosionsprobleme vorliegen.

Weiterhin sind für den Umfang von Stichproben natürlich die technische Praktikabilität – also die Erreichbarkeit des zu untersuchenden Bauteils und die technischen und optischen Folgen zerstörender Untersuchungen – maßgeblich. Untersuchungen an Stahlbetonbodenplatten wird man z.B. auf ein Minimum reduzieren, in anderen Fällen mit einer leichten Erreichbarkeit des Untersuchungsschwerpunkts – z.B. der Zustand einer Wärmedämmung unter einer Dacheindeckungen – ist eine größere Stichprobenzahl unproblematisch zu realisieren.

Schließlich sind die Verhältnismäßigkeit des Aufwands in Bezug auf den Streitwert, den Nacherfüllungskosten sowie die Beeinträchtigung der Nutzbarkeit durch die Untersuchung von entscheidender Bedeutung. Auch die finanziellen Möglichkeiten des Auftraggebers und das sich aus der Untersuchung ergebende Risiko des Sachverständigen sind zu berücksichtigen. Ein sinnvolles Vorgehen umfasst folgende Schritte:

(1) Zunächst ist der Zweck der Untersuchungen zu klären.
(2) Dann ist der erforderliche Genauigkeitsgrad zu ermitteln.
(3) Dann sind die Untersuchungsalternativen aufzulisten, jeweils unter Abschätzung des Untersuchungsaufwands und der geringstmöglichen Stichprobenzahl.
(4) Dann sind die verschiedenen Untersuchungsalternativen nach inhaltlichen Kriterien zu bewerten:
    (4.1) Ist die Untersuchung notwendig oder sinnvoll?
    (4.2) Ist sie – sowohl technisch (Erreichbarkeit) als auch juristisch durchführbar
    (4.3) Besteht ein nicht tragbares Haftungsrisiko?
(5) Schließlich ist zu fragen, ob in ökonomischer Hinsicht der geplante Untersuchungsaufwand verhältnismäßig ist.

(6) Danach sind Entscheidungen über die Untersuchungen zu treffen und mit dem Auftraggeber abzustimmen bzw. die Zustimmung der Eigentümer einzuholen.
(7) Danach kann mit der Untersuchung begonnen werden.
(8) Weitere Untersuchungen sind dann von den Zwischenergebnissen abhängig.
(9) Abschließend sind die Ergebnisse zu dokumentieren und es ist ggf. auf Einschränkungen hinzuweisen.

Man sollte sich als Sachverständiger klar sein, dass in den meisten Fällen eine im statistischen Sinne wirklich repräsentative Stichprobe nicht gezogen werden kann, da dies praktisch mit einer so weitgehenden Zerstörung des Bauteils verbunden wäre, dass man auch gleich auf Abbruch entscheiden könnte.

Ein typisches Beispiel für die Nichtdurchsetzbarkeit einer repräsentativen Stichprobenzahl bietet für mich die genormte Bestätigungsprüfung für Estriche. Ich zitiere dazu aus DIN 18560 1 „Estriche“:

*„Die Bestätigungsprüfung ist nur in Sonderfällen durchzuführen, wenn z.B. erhebliche Zweifel an der Güte des Estrichs im Mauerwerk bestehen. Es kann nötig werden, die Eigenschaften durch Entnahme von Proben aus dem Estrich zu bestimmen“. Dann wird z.B. zur Überprüfung der Dicke ausgeführt „Dicke: Ausreichend viele, gleichmäßig verteilte Stellen – Richtwert: Bei einer Fläche bis 100 m² pro 10 m² eine, mindestens 4 Stellen; bei größeren Flächen können auch weniger vorgesehen werden. Die Prüfstellen müssen mindestens 15 cm vom Rand entfernt sein und sind auf volle Millimeter aufzurunden.“*

Solche Forderungen sind in den Fällen, in denen die Öffnungsstellen nicht mehr optisch unauffällig verschließbar sind – und das ist z.B. für mit Fliesen und Platten oder Parkett belegte Estriche der Regelfall, nicht realisierbar. Sie laufen nämlich auf den völligen Abbruch des Estrichs nach der Untersuchung des Sachverständigen hinaus. Auch hier müssen die Schwierigkeiten einer repräsentativen Untersuchung thematisiert und den Auftraggebern dargelegt werden und möglichst gemeinsam ein vernünftiger Kompromiss gefunden werden.

Abschließend ist festzuhalten, dass dem klugen systematischen Vorgehen bei der Bauschadensbegutachtung - dem zerstörungsfreien Nachdenken - eine wesentlich größere Bedeutung zukommt als dem Messen.

Die Erfahrungen aus vielen Fällen mit fehlerhaftem Einsatz von Messgeräten, die ich im Verlauf der Jahre sammeln konnte, möchte ich zum Abschluss mit folgender Empfehlung zusammenfassen:

- Mit dem Einschalten von Messgeräten sollte man niemals die praktische Vernunft und den Verstand ausschalten.
- Im Zweifelsfall führt die praktische Vernunft eher zum richtigen Ergebnis als eine Messung.
- Widerspricht ein Messergebnis der praktischen Vernunft, so sollte man eher an der Richtigkeit der Messung als am eigenen Sachverstand zweifeln.

**Literatur:**

[1] DIN 4108-8:2010-09 DIN Fachbericht Wärmeschutz und Energie-Einsparung in Gebäuden – Teil 8 Vermeidung von Schimmelwachstum in Wohngebäuden

[2] DIN 18560-1:2009-09 Estriche im Bauwesen

[3] Oswald, Rainer; Angemessene Antworten auf das komplexe Problem der Schimmelursachen? Stellungnahme zum DIN-Fachbericht 4108-8 in: Der Bausachverständige 1/2011

[4] Oswald, Rainer; Typische Beurteilungsprobleme bei flüssig ausgebrachten Abdichtungen in: Forum Altbausanierung 5 – Oberflächentechnologien und Bautenschutz, Berlin 2010

**24. Hanseatische Sanierungstage**
**Messen Planen Ausführen**
**Heringsdorf 2013**

# Erkennen von Schadstoffen im Vorfeld und während der Sanierung von Bauwerken

**N. Kornmacher**
Hamburg

## Zusammenfassung

Im Laufe der vergangenen Jahrzehnte wurden unterschiedlichste Baustoffe bei der Errichtung von Gebäuden eingesetzt, die jeweils dem zur Bauzeit geltendem Stand der Technik entsprachen. Die heute in vielen Bauwerken notwendigen Erneuerungen von maroden Leitungsnetzen erfordern einen Eingriff in die Bausubstanz, der die bis dahin verborgenen und oftmals auch gut verschlossenen Baustoffe freilegt, die nach heutigem Kenntnisstand Schadstoffe beinhalten. In der Folge wird aus mancher Modernisierung auch gleichzeitig eine Sanierung im Sinne der Schadstoffbeseitigung. Es gibt sehr leicht erkennbare Schadstoffe, einige sehr bekannte Schadstoffe, aber auch Belastungen, die weniger offensichtlich und weniger prominent sind, jedoch deshalb nicht weniger gefährlich.
In der Praxis ist es daher für die am Bau Beteiligten wichtig, für die relevanten Schadstoffe sensibilisiert zu sein und gefährliche von ungefährlichen Stoffen unterscheiden zu können. Im Zweifel ist stets ein Sachverständiger hinzuzuziehen, der die Gesundheitsgefährdung sicher beurteilen kann.

# 1 Einordnung des Gebäudes

## 1.1 Zeitliche Einordnung des Gebäudes

Die erste Besichtigung eines Bauwerkes lässt bereits vor Beginn der Sanierungsarbeiten eine vorläufige Einschätzung der Risiken zu. Hierbei sind insbesondere Informationen über den Zeitpunkt der Erstellung des Gebäudes und den Zeitpunkt einer ggf. erfolgten Modernisierung wichtig. Beispielsweise sind asbesthaltige Baustoffe seit 1990 in der EU verboten, oder PAK-haltige Kleber (PAK: Polyaromatische Kohlenwasserstoffe) für Bodenbeläge seit Anfang der 70er Jahre nicht mehr verwendet worden. Die größte Wahrscheinlichkeit für das Vorhandensein gesundheitsgefährdender Baustoffe besteht bei Gebäuden, die nach Kriegsende 1945 besonders eilig errichtet wurden und durch die zunehmende Industrialisierung mit einer Vielzahl von chemisch hergestellten Produkten durchsetzt sind.

## 1.2 Geographische Einordnung des Gebäudes

Ein weiterer Aspekt ist die geographische Lage des Gebäudes. Nicht nur bei der Gestaltung und Ausführung der Arbeiten, sondern auch bei dem Materialeinsatz gibt es regional gravierende Unterschiede. So wurden in München schon seit 1912 keine Bleileitungen mehr eingebaut, bundesweit verboten wurde der Einsatz von Blei in Trinkwasserleitungen jedoch erst 1973. Ein weiteres Beispiel ist der Einsatz von DDT (Dichlordiphenyltrichlorethan), welches als Holzschutzmittel bereits 1972 in den alten Bundesländern verboten wurde, in den neuen Bundesländern jedoch bis Ende der 90er Jahre eingesetzt wurde. Baumaterialien sind oftmals voluminös oder schwer und somit aus wirtschaftlichen Gründen nicht besonders weit transportierbar, weshalb diese meist aus der näheren Umgebung des Bauwerkes bezogen werden. Aus diesem und dem zuvor genannten Umstand ist ein Wissen über die regionalen Umstände von Vorteil.

## 1.3 Qualitative Einordnung des Gebäudes

Die Wertigkeit des Gebäudes ist ein bedeutender Faktor bei der Gefährdungs-Beurteilung, denn je hochwertiger die Bausubstanz ist, desto weniger treten Schadstoffe auf. Diese Tatsache ist weitgehend unabhängig vom Baujahr und der Region. Es sind dennoch auch bei sehr hochwertigen Gebäuden vereinzelt immer wieder Schadstoffe aufzufinden, weshalb der erste Eindruck den Blick nicht trüben sollte.

### 1.4 Substanzielle Einordnung des Gebäudes

Die möglichen Schadstoffquellen sind je nach Bausubstanz sehr unterschiedlich. So finden sich in Holzhäusern tlw. andere Schadstoffe als in Massivbauweise errichteten Häusern. Dies ist ggf. für das Mitführen der entsprechenden Messgeräte entscheidend.

### 1.5 Nutzungsspezifische Einordnung des Gebäudes

Eine spezielle Nutzung eines Gebäudes, beispielsweise als Pferdestall oder als Krankenhaus, um einmal besonders gegensätzliche Nutzungen zu nennen, führt selbstverständlich zu besonderen Umständen. Im Fall einer Havarie kann es durch Vermischung ungewöhnlicher Substanzen zu ungewohnten Schadstoffbelastungen oder ungewohnten Freisetzungen kommen.

## 2 Vor der Sanierung erkennbare Hinweise auf Schadstoffe

Eine erste Einordnung des Gebäudes kann möglicherweise stattfinden, ohne dass das Gebäude in Augenschein genommen wird.
Konkreter wird es erst, wenn die Bausubstanz vor Ort besichtigt wird. Noch bevor erste Sanierungsarbeiten begonnen werden, ist eine Gefährdungsbeurteilung durchzuführen, deren Ergebnis möglicherweise die Sanierungsmaßnahmen im Umfang oder der Art der Durchführung beeinflusst. Nachstehend sind die Hinweise aufgelistet, die in der Praxis häufig auftreten und Beachtung verdienen.

### 2.1 Gerüche

Der Geruch ist ein erstes wichtiges Signal, welches wir empfangen können. Damit dieses Signal nicht verfälscht wird, sollte das Gebäude betreten werden, ohne vorher den Geschmacks- und Geruchssinn getrübt zu haben. Demzufolge nicht unmittelbar vorher Rauchen oder scharf Essen, kein Kaugummi kauen etc. Auch sollte man möglichst alleine sein, um nicht von Parfumstoffen anderer Personen beeinflusst zu werden. Manche Gerüche sind nur schwer wahrnehmbar und sie bieten häufig den einzigen Hinweis auf optisch verdeckte Problembereiche.

Hinweise auf Schadstoffe bieten folgende Gerüche:

- „Muffig“: Ein solcher Geruch kann ein Indiz für erhöhte Feuchtigkeit sein. Dies sollte eine genauere Betrachtung des Boden- und Wandaufbaus nach sich ziehen, möglicherweise gibt es bereits sichtbaren Schimmelbefall. Vorsicht ist geboten, denn dieser Geruch wird meist vorschnell und endgültig dem

Schimmel zugeordnet. Es kann sich jedoch auch um Holzschutzmittel wie Formaldehyd, Lindan und evtl. auch PCP, TCP sowie PCB handeln. Nimmt man diesen Geruch beispielsweise ausschließlich im hölzernen Dachboden wahr, lassen sich andere Rückschlüsse ziehen, als wenn dies nur im Erdgeschoss oder Keller der Fall ist.

- „Moderig“: Schwierig zu unterscheiden von „muffig“ aber für eine geschulte Nase ein Indiz, dass es sich um Ausdünstungen handelt, die eher auf Schadstoffe hinweisen, welche in Verbindung mit Feuchtigkeit stehen.

- „Beißend“ oder „stechend“: Zunächst unangenehm und damit auch gleichzeitig besonders warnend. Beißende Gerüche deuten auf Lösungsmittel hin, die reizend auf die Schleimhäute wirken und auch in geringem Maße schmeckbar sind. Dieses deutet auf chloridhaltige Belastungen hin. Beispielsweise nach Brandschäden können derart chloridhaltige Niederschläge neben anderen Brandfolgeprodukten als Rauchgaskondensat zu finden sein.

Sofern man auf verdächtige Gerüche stößt und eine eindeutige Ursache nicht erkennbar ist, sollte unbedingt eine Raumluftmessung mit anschließender Laboruntersuchung stattfinden. Die Ergebnisse einer solchen Untersuchung werden genauere Hinweise auf die Quelle des Übels liefern.

## 2.2 Verfärbungen

Unabhängig von Gerüchen können Verfärbungen auf einen akuten oder auch bereits beseitigten Fall von Schadstoffbelastung hinweisen. Eine sehr prominente Verfärbung ist der „Wasserfleck“ oder der „Stockfleck“, der in vielen Wohnräumen zu finden ist. Eine Feuchtigkeitsmessung mit den gängigen Messinstrumenten liefert hier schnell genauere Erkenntnisse über den aktuellen Grad an Feuchte und lässt weitere Analysen zu.
Schwarze, punktförmige Flecken oder auch pelzige Wucherungen im Bereich von Wasserflecken deuten auf einen bereits fortgeschrittenen Schimmelbefall und dessen Entwicklung hin und sollten den Fachmann sensibel werden lassen.

Ein recht neues und bis dato nicht endgültig erforschtes Phänomen stellen dunkle, meist schwarze Verfärbungen auf Oberflächen dar, die sich ölig und schmierig anfühlen und schwer entfernbar sind. Das als Fogging benannte Phänomen lässt sich am ehesten auf kunststoffvergütete Materialien wie beispielsweise Möbel zurückführen. Hierbei handelt es sich in den seltensten Fällen um einen Baumangel, wobei auch Bodenbeläge möglicherweise als Ursache in betracht kommen können.

Hölzer, die an der Oberfläche weiß verfärbt sind, können durch einen Holzschwamm wie beispielsweise den „Weißen Porenschwamm“ oder auch den „Braunen Kellerschwamm“ befallen sein. Bei Verbretterungen ist an den Fugen oftmals nur ein kleiner Teil des Befalls sichtbar und kann vom Laien als Staub angesehen werden.

**Abb. 1:** Weißer Porenschwamm

## 2.3 Oberflächenveränderungen

Eine sehr einfach zu erkennender Schädling ist der im Volksmund als Holzwurm bezeichnete Nagekäfer, der runde Löcher (Fluglöcher) in der Oberfläche von Hölzern hinterlässt, hinter denen sich die Fraßgänge befinden. Sind zudem noch kleine Spanhäufchen vorhanden, handelt es sich mutmaßlich um einen akuten, noch nicht behandelten Befall.
Ebenso offensichtlich sind großflächig ausgebreitete Fruchtkörper von Schimmelpilzen, die weit über das Maß einer Verfärbung hinausgehen.

## 2.4 Einbauten

Vor allem in Bauwerken die vor 1980 errichtet wurden, können Kohleöfen, elektrische Nachtspeicherheizungen, Fassaden- und Dachplatten ein Hinweis auf eine vorhandene Asbestbelastung sein. Hierbei sollten auch Dichtungsschnüre an Abgasrohren oder Dachpappen als mögliche Schadstoffquellen untersucht werden.

# 3 Während der Sanierung erkennbare Schadstoffe

Erst durch das Entfernen von Verkleidungen, Vorsatzschalen, Bodenbelägen, manchmal auch nur Anstrichen oder Lacken werden die dahinterliegenden Bauteile sichtbar.
Wie bereits beschrieben, sind die meisten, heute als schädlich bekannten Baustoffe seit 20 bis 30 Jahren in Deutschland nicht mehr verbaut worden. Es wurden jedoch innerhalb dieses Zeitraumes an vielen Gebäuden, die noch deutlich älter als 30 Jahre sind, bereits Modernisierungsmaßnahmen oder Erweiterungsarbeiten durchgeführt.
Nicht immer wurden in diesem Zuge auch die Schadstoffe entfernt, so dass es vorkommen kann, dass man vordergründig moderne Bausubstanz sieht und erst beim Rückbau auf problematische Baustoffe aufmerksam wird.
In der Praxis ist dies regelmäßig problematisch, weil ursprüngliche Zeit- oder Kostenpläne angepasst werden müssen.

## 3.1 Dämmstoffe und Einschübe

Ein besonders interessanter und häufig nicht erkannter Schadstoff ist asbesthaltige Diatiomeen-Erde, die als Einschub in Holzbalkendecken zu finden ist. Optisch schwer zu unterscheiden von ausgeglühtem Sand und grade deshalb besonders gefährlich. Die asbesthaltige Diatiomeen-Erde gehört zu den schwach gebundenen Asbestprodukten und damit zu der besonders gesundheitsschädlichen Art. Die leicht rötliche Färbung erinnert an den Belag von Tennisplätzen.

**Abb. 2:** Asbesthaltige Diatomeenerde im Einschub

Leichter zu erkennen ist der als Dämmstoff verwendete Spritzasbest. Ebenfalls schwach gebundener Asbest, welches eine graue Färbung hat und auf Entfernung auch mit einem dunklen Putz verwechselt werden kann. Bei näherer Betrachtung jedoch leicht davon zu unterscheiden ist, zumal es sich weich anfühlt. Spritzasbest muss in jedem Fall von fachkundigen Personen unter Beachtung der einschlägigen Vorschriften entfernt werden.

**Abb. 3:** Spritzasbest in der Fensterlaibung

Einfach zu erkennen und grundsätzlich mit besonderer Vorsicht zu handhaben sind Dämmstoffe aus künstlichen Mineralfasern (KMF). Die langgestreckte Gestalt der Fasern macht diese lungengängig, weshalb KMF als potentiell krebserzeugend eingestuft wurden. Auch die seit dem Jahr 2000 hergestellten und als weniger bedenklich eingestuften Mineralfaserdämmstoffe, müssen mit Folie abgedichtet werden, um eine Faserfreisetzung zu vermeiden.

## 3.2 Rohrisolierungen

Innenliegende Rohrschächte im Mauerwerk wurden bis 1980 auch mit Spritzasbest isoliert.

## 3.3 Mauerwerk

Der im Volksmund „Mauerschwamm“ genannte „Echte Hausschwamm“ (Serpula Lacrymans) ist in Wirklichkeit ein Holz zerstörender Pilz, der aber anorganische Materialien über- und durchwachsen kann. Werden am Mauerwerk oder auch im Einschub die Hausschwamm-typischen, weißen Tröpfchen entdeckt, muss nach dem befallenen und ggf. verdeckt verbauten Holz gesucht werden. Oftmals finden sich nach weiterer Freilegung die befallenen Deckenbalken oder nur die befallenen Balkenköpfe in unmittelbarer Nähe. Hier ist höchste Wachsamkeit geboten!

**Abb. 4:** Echter Hausschwamm unterhalb des Estrichs

## 3.4 Bodenbeläge

PVC-Fliesenplatten oder auch Parkett sind bis 1980 sehr häufig mit asbesthaltigen Bitumenkleber verlegt worden, eine Laboruntersuchung ist notwendig, um die schwarze Klebermasse auf vorhandene Schadstoffe genau untersuchen zu können.

**Abb. 5:** PAK-haltige Kleber unter dem Parkett

**24. Hanseatische Sanierungstage**
**Messen Planen Ausführen**
**Heringsdorf 2013**

# Prüfung des Witterungsschutzes von Fassaden insbesondere bei Innendämmungen

**J. Gänßmantel**
Dormettingen

## Zusammenfassung

Die Fassaden eines Gebäudes übernehmen nicht nur dekorative Aufgaben, sondern auch technische Schutzfunktionen. Sie stellen die abschließende Hülle dar und schützen so gegen klimatische Einflüsse wie Regen, Wind, Kälte und übermäßige Sonneneinstrahlung. Beim Witterungsschutz ist eine ausreichende Schlagregensicherheit von Bedeutung, denn eine dauerhaft erhöhte Materialfeuchte in der Baukonstruktion kann zu Schäden führen. Dies ist besonders dann wichtig, wenn man an die Außenwand innenseitig eine Wärmedämmung einbaut, weil damit in die hygrothermischen Eigenschaften der Bestandskonstruktion eingegriffen wird. Neben dem allgemein mit einer Innendämmung in Verbindung gebrachten Tauwasserrisiko gelangt weniger Wärme von der Raumseite in die Außenwand, so dass die gesamte Konstruktion langsamer abtrocknet. Bei gegebener Schlagregenbelastung können bei unveränderter Außenfassade somit langfristig höhere Durchfeuchtungsgrade auftreten.
Der Prüfung und Bewertung des Witterungsschutzes und insbesondere des Schlagregenschutzes kommt daher eine besondere Aufgabe im Rahmen der Bestandsaufnahme zu. Der vorliegende Beitrag erläutert zunächst die Probleme bei der Beurteilung des Witterungsschutzes und gibt anschließend einen Überblick über die möglichen Mess- und Prüfverfahren im Labor und vor Ort. In der Praxis hat sich ein Vorgehen „Schritt für Schritt“ bewährt, bei dem kontinuierlich bewertet werden muss, mit welchem Aufwand = Messgeräteinsatz welcher Nutzen = Informationsgrad erzielt werden kann. Je nach Exposition, Art und Istzustand der zu beurteilenden Fassaden müssen die jeweils geeigneten Messungen ausgewählt, die damit ermittelten qualitativen und quantitativen Ergebnisse gegebenenfalls mit weiteren begleitenden Prüfungen abgesichert und auf dieser Basis schließlich mit Erfahrung und Sachverstand der vorhandenen Witterungsschutz bewertet werden.

# 1 Einleitung

## 1.1 Allgemeine Grundlagen

Die Fassaden sind die Außenansichten von Gebäuden (lat. facies = Gesicht). Sie haben daher zum einen eine optisch-dekorative Funktion, denn durch Gliederung, Gestaltung, Farbgebung usw. prägen sie das Erscheinungsbild und die Außenwirkung eines Gebäudes. Sie haben zum anderen auch eine wichtige technische Aufgabe zu erfüllen, in der Regel bauphysikalische Schutzfunktionen überwiegend vor Feuchtigkeit und schädigenden Umwelteinflüssen, aber auch zur Realisierung von Anforderungen des Schall- und Brandschutzes. Da sie ständig der Witterung und damit wechselnden Belastungen aus Temperatur, Feuchtigkeit, Frost, Salzen, Mikroorganismen usw. ausgesetzt sind, bauen sich diese Funktionen im Laufe der Zeit langsam ab. Werden Wartung und Inspektion von Fassaden vernachlässigt und es kommt zum Instandhaltungsstau, liegt schnell ein Instandsetzungsbedarf vor. Die Gebrauchs- und Altersspuren müssen dann beseitigt und die Schutzfunktionen wieder hergestellt werden.
Dabei hängen die zu ergreifenden Maßnahmen auch von der Art der Fassaden ab. Oft ist die Gebäudeaußenwand vollflächig durch Putze und Anstriche gegen die o. g. Einflussfaktoren geschützt worden, die so auch gestalterische Funktionen übernahmen. Vielfach wurden aber auch die Konstruktionen gezeigt und so als Sichtmauerwerk, Sichtfachwerk usw. sichtbar gemacht. Das heißt, im ersten Fall werden die Schutzfunktionen im Wesentlichen durch die Eigenschaften der Beschichtung, im zweiten Fall durch die Eigenschaften der konstruktiven Bauteile und deren Verbindung miteinander bestimmt.
Der Schutzfunktion vor Feuchtigkeit kommt dabei eine besondere Bedeutung zu. Je nach Ausrichtung der Fassaden werden diese unterschiedlich von Niederschlägen und Schlagregen belastet. Wenn mehr Feuchtigkeit aufgenommen als abgegeben wird, erhöht sich der Durchfeuchtungsgrad langfristig. Damit verschlechtert sich die Wärme dämmende Eigenschaft des Bauteils und die Risiken für einen Befall mit Mikroorganismen werden erhöht.

## 1.2 Besonderheiten bei Innendämmungen

Die energetische Ertüchtigung von Bestandsgebäuden mit Hilfe raumseitiger Wärmedämmung wird zukünftig verstärkt Anwendung finden. Steigende Energiepreise und ein verändertes Verbraucherbewusstsein führen zu einer wachsenden Nachfrage. Bei der energetischen Ertüchtigung eines Gebäudes wird mit der Anbringung einer Dämmung auf der Außenseite z. B. eines Wärmedämmverbundsystems (WDVS) eine neue vor Schlagregen schützende Schicht aufgebracht, so dass dieser Belastung im Rahmen der Sanierung in der Regel keine weitere Beachtung geschenkt werden muss. Durch die Montage einer

Innendämmung wird jedoch erheblich in die hygrothermischen Eigenschaften der Bestandskonstruktion eingegriffen. [1]
Neben dem allgemein mit einer Innendämmung in Verbindung gebrachten Tauwasserrisiko gelangt weniger Wärme in die Außenwand, so dass die gesamte Konstruktion langsamer abtrocknet. Bei gegebener Schlagregenbelastung können bei unveränderter Außenfassade somit langfristig höhere Durchfeuchtungsgrade auftreten. Das bedeutet für den Planer, dass vor der Auswahl und Dimensionierung einer Innendämmung ein Blick auf die Außenwand unabdingbar ist. Die möglicherweise vorhandene Schlagregenbelastung und die Diffusionsdichtigkeit des Bauteils beeinflussen die Auswirkungen einer möglichen Innendämmung und haben Einfluss auf die Auswahl der Art des Innendämmsystems (Kondensat verhindernd/begrenzend/tolerierend) und dessen Bemessung. [2][3]

## 2 Probleme bei der Beurteilung des Witterungsschutzes

### 2.1 Allgemeine Einflussfaktoren

Abhängig vom Bauwerksstandort, der jeweiligen Fassadenexposition und der konstruktiven Rahmenbedingungen wirkt die Witterung unterschiedlich stark auf Fassadenoberflächen ein. Dabei sind tages- und jahreszeitliche Wechsel von Temperatur, Feuchte, Schadstoffen etc. zu berücksichtigen. Die Fassadenoberflächen sind dadurch unterschiedlichen physikalischen, chemischen und biologischen Verwitterungsvorgängen ausgesetzt.
Bei der Beantwortung der Fragestellung „Sind die Fassaden ausreichend vor Feuchtigkeit geschützt?“ im Sinne des Schutzes vor erhöhter Schlagregenbelastung sind daher nicht allein Prüfungen zur Aufnahme von Feuchtigkeit über die Zeit erforderlich. Grundsätzlich müsste auch das Trocknungsverhalten der Fassaden bewertet werden. Schlagregenschutz ist dann gegeben, wenn die austrocknende Feuchtigkeitsmenge dauerhaft größer ist als aufgenommene. Bei ausschließlicher Prüfung des Schlagregenschutzes würden z. B. hydrophile Fassadenbeschichtungen, die als Stand der Technik zur möglichen Reduzierung von Algenbildung auf WDVS eingesetzt werden, versagen! Zerstörungsfrei lässt sich die Feuchtigkeitsabgabe vor Ort jedoch (noch) nicht messen.
Die o. g. Fragestellung zum dauerhaften Feuchteschutz der Fassaden muss grundsätzlich auch andere Feuchteaufnahmemechanismen erfassen. Eine schlagregengeschützte Außenwand kann trotzdem durchfeuchtet sein, wenn zum Beispiel infolge der kapillaren Leitfähigkeit des Mauerwerks Feuchtigkeit durch defekte oder fehlende Abdichtungen ungehindert in das Bauteil eindringen und kapillar nach oben transportiert werden kann.

## 2.2 Einfluss der Fassadenausrichtung

Oft ist die Beurteilung des Schlagregenschutzes an einer einzigen Fassade einer bestimmten Ausrichtung nicht hilfreich. Vielmehr müssen grundsätzlich alle Fassaden eines Gebäudes bewertet werden. Die „Gretchenfrage“ dabei ist in vielen Fällen: „Welche ist eigentlich die Schlagregenseite und wirkt sich Schlagregen dort überhaupt aus?“ So lässt zum Beispiel eine gemessene erhöhte Feuchtigkeitsaufnahme der Fassadenoberflächen allein keine eindeutige Bewertung zu, ob die Fassade auch konstruktiv ausreichend witterungsgeschützt ist. Ebenso müssen die konkreten, d. h. lokalen Wetterdaten zur Beurteilung des Witterungsschutzes herangezogen werden. Hierbei spielen nicht nur die Wind- und Niederschlagsverhältnisse eine Rolle, sondern zum Beispiel auch der Sonnenstand. Eine Fassade, die über die Jahreszeiten hinweg ausreichend Sonne sieht, wird anders zu bewerten sein als zum Beispiel die Nordseite eines Gebäudes.

**Bild 1:** Beispiel zur Beurteilung des unterschiedlichen Witterungseinflusses durch Exponiertheit der Fassade und konstruktive Randbedingungen – hier anhand Verschmutzung und Befall durch Mikroorganismen

## 2.3 Einfluss der Fassadenart

Der Witterungsschutz und dessen Überprüfung und Bewertung sind in großem Maße auch von der Art der Fassaden abhängig, d. h. ob es sich um eine vollflächig beschichtete oder verkleidete Außenwand oder um ein Sichtmauerwerk, Sichtfachwerk usw. handelt. Schädigungen an den Fassadenoberflächen wie zum Beispiel Risse beeinflussen den Witterungsschutz; bei einer verputzten Fassade kann dieser durch Auftrag einer weiteren geeigneten Beschichtung (füllender Anstrich, Armierungsspachtelung usw.) relativ einfach wieder hergestellt werden. Bei Sichtmauerwerk wird der Witterungsschutz durch die Eigenschaften der konstruktiven Bauteile und deren Verbindung miteinander bestimmt (siehe Kapitel 1.1). Das heißt die kapillare Saugfähigkeit von Mauerstein und Fugenmörtel ist zu berücksichtigen und zu bewerten. Darüber hinaus kann es zu Abrissen zwischen Stein und Mörtel gekommen sein bzw. es liegen Fehlstellen im Verband vor, die von außen nicht erkennbar sind. [4] Die jeweils einzusetzenden Prüfverfahren müssen daher an diese fassadenabhängigen Randbedingungen angepasst werden.

# 3 Mess- und Prüfverfahren

## 3.1 Allgemeines

Für die Bewertung des Witterungsschutzes werden geeignete Mess- und Prüfverfahren bzw. Kombinationen davon benötigt, um möglichst viele der genannten Einflussfaktoren erfassen zu können. Dabei ist zu unterscheiden zwischen Messungen vor Ort (In-Situ-Messungen) und Laborprüfungen. Während die Messung vor Ort in der Regel zerstörungsfrei ist, müssen für Laborprüfungen Bauteilöffnungen und Probeentnahmen durchgeführt werden, was nicht nur bei denkmalgeschützter Bausubstanz in der Praxis mit Schwierigkeiten verbunden ist. Hier gilt es abzuwägen, wie viel Informationen mit welchem Aufwand gewonnen werden sollen. Dies hängt u. a. von der Aufgabenstellung und dem Budget des Auftraggebers ab, aber auch von der Art der zu prüfenden Fassade. Während bei einer verputzten Fassade eine Messung vor Ort ausreichend sein kann, ist bei einem Sichtmauerwerk meist eine Kombination von Labor- und In-situ-Messungen erforderlich (Bild 2).

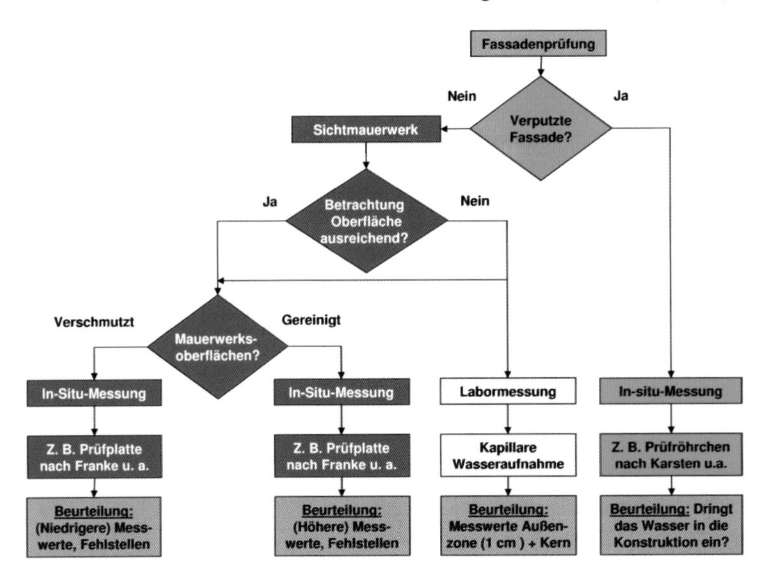


**Bild 2:** Grundsätzliche Labor- und In-Situ-Messungen je nach Fassadenart

## 3.1 Überprüfung der Benetzbarkeit von Oberflächen

In der Regel wird der Entscheidung, ob und welche Messungen zur Beurteilung des Witterungsschutzes durchgeführt werden müssen, eine einfache Schwarz-Weiß-Betrachtung hinsichtlich der Feuchtigkeitsaufnahme der Fassade vorangestellt. Die Frage, ob der Schlagregenschutz „gut" (ausreichend) oder „schlecht" (nicht ausreichend) ist, lässt sich mit einem einfachen Benetzungstest beantworten. Dabei wird aus einer Spritzflasche ein Wasserstrahl auf die Fassade gespritzt und anhand der Ablaufspuren des Wassers die Vorbewertung vollzogen (Bild 3).

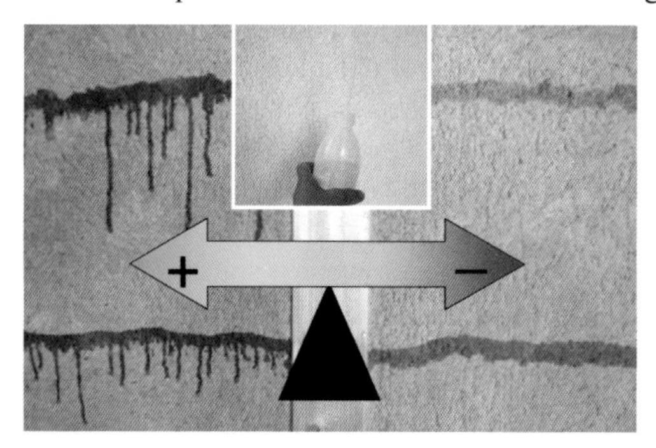


**Bild 3:** Qualitative Beurteilung des Schlagregenschutzes durch Benetzungstest

Bei einem unzureichenden Schlagregenschutz wird man vielfach auf eine zusätzliche Quantifizierung verzichten, da ja sowieso eine Verbesserung des Witterungsschutzes ausgeführt werden muss, obgleich die Benetzbarkeit von porösen anorganischen Oberflächen durchaus quantitativ beurteilt werden kann. [5] Durch die Messung des sog. statischen Kontaktwinkels (Randwinkelmessung) erhält man bereits erste Hinweise auf die kapillaren Oberflächeneigenschaften. Dabei handelt es sich um den von der Oberfläche des Probekörpers und der Tangente zu dem Wassertropfen am Kontaktpunkt gebildeten Winkel (Bild 4). Grundsätzlich haben wenig benetzbare, Wasser abweisende Oberflächen einen großen Kontaktwinkel.

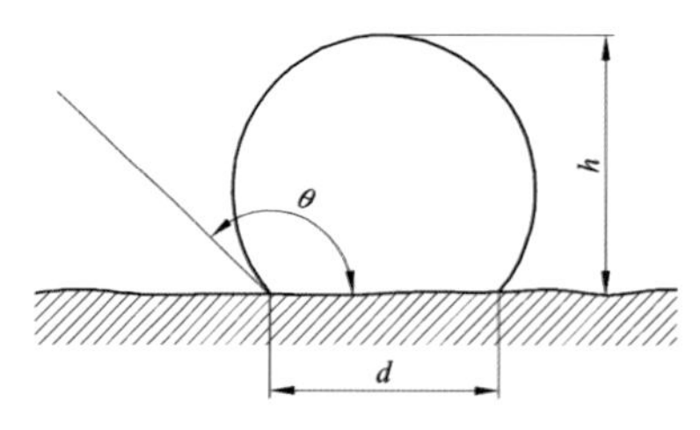


**Bild 4:** Statischer Kontaktwinkel Θ eines Wassertropfens [5]

Zur Messung muss allerdings eine Fassadenprobe entnommen werden, die entsprechend vorbereitet und vorkonditioniert werden muss. In einem speziellen

Labormessaufbau wird die Oberfläche mit Wassertropfen benetzt und der Kontaktwinkel automatisch gemessen (Bild 5). Das Verfahren eignet sich u. a. gut zur Bewertung von Maßnahmen zur Verbesserung des Witterungsschutzes, zum Beispiel nach Applikation von hydrophobierenden Imprägnierungen hinsichtlich deren Eindringtiefe und Verteilung.

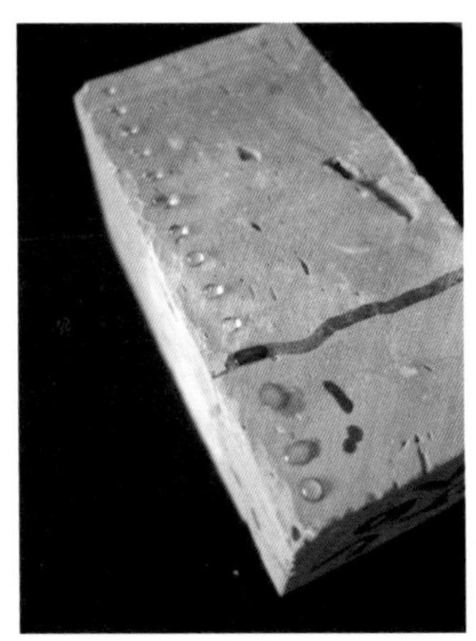

**Bild 5:** Bild links: Labormessaufbau zur Bestimmung des statischen Kontaktwinkels. Bild rechts: ausgeführte Einzelmessungen bei tiefenimprägniertem Ziegelstein (oberhalb des schwarzen Striches großer Kontaktwinkel, darunter reduziert)

In der Praxis der Beurteilung des Witterungsschutzes geht es jedoch meistens um quantifizierbare Antworten auf die Fragen im „Graubereich", d. h. ist der Schlagregenschutz noch ausreichend oder nicht mehr, was insbesondere bei Sichtfassaden wichtig ist (siehe Bild 2). Daher sind quantitative Messungen erforderlich. In der Fachwelt existieren zahlreiche Mess- und Prüfverfahren zur Bestimmung der Wasseraufnahme von Baustoffen. Grundlage der Labormessungen ist der Versuch nach DIN EN ISO 15148, bei dem der eindimensionale Wassertransport ermittelt wird. [6] Weiterhin steht eine Reihe von In-Situ-Messgeräten zur direkten Messung vor Ort am Bauwerk zur Verfügung.

### 3.2 Labormessungen

Die Ermittlung der Wasseraufnahmekoeffizienten erfolgt nach allen z. Zt. gültigen Normen für die Baustoffe im Mauerwerksbau nach dem gleichen Prinzip. Ein Probekörper definierter Abmessungen wird an den Mantelflächen wasser- und dampfundurchlässig ummantelt und eine definierte Tiefe in Wasser eingetaucht (Bild 6). Die Abdichtung der Mantelfläche erfolgt, um einen eindimensionalen Wassertransport zu gewährleisten. Dieser ist für die mathematische Beschreibung des Wasseraufnahmekoeffizienten zwingend erforderlich. Davon abweichend wird in der bei denkmalgeschützten Fassaden angewendeten DIN EN 15801 auf eine Abdichtung der Mantelfläche verzichtet, um den Frontverlauf des Wasser an den seitlichen Flächen (kapillarer Saum) zu messen. [7]

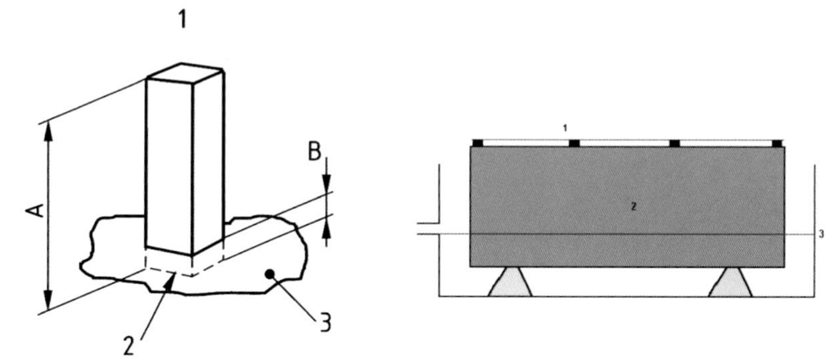


**Bild 6:** Versuchsaufbau von Labormessungen zur Ermittlung der kapillaren Wasseraufnahme (links aus DIN EN 1015-18 [8], rechts aus DIN EN ISO 15148 [6])

In Tab. 1 sind die unterschiedlichen Prüfvorschriften zur Ermittlung des Wasseraufnahmekoeffizienten gegenübergestellt. DIN EN 15801 nimmt darin eine Sonderstellung ein (Ermittlung des Absorptionskoeffizienten des Kapillarwassers).

**Tab. 1:** Gegenüberstellung der Prüfvorschriften zur Ermittlung der kapillaren Wasseraufnahme [4] [6] [7] [8] [9]

| Parameter / Norm | DIN EN ISO 15148 | DIN EN 772-11 | DIN EN 1015-18 | DIN EN 15801 |
|---|---|---|---|---|
| Anwendung | Alle Baustoffe | Beton, Porenbeton, Naturstein, Beton-werkstein, Naturziegel | Mineralische Festmörtel (z.B. Putz | Poröse anorgan. Materialien (Natursteine, Mörtel, Putze, Ziegel u. a.) |
| Mindestprobenzahl | 3 | 6 | 3 | 3 |
| Abmessungen | WA-Fläche > 50 cm² | Stein | 160 x 40 x 40 mm | Würfel oder Zylinder Seite bzw. ∅ ≥ 10 mm Höhe ≥ 10 mm |
| Tauchtiefe | 5 ± 2 mm | 5 ± 1 mm | 0-10 mm | Auf Wasser gesättigter Bettungsschicht d ≥ 5 mm |
| Tauchzeit | Bis 24 h | Je nach Material zwischen 60 s und 72 h | 90 min | Max. 8 d |
| Trocknung | 18-28 °C / ~ 50 % RF | 70 °C / 105 °C je ± 5 °C | 60 °C ± 5 °C | 60 °C ± 2 °C (bzw. 40 °C ± 2 °C) |
| Massekonstanz | 0,1 % | 0,1 % | 0,2 % | 0,1 % |
| WA-Koeffizient | $A_w$ [kg/(m²s$^{0,5}$)] $W_w$ [kg/(m²h$^{0,5}$)] | $C_{w,s}$ [g/(m²s$^{0,5}$)] | C [kg/(m²min$^{0,5}$)] | AC [kg/(m²s$^{0,5}$)] |

Bei der Tauchzeit und insbesondere bei der Trocknung der Probekörper vor Versuchsbeginn sind signifikante Unterschiede feststellbar. Je nach Prüfvorschrift verbleibt nach der Trocknung mehr oder weniger Wasser in den Poren der Probekörper. Daraus resultieren unterschiedliche Feuchtegehalte der Baustoffe, die in Folge unterschiedliche Wasseraufnahmeverläufe und damit unterschiedliche Wasseraufnahmekoeffizienten ergeben. Dieser ergibt sich in der Regel über die Auswertung der Masseänderung pro Zeit (Wurzelmaßstab).

### 3.3 Messungen vor Ort (In-situ-Messungen)

*Prüfröhrchen nach Karsten*

Bei diesem „klassischen“ Gutachterwerkzeug (zwischenzeitlich in der europäischen Normung berücksichtigt) wird ein Glaskörper mit einem Dichtungskitt an die Probefläche angedichtet. [10] Durch ein Einfüllröhrchen mit Messskala wird das Gefäß bis zur Nullmarke mit Wasser gefüllt; der hydraulische Wasserdruck infolge der Befüllhöhe von 100 mm presst das Wasser in die Baustoffoberfläche. Durch kontinuierliches Ablesen des abnehmenden Wasserstandes im Röhrchen wird auf die Wasseraufnahme des Baustoffes geschlossen (Bild 7).

Dieses Messverfahren kann allenfalls für verputzte Fassaden angewendet werden; für die Beurteilung der Schlagregensicherheit von Mauerwerksfassaden ist es in der Fachwelt nicht ausreichend anerkannt. Außerdem kann ein eindimensionaler Feuchtetransport, der zur Bestimmung der kapillaren Wasseraufnahme erforderlich ist, nicht gewährleistet werden.

**Bild 7:** Fassadenüberprüfung mit dem Prüfröhrchen nach Karsten

*Prüfröhrchen nach Pleyers*

Je saugfähiger ein Untergrund ist, desto mehr Wasser wird während einer Messung mit dem Prüfröhrchen nicht nur senkrecht zur Prüffläche ins Mauerwerk transportiert, sondern auch parallel. Um diesen Einfluss zu kompensieren, wurde von Pleyers das Prüfröhrchen nach Karsten weiter entwickelt. Mit einer zusätzlichen äußeren Flüssigkeitskammer, die die Kammer der Prüffläche mit einem Kreisring umgibt, wird der seitliche Flüssigkeitstransport eingeschränkt (Bild 8). Bei der Messung muss der Wasserstand in beiden Kapillaren stets gleich hoch sein.

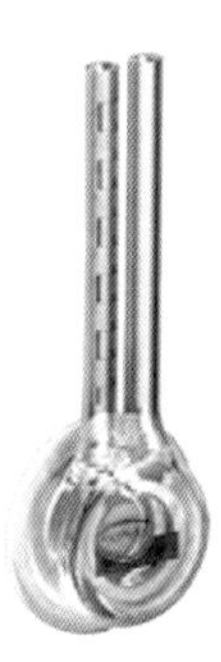

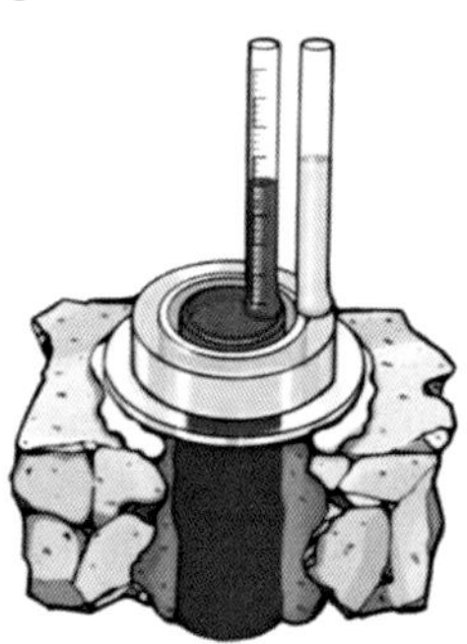

**Bild 8:** Prüfröhrchen nach Pleyers und Funktionsweise [11]

Vergleichende Prüfungen mit beiden Prüfröhrchen haben gezeigt, dass bei schwach bis normal saugenden Untergründen keine signifikanten Unterschiede der Wasseraufnahme gemessen werden. [4] Bei stark saugenden Untergründen sind die Messwerte nach Karsten vergleichsweise hoch; die Messwerte nach Pleyers entsprechen in etwa vergleichenden Laborprüfungen. Dennoch können die Vor-Ort-Messwerte nicht auf die Laborergebnisse übertragen werden (Einfluss Probenvorbereitung, Eintauchtiefe, Feuchteausgangszustand, Prüffläche, Wasserdruck usw.). Eine Mauerwerksprüfung über die Fuge hinweg ist mit beiden Prüfröhrchen nur bedingt möglich.

*WA-Prüfplatte nach Franke*

Das Messprinzip entspricht dem der vorgenannten Prüfröhrchen. Aufgrund der Prüffläche von 250 x 83 mm kann die Messung der Wasseraufnahme von Mauerwerk über die Fuge hinweg erfolgen. Die Prüffläche sollte so am Mauerwerk angeordnet werden, dass eine Stoß- und eine Lagerfuge in der Prüffläche liegen, die Lagerfuge möglichst mittig (Bild 9). Die Andichtung an das Mauerwerk erfolgt mit einem speziellen Dichtungskitt.

**Bild 9:** Fassadenüberprüfung mit der WA-Prüfplatte nach Franke [12]

Die Messung beginnt nach Befüllen der Platte bei vollständiger Benetzung der Prüffläche; die Füllhöhe des Wassers muss während der Messung möglichst konstant gehalten werden. Dazu wird während des gesamten Versuchs Wasser nachgefüllt und die Menge je Zeiteinheit auf die Prüffläche bezogen.
Für einschaliges Mauerwerk aus mitteldichten Vormauerziegeln und Klinkern mit Verfugungen aus Rezeptmauermörtel M 5 werden die Bewertungen in Tab. 2 für die Schlagregensicherheit angegeben. [13] Zu beachten ist dabei, dass diese Angaben noch aus einer Zeit stammen, in der die Innendämmung von Sichtmauerwerk noch nicht die Bedeutung hatte wie heute.

**Tab. 2:** Bewertung der Schlagregensicherheit von einschaligen Mauerwerk aus mitteldichten Vormauerziegel und Klinker mit Hilfe der WA-Prüfplatte nach Franke [13]

| Wassermenge in 15 min | Schlagregensicherheit |
|---|---|
| < 100 ml | Gut |
| 100 – 150 ml | Noch akzeptabel |
| > 150 ml | Nicht schlagregendicht |
| > 300 ml | Stellenweise Durchfeuchtung des Mauerwerks, Fehlstellen |

Zur Bewertung der Messwerte bei zweischaligem Mauerwerk muss berücksichtigt werden, dass durch Schlagregen einwirkendes Wasser die Wetterschale durchdringen, an der Innenseite herunter laufen und an anderer Stelle durch die Wetterschale wieder aus dem Wandquerschnitt transportiert werden kann.

Den Einfluss der dreidimensionalen Weiterleitung der über die Prüfplatte aufgegebenen Wassermenge im Mauerwerk in alle Richtungen hat man versucht, durch Modifizierung der WA-Platte zu reduzieren. Analog dem Prüfröhrchen nach Pleyers wurde um die Prüffläche herum eine weitere Fläche angeordnet, die über ein eigenes Glasröhrchen befüllt wird. Wird der Füllstand beider Glasröhrchen auf gleicher Höhe gehalten, kann der seitliche Wassertransport im Mauerwerk weitestgehend unterbunden werden. [4] Ein eindimensionaler Feuchtetransport kann ggf. auch durch Abdichtung der Fugen bis in den Mauermörtel hinein „erzwungen" werden.

Bei homogenen porösen Oberflächen kann der Wasseraufnahmekoeffizient w aus dem Messwert $w_{Pl(15\ min)}$ (der in ml oder g an der WA-Prüfplatte nach Franke ermittelte Messwert für die Wasseraufnahme nach 15 min Messzeit, umgerechnet in kg) abgeleitet werden. Näherungsweise gilt:

**$w\ [kg/(m^2h^{0,5})] = w_{Pl\ (15\ min)}\ [in\ kg] \cdot 100$.** [13]

Die Ermittlung des Wasseraufnahmekoeffizienten bei Sichtmauerwerksflächen ist komplexer, da sowohl die Wasseraufnahme der Steinfläche als auch die Wasseraufnahme der anteiligen Fugenfläche und bei dieser ein Wasseraufnahmeanteil durch den Fugenmörtel und ein Wasseraufnahmeanteil über den Kontakt Stein/Fugenmörtel berücksichtigt werden müssen. Ist dieser Kontakt vorhanden, d. h. liegen keine Flankenabrisse vor, ist die Wasseraufnahme der Sichtmauerwerksfläche vom Saugverhalten der Steine und des Fugenmörtels abhängig und kann grundsätzlich mit der einer homogenen Oberfläche verglichen werden kann. Dann gilt zur Berechnung des Wasseraufnahmekoeffizienten die bereits genannte Formel.

Ist dieser Kontakt nicht vorhanden, d. h. liegen Flankenabrisse im Kontaktbereich Stein/Fuge vor bzw. sind schwächer oder nicht saugende Steine (Klinker, Vormauerziegel mit dichteren Brennhäuten usw.) verbaut, ist die Wasseraufnahme der Sichtmauerwerksfläche nicht mehr homogen, sondern erfolgt überwiegend nur über den Fugenbereich. In diesem Fall einer inhomogenen Oberfläche kann der Wasseraufnahmekoeffizient w aus dem Messwert $w_{Pl(15\ min)}$ (Definition siehe oben) näherungsweise berechnet werden zu:

**$w\ [kg/(m^2h^{0,5})] = w_{Pl\ (15\ min)}\ [kg] \cdot 193$.** [13]

Welche Messwerte für die Wasseraufnahme sind dann in der Praxis zulässig, wenn man zum Beispiel einen geforderten w-Wert der Fassadenoberfläche von höchstens 0,5 $kg/(m^2h^{0,5})$ bei einer geplanten Innendämmung zugrunde legt? [1] Setzt man eine homogene Oberfläche voraus, beträgt die Wasseraufnahme $w_{Pl(15\ min)}$ maximal 0,005 kg entsprechend 5 ml, bei Sichtmauerwerk mit vermuteten Flankenabrissen sogar nur maximal 0,0025 kg entsprechend 2,5 ml! Werden die Anforderungen an den Schlagregenschutz noch weiter reduziert, zum Beispiel $w \leq 0,2\ kg/(m^2h^{0,5})$ nach [14], sinkt die mit der WA-Platte nach Franke zulässige Wasseraufnahme auf 2 ml bzw. 1 ml!

Spätestens an dieser Stelle muss man sich die Frage nach der Fehlertoleranz und Präzision (Wiederholgenauigkeit) der Messung mit der WA-Prüfplatte nach Franke stellen, besonders auch im Hinblick auf die mögliche zukünftige Verwendung als Standardmessung vor Ort zur Bewertung der Schlagregensicherheit von Fassadenoberflächen bei Einsatz einer Innendämmung! Es muss jedem klar sein, dass die ausschließliche Fokussierung auf Messwerte wie z. B. $w_{Pl(15\ min)}$ zur Bewertung des Witterungsschutzes von Fassaden problematisch sein kann!

*Wasseraufnahmemessgerät (Neuentwicklung HTWK Leipzig)*

Um besonders bei einer geringen Wasseraufnahme von Fassadenoberflächen möglichst hohe Messgenauigkeiten zu erreichen und gleichzeitig zerstörungsfrei eine integrale Messung über Steine und Fugen bei Sichtmauerwerk zu ermöglichen, wurde ein neues Wasseraufnahmemessgerät entwickelt. [15]

Das Messprinzip des Wasseraufnahmemessgerätes beruht auf der kontinuierlichen Messung der Masse eines mit Wasser gefüllten Behälters. Eine Pumpe fördert Wasser aus dem Behälter in eine Messkammer mit einer zu benetzenden Fläche von 400 x 510 mm, die mit einem speziellen Dichtungskitt auf der Wandoberfläche befestigt wird. Über ein perforiertes Rohr wird dabei der zu untersuchenden Fassadenbereich bewässert. Innerhalb der Messkammer wird so ein geschlossener Wasserfilm auf der zu prüfenden Fassadenoberfläche erzeugt. Je nach Qualität der Prüffläche wird ein Teil des ablaufenden Wassers aufgesaugt; der Rest des Wassers läuft zurück in den Behälter. Es besteht ein Kreislauf, den das Wasser nur über die Fassadenoberfläche infolge kapillaren Saugens verlassen kann. Mit einer Waage wird der Masseverlust des Wasserbehälters gemessen (Bild 10).

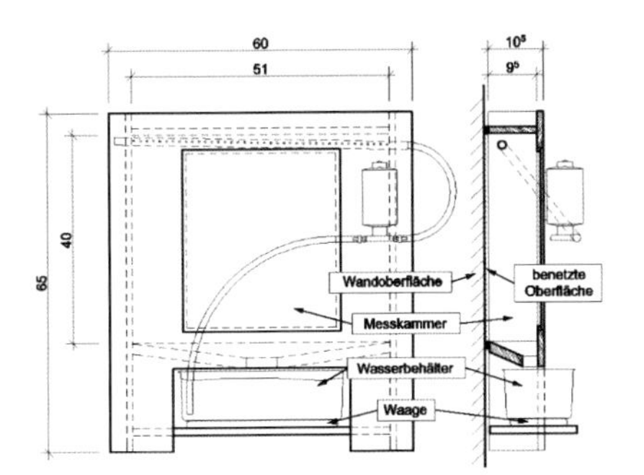

**Bild 10:** Zeichnung und praktische Anwendung des zur Fassadenüberprüfung neu entwickelten Prototyps eines Wasseraufnahmemessgeräts [15]

Dieses Messverfahren arbeitet ohne Staudruck, simuliert den realen Fall der Regenbelastung einer Fassade und benetzt eine größere Fassadenfläche. Dafür ist der Messaufwand höher als bei den anderen In-Situ-Messungen. Hier bleibt abzuwarten, wie die Weiterentwicklung vom Prototyp zur Serienreife verläuft.

## 3.4 Begleitende Vor-Ort-Messungen

Begleitend und unterstützend zu den In-Situ-Messungen vor Ort zur Bewertung des Schlagregenschutzes von Fassaden kann es in der Praxis hilfreich sein, den aktuell = zum Zeitpunkt der Messung in der Fassade vorliegenden Feuchtigkeitszustand zu überprüfen. Ein ausreichender Witterungsschutz von Fassaden ist gegeben, wenn sich durch Feuchtigkeitsaufnahme und –abgabe ein Gleichgewichtszustand im Bauteilquerschnitt eingestellt hat. Abweichungen davon = lokal unterschiedliche Feuchtigkeitsverteilungen können Rückschlüsse auf fehlenden oder nicht ausreichenden Schlagregenschutz geben. Folgende Messmethoden können in der Praxis zum Einsatz kommen.

*Infratrot-Thermografie*
Mit Hilfe der IR-Thermografie werden Oberflächentemperaturen erfasst und farblich dargestellt. In den Fassadenoberflächen vorhandene Feuchtigkeit verschlechtert die Wärme dämmenden Eigenschaften, was zum erhöhten Wärmeabfluss und somit im Außenbereich zu erhöhten Oberflächentemperaturen im feuchtigkeitsbelasteten Bereich führen kann (Bild 11).

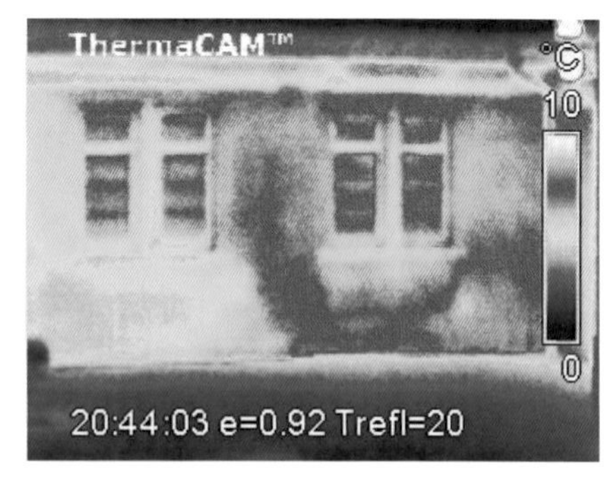


**Bild 11:** Schematisches Beispiel zur Lokalisierung möglicher Feuchtigkeitseinflüsse mit IR-Thermografie: im Bild links markierter Bereich weist unterhalb des rechten Fensters deutlich erhöhte Oberflächentemperaturen auf (kein Heizungseinfluss!)

*Elektrische Messverfahren*
Bei elektrischen Feuchtigkeitsmessgeräten wird ein elektrischer Parameter, z. B. Widerstand, Kapazität oder Leitfähigkeit, gemessen und über den Messwert auf die vorhandene Feuchtigkeit geschlossen. Insbesondere sog. Kugelkopf-Messgeräte mit Feuchtigkeitsmessbereichen von wenigen cm in die Fassadenoberfläche eignen sich zur Ermittlung von Feuchtigkeitsunterschieden in den Fassaden und so ggf. zur Verifizierung von Fehlstellen, die den Schlagregenschutz beeinträchtigen (Bild 12).

**Bild 12:** Beispiel zur Lokalisierung möglicher Feuchtigkeitseinflüsse mit sog. Hydromette: links Ausgleichsfeuchtigkeit (25 Anzeigeeinheiten), rechts erhöhte Feuchtigkeit (65 Anzeigeneinheiten) im oberflächennahen Bereich (Fabrikat Gann)

*Mikrowellenmessverfahren*
Mit Hilfe des Mikrowellenmessverfahrens und der entsprechend geeigneten Messköpfe ist es möglich, in der Fassadenoberfläche, aber auch im Bauteilquerschnitt Unterschiede in der Feuchtigkeitsverteilung zu erfassen (Bild 13).

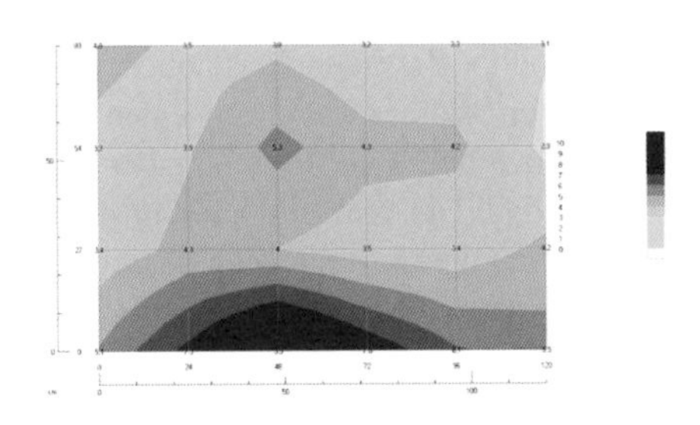

**Bild 13:** Beispiel zur Lokalisierung möglicher Feuchtigkeitseinflüsse mit Mikrowellen-Messtechnik: im linken Bildteil markierter Bereich weist „Feuchtenester" auf (Fabrikat hf-sensor, Messung mit Oberflächenmesskopf)

## 4 Schlussfolgerungen, Empfehlungen, Fazit

Mit Labormethoden können einzelne Baustoffe hinsichtlich ihrer Feuchtigkeitsaufnahme und –abgabe untersucht werden. Der Einfluss des Verbundes, z. B. im Kontakt zwischen Mörtel und Stein, kann damit nicht erfasst werden.
Die einfachste In-situ-Methode zur Bestimmung der Wasseraufnahme am Objekt ist das Prüfröhrchen nach Karsten. Dieses darf jedoch nicht über die Fuge hinweg angewendet werden, allenfalls zur qualitativen Einschätzung. Die Bestimmung der kapillaren Wasseraufnahme setzt voraus, dass das aufgebrachte Wasser nur eindimensional in das Mauerwerk eindringt. Ein seitlicher Wassertransport im Mauerwerk lässt sich bei normal bis stark saugenden Steinen mit dem Prüfröhrchen nach Pleyers unterbinden. Für die In-Situ-Prüfung der Wasseraufnahme von

Mauerwerk sind analog die WA-Prüfplatte nach Franke sowie eine Modifikation dieser Platte für den eindimensionalen Wassertransport bei normal bis stark saugenden Steinen geeignet.
Die Messergebnisse der In-situ-Verfahren werden durch den Feuchtezustand des Mauerwerks und die Befüllhöhe des Glasröhrchens stark beeinflusst. Vor der Prüfung sollte längere Zeit kein Schlagregen auf die Prüffläche einwirken. Bei Bedarf muss der Feuchtegehalt des Mauerwerks mit bestimmt werden. Insofern ist es in der Praxis schwierig, ausschließlich aus geringen „Rohmesswerten" die jeweiligen w-Werte der Fassaden abzuleiten; die Beurteilung des Witterungsschutzes bedarf der Bewertung sämtlicher Parameter (siehe Bild 14).
Mit den derzeit verfügbaren zerstörungsfreien In-Situ-Messungen ist es möglich, die Feuchtigkeitsaufnahme abzuschätzen, eine eindeutige Aussage zum dauerhaften Witterungsschutz kann grundsätzlich jedoch nur gelingen, wenn auch die Wasserabgabe der Fassaden betrachtet werden kann. Dies ist wiederum nur mit den zerstörenden Labormessungen möglich, weil an den Proben nicht nur die kapillare Wasseraufnahme, sondern auch das Trocknungsverhalten bestimmt werden kann. [16]
In-Situ-Messverfahren liefern relativ pauschale Aussagen für die kapillare Wasseraufnahme von Fassadenoberflächen. Die meisten Verfahren nutzen zusätzlich einen statischen Wasserdruck, um einen Windstaudruck bei Schlagregenereignissen zu simulieren. Für die Bestimmung der reinen kapillaren Wasseraufnahme ist dies nicht notwendig. Die Neuentwicklung eines Wasseraufnahmemessgerätes simuliert den Laborversuch; es befindet sich derzeit noch in der Prototypenphase.
Eine Kennwertermittlung, wie sie bei hygrothermischen Simulationsberechnungen hilfreich ist, um das Berechnungsmodell mit den tatsächlich vorhandenen Feuchtigkeiten abgleichen zu können, ist nur mit Labormessungen möglich. Aussagen zu den Feuchtigkeitsursachen in einer Fassade können ebenfalls nur durch Laborprüfungen gemacht werden, wenn zum Beispiel aus den Messwerten Durchfeuchtungsgrade ermittelt und deren Veränderung Fassadenbereichen zugeordnet wird (Tab. 3).

**Tab. 3:** Fazit – Zusammenstellung der mit Labor- und In-Situ-Messungen überprüfbaren Fassadeneigenschaften zur Beurteilung des Witterungsschutzes

| Labor | In-Situ | Überprüfbare Eigenschaft |
|---|---|---|
| X | | Vorhandene Feuchtigkeit, Durchfeuchtungsgrade |
| X | (X) | Kapillare Wasseraufnahme der Baustoffe |
| | X | Kapillare Wasseraufnahme der Fassadenfläche |
| X | | Feuchtigkeitsabgabe / Trocknungsverhalten |
| | X | Fehlstellen |
| X | | Abgleich mit hygrothermischen Simulationsprogrammen |

Besonders bei der Bewertung des Schlagregenschutzes von Fassadenoberflächen bei geplantem Einsatz einer Innendämmung wird es in Zukunft auch notwendig werden,

geeignete Regelwerke zur Messung und Prüfung von Fassadeneigenschaften sowie zur Aus- und Bewertung der ermittelten Kennwerte zu erstellen. Ebenso wird es erforderlich sein, die Messverfahren an das Spezialthema „Innendämmung“ anzupassen, insbesondere wenn man Innendämmungen mit hohen Wärmedurchlasswiderständen plant. [3]
Versetzt man sich in die Lage des/der Sachverständigen, so ist die Situation derzeit (noch) unbefriedigend. Je nach Exposition, Art und Istzustand der zu beurteilenden Fassaden müssen die jeweils geeigneten Messungen ausgewählt, die damit ermittelten qualitativen und quantitativen Ergebnisse gegebenenfalls mit weiteren begleitenden Prüfungen abgesichert und auf dieser Basis schließlich mit Erfahrung und Sachverstand der vorhandenen Witterungsschutz bewertet werden. Eine schmale Gratwanderung zwischen Zeit- und Kostendruck einerseits und den erforderlichen Untersuchungen mit der jeweiligen Genauigkeit andererseits, um fundierte Aussagen zum Witterungsschutz machen zu können. Darüber hinaus müssen dann meistens auch noch Maßnahmen zu dessen Verbesserung vorgeschlagen werden. Für diesen Entscheidungsprozess, dessen Ergebnis (Wirkung) durch zahlreiche unterschiedliche Faktoren (Ursachen) maßgeblich beeinflusst wird (Bild 14), haftet der/die Sachverständige.

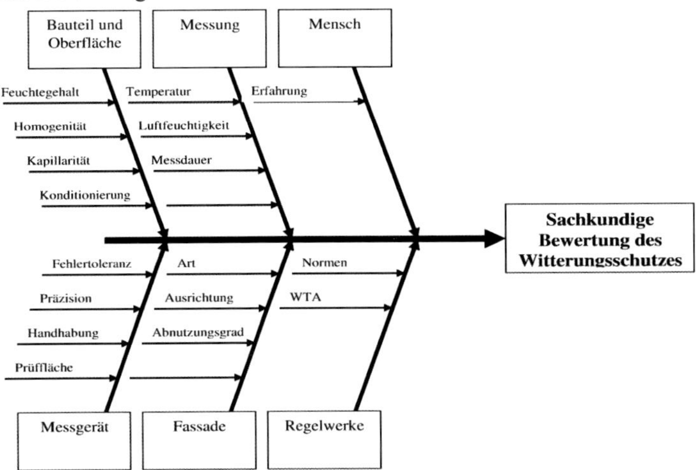


**Bild 14:** Ursachen-Wirkungs-Kette bei der Prüfung und Bewertung des Witterungsschutzes von Fassaden, dargestellt mit Hilfe eines sog. „Fischgräten-Diagramms“

Aus Sicht des Verfassers erscheint es daher dringend erforderlich, sich mit der gesamten Ursachen-Wirkungs-Kette bei der Prüfung und Bewertung des Witterungsschutzes von Fassaden kritisch auseinanderzusetzen und diese systematisch und wissenschaftlich basiert weiter zu untersuchen. Einige wenige Forschungsprojekte machen Mut – und Hoffnung auf mehr!

## Literatur

[1] WTA (Hrsg.), Innendämmung nach WTA I: Planungsleitfaden, WTA-Merkblatt 6-4, WTA-Publications München 2009

[2] Geburtig G., Gänßmantel, J., Innendämmung in der Praxis – Energetische Sanierung von innen: Handbuch für die sichere Planung und Ausführung, Praxis kompakt, Band 5, C. Maurer Druck und Verlag Geislingen (Steige) 2013

[3] Fachverband Innendämmung e. V. (FVID), Frankfurt am Main, im Internet unter www.fvid.de

[4] Twelmeier H., In-situ-Messung der Wasseraufnahme an Mauerwerksfassaden, in: Geburtig G., Gänßmantel J. (Hrsg.), Messtechnik – Der Weisheit letzter Schluss? Fraunhofer IRB-Verlag Stuttgart 2012, S. 41-60

[5] DIN EN 15802: 2010-04, Erhaltung des kulturellen Erbes - Prüfverfahren - Bestimmung des statischen Kontaktwinkels; Dtsche. Fassung EN 15802: 2009

[6] DIN EN ISO 15148:2003-03, Bestimmung des Wasseraufnahmekoeffizienten bei teilweisem Eintauchen, Dtsche. Fassung EN ISO 15148: 2002

[7] DIN EN 15801:2010-04, Erhaltung des kulturellen Erbes – Prüfverfahren: Bestimmung der Wasserabsorption durch Kapillarität, Dtsche. Fassung EN 15801: 2009

[8] DIN EN 1015-18: 2003-03, Prüfverfahren für Mörtel für Mauerwerk - Teil 18: Bestimmung der kapillaren Wasseraufnahme von erhärtetem Mörtel (Festmörtel); Dtsche. Fassung EN 1015-18: 2002

[9] DIN EN 772-11: 2011-07, Prüfverfahren für Mauersteine - Teil 11: Bestimmung der kapillaren Wasseraufnahme von Mauersteinen aus Beton, Porenbetonsteinen, Betonwerksteinen und Natursteinen sowie der anfänglichen Wasseraufnahme von Mauerziegeln, Dtsche. Fassung EN 772-11: 2011

[10] DIN EN 16302: 2013-04, Erhaltung des kulturellen Erbes – Prüfverfahren: Messung der Wasseraufnahme mit Prüfrohr; Dtsche. Fassung EN 16302: 2013

[11] Im Internet unter www.sachverstaendigen-bedarf.de (Aufruf am 10.08.2013)

[12] Bildquelle: Dipl.-Ing. Frank Eßmann, tha-Ingenieurbüro Mölln

[13] Im Internet unter www.tuhh.de/t3resources/bp/PDF/WAPruefplatteneu.pdf (Aufruf 10.08.2013)

[14] WTA (Hrsg.), Innendämmung nach WTA II: Nachweis von Innendämmsystemen mittels numerischer Berechnungsverfahren, WTA-Merkblatt Entwurf 6-5, WTA-Publications München Juli 2013

[15] Möller U., Stelzmann M., In-Situ-Messgerät für die zerstörungsfreie Messung der Wasseraufnahme, Beitrag Innendämmkongress 2013 am 13.04.2013 in Dresden

[16] DIN EN 16322: 2011-09 (Entwurf), Erhaltung des kulturellen Erbes – Prüfverfahren: Trocknungsverhalten; Dtsche. Fassung prEN 16322: 2011

**24. Hanseatische Sanierungstage**
**Messen Planen Ausführen**
**Heringsdorf 2013**

# Energetische Modernisierung von Holzkastenfensterkonstruktionen – Möglichkeiten, Randbedingungen und Grenzen

**J. Bredemeyer**
Berlin

## Zusammenfassung

Bis in die zweite Hälfte des 20. Jahrhunderts waren Holzkastenfenster die übliche Konstruktion für transparente Teile von Gebäudehüllen und haben mit ihrem typischen kleinformatigen Erscheinungsbild insbesondere den städtischen Raum geprägt. Seit geraumer Zeit wird sowohl unter konservatorischen als auch ästhetischen Aspekten zunehmend Wert auf ihre Erhaltung gelegt. Vor dem Hintergrund der übergeordneten Zielsetzungen zu Klimaschutz und Ressourcenschonung rücken dabei auch Belange der energetischen Ertüchtigung in das Blickfeld, für die Kastenfenster aus Holz bauartbedingt sehr günstige Voraussetzungen bieten. Der vorliegende Beitrag zeigt, dass sowohl die Lüftungswärmeverluste über die Verbesserung der Fugendichtheit als auch die Transmissionswärmeverluste über den Einbau von Wärmeschutzverglasungen sowie die nachträgliche Ertüchtigung der Leibungsanschlüsse erheblich reduziert werden können. Gleiches gilt bei einer sach- und fachgerechten Modernisierung auch im Hinblick auf die nutzerseitig häufig beanstandeten Beeinträchtigungen durch Zuglufterscheinungen und übermäßigen Tauwassersausfall. Gerade die heute erzielbaren, günstigen Wärmedurchgangskoeffizienten, mit denen das derzeitige Referenzniveau für zu errichtende Gebäude gemäß der Energieeinsparverordnung (EnEV 2009) [1] deutlich unterschritten werden, können allerdings im Zusammenhang mit der Förderung dieser Maßnahmen durch öffentliche Mittel zu Konflikten mit den in diesem Zusammenhang einzuhaltenden technischen Mindestanforderungen führen.

**J. Bredemeyer, Energetische Modernisierung von Holzkastenfensterkonstruktionen – Möglichkeiten, Randbedingungen und Grenzen**

## 1 Einleitung

Fenster sind elementare Bestandteile einer Gebäudehülle, sie sind von jeher unerlässlich gewesen, um die notwendige Versorgung von Räumen mit Tageslicht und den hygienisch erforderlichen Luftwechsel sicherzustellen. Neben diesen funktionalen Aspekten haben Fenster schon seit der Antike auch eine gestalterische Funktion, sie prägen das „Gesicht" von Bauwerken („Fassade" von franz. *Facade*, wiederum von lat. *facies*: Gesicht) und bestimmen damit auch das Erscheinungsbild unserer gebauten Umwelt mit (Bild 1). Trotz dieser großen ästhetischen Bedeutung spielen Fenster im Rahmen der Bauwerkserhaltung nach wie vor eine untergeordnete Rolle: Sofern die zuständige Denkmalschutzbehörde nicht explizit den Erhalt von Kastenfensterkonstruktionen verlangt, werden diese zumeist gegen neue, isolierverglaste Einfachfenster ausgetauscht. Zwar wird hierbei heute – was das Erscheinungsbild exponierter Fassaden betrifft – durchaus sensibler vorgegangen als noch vor wenigen Jahren. Die Möglichkeiten und Vorteile von Erhalt und Modernisierung von Kastenfenstern einerseits sowie die diesbezüglichen Randbedingungen und Grenzen andererseits sindaber offenbar noch wenig bekannt.

**Bild 1:** Älteres Kastenfenster mit herausragender Bedeutung für das Erscheinungsbild der Fassade

Unterstellte man bis in die 1990er Jahre hinein allgemein, dass Kastenfenster im Rahmen konservatorischer Erhaltung bauartbedingt keiner zusätzlichen Maßnahmen zur Reduzierung des Wärmedurchgangs bedurften [2], gewinnen diese vor dem Hintergrund der übergeordneten gesellschaftlichen Zielsetzungen zu Klimaschutz und Ressourcenschonung sowie der Preisentwicklung im Bereich hochwertiger Wärmeschutzverglasungen gegenüber nachempfundenen Einfachfenstern zunehmend an Bedeutung.

## 2 Modernisierungsbedarf

Allgemein, insbesondere aber im Zusammenhang mit mietrechtlichen Auseinandersetzungen, werden an älteren Kastenfensterkonstruktionen typischerweise Zuglufterscheinungen und Tauwasserausfall zwischen den Verglasungsebenen bemängelt (Bild 2).

**Bild 2:** Flächiger Tauwasserausfall mit Eisbildung zwischen den Fensterebenen

Beide Erscheinungen hängen enger miteinander zusammen, als man zunächst vermutet, wobei die vergleichsweise hohe Fugendurchlässigkeit älterer Fensterkonstruktionen sich neben Einschränkungen der Behaglichkeit vor allem energetisch auswirkt. Geht man für den Gesamtgebäudebestand in der Bundesrepublik von einem Anteil der Lüftungswärmeverluste an den Gesamtwärmeverlusten von etwa 25 bis 40 % [3] aus, dürfte dieser Anteil bei Gebäuden mit mehrere Jahrzehnte alten Fenstern ohne planmäßige Flügeldichtungen eher an der oberen Grenze liegen bzw. diese im Einzelfall sogar überschreiten. Als typische Kennwerte für ältere Kastenfenster ohne Flügeldichtungen werden in diesem Zusammenhang in [4] Fugendurchlasskoeffizienten a von 2,8 bis 3,6 $m^3/(m\ h\ daPa^{2/3})$ genannt.
Tauwasserausfall an der Innenseite der äußeren Verglasung von Kastenfenstern ist hingegen zunächst grundsätzlich als bauart- und konstruktionsbedingt einzustufen. Er lässt sich insbesondere an sehr kalten Tagen oder in Übergangsjahreszeiten mit sehr hohen Außenluftfeuchten begrenzt – räumlich insbesondere auf die unteren Randbereiche von Verglasungen und zeitlich auf einige Stunden täglich – nicht vollständig vermeiden. Dies liegt darin begründet, dass der Verglasungszwischenraum nicht wie bei einer Isolierverglasung hermetisch ist und insofern stets auch warme, mit Feuchte angereicherte Raumluft zwischen die Fensterebenen gelangen kann. Ob, bzw. in welcher Menge hier Tauwasser ausfällt, hängt dabei im Wesentlichen davon ab, inwieweit

- raumklimatisch bedingt die aus dem Raum über die Fensterfugen austretende und damit auch in den Scheibenzwischenraum gelangende Raumluft mit Feuchte angereichert ist,
- über die Fugendurchlässigkeit der äußeren Fensterebene eine Durchlüftung des Scheibenzwischenraums nach außen möglich ist und mehr oder weniger Raumluft in den Scheibenzwischenraum eindringen kann als Außenluft und
- sich daraus resultierend in Abhängigkeit vom Feuchtegehalt der Außenluft im Scheibenzwischenraum trockenere oder feuchtere Bedingungen einstellen.

Der eingangs angeführte, als störend empfundene übermäßige, flächige Tauwasserausfall an den Innenseiten der äußeren Verglasungsebene wird deshalb mit zunehmender Fugendurchlässigkeit der Gesamtkonstruktion eher begünstigt, sofern nicht eine überproportional große Luftundichtheit der äußeren Fensterebene für eine Entfeuchtung des Scheibenzwischenraums sorgt. Sehr häufig allerdings führen über die Standzeit der Fenster stärkere Schwinderscheinungen an den Rahmenhölzern der raumseitigen Fensterebene gegenüber der bewitterten äußeren Fensterebene im Resultat raumseitig zu einer größeren Fugendurchlässigkeit als außenseitig (Bild 3). Weiter begünstigt werden tauwasserkritische Verhältnisse im Fensterkasten in diesem Zusammenhang durch konstruktive Randbedingungen im Bereich der äußeren Fensterebene. So sind hier jeweils auf den Bandseiten der Flügel typischerweise S- oder Z-förmige Klemmfälze und im Brüstungsbereich in der Regel zwei Falzstufen (sogenannter „Stufenfalz“) vorhanden.

**Bild 3:** Sichtbarer Spalt zwischen Flügelrahmen und Kämpferprofil in der raumseitigen Fensterebene

Demgegenüber liegen in Bezug auf Transmission bei Kastenfensterkonstruktionen von jeher eher günstige Bedingungen vor [2]. Auch ohne zusätzliche Maßnahmen werden hier Wärmedurchgangskoeffizienten von bis zu $U_w$ = 2,4 W/(m²K) erreicht [5]. Bis zum Inkrafttreten der Energieeinsparverordnung 2002 [6] galten die Anforderungen an Fenster aus den bis dahin geltenden Wärmeschutzverordnungen [7] als eingehalten, wenn herkömmliche Zweischeiben-Isolierverglasungen ohne Beschichtungen oder Edelgasfüllungen ($U_g$ = 2,8 bis 3,2 W/(m²K)) oder Doppelverglasungen in Form von Verbund- oder Kastenfenstern vorgesehen wurden.

## 3 Verringerung der Fugendurchlässigkeit und des Tauwasserrisikos

Zur Verbesserung der Fugendurchlässigkeit von Kastenfensterkonstruktionen hat sich der nachträgliche Einbau von Dichtungen aus Schlauch- oder anders profilierten elastischen Dichtungen bewährt. Unter Berücksichtigung der oben erläuterten Ursachen für Tauwasserausfall im Scheibenzwischenraum dürfen derartige Dichtungen jedoch ausschließlich in der raumseitigen Fensterebene vorgesehen werden. Werden zur Verbesserung der Schlagregendichtheit im Brüstungsbereich in der äußeren Fensterebene Dichtungen eingebaut, wie dies beispielsweise in [4] vorgeschlagen wird, ist besonderes Augenmerk auf eine möglichst hohe Luftdichtheit der raumseitigen Flügelebene zu richten, oder es sind ggf. zusätzlich planmäßig Luftundichtheiten in der äußeren Flügelebene vorzusehen. Unter den genannten Voraussetzungen lässt sich insofern über den Einbau von Flügeldichtungen zur Reduzierung der Fugendurchlässigkeit in aller Regel auch die baulich/konstruktive Ursache für übermäßigen Tauwasserausfall im Scheibenzwischenraum lösen. Unterhalb der Fenster im Brüstungsbereich angeordnete Heizflächen können die Reduzierung des Tauwasserrisikos weiter begünstigen. Für den Einbau der Dichtungen bestehen prinzipiell zwei Möglichkeiten:

- Bei einem ausreichenden Übergriff der Deckfälze auf die Blendrahmen können in den Flügelfälzen nachträglich Flügeldichtungen eingebaut werden. Dies erfolgt nachträglich in eingefräste Nuten, in die über sogenannte „Tannenzapfenprofile" umlaufend geschlossene Schlauchdichtungen eingebracht werden (Bilder 4.b) und 4.c). Die Dichtungsprofile sind am Markt in unterschiedlichen Durchmessern erhältlich, sodass die Instandsetzung auf unterschiedliche Ausprägungen der Undichtheit bzw. verschiedene Querschnitte der Falzräume abgestimmt werden kann.

- Ist ein ausreichender Übergriff der Deckfälze auf den Blendrahmen infolge beispielsweise übermäßiger Schwinderscheinungen nicht gegeben, können zusätzlich oder alternativ zu den vor beschriebenen Schlauchdichtungen auch Dichtleisten angebracht werden, die mit eingenuteten Dichtungsprofilen versehen sind (Bild 4.d).

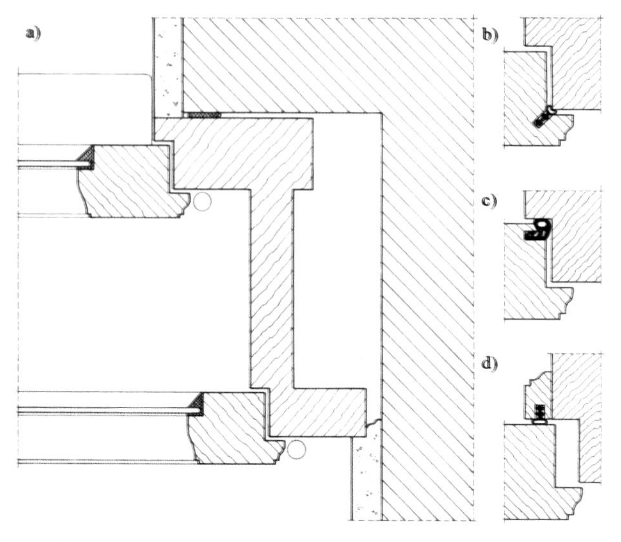


**Bild 4:**
a) Ausgangszustand
b) Anordnung des Dichtungsprofils im raumseitigen Flügelrahmen (Variante 1)
c) Anordnung des Dichtungsprofils im raumseitigen Flügelrahmen (Variante 2)
d) Anordnung des Dichtungsprofils in einer Dichtleisten

Unabhängig von Fenstergeometrie und -teilung kann davon ausgegangen werden, dass mit einem fachgerechten Einbau von Dichtungsprofilen in der oben beschriebenen Weise die Fugendurchlässigkeit von Kastenfensterkonstruktionen erheblich reduziert werden kann. Ohne weitere messtechnische Erfassung wird im Allgemeinen davon ausgegangen, dass mit einem fachgerechten Einbau von Dichtungsprofilen in der oben beschriebenen Weise die Fugendurchlässigkeit von Kastenfensterkonstruktionen zumindest soweit reduziert werden kann, dass die Fenster wieder ihre bauzeitlichen Eigenschaften, d. h. eine Luftdichtheit wie im Neuzustand, aufweisen. Älteren Quellen zufolge (z. B. [8]) wurde mit derartigen Konstruktionen eine Fugendurchlässigkeit erzielt, die in etwa einem Fugendurchlasskoeffizienten von $a$ = 2 $m^3/(m\ h\ daPa^{2/3})$ entspricht.
Je nach Ausgangssituation und Fensterteilung kann auch eine wesentlich geringere Fugendurchlässigkeit erreicht werden. So wird in [9] für ein modernisiertes Beispielfenster sogar ein Fugendurchlasskoeffizient von $a$ = 0,4 $m^3/(m\ h\ daPa^{2/3})$ angegeben.

## 4 Verbesserung des Bauwerksanschlusses

Weit überwiegend sind Kastenfenster in Mauerwerksbauten hinter außenseitigen, gemauerten Anschlägen angeordnet. Die verbliebenen Hohlräume zwischen dem Fut-

ter des Fensterkastens und der Leibung sind dabei teilweise ohne Dämmstoffe als solche verblieben, teilweise aber auch mit Holzwolle o. ä. ausgestopft. Auch wenn Schimmelpilzbildung in Leibungen geometrisch bedingt aufgrund der großen Bautiefe der Fenster und der insoweit gegenüber Einfachfenstern erheblich reduzierten freien Leibungstiefe bei Kastenfenstern eher selten sind, werden die Bauwerksanschlüsse – sinnvollerweise – häufig nachträglich wärmeschutztechnisch verbessert.
Das nachträgliche Einstopfen von Faserdämmstoffen zur wärmeschutztechnischen Ertüchtigung gestaltet sich dabei insbesondere in den seitlichen Leibungsbereichen zumeist schwierig, da hierzu zum einen ein partielles Entfernen von Wandbekleidung/Putz erforderlich ist und zum anderen der Spalt zwischen Blendrahmen und Leibung in aller Regel zu schmal ist. Aus diesem Grund kommen hier zumeist Ortschäume zur Anwendung, die umlaufend über Bohrungen in die Futter des Fensterkastens oder – nach Freilegung des raumseitigen Blendrahmenanschlusses – in die umlaufende Fuge zwischen den raumseitigen Blendrahmen und der Leibung eingebracht werden. Zu beachten ist hierbei zum einen, dass eine hohlraumfreie Verfüllung in aller Regel nicht möglich ist, da der Hohlraum in beiden Fällen nicht einsehbar und nur schwer zugänglich ist. Zum anderen ist in jedem Fall ein geeignetes Produkt zu verwenden und eine ausreichende Ausspreizung der Futter sicherzustellen, um unzuträgliche Verformungen der Futter zu vermeiden.

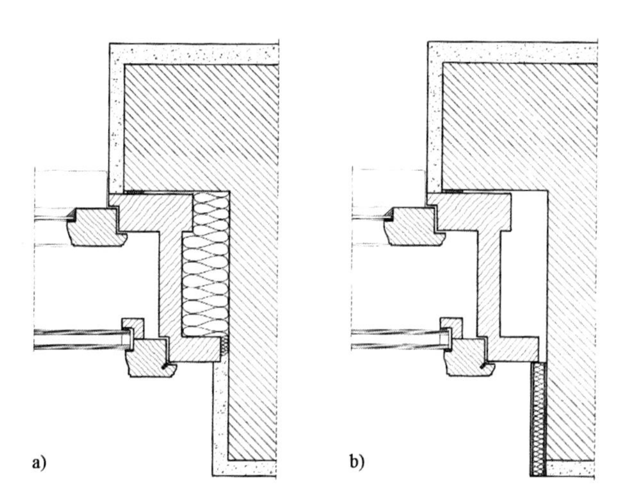


**Bild 5:** a) Nachträgliche Dämmung des Hohlraums zwischen Futter und Leibung
b) Einbau einer kapillaraktiven Innendämmung anstelle des Leibungsputzes

In Bezug auf das erzielbare Ergebnis einer nachträglichen Dämmung des Leibungsanschlusses, wie sie beispielhaft auf Bild 5.a) dargestellt ist, zeigen numerische Berechnungen folgendes:

- Hinsichtlich der Überprüfung des Risikos eines Schimmelpilzbefalls unter den Randbedingungen aus DIN 4108-2 [10] ergibt sich in der Leibung eine Anhebung des Temperaturfaktors von $f_{Rsi}$ = 0,696 ($\theta_{si,\ min.}$ = 12,4 °C) – womit die heutigen Anforderungen aus [10] nur knapp unterschritten werden – auf $f_{Rsi}$ = 0,73 ($\theta_{si,\ min.}$ = 13,2 °C).

- In Bezug auf die energetische Betrachtung ergibt sich bei einem nachträglichen Hinterfüllen des Leibungsanschlusses mit Dämmstoff gegenüber einer vollständig ungedämmten Situation eine Verbesserung des längenbezogenen Wärmedurchgangskoeffizienten von ca. $\Psi$ = 0,005 W/(mK) – also infolge des Maßbezugs auf die lichte Breite des Fensters einem ohnehin schon sehr günstigen Wert – auf $\Psi$ = -0,02 W/(mK).

Für den Fall, dass die vorhandenen Bekleidungen in den Leibungen mit vertretbarem Aufwand entfernt werden können, besteht eine Alternative darin, den Leibungsputz angrenzend an den Blendrahmen gegen eine 2 cm dicke Calziumsilikat-Dämmung auszutauschen (Bild 5.b). Auf diese Weise werden zum einen Oberflächentemperatur und Temperaturfaktor soweit erhöht, dass die Anforderungen aus DIN 4108-2 [10] eingehalten werden ($\theta_{si,\ min.}$ = 12,6 °C; $f_{Rsi} \geq$ 0,7). Zum anderen wird der längenbezogene Wärmedurchgangskoeffizient in gleicher Weise reduziert, wie bei der Hinterfüllung des Leibungsanschlusses mit einem Dämmstoff ($\Psi$ = -0,02 W/(mK); Tabelle 1). In jedem Fall ist in diesem Zusammenhang der Blendrahmen gemäß DIN 4108-7 [10] mit geeigneten Bändern innenseitig luftdicht an die Leibung anzuschließen.

**Tabelle 1:** Gegenüberstellung der minimalen Oberflächentemperaturen und Temperaturfaktoren sowie der längenbezogenen Wärmedurchgangskoeffizienten für die betrachteten Varianten zur Verbesserung des Leibungsanschlusses gegenüber einer ungedämmten Ausgangssituation

| | **bauzeitlicher Zustand ohne Dämmung** | **Modernisierung** | |
|---|---|---|---|
| | | **Variante 1:** | **Variante 2:** |
| | (Bild 4.a) | Hohlraumdämmung (Bild 5.a) | Leibungsdämmung (Bild 5.b) |
| $f_{Rsi,\ min.}$ **[-]** | 0,696 | 0,730 | 0,704 |
| $\theta_{si,\ min.}$ **[°C]** | 12,4 | 13,2 | 12,6 |
| $\Psi_e$ **[W/(m²K)]** | 0,005 | -0,02 | -0,02 |

# 5 Austausch von Verglasungen

## 5.1 Anforderungen

Der Wärmedurchgang im Bereich des Fensters selbst wird bestimmt durch die wärmeschutztechnischen Eigenschaften der beiden Fensterebenen und den Wärmedurchlasswiderstand der Luftschicht dazwischen. Im Hinblick auf die energetische Ertüchtigung bestehender Kastenfensterkonstruktionen bleibt – wenn man von einem aufwendigen und optisch zumeist wenig befriedigenden Austausch von Fensterflügeln absieht – als Maßnahme zur Verringerung der Transmissionswärmeverluste im Wesentlichen lediglich der Austausch von Verglasungen.

Hier setzt auch die Energieeinsparverordnung [1] an, die in Anlage 3, Ziffer 2 fordert, dass beim Austausch von Verglasungen ohne zusätzliche Anforderungen an Durchschusshemmung, Schall- und Brandschutz ein Wärmedurchgangskoeffizient von $U_g$ = 1,2 W/(m²K) nicht überschritten werden darf. Für Kasten- und Verbundfenster gelten die Anforderungen als eingehalten, wenn in einer Verglasungsebene beschichtete Einfachgläser eingebaut werden, die einen Emissionsgrad $\varepsilon \leq 0{,}2$ aufweisen.

## 5.2 Wahl des Verglasungssystems

Vor dem Hintergrund der rapide gesunkenen Preise für hochwertige Zweischeiben-Wärmeschutzverglasungen ist man in den vergangenen Jahren dazu übergegangen, statt beschichteter Einfachgläser hochwertige Zweischeiben-Wärmeschutzverglasungen einzusetzen.

Um die energetische Wirksamkeit des Verglasungsaustauschs zu quantifizieren wird bei eingebauten Bestandsfenstern häufig auf Oberflächentemperaturmessungen oder Infrarotthermografien zurückgegriffen [11]. Diese Messungen in situ sind jedoch insbesondere aufgrund der nicht reproduzierbaren Umgebungsbedingungen prinzipiell ungeeignet, um vergleichbare Wärmedurchgangskoeffizienten im Sinne von Bemessungswerten zu ermitteln. So sind erhebliche Unregelmäßigkeiten allein schon im Bereich des Wärmeübergangs im Zusammenhang mit Strahlung und Konvektion infolge geometrischer und witterungsbedingter Einflüsse zu erwarten und unvermeidbar. Vielmehr ist für eine belastbare Quantifizierung zwingend die Ermittlung der relevanten energetischen Kennwerte notwendig. Der Wärmedurchgangskoeffizient $U_g$ von Verglasungssystemen wird dabei nach DIN EN 673 [12], der Gesamtenergiedurchlassgrad $g$ unter Zuhilfenahme geeigneter Software (z. B. [13]) nach DIN EN 410 [14].
Für handelsübliche Verglasungen zum Einsatz in Einfachfenstern können diese Größen in aller Regel den Produktangaben des jeweiligen Herstellers entnommen werden. Bedingt durch die typische Konstruktion von Kastenfenstern mit zwei räumlich

voneinander getrennten Fensterebenen beinhaltet das zu betrachtende Gesamtverglasungssystem jedoch auch die dazwischen liegende Luftschicht. Dem Wärmedurchlasswiderstand $R_s$ dieser Luftschicht kommt wärmeschutztechnisch besondere Bedeutung zu. Er wird im Wesentlichen bestimmt durch die sich einstellenden Wärmetransportvorgänge infolge Konvektion und Strahlung, die wiederum von folgenden Faktoren abhängen:

- Der Richtung des Wärmestroms,
- der Geometrie der Luftschicht, insbesondere dem Verhältnis zwischen Dicke und Höhe,
- den Oberflächentemperaturen der begrenzenden Flächen in Richtung des Wärmestroms, d. h. damit auch vom Wärmedurchgangskoeffizienten der begrenzenden Verglasungen $U_g$,
- dem Emissionsgrad dieser Oberflächen.

Die Berechnung des Wärmedurchlasswiderstandes $R_s$ der Luftschicht erfolgt iterativ nach ISO 15099 [15] bzw. VDI 6007-2 [16] für Lufttemperaturen der angrenzenden Umgebungen von 20 °C (innen) und 0 °C (außen), wobei bei der Berechnung des hier interessierenden reinen Wärmedurchgangs im Zusammenhang mit Bemessungswerten Einflüsse aus direkter Sonneneinstrahlung oder umgekehrt von Verschattung unberücksichtigt bleiben. Auch der Luftaustausch mit den angrenzenden Klimaten (Raum- bzw. Außenluft) kann im Zusammenhang mit der Berechnung des Wärmedurchgangskoeffizienten von Kastenfenstern gemäß DIN EN ISO 10077-1 [17] vernachlässigt werden, sofern das umlaufende Spaltmaß im Bereich der Fugen 3 mm nicht übersteigt.

**Bild 6:** Als Berechnungsbeispiel betrachtetes Kastenfenster (Darstellung aus [18])

Für ein typisches zweiflügeliges Kastenfenster (Bild 6) mit den Abmessungen von 1,10 m x 1,50 m sind in Tabelle 2 beispielhaft Berechnungsergebnisse für Oberflächen- und mittlere Temperaturen in der Luftschicht, der Wärmedurchlasswiderstand der Luftschicht $R_s$ sowie der für das Gesamtverglasungssystem aus beiden Verglasungsebenen resultierende Gesamtwärmedurchgangskoeffizient $U_{g,\ ges.}$ für die Ausgangssituation sowie verschiedene Varianten des Verglasungsaustauschs zusammengestellt. Die nicht modernisierte Ausgangssituation sowie die beiden in der Praxis am häufigsten anzutreffenden Verglasungssysteme sind grau hinterlegt.

**Tabelle 2:** Vergleich verschiedener Varianten des Glasaustauschs in Bezug auf die Oberflächentemperaturen $\theta_s$ und mittlere Lufttemperatur $\theta_m$ im Fensterkasten, den Wärmedurchgangswiderstand der Luftschicht $R_s$ sowie den Gesamtwärmedurchgangskoeffizienten $U_{g,\ ges.}$ und den Gesamtenergiedurchlassgrad $g_{ges.}$

| **Art der Verglasung in der Fensterebene** | | **Luftschicht** | | | | **Verglasungssystem gesamt** | |
|---|---|---|---|---|---|---|---|
| **innen** | **außen** | $\theta_{si}$ [°C] | $\theta_{se}$ [°C] | $\theta_m$ [°C] | $R_s$ [(m²K)/W] | $U_{g,\ ges.}$ [W/(m²K)] | $g_{ges.}$ [-] |
| Einfach | Einfach | 12,6 | 2,4 | 7,5 | 0,184 | 2,76 | 0,78 |
| IV 3,0 | Einfach | 9,0 | 1,7 | 5,3 | 0,194 | 1,88 | 0,70 |
| IV 1,1 | Einfach | 4,5 | 0,8 | 2,7 | 0,211 | 0,89 | 0,44 |
| Einfach | IV 1,1 | 17,6 | 14,1 | 15,9 | 0,193 | 0,90 | 0,43 |
| *K-Glass* | Einfach | 15,1 | 1,6 | 8,4 | 0,367 | 1,84 | 0,72 |
| *K-Glass* | *K-Glass* | 15,5 | 1,5 | 8,5 | 0,413 | 1,69 | 0,68 |
| IV 1,1 | *K-Glass* | 7,2 | 0,7 | 3,9 | 0,439 | 0,74 | 0,43 |

Einfach – Einfachglas (Float), 4 mm dick
IV 1,1 – Zweischeiben-Isolierverglasung, $U_g = 1,1$ W/(m²K)
IV 3,0 – Zweischeiben-Isolierverglasung, $U_g = 3,0$ W/(m²K)
*K-Glass* – Einfachglas (Float), beschichtet, Emissionsgrad $\varepsilon = 0,15$ [19]

Diese Aufstellung verdeutlicht zum einen, dass sich der Wärmedurchgang durch die transparenten Flächen von Kastenfenstern durch den Einbau von Zweischeiben-Wärmeschutzverglasungen gegenüber der Verwendung beschichteter Einfachgläser auf Werte von $U_{g,\ ges.} < 1$ W/(m²K) in etwa halbieren und gegenüber der bauzeitlichen Situation auf in etwa ein Drittel reduzieren lässt. Aufgrund der rasanten Preisentwicklung bei Zweischeiben-Wärmeschutzverglasungen in den vergangenen Jahren liegen die Kosten für diese Maßnahme nur noch etwa 20 % höher als beim Einbau beschichteter Einfachgläser.

Die Ergebnisse zeigen in diesem Zusammenhang jedoch auch, dass bei der Anordnung einer Wärmeschutzverglasung in der raumseitigen Fensterebene der raumseitigen Luftdichtheit der Flügelfälze aufgrund der gegenüber der Ausgangssituation erheblich reduzierten Oberflächentemperaturen besondere Bedeutung zukommt (Abschnitt 3). Diesbezüglich erheblich günstiger ist die Anordnung von Wärmeschutzverglasungen in der äußeren Flügelebene, wodurch die Temperaturen der Verglasungsoberflächen sicher in einen unkritischen Bereich angehoben werden. Aufgrund des jeweils an der Außenseite gelegenen Glasfalzes und der erforderlichen Aufdoppelung der Flügelrahmen kommt eine außenseitige Anordnung der Wärmeschutzverglasungen jedoch in aller Regel allein schon aus konservatorischen Gründen nicht in Betracht, es sei denn, die vorhandenen äußeren Flügel können nicht erhalten und müssen ohnehin neu hergestellt werden.

Darüber hinaus ist beim Einbau hochwertiger Wärmeschutzverglasungen zu beachten, dass sich der Gesamtenergiedurchlassgrad für das Gesamtverglasungssystem $g_{ges.}$ ebenfalls nahezu halbiert. Hierdurch werden einerseits solare Wärmegewinne während der Heizperiode, andererseits aber auch sommerliche Wärmeeinträge über Sonneneinstrahlung während des Sommers reduziert.

## 5.3 Wärmedurchgangskoeffizient

Der Wärmedurchgangskoeffizient für ein Kastenfenster $U_{w,\,KF}$ wird gemäß DIN EN ISO 10077-1 [17] aus den jeweils separat zu ermittelnden Wärmedurchgangskoeffizienten $U_{wi}$ und $U_{we}$ für die innere und die äußere Fensterebene sowie dem Wärmedurchgangswiderstand $R_s$ der dazwischen befindlichen Luftschicht wie folgt berechnet:

$$U_{w,\,KF} = \frac{1}{\frac{1}{U_{wi}} - R_{si} + R_s - R_{se} + \frac{1}{U_{we}}} \qquad (1)$$

mit:

| | |
|---|---|
| $U_{w,\,KF}$ | Wärmedurchgangskoeffizient des Kastenfensters [W/(m²K)] |
| $U_{wi}$ | Wärmedurchgangskoeffizient der inneren Fensterebene [W/(m²K)] |
| $U_{we}$ | Wärmedurchgangskoeffizient der äußeren Fensterebene [W/(m²K)] |
| $R_s$ | Wärmedurchlasswiderstand der Luftschicht [(m²K)/W] |
| $R_{si}$ | Wärmeübergangswiderstand zur raumseitigen Verglasung [(m²K)/W] |
| $R_{se}$ | Wärmeübergangswiderstand zur außenseitigen Verglasung [(m²K)/W] |

Der Wärmedurchlasswiderstand der Luftschicht wird wie im vorstehenden Abschnitt beschrieben ermittelt. Der Wärmedurchgangskoeffizient $U_{wi}$ bzw. $U_{we}$ der jeweiligen Fensterebene setzt sich zusammen aus

- dem Wärmedurchgangskoeffizienten $U_g$ der Verglasung in der jeweils betrachteten Fensterebene

- dem Wärmedurchgangskoeffizienten $U_f$ der jeweiligen Rahmenflächen (Flügel- und Blendrahmen, Kämpfer, Mittelanschläge, Sprossen etc.) und

- dem längenbezogenen Wärmedurchgangskoeffizienten $\Psi_g$ zur Berücksichtigung der Wärmebrücken infolge des jeweils umlaufenden Scheibenrandverbundes von Isolierverglasungen und ihrer Einbindung in den Flügel- oder einen feststehenden Rahmen, was bei Einfachverglasungen vernachlässigt werden kann.

Die Berechnung erfolgt gemäß DIN EN ISO 10077-1 [17] wie folgt:

$$U_{wi/e} = \frac{\sum A_g U_g + \sum A_f U_f + \sum l_g \Psi_g}{\sum A_g + \sum A_f} \qquad (2)$$

mit:

| | |
|---|---|
| $U_{wi/e}$ | Wärmedurchgangskoeffizient des inneren bzw. äußeren Einzelfensters [W/(m²K)] |
| $U_g$ | Wärmedurchgangskoeffizient der Verglasung [W/(m²K)] |
| $U_f$ | Wärmedurchgangskoeffizient der Rahmenteile [W/(m²K)] |
| $\Psi_g$ | längenbezogener Wärmedurchgangskoeffizient des Verglasungseinstands in den Rahmen unter Berücksichtigung des Scheibenrandverbunds [W/(mK)] |
| $A_g$ | Verglasungsfläche [m²] |
| $A_f$ | Rahmenfläche [m²] |
| $l_g$ | Länge der sichtbaren Kante zwischen Verglasung und Rahmen [m] |

Die Wärmedurchgangskoeffizienten der Verglasungen $U_g$ können den Produktspezifikationen des jeweiligen Herstellers entnommen werden. Der Wärmedurchgangskoeffizient von Einfachgläsern kann hinreichend genau mit $U_g$ = 5,8 W/(m²K) angenommen werden (DIN EN ISO 10077-1 [17]).

Dem gegenüber dürften – zumindest in Bezug auf Holzkastenfenster – die näherungsweise aus den Diagrammen und Tabellen in den Anhängen D, E und F zu DIN EN ISO 10077-1 [17] ermittelbaren Anhaltswerte für $U_f$ und $\Psi_g$ kaum hinreichend genau auf die komplexe baulich-konstruktive Situation bei Kastenfenstern im Bestand mit aufwendig gestalteten Rahmenprofilen unterschiedlicher Querschnitte, mehreren Flügeln und Sprossenteilungen etc. übertragbar sein. Vielmehr bleibt diesbezüglich nur der Rückgriff auf detaillierte numerische Berechnungen gemäß DIN

EN ISO 10077-2 [17]. Hierbei müssen separate Berechnungen für sämtliche Rahmenprofile verschiedener Geometrie durchgeführt werden, in der Regel also mindestens für die Blend- und Flügelrahmen im Bereich der Brüstung, der übrigen umlaufenden Leibung sowie ggf. vorhandener Kämpfer und Mittelanschläge.

Bei der Berechnung der Rahmenwerte ist zu beachten: Kastenfensterkonstruktionen sind überwiegend hinter gemauerten Anschlägen angeordnet, sodass die außenseitigen Blendrahmenflächen zumindest im Leibungs- und Sturzbereich vollständig verdeckt sind. Wird diese Einbausituation bei der Berechnung nicht berücksichtigt, ist aufgrund der größeren wärmeabgebenden Rahmenoberfläche ein erhöhter Wärmedurchgang und insofern ein ungünstigerer Wärmedurchgangskoeffizient für Rahmen und Gesamtfenster zu erwarten [20]. Da der Fensteranschluss am Baukörper als Wärmebrücke im Rahmen der energetischen Bilanzierung ohnehin über einen pauschalen Zuschlag $\Delta U_{WB}$ oder einen detaillierten Nachweis längenbezogener Wärmedurchgangskoeffizienten $\Psi_{WB}$ auf der Grundlage von DIN EN ISO 10211 [21] zusätzlich zum Ansatz gebracht wird, ergibt sich für das Gesamtsystem ein rechnerisch höherer Wärmedurchgang als tatsächlich zu erwarten ist. Damit ergeben sich allein für die Fenster bis zu 15 % ungünstigere Wärmedurchgangskoeffizienten. Wird die Einbausituation hinter gemauerten Anschlägen bei Zuweisung der Randbedingungen am jeweiligen numerischen Modell im Rahmen der Berechnung hingegen berücksichtigt, sind hinsichtlich der Einflüsse von Wärmebrücken im Zusammenhang mit der energetischen Bilanzierung der Gebäudehülle keine rechnerischen Überlagerungen aus $U_w$- und $\Psi_{WB}$-*Werten* für die betreffenden Anschlussbereiche zu erwarten. Die insoweit berechneten $U_w$-Werte sind dann allerdings nicht vergleichbar mit entsprechenden Werten neuer Fenster aus Produktspezifikationen gemäß DIN EN 14351-1 [22] im Zusammenhang mit der *CE*-Kennzeichnung, die selbstverständlich ohne Berücksichtigung der Einbausituation berechnet und angegeben werden.
Für das hier beispielhaft betrachtete kleine, zweiflügelige Kastenfenster (Bild 6) ergeben sich unter der vorstehend beschriebenen Berücksichtigung der Einbausituation für die betrachteten Rahmenflächen Wärmedurchgangskoeffizienten $U_f$ zwischen ca. 1,2 und 2,5 W/(m²K). Kommen gegenüber konventionellen Abstandhaltern aus Aluminium wärmeschutztechnisch verbesserte Ausführungen zum Einsatz, liegen typische $\Psi_g$-Werte für die einbindenden Wärmeschutzverglasungen zwischen ca. 0,04 und 0,06 W/(mK).
Für das Gesamtfenster ergibt sich beim raumseitigen Einbau einer Wärmeschutzverglasung mit einem Wärmedurchgangskoeffizienten von $U_g$ = 1,1 W/(m²K) ein Wärmedurchgangskoeffizient von $U_{w,\ KF}$ = 1,0 W/(m²K). Dieser Wert beträgt nicht nur lediglich weniger als 40 % des Ausgangswertes für den bauzeitlichen, nicht modernisierten Zustand ($U_{w,\ KF}$ = 2,7 W/(m²K)), sondern unterschreitet zudem auch den in der derzeit noch gültigen Energieeinsparverordnung [1] angegebenen Referenzwert für Fenster in zu errichtenden Gebäuden von $U_{w,\ Ref}$ = 1,3 W/(m²K).

# 4 Anforderungen im Zusammenhang mit öffentlichen Fördermitteln

Die vorgenannten Maßnahmen sind grundsätzlich auch mit Mitteln der KfW förderbar, z. B. mit Investitionszuschüssen für die energetische Sanierung von Wohngebäuden im Rahmen des *„$CO_2$-Gebäudesanierungsprogramms“* des Bundes [23]. Die technischen Mindestanforderungen bei der Ertüchtigung von Fenstern mit $U_{w,\ max.} \leq$ 1,3 W/(m²K) gemäß [24] würden für das oben behandelte Berechnungsbeispiel deutlich erfüllt. Zur Förderung von Maßnahmen an Fenstern heißt es in [24] im Abschnitt 2. wörtlich:

*„Gefördert wird die Erneuerung durch Austausch oder Ertüchtigung... sowie der Einbau von Fenstern und Fenstertüren von beheizten Räumen... Bedingung für die Förderung von Fenstern und Fenstertüren ist, dass der U-Wert der Außenwand und/oder des Daches kleiner ist als der $U_w$-Wert der neu eingebauten Fenster und Fenstertüren. Auf einen wärmebrückenminimierten Einbau der Fenster und Fenstertüren ist zu achten.*
*Ist aus Gründen des Denkmalschutzes oder des Schutzes sonstiger besonders erhaltenswerter Bausubstanz die Einhaltung der vorgegebenen Bemessungswerte bei der Erneuerung von Fenstern nicht möglich, können Fenster durch Ertüchtigung (Neuverglasung, Überarbeitung der Rahmen, Herstellung von Gang- und Schließbarkeit sowie Verbesserung der Fugendurchlässigkeit und der Schlagregendichtheit) mit einem U-Wert von maximal 1,6 W/(m²·K) (z. B. bei echten glasteilenden Sprossen) und ansonsten durch Austausch mit 1,4 W/(m²·K)gefördert werden...“*

Demzufolge bezieht sich die Förderungsbedingung, der zufolge der Wärmedurchgangskoeffizient der Außenwand günstiger sein muss als der des Fensters, zwar explizit auf neu eingebaute Fenster, während beim Geltendmachen konservatorischer oder ästhetischer Aspekte zu Erhalt und Ertüchtigung von Bestandsfenstern lediglich die Einhaltung der Wärmedurchgangskoeffizienten von $U_{w,\ max.}$ = 1,4 bzw. 1,6 W/(m²K) genannt wird. In der Praxis wird die Förderungsbedingung „$U_{AW} \leq U_w$“ jedoch offenbar auch auf den letztgenannten Fall, d. h. die wärmeschutztechnische Ertüchtigung von Fenstern, angewendet. Auf telefonische Anfrage wurde dies gegenüber dem Verfasser mit Verweis auf die *„Liste der Technischen FAQ...“* [25] begründet. Dort heißt es wörtlich:

*„Mit der Mindestanforderung bei Erneuerung von Fenstern, dass der U-Wert der Außenwand kleiner sein muss als der $U_w$-Wert der neuen Fenster, soll das Risiko des Tauwasserausfalls im Bereich der Außenwände weitestgehend und pauschal ausgeschlossen werden.*

*Im Einzelfall darf diese Mindestanforderung jedoch auch gleichwertig erfüllt werden, indem durch weitere Maßnahmen Tauwasserbildung ausgeschlossen wird...Gleichwertige Maßnahmen stellen dabei die feuchtetechnische Untersuchung und entsprechende Sanierung der Wärmebrücke am Fensteranschluss dar, wie auch der Wärmebrücken an kritischen Bauteilanschlüssen im jeweiligen Raum...sowie das Prüfen eines ausreichenden Luftwechsels zur Feststellung und ggf. Durchführung der erforderlichen Maßnahmen zur Gewährleistung eines ausreichenden Luftwechsels...“*

Zum Redaktionsschluss des vorliegenden Manuskripts bzw. des Tagungsbandes waren die Gespräche mit der KfW hierüber noch nicht abgeschlossen.

Nach Auffassung des Verfassers ist zu diesem Thema folgendes anzumerken:

1. Ein Zusammenhang mit der Reduzierung eines Wärmedurchgangskoeffizienten eines Bauteils, d. h. der Verringerung von Transmissionswärmeverlusten, und dem Anstieg des Schimmelpilzrisikos an einem benachbarten Bauteil ist physikalisch und mikrobiologisch nicht begründbar. Weiterhin dürfte es heutzutage weder dem bestimmungsgemäßen Gebrauch von Fenstern entsprechen noch eine gebrauchstaugliche Situation darstellen, wenn die raumseitigen Verglasungsoberflächen als planmäßige Kondensationsflächen zur Luftentfeuchtung und damit zur Vermeidung von Schimmelpilzbefall angesehen werden müssten.

2. Der hingegen belegbare Zusammenhang zwischen steigendem Schimmelpilzrisiko und der Reduzierung des Grundluftwechsels infolge Infiltration durch Maßnahmen zur Reduzierung der Fugendurchlässigkeit von Fenstern wird in den Unterlagen der KfW [24], [25] nur indirekt erwähnt. Allerdings wird in [24] unter Punkt 1. explizit gefordert:

   *„Bei allen Maßnahmen ist auf eine wärmebrückenminimierte Ausführung und Luftdichtheit zu achten.“*

3. Die Verbesserung der Fugendurchlässigkeit von älteren Kastenfenstern ist jedoch nicht nur in dem hier angeführten energetischen Zusammenhang von Bedeutung, sondern alleine schon, um – unabhängig vom letztendlich erreichten Wärmedurchgangskoeffizienten – die Gebrauchstauglichkeit im Hinblick auf übermäßigen Tauwasserausfall an den äußeren Fensterebenen zu gewährleisten, wie oben im Abschnitt 3 ausführlich dargestellt. Mit den Wärmedurchgangskoeffizienten des Fensters bzw. der Verglasungen besteht insoweit nur indirekt und ausschließlich in Bezug auf Kastenfenster ein Zusammenhang.

## Quellen

[1] Verordnung über energiesparenden Wärmeschutz und energiesparende Anlagentechnik bei Gebäuden - Energieeinsparverordnung - EnEV) vom 24. Juli 2007, geändert durch die Verordnung zur Änderung der Energieeinsparverordnung vom 29. April 2009

[2] Gieß, H.: Fensterarchitektur und Fensterkonstruktion in Bayern zwischen 1780 und 1910. Arbeitsheft 39, Bayerisches Landesamt für Dankmalpflege, München, 1990

[3] Energieagentur NRW: Lüftung-Heute – Lüftungswärmeverluste, www.energieagentur.nrw.de/lueftung/lueftungswaermeverluste-2574.asp, Zugriff am 24.05.2013

[4] Verband der Fenster- und Fassadenhersteller - VFF e.V., Frankfurt: VFF Leitfaden HO.09 – Runderneuerung von Kastenfenstern aus Holz, Ausgabe März 2003

[5] Verband der Fenster- und Fassadenhersteller - VFF e.V., Frankfurt (Hrsg.): Glas, Fenster und transparente Fassaden im Bestand – Produktentwicklung und Produktdatenblätter

[6] Verordnung über energiesparenden Wärmeschutz und energiesparende Anlagentechnik bei Gebäuden - Energieeinsparverordnung (EnEV) vom 16. November 2001, in Kraft getreten am 01.02.2002

[7] Verordnung über einen energieeinsparenden Wärmeschutz bei Gebäuden – Wärmeschutzverordnung, in den Ausgaben vom 11.08.1977, 24.02.1982 und 16.08.1994

[8] Raisch, E.: Die Luftdurchlässigkeit von Baustoffen und Baukonstruktionsteilen; in: Gesundheitsingenieur, 30. Heft, 51. Jahrgang (1928), Verlag R. Oldenbourg, Berlin und München, 1928

[9] Bundesinnungsverband für das Tischlerhandwerk, Berlin: Angabe unter www.tischler.de/produkte/restaurierung/hom-ubersicht.htm, Zugriff am 01.08.2013

[10] DIN 4108: Wärmeschutz und Energie-Einsparung in Gebäuden,
- Teil 2: Mindestanforderungen an den Wärmeschutz (Entwurf1999-06, Ausgaben 2001-06, 2003-07, 2013-02),
- Teil 7: Luftdichtheit von Gebäuden – Anforderungen, Planungs- und Ausführungsempfehlungen sowie -beispiele (Ausgaben 2001-08, 2011-01)

[11] Huber, A., Korjenic, A., Bednar, T.: Kastenfenster-Optimierung im historischen Bestand, in Bauphysik 35 (2013), Heft 2, S. 107-118, Ernst & Sohn Verlag für Architektur und technische Wissenschaften GmbH & Co. KG, Berlin, 2013

[12] DIN EN 673: Glas im Bauwesen – Bestimmung des Wärmedurchgangskoeffizienten (U-Wert) - Berechnungsverfahren (Ausgabe 2003-06)

[13] University of California, Ernest Orlando Lawrence Berkeley National Laboratory, Environmental Energy Technologies Division, Building Technologies Department, Windows and Daylighting Group, Berkeley (USA): Window, Version 6.3.60, 2012, mit aktualisierter Datenbank vom Juni 2013

[14] DIN EN 410: Glas im Bauwesen – Bestimmung lichttechnischen und strahlungsphysikalischen Kenngrößen von Verglasungen (Ausgabe 2011-04)

[15] ISO 15099: Thermal performance of windows, doors and shading devices - Detailed calculations (Ausgabe 2003-11)

[16] VDI 6007-2: Berechnung des instationären thermischen Verhaltens von Räumen und Gebäuden, Blatt 2: Fenstermodell (Ausgabe 2012-03)

[17] DIN EN ISO 10077: Wärmetechnisches Verhalten von Fenstern, Türen und Abschlüssen - Berechnung des Wärmedurchgangskoeffizienten,
- Teil 1: Allgemeines (Ausgabe 2010-05),
- Teil 2: Numerisches Verfahren für Rahmen (Ausgabe 2012-06).

[18] Reitmayer, U.: Holzfenster in handwerklicher Konstruktion, Julius Hoffmann Verlag, Stuttgart, 1940

[19] Pilkington Deutschland AG, Gelsenkirchen: Pilkington Basisgläser, Handbuch, download am 05.07.2012 unter: http://www.pilkington.com/rsources/ 0284_ handbook 2012_ de_0418_web.pdf

[20] Friedrich, U. – BINE Informationsdienst, FIZ Karlsruhe (Hrsg.): Fenster optimal einbauen, Projektinfo 10/03, download unter www.bine.info/ fileadmin/ content/Publikationen/Projekt-Infos/2003/Projekt-Info_10-2003/projekt_1003_internetx_aktuell.pdf am 01.07.2010

[21] DIN EN ISO 10211: Wärmebrücken im Hochbau – Wärmeströme und Oberflächentemperaturen – Detaillierte Berechnungen (Ausgabe 2008-04)

[22] DIN EN 14351-1: Fenster und Türen – Produktnorm, Leistungseigenschaften, Teil 1: Fenster und Außentüren ohne Eigenschaften bezüglich Feuerschutz und/oder Rauchdichtheit (Ausgabe 2010-08)

[23] KfW Bankengruppe, Frankfurt: Merkblatt Bauen, Wohnen, Energie sparen, Energieeffizient Sanieren – Investitionszuschuss, Programmnummer 430, Stand 03/2013

[24] KfW Bankengruppe, Frankfurt: Anlage zu den Merkblättern Energieeffizient Sanieren: Kredit (151/152), Investitionszuschuss (430) – Technische Mindestanforderungen, Stand 03/2013

[25] KfW Bankengruppe, Frankfurt: Liste der Technischen FAQ zu den wohnwirtschaftlichen Förderprogrammen Energieeffizient Sanieren: Kredit (151/152), Investitionszuschuss (430), Energieeffizient Bauen (153), Stand 03/2013

24. Hanseatische Sanierungstage
Messen Planen Ausführen
Heringsdorf 2013

# Sockelausbildung bei Putz- und Wärmedämmverbundsystemen

**H. Kollmann**
Leonberg

## Zusammenfassung

Der Sockelbereich eines Gebäudes ist der vertikale Übergang vom erdberührten zum überirdischen Bereich zwischen Bauwerksabdichtung und Fassade. Er ist zahlreichen mechanischen, chemischen und biologischen Angriffen ausgesetzt. Die Schäden reichen von Verschmutzungen und Farbabblätterungen über Risse und Hohlstellen bis zu massiven Zerstörungen durch Feuchtigkeit und Salze. Über sorgfältige Beobachtungen vor Ort und eine Zustandsanalyse kann ein sinnvolles Instandsetzungskonzept entwickelt werden. Normen, die sich nur auf den Neubaubereich beziehen, sind wenig hilfreich für die Planung. Es gibt jedoch inzwischen Regelwerke, die sich speziell mit diesen Problemen befassen. Sie beschreiben die Beurteilung der Schadenssituation, die zur Instandsetzung infrage kommenden Werkstoffe sowie die Ausführung. Die Qualität der Instandsetzungsmaßnahmen wird gesichert, wenn diese Punkte beachtet werden.

# 1 Gebäudesockel

## 1.1 Definitionen

Der Bauteilsockel beginnt gemäß WTA-Merkblatt [8] abdichtungstechnisch 30 cm über Geländeoberfläche bzw. vorspringendem Bauteil (Spritzwasserbereich) und endet bei einer Einbindetiefe in das Gelände von 20 cm bzw. schließt an eine Abdichtung an. In Bild 1 beginnt der Sockel somit an der oberen Kante des dunklen Putzes und endet unterhalb der Fensterkante.

**Bild 1:** Sockel und erdberührter Bereich eines Schulgebäudes.

Es wird unterschieden zwischen der unteren und der oberen Sockellinie. Die untere Sockellinie ist identisch mit dem Geländeverlauf. Die obere Sockellinie kann ein Gestaltungsmerkmal darstellen, meist wird sie jedoch aus Gründen der Zweckmäßigkeit (Spritzwasserzone) angegeben. In Bild 2 wird die obere Sockellinie durch das Gesims gebildet.

**Bild 2:** Sockel einer Kirche mit unterer Sockellinie an der Geländeoberfläche und oberer Sockellinie beim Gesims.

## 1.2 Ausbildung im Neubau

Gebäudesockel sind dem Lastfall „Bodenfeuchtigkeit“ ausgesetzt. Spritzwasser und angehäufter Schnee kann kurzzeitig wie Druckwasser wirken. Gemäß DIN 18195 „Bauwerksabdichtungen“ [2] müssen alle vom Boden berührten Außenwandflächen der Umfassungswände gegen seitliche Feuchtigkeit abgedichtet werden. Der Feuchteschutz reicht bis 30 cm über Geländeoberfläche als Spritzwasserschutz. Im Endzustand, also nach der Gebäudeanpassung, dürfen 15 cm nicht unterschritten werden. Bild 3 zeigt die Sockelausbildung im Neubau ohne und mit Wärmedämmverbundsystem.

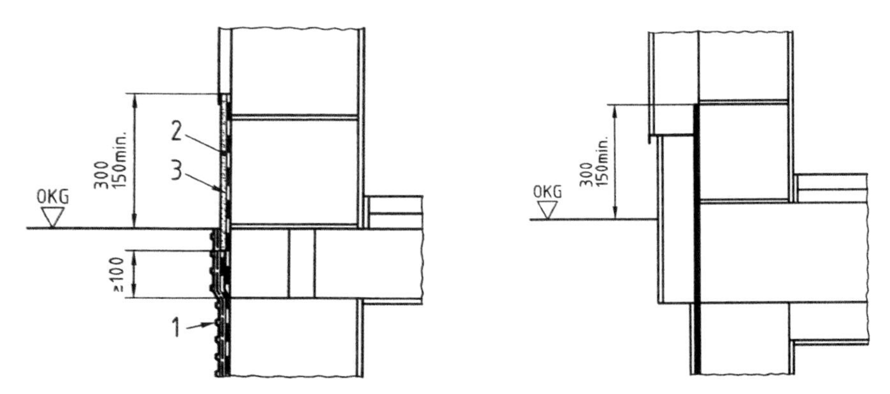


**Bild 3:** Sockelausbildung gemäß DIN 18195 [3].
links: monolithisches Mauerwerk, unterkellert
rechts: WDVS Außendämmung, unterkellert
1 = Noppenbahn o.ä., 2 = wasserabweisender Sockelputz, 3 = Dichtungsschlämme

Oberhalb des Geländes darf die Abdichtung entfallen, wenn dort ausreichend wasserabweisende Baustoffe verwendet wurden (Wasseraufnahmekoeffizient $w \leq 0{,}5$ $kg/m^2h^{1/2}$).

## 1.3 Werkstoffe

Abdichtungen an Bauwerken können mit den in der DIN 18195 [1] genannten Stoffen ausgeführt werden. Zur Instandsetzung von Sockelbereichen bieten sich in erster Linie polymermodifizierte Bitumendickbeschichtungen (PMB, bisher KMB = kunststoffmodifizierte Bitumendickbeschichtungen) sowie mineralische Dichtungsschlämmen (MDS) an. Diese können jedoch nur dünnschichtig (2 bis 5 mm) aufgetragen werden. Bei unebenem Untergrund ist daher zunächst ein Ausgleichsputz vorzusehen oder ein Sperrputz einzusetzen.

Außensockelputze bzw. -putzsysteme müssen ausreichend fest, wasserabweisend und widerstandsfähig gegen die Einwirkung von Feuchte, Frost und Salzen sein. Als Unter- und Oberputze kommen Zementputze oder Sanierputze infrage. Als Oberputze können auch Dispersionsputze („Kunstharzputze“) eingesetzt werden.

Wärmedämmverbundsysteme (WDVS) werden inzwischen häufig als „verputzte Außenwärmedämmung“ (VAWD) bezeichnet. Das System besteht aus dem Kleber, den Dämmplatten, eventuell Dübeln und dem Armierungsmörtel mit Gewebe. Die Oberflächendekoration kann durch einen (meist dünnschichtigen) Putzauftrag und Farbanstrich erfolgen. Es kommen aber auch Flachverblender infrage.

## 2 Schäden

### 2.1 Schadensbilder

Im Laufe der Zeit wird der Sockel durch äußere Einflüsse in Mitleidenschaft gezogen. Häufig sind Farbabblätterungen, Ausblühungen und Beschädigungen/Zerstörungen des Putzes oder der Dämmplatten die Folge. Auch Planungsmängel treten zutage. Oft wurden nicht ausreichend wasserabweisende Baustoffe verwendet oder es wurden Systeme verwendet, die nicht aufeinander abgestimmt waren. Bild 4 zeigt Schäden im Sockelbereich eines Pfarrhauses durch falsche Abdichtungsmaßnahmen sowie vergebliche Reparaturversuche.

**Bild 4:** Schäden im Sockelbereich durch ungeeignete Abdichtungsmaßnahmen.

### 2.2 Ursachen

Der Sockelbereich ist der Verwitterung ausgesetzt. Er kann daher Fehlstellen durch Absandungen, Abbröckelungen, Risse und Hohlstellen aufweisen. Organismen, wie Wurzeln und Algen, können angreifen. Putzzerstörungen werden meist durch

Feuchtigkeit und Salze hervorgerufen. Der erdberührte Bereich ist nichtdrückendem und drückendem Wasser ausgesetzt. Oberhalb der Geländeoberfläche spielen Regen und Schnee, Spritz- und Tauwasser eine Rolle. Salze führen zu Ausblühungen oder zu Putzzerstörungen. Sie sind darüber hinaus Ursache für die hygroskopisch aufgenommene Feuchtigkeit. Die meisten Salze im Sockelbereich dürften durch den Streusalzeinsatz im Winter verursacht werden, aber auch „Pinkelecken" spielen hierbei eine Rolle. Viele dieser Schadensmechanismen können erst dann wirksam werden, wenn die Bauwerksabdichtung nicht vorhanden oder fehlerhaft ist.

## 3 Instandsetzung

### 3.1 Regelwerke

Normen gelten bekanntlich nur für den Neubaubereich, es sei denn, die beschriebenen Stoffe und Verfahren können auch beim Bauen im Bestand eingesetzt werden. Folgende Normen sind hier relevant:

- DIN 18195-Teil 4 Bauwerksabdichtungen - Abdichtungen gegen Bodenfeuchtigkeit und nichtstauendes Sickerwasser an Bodenplatten und Wänden. [2]
- DIN 18195-Beiblatt 1 Bauwerksabdichtungen - Beispiele für die Anordnung der Abdichtungen. [3]
- DIN V 18550 Putz und Putzsysteme - Ausführung. [4]
- DIN 55699 Verarbeitung von außenseitigen Wärmedämm-Verbundsystemen. [5]
- EN 13914-Teil 1 Planung, Zubereitung und Ausführung von Innen- und Außenputzen – Außenputze. [6]

Der Fachverband der Stuckateure für Ausbau und Fassade Baden-Württemberg hat zusammen mit dem Verband Garten-, Landschafts- und Sportplatzbau Baden-Württemberg eine „Richtlinie für die fachgerechte Planung und Ausführung des Fassadensockelputzes sowie des Anschlusses der Außenanlage" herausgegeben:
Richtlinie Fassadensockelputz/Außenanlage. [7]

Zurzeit wird das WTA-Merkblatt 4-9-14/D „Instandsetzung von Gebäude- und Bauteilsockeln" [8] erarbeitet. Es soll 2014 erscheinen. Vorläufige Gliederung:

1. Geltungsbereich
1.1 Anwendung
1.2 Definitionen
2. Bauzustandsanalyse
2.1 Inaugenscheinnahme
2.2 Untersuchungen

3. Planung
3.1 Instandsetzungsziel
3.2 Instandsetzungskonzept
4. Einsatzbereiche
4.1 Sockel mit Putz
4.2 Sockel mit Putz auf Wärmedämmung
4.3 Sichtmauerwerk einschalig
4.4 Sichtmauerwerk zweischalig
4.5 Natursteinmauerwerk einschalig
4.6 Natursteinmauerwerk zweischalig
4.7 Vorhangfassade
5. Ausführung
5.1 Sockelabdichtung
5.2 Sockelputz
5.3 Flankierende Maßnahmen
6. Qualitätssicherung
6.1 Dokumentation
7. Anhang
7.1 Checklisten
7.2 Ausführungsprotokolle

3.2 Zustandsanalyse

Vor der Instandsetzung ist eine Zustandsanalyse durchzuführen. Diese kann sich in einer ersten orientierenden Betrachtung auf Augenschein und einfache mechanische Prüfungen (z.B. Abklopfen auf Hohlstellen) an repräsentativen Stellen beschränken. Um Instandsetzungsmaßnahmen sicher planen zu können, ist jedoch die Beschaffenheit des Sockels ausreichend zu untersuchen und zu beurteilen. Hierbei sind insbesondere folgende Schäden zu betrachten:

- Verfärbungen
- Veralgung/Moosbefall
- Farbabplatzungen
- Ausblühungen
- Fugenausbrüche
- Risse
- Hohlstellen
- Putzabplatzungen
- Ablösung keramischer Bekleidungen bzw. Flachverblender
- Löcher im Dämmstoff
- Ablösung von Dämmstoff

Nur durch die Untersuchung und Dokumentation des Ist-Zustandes ist später der Erfolg der Instandsetzungsmaßnahmen nachzuweisen.

## 3.3 Planung

Aufgrund der Beobachtungen vor Ort, den Untersuchungen sowie dem angestrebten Instandsetzungsziel wird ein Instandsetzungskonzept erstellt. Dieses enthält auch Vorschläge für die Materialauswahl und die Ausführung. Von besonderer Wichtigkeit dabei ist auch die Koordinierung der einzelnen Gewerke.

## 3.4 Ausführung

Zur Untergrundvorbereitung wird zunächst der schadhafte Putz bis mindestens 80 cm über die Schadensgrenze hinaus abgeschlagen.
Die Fugen werden, falls möglich, etwa 2 cm tief ausgekratzt. Außenkanten werden gefast, Innenecken gerundet (Hohlkehle).

Sind Unebenheiten vorhanden, werden sie mit einem Ausgleichsputz egalisiert.
Ist eine funktionsfähige Horizontalabdichtung vorhanden, wird dort eine Nut ausgebildet, um die vertikale Abdichtung an die horizontale anschließen zu können.
Die Nut wird mit einem kapillarbrechenden, schwindarmen und dauerhaft feuchtebeständigen Mörtel verschlossen.
Anschließend wird mit zwei Lagen Dichtungsschlämme in 2 bis 4 mm Trockenschichtdicke abgedichtet.

Für den Sockelputz wird zunächst eine Haftbrücke (volldeckender Spritzbewurf) oberhalb und unterhalb der Sockellinie aufgetragen.
Der Neuverputz geschieht mit einem geeigneten Mörtel in zwei Lagen, insgesamt mindestens 15 mm dick.

Im unteren Bereich wird der Putz abgeschrägt und mit rissüberbrückenden mineralischen Dichtungsschlämmen bis 5 cm über Geländeoberfläche abgedichtet.
Im erdberührten Bereich ist ein Schutz gegen mechanische Einwirkungen erforderlich, im Spritzwasserbereich ist eine zusätzliche Beschichtung oder eine Imprägnierung vorzusehen.

Eine schematische Darstellung der Instandsetzungsmaßnahmen ist in Bild 5 dargestellt.

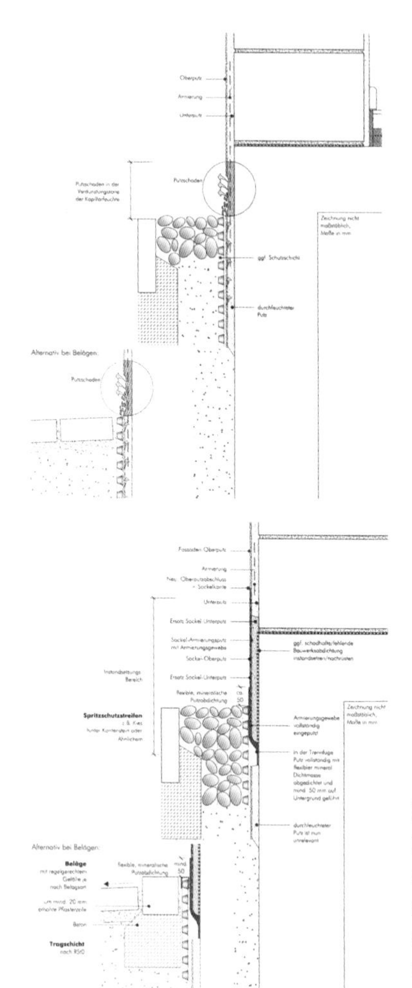

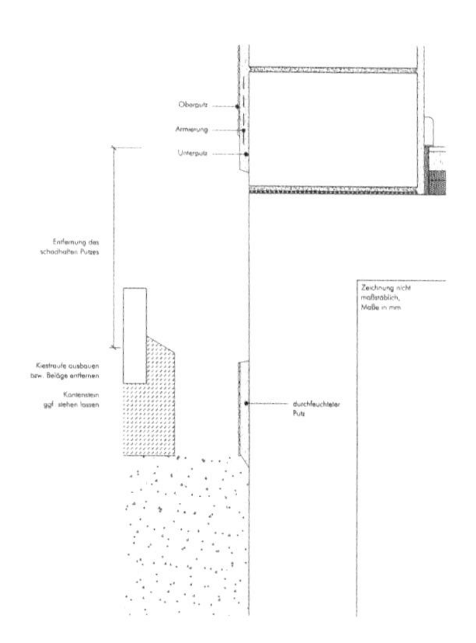

**Bild 5:** Instandsetzung von Sockelschäden
Schemazeichnungen aus: „Richtlinie Fassadensockelputz/Außenanlage". [7]
Oben links: Schadenszustand
Oben rechts: Rückbau des schadhaften Putzes
Unten links: Neuherstellung des Sockelputzes

Bei feuchte- und salzgeschädigten Sockeln bringt eine vertikale Abdichtung keine Abhilfe. Diese würde von den Salzen zerstört werden oder das Wasser weiter nach oben leiten, in einen Bereich, in dem es zuvor nicht war. Hier müssen Sanierputzsysteme zum Einsatz kommen.

Zum Schutz von Putzen und Wärmedämmverbundsystemen im Sockel- und erdberührten Bereich gegen Feuchtigkeit werden in der Regel rissüberbrückende mineralische Dichtungsschlämmen verwendet. Ein Beispiel hierfür ist in Bild 6 zu sehen. Bituminöse Abdichtungen sind prinzipiell möglich, haben aber den Nachteil, dass sie nicht überputzt oder beschichtet werden können (siehe auch Bild 3). Ein WDVS allein ist keine Abdichtung.

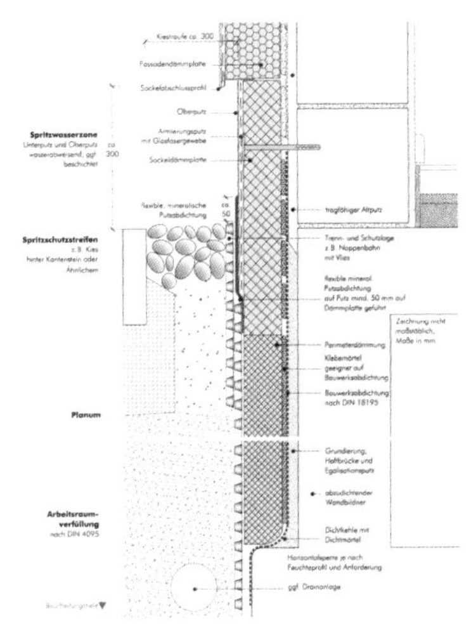


**Bild 6:** Sockelausbildung mit Wärmedämmung bei nachträglicher Kellerwand-Abdichtung, Schemazeichnung aus: „Richtlinie Fassadensockelputz/Außenanlage". [7]

Wird bei einer Sanierung im Sockelbereich ein WDVS auf einen bestehenden, kapillar saugenden Altputz aufgebracht, so muss verhindert werden, dass Wasser hinter der Sockeldämmplatte im Altputz aufsteigt. Die Richtlinie „Fassadensockelputz/Außenanlage" [7] schlägt hier folgende Lösung vor: Der Altputz wird an der Unterkante der Dämmplatte waagerecht bis zum Putzgrund bzw. der vorhandenen Bauwerksabdichtung 10 bis 20 mm breit aufgetrennt. Diese Fuge wird mit einer flexiblen mineralischen Dichtmasse verschlossen („Plombe"). Ist der Altputz nicht kapillar saugend oder ist eine funktionsfähige Putzabdichtung vorhanden, kann auf diese Trennfuge verzichtet werden. Bild 7 zeigt als Beispiel eine flächenbündige Sockelausbildung mit geringer Einbindung.

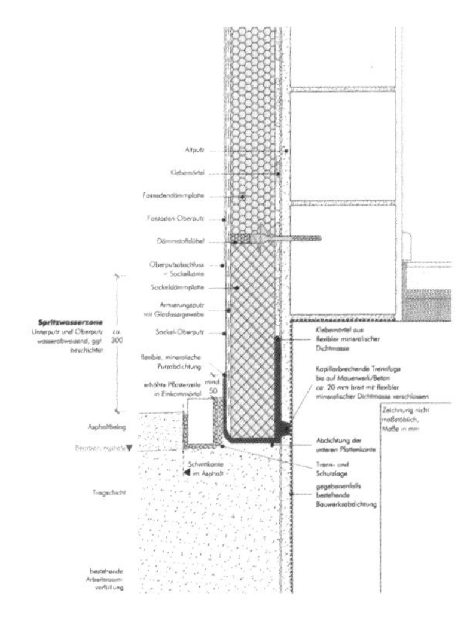


**Bild 7:** Flächenbündige Sockelausbildung mit geringer Einbindung. Die Abdichtung hinter der Dämmplatte erfolgt durch eine kapillarbrechende Fuge (Plombe)

Eine Putzabdichtung ist kein Teil des Putzsystems. Sie ist eine Besondere Leistung, die gesondert ausgeschrieben, beauftragt und vergütet werden muss.

### 3.5 Qualitätssicherung

Zur Qualitätssicherung gehört zunächst eine gründliche Untersuchung und ein Instandsetzungskonzept. Die zur Instandsetzung verwendeten Werkstoffe müssen geeignet sein. Darüber sind Nachweise vom Hersteller (z.B. Prüfzeugnisse) anzufordern. Die gültigen Regelwerke sind zu beachten. Der Gang der Ausführung muss vorgeschrieben und protokolliert werden. Das zukünftige WTA-Merkblatt [8] wird Checklisten und Formblätter enthalten, die hierbei hilfreich sind.

## Literatur

[1] DIN 18195-Teil 2 *Bauwerksabdichtungen - Stoffe*

[2] DIN 18195-Teil 4 *Bauwerksabdichtungen - Abdichtungen gegen Bodenfeuchtigkeit und nichtstauendes Sickerwasser an Bodenplatten und Wänden*

[3] DIN 18195-Beiblatt 1 *Bauwerksabdichtungen - Beispiele für die Anordnung der Abdichtungen*

[4] DIN V 18550 *Putz und Putzsysteme - Ausführung*

[5] DIN 55699 *Verarbeitung von außenseitigen Wärmedämm-Verbundsystemen*

[6] EN 13914-Teil 1 *Planung, Zubereitung und Ausführung von Innen- und Außenputzen – Außenputze*

[7] *Richtlinie Fassadensockelputz/Außenanlage*, 3. Auflage 2013

[8] WTA-Merkblatt 4-9-14/D *Instandsetzung von Gebäude- und Bauteilsockeln*, z. Z. in Arbeit

**24. Hanseatische Sanierungstage**
**Messen Planen Ausführen**
**Heringsdorf 2013**

# Natursteinuntersuchungen vor, während und nach der Restaurierung historischer Objekte

**G. Fleischer**
Wien

## Zusammenfassung

Die Restaurierung von historisch wertvollen Objekten ist stets eine Herausforderung ganz besonderer Art. Der Schutz des Denkmals, insbesondere der Originaloberflächen hat oberste Priorität. Um möglichst schonend mit der Substanz umgehen zu können, benötigt der Restaurator eine Vielzahl an Informationen, die in der Regel nicht vorliegen. Hier können technisch-wissenschaftliche Methoden Unterstützung bieten, um die erforderlichen Fragestellungen zu beantworten. Neben der fachgerechten Restaurierung kommt in der Praxis der richtigen Interpretation von Schadensbildern als Basis für die Behebung möglicher Schadensursachen entscheidende Bedeutung zu.
Die gegenständliche Arbeit versteht sich nicht als vollständige Aufzählung der Untersuchungsmethodik, sondern soll Beispiele aufzeigen, wie begleitende Untersuchungen Restauratoren bei Ihrer Arbeit unterstützen.
Anhand einiger weniger Beispiele wird gezeigt, wie technische bzw. naturwissenschaftliche Untersuchungsmethoden Restauratoren in der Baudenkmalpflege bei aktuellen und wichtigen Fragestellungen ihrer Arbeit unterstützen und so die notwendige Basis für die Entscheidungsfindung im Sinne eines verantwortungsvollen Umgangs mit der historischen Substanz schaffen.

## 1 Bildnis der Pallas Athene vor dem Wiener Parlamentsgebäude

*Zustandsermittlung, Verwitterungsgrad, Festigungsbedarf*

**Bild 1:** Restaurierung der Pallas Athene vor dem Wiener Parlamentsgebäude

Anhand von Ultraschall-Laufzeitmessungen wurde der Zustand des Marmors vergleichend oberflächenparallel (indirektes Messverfahren) und mittels Durchschallung (direktes Messverfahren) im Kern untersucht.

Die zerstörungsfreien Messungen ergaben oberflächennahe Verwitterungen bei einem vergleichsweise guten Zustand der Kernzonen.

Die Messungen wurden durch mikroskopische Untersuchungen an Materialproben im Querschliff bestätigt. Die Verwitterung betraf nur etwa 2 Kornlagen. Bild 2 zeigt die Messdistanz-Laufzeitdiagramme der Messungen entlang der Oberfläche und durch den Kern.

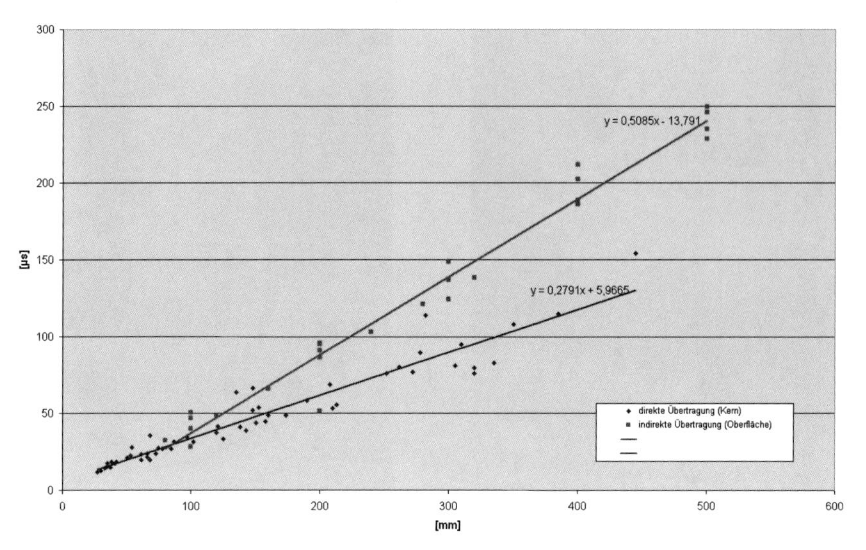


**Bild 2:** Auswertung der Ultraschall-Laufzeitmessungen

## 2 Attikafiguren der Wiener Hofburg, Josefsplatz

*Entscheidungshilfe: Festigung durch Fluten oder mittels Vakuum-Kreislauf-Festigung? Nachweis des Festigungserfolges.*

Die Festigung der Attikafiguren aus Kalksandstein mittels Flutung ergab keinen zufriedenstellenden Festigungserfolg (siehe Abbildung 4), deshalb wurde eine Festigung mittels Vakuum-Kreislauf-Verfahren durchgeführt.

Das Bohrwiderstandsprofil der Abbildung 5 zeigt deutlich den Festigkeitszuwachs an der Prüfstelle.

**Bild 3:** Restaurierung der Attikafiguren Hofburg/Nationalbibliothek

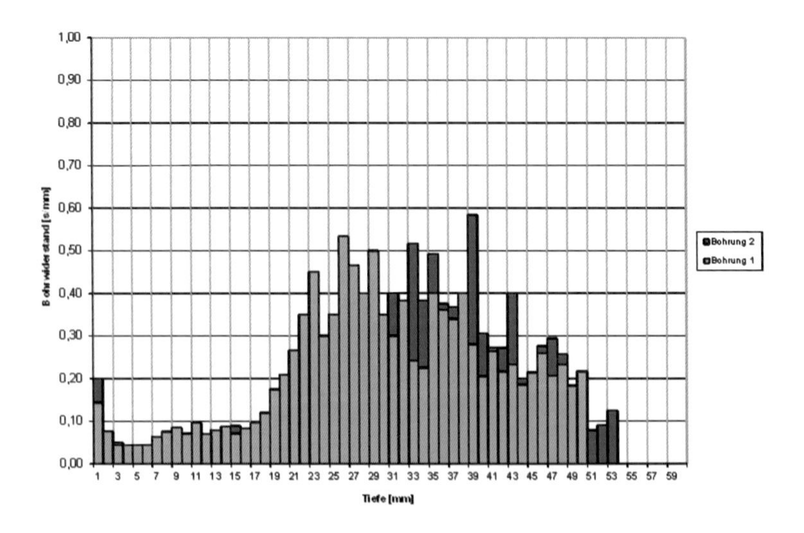


**Bild 4:** Bohrwiderstandsprofil zur Beurteilung des Festigungserfolges nach Flutung

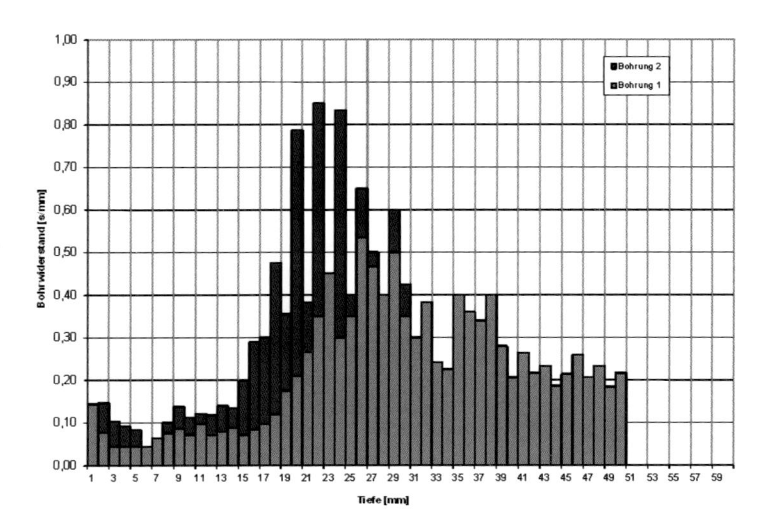


**Bild 5:** Bohrwiderstandsprofil zur Beurteilung des Festigungserfolges nach Festigung mit VKF-Verfahren

## 3 Dreifaltigkeitssäule Krems

*Überwachung der Standsicherheit während der Einbringung einer Horizontalabdichtung*

Der Sockel der barocken Dreifaltigkeitssäule besteht aus Mischmauerwerk, das sich bei der Restaurierung als stark durchfeuchtet herausstellte. Die Einbringung einer Horizontalabdichtung mit einem einstufigen, mechanischen Verfahren wurde beschlossen. Aufgrund der Höhe und der Schlankheit des Denkmals und der Darstellung der Dreifaltigkeit mit einer relativ großen Masse im obersten Bereich der Säule wurden Bedenken hinsichtlich der Standsicherheit im Bauzustand geäußert. Deshalb wurde während der gesamten Restaurierdauer eine Standsicherheitsüberwachung mittels Permanentmonitoringsystem durchgeführt. Dabei wurden insbesondere Erschütterungen gemessen und mögliche Schiefstellungen der Säule beobachtet. Abbildung 8 zeigt den Überwachungszeitraum nach dem Einbringen der Horizontalabdichtung. Dargestellt werden Lufttemperatur sowie die Ergebnisse der Inklinometermessungen (Schiefstellungen) in 2 Achsrichtungen und der Accelerometermessungen (Beschleunigungen infolge Erschütterungen). Gut erkennbar ist neben den temperaturbedingten Tageszyklen eine geringfügige Winkeländerung in beide Richtungen von etwa 0,1° bis 0,2°.

**Bild 6:** Montage der Sensoren des Monitoringsystems an der Dreifaltigkeitssäule in Krems an der Donau

**Bild 7:** Einbringen der Horizontalabdichtung

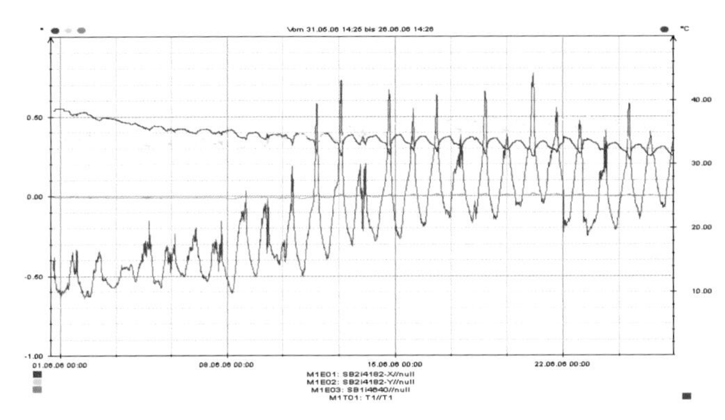


**Bild 8:** Überwachungszeitraum 3 Wochen nach Einbringen der Horizontalabdichtung

## 4 Schadensfall Fugenmörtel

*Mikroskopische Untersuchung zur Ursachenermittlung*

Schon relativ kurz nach der Restaurierung eines Kirchturms kam es zum Ausbruch von Fugenmörtelteilen, insbesondere an den stark exponierten Stellen der Turmspitze. Mikroskopische Untersuchungen des schadhaften Mörtels gaben schließlich den Hinweis auf die Schadensursache, mangelhafte Nachbehandlung und das damit verbundene „Verdursten" des Mörtels (Bild 9)

**Bild 9:** Querschliff Fugenmörtel mit ausgeprägtem Rissbild

## 5 Denkmal „Tor des Todes“ von Alfred Hrdlicka

*Ultraschalluntersuchungen zur Risstiefenabschätzung*

An den Marmorblöcken des Denkmals „Tor des Todes“ von Alfred Hrdlicka am Platz vor der Wiener Albertina traten einige Jahre nach der Aufstellung vertikale Risse im Auflagerbereich entlang von Störflächen des Gesteins auf, die die Standsicherheit des Denkmals gefährdeten.
Als Basis für die Absicherung und Restaurierung der betroffenen Teile sollten die Risstiefen näherungsweise bestimmt werden.
Dafür wurden Ultraschall-Laufzeitmessungen durchgeführt und auf Basis des Gefügezustandes des Marmors konnte näherungsweise auf die Risstiefen zurückgerechnet werden.

**Bild 10:** „Tor des Todes“ von Alfred Hrdlicka

**Bild 11:** Rissbilder

**Bild 12:** Detailbilder Risse

**Bild 13:** Detailbilder - Risse

**Bild 14:** Detailbilder - Risse

**24. Hanseatische Sanierungstage**
**Messen Planen Ausführen**
**Heringsdorf 2013**

# Planung und Ausführung mechanischer Horizontalsperren

**M. Balak**
Wien

## Zusammenfassung

Grundsätzlich ist die Mauerwerkstrockenlegung eine wesentliche und nachhaltige Sanierungsmaßnahme, da durch den ständigen kapillaren Salzlösungskreislauf im Mauerwerk ein permanenter Zerstörungsprozess im Mauerwerk stattfindet, der durch die Schadensalzmechanismen verursacht wird.
Aufgrund des äußerst komplexen Fachgebietes der Mauerwerkstrockenlegung und den damit verbundenen häufigen Fehlschlägen in der Praxis ist vor Durchführung von Trockenlegungsmaßnahmen eine umfangreiche Bauwerksdiagnose und die Erstellung eines Sanierungskonzeptes sowie in weiterer Folge einer Sanierungsdetailplanung erforderlich. Dies wird auch in der Neufassung der ÖNORMen-Serie B 3355 vom 15.01.2011 gefordert.
Das nachträgliche Horizontalabdichten von Mauerwerk mittels mechanischen Horizontalsperren ist eine sehr effiziente und sichere Methode, erfordert jedoch die Beachtung der statischen Gegebenheiten und eine sorgfältige Planung und Ausführung. Nicht jedes mechanische Verfahren ist für jede Mauerwerksart geeignet.

# 1 Problematik

Im Hinblick auf die langfristige Erhaltung des Altbaubestandes aber auch im Hinblick auf die Reduktion der Wärmeleitfähigkeit des Mauerwerks ist die Mauerwerkstrockenlegung unumgänglich. Durch den kapillaren Salzlösungskreislauf im Mauerwerk ist nämlich ein permanenter Zerstörungsprozess im Mauerwerk vorhanden.

**Bild 1-3:** Typische Schadensbilder bei durchfeuchtetem Mauerwerk [2]

Wichtig ist jedoch, dass die Trockenlegungsmaßnahmen technisch korrekt, gleichzeitig aber auch objektspezifisch kostenoptimiert durchgeführt werden, was jedoch in der Praxis oft nicht gegeben ist.

Die vermeidbaren Bauschadenskosten, verursacht durch unwirksame oder unzureichende Trockenlegungsmaßnahmen, belaufen sich in Österreich auf ca. 50 Millionen EURO und in Deutschland auf mindestens das Zehnfache pro Jahr. Die Ursachen für die häufigen Fehlschläge liegen in der Planung, Ausführung und Materialanwendung bzw. Materialqualität. Die Problematik bei der Planung liegt häufig darin, dass der Architekt oder planende Baumeister seine Fachkenntnis oft überschätzt und, ohne vorher aus Kostengründen eine entsprechende Bauwerksanalyse hinsichtlich Mauerwerkstrockenlegung durchführen zu lassen, Trockenlegungsmaßnahmen ausschreibt, die objektspezifisch oft nicht zielführend und/oder unzureichend sind. In der Praxis verlässt sich auch der Planer des Öfteren auf unqualifizierte oder produktorientierte Aussagen von Fachfirmen.

Probleme bei der Ausführung liegen meist darin, dass das Personal von sogenannten Fachfirmen oft keine ausreichenden Fachkenntnisse hat und daraus Ausführungsfehler resultieren. Desweiteren sind oft auch die Anwendungsgrenzen der verwendeten Produkte nicht bekannt. Ergänzend dazu sind noch handwerkliche Fehlleistungen zu nennen. Die örtliche Bauaufsicht kann mehrheitlich die Ausführung von Trockenlegungsmaßnahmen aufgrund von mangelnder Fachkenntnis nicht ausreichend beurteilen und somit Fehlschläge nicht sofort erkennen. Die häufigsten Fehlerquellen bei der Materialqualität ergeben sich aus dem Umstand, dass die Produkthersteller sowohl die Planer als auch die ausführenden Fachfirmen nicht ausreichend über die Anwendungsgrenzen ihrer Produkte informieren und teilweise auch zu hohe Erwartungen in die eigenen Produkte stecken. Nicht zu unterschätzen sind die Produkte zur nachträglichen Horizontalabdichtung von Mauerwerk, die über Baumärkte vertrieben werden, welche natürlich auch Anwendungsgrenzen besitzen, die jedoch von den „Heimwerkern" objektspezifisch nicht überprüft werden bzw. vom Laien nicht überprüft werden können.

## 2 Bauwerksanalyse und Sanierungsplanung

Zur Festlegung erforderlicher Trockenlegungsmaßnahmen ist zunächst eine Zustandserhebung am Objekt gemäß Bild 4 durchzuführen. Besondere Bedeutung hat auch die zukünftige Nutzung des Gebäudes, da davon die Intensität der Baumaßnahmen abhängt.

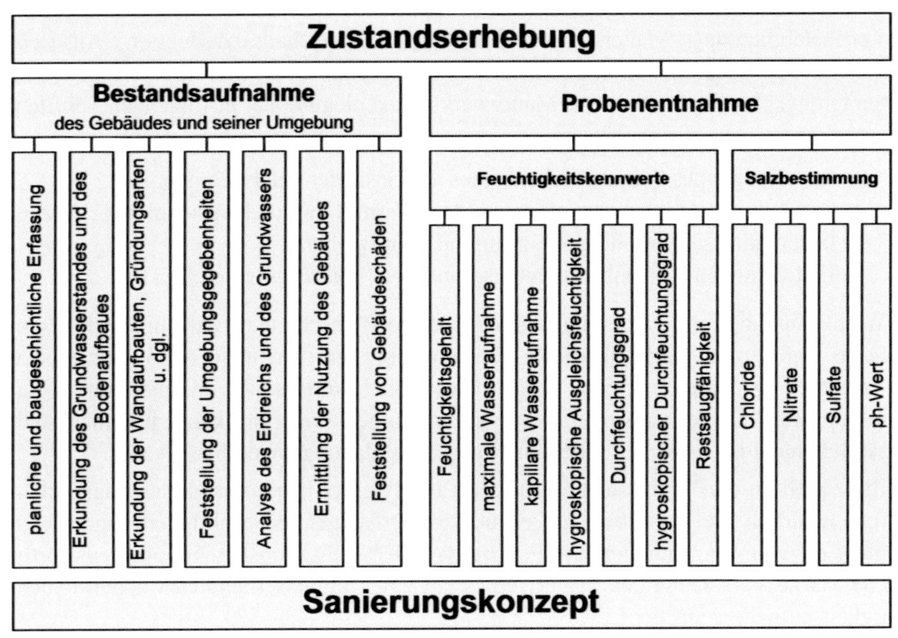


**Bild 4:** Zustandserhebung – Sanierungskonzept [1]

Die Analysewerte wie Feuchtigkeitsgehalt, Durchfeuchtungsgrad, kapillare Wasseraufnahme, Restsaugfähigkeit, hygroskopische Ausgleichsfeuchtigkeit, Chlorid-, Sulfat-, Nitratgehalt etc. helfen den meisten Bauherren kaum weiter, da sie die Auswirkungen der Analysewerte auf die Sanierungsmaßnahmen meist nicht beurteilen können. Grundsätzlich ist die Bauwerksanalyse die Grundlage für die Sanierungsplanung und daher prinzipiell bei jedem Sanierungsobjekt von einem kompetenten Fachmann durchzuführen. Zur Sicherstellung der zeitlich richtigen Zuordnung sind im Projektzeitplan die einzelnen Arbeiten (Zustandserhebung einschließlich Sanierungskonzept, Sanierungsdetailplanung, Überwachung der Ausführung und Kontrolle der Wirksamkeit) einzutragen (Bild 5).

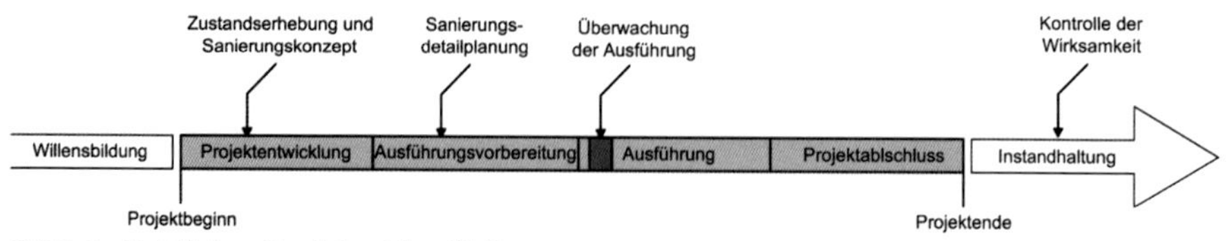


**Bild 5:** Zeitlicher Projektablauf [1]

Um jedoch die Ausschreibung gezielt durchführen zu können, muss bekannt sein, welche Horizontalabdichtungsverfahren, flankierende Maßnahmen wie Putzsystem, Vertikalabdichtung, Mauerwerksentfeuchtung, Mauerschadsalzreduktion, Anstrichsystem, Fußbodenaufbau, Raumbelüftung etc. geeignet bzw. erforderlich sind. Die Sanierungsplanung hinsichtlich Mauerwerkstrockenlegung hat in folgenden Schritten zu erfolgen:

- Erstellung eines Sanierungskonzeptes auf Basis der Analyseergebnisse
- Sanierungsdetailplanung inklusive Massenermittlung und Auswahl der Horizontalabdichtungsmethode gemeinsam mit dem Bauherrn
- Erstellung der Kostenberechnungsgrundlage (Leistungsverzeichnis)

Wichtig ist, dass die Sanierungsplanung auf die Wünsche und Bedürfnisse des Bauherrn abgestimmt wird und dieser über die Vor- und Nachteile der verschiedenen Verfahren bzw. über mögliche Folgeschäden bei Unterlassung von notwendigen Sanierungsmaßnahmen informiert wird. Ein alleiniges Sanierungskonzept kann grundsätzlich nicht als Ersatz für eine Sanierungsdetailplanung angesehen werden.

Prinzipiell ist die Voraussetzung für den Einsatz eines Horizontalabdichtungsverfahrens natürlich die Tatsache, dass es sich um aufsteigende Feuchtigkeit handelt und nicht etwa um vagabundierende Feuchtigkeit, Kondensationsfeuchte oder eine örtliche, starke Versalzung des Mauerwerkes mit einer damit verbundenen hohen Feuchtigkeitsaufnahme aus der Luft.

## 3 Verfahren zur nachträglichen Horizontalabdichtung

Grundsätzlich gibt es zwei Verfahren zum nachträglichen Horizontalabdichten von Mauerwerk, die wissenschaftlich anerkannt, in der Praxis langzeiterprobt und nicht wartungsintensiv sind und zwar:

- mechanische Verfahren (auch als „Durchschneideverfahren" bezeichnet)
- Injektionsverfahren (chemische Verfahren)

In Österreich sind diese Verfahren in der ÖNORM B 3355-2 „Trockenlegung von feuchtem Mauerwerk – Verfahren gegen aufsteigende Feuchtigkeit im Mauerwerk“ [1] genormt.

Auch wenn elektrophysikalisch-aktive Verfahren in der ÖNORM B 3355-2 enthalten sind, ist bei diesen eine nicht unmaßgebliche Wartungsintensität, die auch die Wirksamkeit beeinflusst, erforderlich. Hinsichtlich der Anwendungsgrenzen sollten vor deren Einsatz Bauwerksuntersuchungen, in Abhängigkeit der spezifischen Systemeigenschaften, durchgeführt werden.

In den meisten Fällen sind mehrere Horizontalabdichtungsverfahren bei den Sanierungsobjekten zielführend, allerdings punkto Kosten, Qualität und Haltbarkeit sehr unterschiedlich. Die Aufgabe des Planers ist es nun, den Bauherren über die Qualität und Haltbarkeit der verschiedenen Horizontalabdichtungsverfahren aufzuklären. Die Entscheidung, welches Verfahren zur Anwendung gelangt, liegt letztendlich beim Bauherren, da dies eine Kostenfrage ist.

In der Baupraxis zeigt es sich immer wieder, dass Bauherren, Architekten, Planer, Sachverständige und Baufirmen grundsätzlich die Verfahren zur nachträglichen Horizontalabdichtung von Mauerwerk mit Verfahren zur Entfeuchtung von Mauerwerk verwechseln. Mit den bekannten Verfahren zur nachträglichen Horizontalabdichtung von Mauerwerk wird nur der kapillare Feuchtigkeitstransport im Mauerwerk unterbunden bzw. verfahrensspezifisch reduziert. Eine Entfeuchtung des Mauerwerkes findet jedoch nicht statt. Der Rückschluss allein von der Feuchtigkeitsbelastung des Mauerwerkes auf die Funktionstüchtigkeit bzw. Wirksamkeit eines Verfahrens zur nachträglichen Horizontalabdichtung von Mauerwerk ist nicht zulässig, da die Reduktion der Mauerwerksfeuchtigkeit von einer Vielzahl von Einflüssen und Randbedingungen abhängt.

Untersuchungen hinsichtlich der Wirksamkeit der einzelnen Verfahrensgruppen zeigen, dass nur dann ein Erfolg erzielt werden kann, wenn einerseits die Anwendungskriterien beachtet und andererseits eine entsprechende Kontrolle der Bauausführung erfolgt. Eine nicht zu unterschätzende Fehlerquelle liegt auch in der derzeitigen Praxis, dass bei einer Sanierung sehr viele unterschiedliche Einzelplaner wie Gutachter, Architekt, Bauphysiker und örtliche Bauaufsicht sowie Einzelgewerke wie Abdichtungsfirma, Baufirma und Fassadenfirma beteiligt sind und keinem die Verantwortung für das Gesamtsystem obliegt. Diese Aufgabe könnte ein Sanierungsplaner erfüllen, der das gesamte Bauvorhaben für den Bereich der Mauerwerkstrockenlegung übernimmt oder zumindest verantwortlich zwischen allen Beteiligten koordiniert.

## 4 Mechanische Verfahren – mechanische Horizontalsperren

Nach einem fachgerechten Einsatz eines mechanischen Verfahrens zur nachträglichen Horizontalabdichtung von Mauerwerk wird der kapillare Feuchtigkeitstransport

„absolut" und somit 100%ig unterbunden. Andere Feuchtigkeitsquellen wie z.B. hygroskopische Feuchtigkeit, Kondensat oder vagabundierende Wässer können durch das nachträgliche Einbringen einer Horizontalabdichtung nicht beseitigt werden. Die Wirksamkeitsdauer der Horizontalabdichtung aus zum Beispiel einer kunststoffmodifizierten Bitumenbahn liegt jenseits von 150 Jahren. Diese Abdichtung entspricht dem Neubauzustand.

In der Praxis zeigt es sich jedoch immer wieder, dass durch eine unzureichende bzw. fehlende Planung und oft auch durch mangelndes statisches Verständnis der ausführenden Firmen massive Schäden nach oder während des Einbringens einer Horizontalabdichtung mittels mechanischer Verfahren an der Bausubstanz entstehen. Die Schäden resultieren dabei aus Setzungen und/oder durch horizontale Verschiebungen im Bereich der Schnittfuge. Die Folge der Setzungen und Verschiebungen sind Risse, Verziehen von Fenster- und Türstöcken, Gewölbeverformung bzw. im Extremfall Teileinstürze.

Um solche Schadensfälle zu vermeiden, sind eine objektspezifische Planung und eine fachgerechte Ausführung der nachträglichen Horizontalabdichtungseinbringung mittels mechanischer Verfahren unumgänglich. Eine Ausführung ohne Vorlage einer statischen Berechnung stellt in jedem Fall ein erhöhtes Risiko dar. Insbesondere ist darauf zu achten, dass die Festlegung der Schnittlängen und die Auswahl der Abdichtungsmaterialien an die statischen Objektgegebenheiten angepasst werden. Probleme treten meist dann auf, wenn die Restfuge nicht kraftschlüssig verfüllt wurde oder wenn Horizontalkräfte in der Schnittfuge nicht berücksichtigt werden.

Für jedes mechanische Verfahren ist grundsätzlich die Forderung zu stellen, dass nach durchgeführter Intervention in das Mauerwerk der ursprüngliche Kraftfluss wieder möglich ist, d.h. sämtliche Hohlstellen, Schlitze und Durchbrüche sind kraftschlüssig zu verfüllen.

Jede Ausführung eines mechanischen Verfahrens stellt einen konstruktiven Eingriff in die bestehende Bausubstanz dar, da in eine beanspruchte Struktur eine neue, noch unbelastete Abdichtung eingebracht wird. Bei der Herstellung dieser neuen Abdichtung im Mauerwerksquerschnitt können zwei unterschiedliche Methoden – einstufige und mehrstufige Verfahren – angewandt werden. Bei den einstufigen Verfahren wird die Abdichtung in nur einem Arbeitsgang in die Wand eingebracht und gleichzeitig die Fuge verschlossen. Mehrstufige Verfahren schaffen in einem ersten Schritt einen Hohlraum und bringen in weiteren Arbeitsschritten eine Abdichtung ins Mauerwerks ein sowie verschließen den Resthohlraum wieder kraftschlüssig. Als Abdichtungsmaterialien kommen vor allem in Frage:

- Dichtungsbahnen aus Bitumen oder Kunststoff
- Dichtmörtel
- nichtrostende Stahlbleche (Edelstahlbleche)

Grundsätzlich sollten jedoch nur Materialien eingesetzt werden, von denen sowohl die statischen Kennwerte als auch ihre Dichtigkeit gegenüber kapillar aufsteigender Feuchtigkeit bekannt sind. Bei Beachtung der statisch-konstruktiven Anwendungsgrenzen der einzelnen Materialien und dem Setzen von allenfalls erforderlichen statischen Maßnahmen zur Schubkraftaufnahme sind keine Einschränkungen bei außergewöhnlichen Einwirkungen (z.B. Erdbebenbeanspruchung) gegeben.

Die im Folgenden beschriebenen Verfahren werden häufig in der Praxis angewendete und sind ausreichend erprobt.

## 4.1 Einstufige Verfahren (Chromstahlblechverfahren)

Bei den einstufigen mechanischen Verfahren werden gewellte Edelstahlplatten in die Mörtelfugen des Mauerwerkes einvibriert (Bild 6). Das Verfahren kann daher nur bei Mauerwerk mit durchgehenden Lagerfugen angewendet werden. In Abhängigkeit von der Auflast, durch die die Reibung beim Einbringen der Stahlbleche beeinflusst wird, sowie von der Mörtelfestigkeit und der Wanddicke sind dem Verfahren Grenzen gesetzt. Setzungsschäden können weitgehend ausgeschlossen werden, örtliche Auflockerungen bei geringfestem Mauerwerk oder zu geringen Auflasten und leichte Erschütterungen während der Einbringung der Sperre sind nicht auszuschließen. Bei Naturstein- und Mischmauerwerk ist dieses Verfahren absolut ungeeignet.

**Bild 6:** Chromstahlblechverfahren [2]

Anwendungskriterien und Einsatzgrenzen:

- Einbringung mit Presslufthammer mit 1200-1500 Schlägen pro Minute
- Blechdicke 1,5 mm, Blechbreite 30 – 40 cm, Nichtrostender Edelstahl 1.4016, 1.4401, 1.4436 oder 1.4571
- erforderlicher Arbeitsraum = Wandstärke + ca. 50 cm
- Anwendung nur bei durchgehenden Lagerfugen mit genügender Fugendicke möglich

- Mörtelfestigkeit des Fugenmörtels darf nicht zu hoch sein (unter 1,5 N/mm² sind keine Probleme zu erwarten)
- bei hohen Wandlasten zu große Reibungskräfte an den Plattenoberflächen (über 1,0 N/mm² ständige charakteristische Druckspannungen können Probleme auftreten)
- Ausbeulen oder Ausknicken der Bleche bei zu großen Wandstärken und hohen Einpressdrücken möglich
- Erschütterungen bzw. Vibrationen beim Einschlagen nicht auszuschließen
- Der vertikale Kraftfluss im Mauerwerk wird während der Arbeiten nicht unterbrochen
- Aufnahme von Horizontalkräften durch Reibung zwischen Mörtel und Stahlplatten möglich
- Eckausbildung nur durch Überlappung der Stahlplatten
- Anschlüsse an bituminöse Vertikalabdichtungen oder Horizontalabdichtungen (z.B. Fußboden) zum Teil problematisch

## 4.2 Mehrstufige Verfahren (Sägeverfahren)

Bei den Sägeverfahren (Verfahrensablauf siehe Bild 7) erfolgt die Trennung des Mauerwerks in Österreich vorwiegend mittels Mauerfräsen (Bild 8) oder Seilsägen (Bild 9). Je nach gewähltem Geräteeinsatz ist eine Anwendungsgrenze der einzelnen Verfahren hinsichtlich der Mauerwerksart und der Mauerwerksdicke gegeben. Die konstruktiven Auswirkungen auf das Mauerwerk und die Einsatzgrenzen der einzelnen Abdichtungsmaterialien legen die Arbeitsabschnitte und Einsatzbereiche fest.

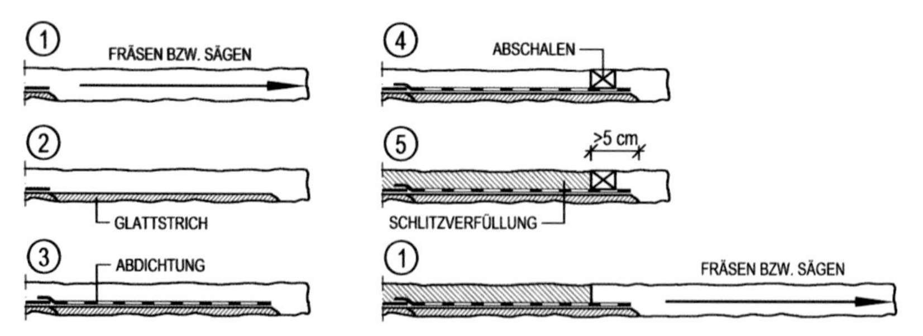


**Bild 7:** Verfahrensablauf Sägeverfahren [2]

**Bild 8:** Mauerwerkstrennung mittels Mauerfräse [2]

**Bild 9:** Mauerwerkstrennung mittels Seilsäge [2]

Nach dem Einbringen der Horizontalabdichtung (kunststoffmodifizierte Bitumenbahn oder genopptes Edelstahlblech) wird die Restfuge mit frühhochfestem Spritzmörtel kraftschlüssig verschlossen (Bild 10).

**Bild 10:** Restfugenverfüllung über Horizontalabdichtung mittels Spritzmörtel im Hochdruckverfahren [2]

Anwendungskriterien und Einsatzgrenzen der mehrstufigen Verfahren:

- Festlegung der Arbeitsabschnitte nach statischem Erfordernis
- Arbeitsablauf: Sägen – Glattstrich (erforderlich in Abhängigkeit der Ebenheit der Schnittufer) - Abdichtung - Schlitzverfüllung
- bei mehrschaligem Mauerwerk mit loser Füllung Injektion zur Vorverfestigung erforderlich
- Anwendung abhängig von Mauerwerksart und Geräteeinsatz
- Füllmörtel muss schwind- und kriecharm sein
- Anwendungsgrenzen der Abdichtungsmaterialien sind zu beachten

Einsatzgrenzen Plastomerbitumenabdichtungsbahn [2]:

- maximale Einbau- und Bauteiltemperatur ≤ 30°C
- zulässige Druckbeanspruchung zufolge Dauerlast ≤ 0,60 N/mm²
- zulässige Druckbeanspruchung zufolge Dauer- und Nutzlast ≤ 0,80 N/mm²
- keine Aufnahme von dauernd wirkenden Scherkräften möglich
- zulässige Scherspannung aus veränderlichen Lasten ≤ 0,05 mal Normalspannung aus ständigen Lasten
- zulässige Scherspannung aus außergewöhnlichen Kräften (Erdbeben, Explosionen) ≤ 0,12 mal Normalspannung aus ständigen Lasten

Einsatzgrenzen genoppte Edelstahlbleche [2]:

- keine Einschränkung der Einbau- und Bauteiltemperatur
- keine Einschränkung der zulässigen Druckbeanspruchung, Mauerwerk ist maßgebend
- zulässige Scherspannung ≤ 0,30 mal Normalspannung aus ständigen Lasten
- zulässige Scherspannung aus außergewöhnlichen Kräften (Erdbeben, Explosionen) ≤ 0,50 mal Normalspannung aus ständigen Lasten

## 5 Zusammenfassung

Im Hinblick auf die langfristige Erhaltung des Altbaubestandes aber auch im Hinblick auf die Reduktion der Wärmeleitfähigkeit des Mauerwerks ist die Mauerwerkstrockenlegung unumgänglich. Durch den kapillaren Salzlösungskreislauf im Mauerwerk ist ein permanenter Zerstörungsprozess im Mauerwerk vorhanden. Die Mauerwerkstrockenlegung erfordert aber aufgrund der Komplexität und der Inhomogenität

alter Bausubstanz eine umfangreiche Bauwerksdiagnose und eine objektspezifische Sanierungsplanung. Der Einsatz von Trockenlegungsmaßnahmen sollte bereits vor Baudurchführung festgelegt und im Bauablauf integriert werden, was jedoch in vielen Fällen nicht erfolgt, wodurch dann meist unzureichende und zu kurzfristig durchgeführte Maßnahmen ergriffen werden, woraus wiederum Folgeschäden resultieren. Besonderes Augenmerk ist auf Überwachung und Wirksamkeitskontrolle von Trockenlegungsmaßnahmen zu legen, um kurzfristig die hohen Kosten für die Behebung von Bauschäden und Baumängel zu reduzieren. Grundsätzlich sollten nur langzeiterprobte und wissenschaftlich fundierte Verfahren zum Einsatz gelangen.
Die in diesem Artikel beschriebenen mechanischen Horizontalsperren sind in der Praxis ausreichend erprobt, jedoch ist besonders Augenmerk auf die verwendeten Materialien, die statischen Gegebenheiten und die fachgerechte Ausführung zu legen.

## Literatur

[1] ÖNORM B 3355 „Trockenlegung von feuchtem Mauerwerk “, Teile 1-3, Ausgabe 2011-01-15

[2] M. Balak, A. Pech: „Mauerwerkstrockenlegung – Von den Grundlagen zur praktischen Anwendung“, 2. Auflage, Springer Verlag, Wien New York, 2008

**24. Hanseatische Sanierungstage**
**Messen Planen Ausführen**
**Heringsdorf 2013**

# Injektionsstoffe für nachträgliche chemische Horizontalsperren

**M. Boos**
Osnabrück

## Zusammenfassung

Eines der größten Probleme der Altbausanierung und des Denkmalschutzes ist die aufsteigende Feuchtigkeit im Mauerwerk. Zur Problemlösung in Form einer nachträglichen Horizontalabdichtung stehen eine Vielzahl von Methoden und Wirkprinzipien (z.B. mechanische Verfahren, Bohrlochinjektionen) zur Verfügung, die teilweise schon seit Jahrzehnten erfolgreich eingesetzt werden. Ziel all dieser Verfahren ist, oberhalb der Maßnahmenzone die umgebungsbedingte Ausgleichsfeuchte des Mauerwerkswandbildners zu erreichen.

Der Beitrag gibt einen Überblick über die Möglichkeiten und Grenzen der üblichen Verfahren und stellt für den Bereich der nachträglichen Bohrlochinjektion die neuesten Entwicklungen vor.

## Einleitung

Bis zum Anfang des 20. Jahrhunderts wurden Gebäude in der Regel ohne (wirksame) Vertikal- und/oder Horizontalabdichtung hergestellt. Daher konnte Wasser auf den verschiedensten Wegen in das Mauerwerk gelangen, so dass oft bis zu 50% der Wände im erdberührten Bereich nur eingeschränkt genutzt werden konnten.
Kellerräume wurden daher früher häufig nur als kühle und feuchte Lager- und Vorratsräume genutzt. Heute steht dagegen oftmals die hochwertige Nutzung als Wohn-, Arbeits- oder Hobbyraum im Fokus.

Um die Bausubstanz den stetig steigenden Ansprüchen und dem jeweils aktuellen Wohnstandard anpassen zu können, musste/muss das Problem der Altbaufeuchte gelöst werden. Daher wurden bereits seit den 1960er Jahren Produkte und Verfahren entwickelt, mit denen die aus den Ansprüchen resultierenden Anforderungen erfüllt werden konnten und können.

## Schadensursachen und -arten am Bauwerk

Unabhängig davon, ob das Wasser als Regen- und/oder Spritzwasser (Abb. 1-1), als von Außen nach Innen ziehende Bodenfeuchte (Abb. 1-2) und/oder als aufsteigende Feuchtigkeit (Abb. 1-3) in das Mauerwerk gelangt, ist das damit verbundene Problem identisch:
Mit dem eindringenden Wasser gelangen immer auch die darin gelösten bauschädlichen Salze ins Mauerwerk. Bei diesen Salzen handelt es sich im Wesentlichen um Sulfat-, Chlorid- und Nitratverbindungen.

Diese sind hygroskopisch, d.h. sie haben - je nach Wasserlöslichkeit - die Fähigkeit, Feuchtigkeit aus der Luft einzulagern. Als Folge steigt die Feuchtebelastung eines Mauerwerks mit steigender Salzbelastung (Abb. 1-4).
Die wasserlöslichsten Salze sind Nitratverbindungen (umgangssprachlich „Mauersalpeter"), gefolgt von Chloriden und Sulfaten. Schon bei Luftfeuchtigkeiten von etwa 50 % erreichen die Nitrate ihre Ausgleichsfeuchte, d. h. sie liegen in gelöster Form vor. Mit zunehmenden Luftfeuchtigkeiten, ab etwa 70 – 80 %, gehen auch die übrigen Salze in Lösung.

**Abb. 1:** Typische Wege, über die Wasser ins Mauerwerk gelangen kann: Regen und Spritzwasser (1), Hygroskopische Feuchte durch eingelagerte Salze (2), Kondensation von Luftfeuchte auf kalten Außenwänden (3), von Außen nach Innen ziehende Bodenfeuchte (4), aufsteigende Feuchte (5).

Der Salztransport erfolgt zumeist in Richtung auf eine Verdunstungszone. Im Bereich dieser Verdunstungszone kommt es somit zu Salzanreicherungen. Verdunstet das Wasser bei niedriger Luftfeuchtigkeit zumindest teilweise, so kristallisieren die eingelagerten Salze oberflächennah aus. Dieser Kristallisationsvorgang bedingt eine Volumenvergrößerung der Salze im Porenraum, wodurch der Baustoff mechanisch beansprucht wird. Bei Luftfeuchtigkeitsschwankungen, die typischer Weise bei etwa zwischen 50 % und 80 % liegen, wird der Baustoff einer wiederkehrenden inneren mechanischen Beanspruchung ausgesetzt. Diese Beanspruchung führt auf Dauer zu oberflächlichem Absanden und/oder zu einer strukturellen Zerstörung.
Das Beschriebene verdeutlicht, dass nachträgliche Abdichtungen und Instandsetzungen immer auch flankierender Arbeiten bedürfen (z.B. zusätzliches Aufbringen von Systemen, die den Salzbelastungen entgegenwirken).

Als typische Schäden und Folgeschäden (u. a. gesundheitliche Beschwerden wie Allergien, Rheuma), die der Feuchtebelastung üblicherweise zugeordnet werden, sind zu nennen:

- Mechanische Schäden durch Kristallisation und Hydratation: Sanden, Schalenbildung, Frostschäden
- Chemische Schäden: Ausblühungen, Auslaugungen
- Baubiologische Schäden: Schimmel, Modergeruch
- Raumklima außerhalb des Wohlfühlbereiches: hohe relative Feuchte
- Verminderung der Wärmedämmung: hohe Heizkosten

## Möglichkeiten der Bauwerksabdichtungen - Regelwerke

Eine Bauwerksabdichtung hat die Aufgabe, die Bausubstanz dauerhaft vor dem Eindringen von Feuchtigkeit zu schützen. Sie ist nur durch ein komplexes System wirksam, bei dem jede einzelne Abdichtungsart spezielle Funktionen erfüllen muss. Fehlt einer dieser notwendigen Bausteine, so ist unter Umständen die Funktionsfähigkeit des ganzen Abdichtungssystems in Frage gestellt. Um Langzeitschäden ausschließen zu können, müssen die Abdichtungsmaterialien zudem miteinander verträglich und aufeinander abgestimmt sein.

Wirkung und Bestand einer Bauwerksabdichtung hängen natürlich zum einen von ihrer fachgerechten Planung und Ausführung ab, zum anderen aber auch von der abdichtungstechnisch zweckmäßigen Planung, Dimensionierung und Ausführung des Bauwerkes und der Bauteile, auf die die Abdichtung aufgebracht wird.

Die **Landesbauordnung** regelt ganz pauschal, dass bauliche Anlagen so anzuordnen, zu errichten und zu unterhalten sind, „dass durch Wasser, Bodenfeuchtigkeit, Fäulnis, durch Einflüsse von Witterung oder durch andere chemische oder physikalische Einflüsse sowie durch pflanzliche und tierische Schädlinge Gefahren sowie erhebliche Nachteile oder Belästigung nicht entstehen“.

Meist wird bei Abdichtungsarbeiten auf die **DIN 18195** „Bauwerksabdichtungen“ verwiesen. Sie wendet sich sowohl an den Abdichtungsfachmann als auch an die für die Gesamtplanung und Ausführung des Bauwerks Verantwortlichen. Jeder Planer ist demnach angehalten, größte Sorgfalt bei der Planung walten zu lassen und bewährte Techniken einzusetzen. Allerdings befasst sich die DIN nur mit dem Neubaubereich. Für nachträgliche Abdichtungen in der Bauwerkserhaltung oder in der Baudenkmalpflege müssen daher andere Richtlinien zu Rate gezogen werden.

In der Richtlinie für die Planung und Ausführung von Abdichtungen mit kunststoffmodifizierten Bitumendickbeschichtungen erdberührter Bauteile (**„KMB-Richtlinie“)** werden Detailausführungen für den Planer und Verarbeiter leicht verständlich beschrieben. Die KMB-Richtlinie ergänzt die DIN 18195.

Klare Angaben zum richtigen Vorgehen von der Bestandsaufnahme und Planung bis zur Durchführung der Abdichtung geben die **WTA-Merkblätter** „Mauerwerksinjektion gegen kapillare Feuchtigkeit“, „Nachträgliche Mechanische Horizontalsperren“ und „Nachträgliches Abdichten erdberührter Bauteile“.

Arbeitet man gemäß WTA und/oder nach KMB-Richtlinie, so ist bei der Ausschreibung ausdrücklich darauf hinzuweisen, dass die Abdichtung nicht nach der Norm, sondern nach anderen Regelwerken vereinbart wurde.

## Möglichkeiten der Bauwerksabdichtungen - Abdichtungsarten

Durch eine Abdichtung an der aktiven, d.h. der dem Wasser zugewandten Seite, soll das Mauerwerk dauerhaft trocken gehalten werden. Richtig ausgeführt stellt sie die bessere Variante der Abdichtung dar.
Beim nachträglichen Abdichten ist die Ausführung dieser Variante jedoch meist schwierig bzw. nicht realisierbar. So sind z.B. Kellerbereiche nicht immer von außen zugänglich. In solchen Fällen muss dann an der dem Wasser abgewandten Seite abgedichtet werden („Negativ-Abdichtung"). Grundsätzlich sind entsprechende Innenabdichtungen so zu planen und auszuführen, dass sich durchgehende, wannenartige Abdichtungsflächen ergeben.
Eine Negativ-Abdichtung verhindert nicht, dass das Mauerwerk durchgehend nass bleibt. Daher muss sichergestellt werden, dass die Feuchtigkeit nicht nach Innen durchschlagen kann. Dadurch stellt sich im Mauerwerk eine vom Feuchtigkeitsgehalt des umgebenden Erdreichs abhängige Gleichgewichtsfeuchte ein. Da das Mauerwerk feuchtetechnisch betrachtet Bestandteil des Erdreichs wird, unterbleibt die gefürchtete Aufkonzentration von Salzen.
Unabhängig von der Art der Ausführung umfasst eine komplette Abdichtung sowohl die senkrechten Flächen (innen oder außen) als auch den waagrechten Mauerquerschnitt. Senkrechte und waagrechte Abdichtung gehen dabei ineinander über. Somit werden Abdichtung immer „L"-förmig ausgeführt, wobei das „L" bei der Innenabdichtung i.d.R. auf dem Kopf steht.

## Möglichkeiten der nachträglichen Horizontalabdichtung

Zur nachträglichen Horizontalabdichtung können sowohl mechanische als auch chemische Verfahren angewendet werden. Unabhängig vom gewählten Verfahren muss die einzubringende horizontale Sperrschicht den weiteren Aufstieg von Feuchtigkeit so reduzieren, dass das nasse Mauerwerk abtrocknen kann.

### Mechanische Verfahren

Bei den mechanischen Verfahren werden Bleche oder Folien in die Wand eingebracht. Dazu muss das Mauerwerk horizontal durchtrennt werden. Der nachträgliche Einbau von Sperrschichten stellt somit immer einen Eingriff in die Konstruktion des Bauwerks dar.

### Mauertrennung von Hand

Bei der Mauertrennung von Hand wird der Wandquerschnitt abschnittsweise aufgestemmt. In den entstandenen Hohlraum wird zunächst eine Dichtungsbahn eingelegt und danach neu aufgemauert. Dieses Verfahren ist sehr zeitaufwendig und somit teuer. Zudem besteht die Gefahr von Rissbildungen und Setzungen des Bauwerks.

## Mauertrennung mittels Sägeverfahren

Beim Sägeverfahren (Abb. 2) wird das Mauerwerk zuerst abschnittsweise mit Schwert-, Kreis- oder Seilsägen horizontal durchtrennt. Danach wird eine wasserdichte Sperrschicht aus z.B. sich überlappenden HD-Polyethylenplatten, glasfaserverstärkten Kunststoffplatten oder Edelstahlblechen eingebaut. Zur Sicherung der Gebäudestatik muss die Schnittfuge anschließend mit hochfesten Kunststoffkeilen über den gesamten Mauerquerschnitt verkeilt werden. Abschließend wird die Sägefuge allseitig mit Mörtel verdämmt und verbliebene Hohlräume vollständig mit einem schrumpffrei aushärtenden Quellmörtel verpresst.
Neben der Lärm- und Staubentwicklung während des Sägens sind insbesondere der Eingriff in die Statik des Bauwerks und die daraus resultierende Gefahr von Rissbildungen und Setzungen als nachteilig zu bewerten.

**Abb. 2:** Mauersägeverfahren: Durchtrennen einer Lagerfuge.

## Einrammen von Edelstahlblechen

Bei diesem Verfahren werden Edelstahlbleche in die Lagerfugen des Objektes eingerammt. Es kann nur bei einschaligen Mauerwerken mit möglichst durchgehenden, nicht verspringenden Lagerfugen eingesetzt werden. Vor der Nutzung des Verfahrens sind verschiedene Detailfragen objektbezogen zu klären (z.B. zum Umgang mit Ecken). Zudem ist ein statischer Nachweis erforderlich, da das Gebäude beim Einrammen der Bleche erschüttert wird und das Mauerwerk aufgrund der Trennung mit den Blechen keine kraftschlüssige Verbindung mehr aufweist.

## Chemische Injektionsstoffe und Verfahren

Für die nachträgliche Mauerwerksinjektion gegen kapillar aufsteigende Feuchtigkeit eignet sich eine Vielzahl von Injektionsstoffen und –verfahren. Die zur nachträglichen Mauerwerksinjektion gegen kapillar aufsteigende Feuchtigkeit eingesetzten Produkte können sowohl

- ein- oder mehrkomponentig,
- anwendungsfertig oder vor Ort verdünnbar,
- chemisch reagierend oder physikalisch härtend,
- flüssig, pastös oder cremeförmig

sein und basieren in der Regel auf den Rohstoffbasen

- Alkalimethylsilikonat,
- Epoxidharz,
- Paraffin,
- Polyacrylatgel,
- Polyurethanharz,
- Silan / Siloxan / Silicon und
- Wasserglas.

Unabhängig von ihrer Basis müssen die Injektionsstoffe in dem injizierten Bereich eine weitgehend gleichmäßige Wirksamkeit erreichen. Wirksamkeit bedeutet in diesem Zusammenhang, dass der Kapillartransport nach der Injektion so stark reduziert wird, dass das Mauerwerk oberhalb der Injektionszone bis zur umgebungsbedingten Ausgleichsfeuchtigkeit abtrocknen kann. Zur Erreichung dieses Zustandes sind ggfs. zusätzliche flankierende Maßnahmen erforderlich.
Die Injektion von Mauerwerk erfolgt über Bohrkanäle, wobei die für die Injektion notwendigen Löcher mit erschütterungsarmen Bohrgeräten zu erstellen sind. Es ist dafür Sorge zu tragen, dass ein dem gewählten Produkt bzw. Verfahren und dem Bauteil angepasster Neigungswinkel möglichst genau eingehalten wird. Die Injektion kann verfahrensbedingt entweder

- drucklos über z.B. Vorratsbehälter (nur im Falle niedrigviskoser Injektionsstoffe) oder aber
- unter Druck über z.B. Membran-, Kolben- oder Schneckenpumpen

unter Einsatz von auf das jeweilige Verfahren abgestimmtem Zubehör erfolgen.

## 5.1 Drucklose Mauerwerksinjektion

Poröse Baustoffe mit einem Durchfeuchtungsgrad von ca. 60 % ± 10 % sind sehr gut für drucklose Injektionsverfahren geeignet. Die Injektionen erfolgen dabei über geneigte oder waagerechte Bohrungen über Vorratsbehälter oder per Flächenspritze (Abb. 3).

**Abb. 3:** Beispielhafte Darstellung der Vorgehensweise bei der drucklosen Injektion (von links nach rechts): Verdämmen / vertikales Abdichten des Mauerwerks, Erstellung der Bohrkanäle im angepassten Neigungswinkel, Einbringen des Injektionsstoffes über Vorratsbehälter, alternativ: Einbringen über Flächenspritze („Kiesol-Spritze").

## Thermisch-Konvektive Vortrocknung

Sollen Mauerwerke mit einem höheren Durchfeuchtungsgrad drucklos injiziert werden, so können diese seit einigen Jahren „thermisch-konvektiv" vorgetrocknet werden. Bei diesem Verfahren wird erwärmte Druckluft mit Hilfe spezieller Packer in das Mauerwerk gepresst. Die heiße Druckluft lässt die Feuchtigkeit verdunsten und treibt sie als Wasserdampf aus dem Mauerwerk heraus. In nur ca. 5 Stunden kann so der Durchfeuchtungsgrad einer 50 cm starken Wand von ca. 100 % auf unter 50 % gesenkt werden.

**Abb 4:** Thermisch-konvektive Vortrocknung: Schematische Darstellung der Funktionsweise (links), Dokumentation des intensiven Austreibens von Wasser aus der Wand (rechts).

## Mauerwerksinjektion im Niederdruck-Verfahren

Beim Niederdruck-Verfahren wird das Injektionsmittel mit einem Druck von i.d.R. 5 bar ins Mauerwerk gepresst. Diese Technik bietet eine Reihe von Vorteilen: So sind schnelle Durchtränkungen des Mauerwerks mit großen Materialmengen möglich. Zudem ist das Verfahren auch bei Durchfeuchtungsgraden von mehr als 80 % anwendbar.

Bei der Injektion ist sicherzustellen, dass der Injektionsstoff nicht unkontrolliert abfließen kann. Diese Gefahr besteht insbesondere bei klüftigem Mauerwerk, bei Zwei-Schalen-Mauerwerk mit lockerer Kernfüllung oder bei Mauerwerk mit offenen Fugen. In solchen Fällen sind vorab geeignete Hohlraumverfüllung oder hohlraumüberbrückender Verfahren anzuwenden. Üblicherweise werden dazu fließ- und quellfähige, gleichzeitig aber schwindarme Füllmörtel in Form einer Bohrlochsuspension genutzt. Weiter ist die Verträglichkeit aller für die Mauerwerksinjektion vorgesehenen Baustoffe sicherzustellen (z.B. ausschließliche Verwendung von Verfüllmaterialien, die nicht zu einer schädlichen Salzbildung führen können).

## Wirkprinzipien

Hinsichtlich der Wirksamkeit lassen sich die von Fachleuten als „allgemein bewährt" anerkannten Injektionsstoffe nach ihrem Wirkprinzip unterscheiden:

Wirkprinzip 1: Verstopfung:
Der Injektionsstoff verstopft das Porensystem vollständig.

Wirkprinzip 2: Verengung:
Der Injektionsstoff verengt den Porenquerschnitt, so dass das kapillare Saugvermögen herabgesetzt wird. Die Austrocknung des Mauerwerks gelingt dann, wenn der kapillare Wasserdurchsatz durch diese Verengung so stark reduziert wird, dass die Verdunstungsmenge signifikant größer wird als die kapillar transportierte Wassermenge.

Wirkprinzip 3: Hydrophobierung:
Der Injektionsstoff kleidet die Kapillarwände wasserabweisend aus, ohne dass der Querschnitt der Kapillarporen nennenswert reduziert wird. Die Hydrophobie unterbindet den Kapillartransport.

Wirkprinzip 4: Verengung / Verstopfung und Hydrophobierung:
Die Wirkung des Injektionsstoffes beruht auf einer Kombination der vorab genannten Wirkprinzipien.

## Entwicklungsgeschichte Silicium-basierender Produkte/Produktsysteme

Seit Mitte des letzten Jahrhunderts wurde eine Vielzahl Silicium-basierender Produkte/Produktsysteme mit optimierten Eigenschaften entwickelt.
In der Zeit nach dem 2. Weltkrieg wurden zunächst primär Wasserglas-basierende Produkte eingesetzt, die ein porenraumverengendes Kieselgel abscheiden (Wirkprinzip 2).
„Verkieselungspräparate" sind Kombinationsprodukte aus hydrophobem Methylsilikonat und Wasserglas. Da sie ein porenraumverengendes und gleichzeitig wasserabweisendes Kieselgel abscheiden (Wirkprinzip 4), besitzen sie i.d.R. eine deutlich höhere Wirksamkeit als die reinen Wasserglas-basierenden Produkte. Verkieselungspräparate weisen mittlerweile eine mehr als 50-jährige Anwendungspraxis auf und gehören damit zu ältesten, gleichwohl aber immer noch erfolgreich eingesetzten Injektionsmitteln. Die einzigartige Sicherheit, die mit der Anwendung dieser Produktklasse verbunden ist, wird nicht nur durch tausende wirksam sanierter Altbauten, sondern auch eine Vielzahl von Prüfzeugnissen und Untersuchungsberichte dokumentiert.
Seit den ca. 1960er Jahren sind Silane bzw. Siloxane verfügbar. Sie werden durch Reaktion von Quarzsand, Steinsalz und Erdgas hergestellt. Die resultierenden siliciumorganischen Stoffe besitzen an ihrem zentralen Silicium-Atom zwei unterschiedliche wirkendende Moleküleinheiten („funktionale Gruppen"). Die eine Gruppe (die sogenannte „Alkoxygruppe") spaltet sich bei Kontakt mit Feuchtigkeit von dem zentralen Silicium-Atom ab und ermöglicht sowohl

- die Reaktion der siliciumorganischen Moleküle untereinander zu entsprechenden größeren Einheiten als auch
- die chemische Anbindung des verbliebenen Molekülrestes an die quarzitischen Bestandteile eines mineralischen Baustoffes.

Die andere Gruppe (die sog. „Alkylgruppe") besteht aus einer unpolaren Kohlenwasserstoffkette, die ähnlich wie ein Regenschirm wirkt und für die wasserabweisende Wirkung dieser Stoffe verantwortlich ist.

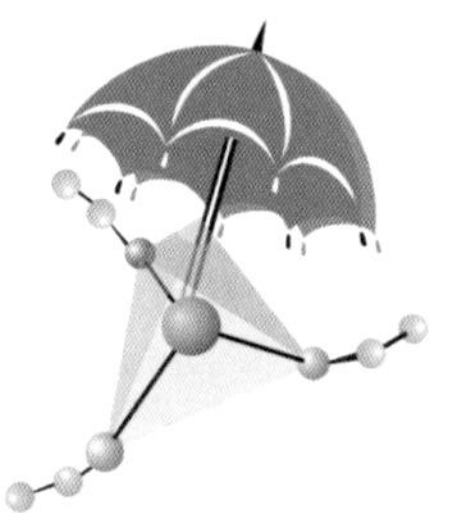

**Abb. 5:** Modellhafte Darstellung der Ausgangsverbindungen zur Formulierung siliciumorganischer Injektionsmittel: Silane (rechts) bzw. Siloxane (links) mit reaktionsfähigen Ankergruppen und „Regenschirmfunktion".

Zum Verdünnen der siliciumorganischen Stoffe wurden bis vor einigen Jahren nur organische Lösemittel verwandt. Die Formulierung wässriger Produkte schien über einen langen Zeitraum nicht möglich, da die siliciumorganischen Wirkstoffe bei Kontakt mit Wasser der „Hydrolyse“ unterliegen und diese Reaktion somit bereits im Gebinde stattfinden würde.

Erst seit den 1970er Jahren lässt sich dieses grundsätzliche Problem mit Hilfe der Emulsionstechnik lösen. Seit ca. 1990 sind dem Wirkprinzip 3 zuzuordnende, wasserverdünnbare Silicon-Mikroemulsionen („SMK“) verfügbar. Diese Produkte werden bauseits mit Wasser verdünnt. Dabei entstehen - anders als es der Name vermuten lässt – Teilchen im Nanometerbereich. Dem großen Vorteil dieser Produktgruppe (kein unnötiger Transport von Wasser) stehen mehrere Nachteile gegenüber: Zum einen weisen sie eine nur geringe offene Verarbeitungszeit von wenigen Stunden auf, zum anderen benötigen sie bei hohen Durchfeuchtungsgraden eine Aktivierung (z.B. über Verkieselungspräparate).

Seit wenigen Jahren erfreuen sich siloxanbasierte Produktsysteme einer wachsenden Beliebtheit. Ähnlich wie die SMKs werden sie bauseits mit Wasser verdünnt. Allerdings ist die anwendungsfertige Lösung lagerstabil (bis zu ca. einem Jahr) und benötigt auch bei hohen Durchfeuchtungsgraden keine Aktivierung. Aufgrund der bei der Verdünnung entstehenden Teilchengrößen können diese Systeme als „molekulare Lösungen“ beschrieben werden.

Ein Meilenstein in der Entwicklungsgeschichte der Produkte gegen aufsteigende Feuchte stellen die seit dem Jahr 2000 verfügbaren Produkte in cremeförmiger Konsistenz dar. Diese Injektionscremes sind anwendungsfertig, basieren auf Silanen und/oder Siloxanen und zeichnen sich durch einen hohen Wirkstoffgehalt (bis zu 80 %) aus. Von den flüssigen Produkten heben sie sich insbesondere durch ihre verarbeitungstechnischen Vorteile ab. Da entsprechende Produkt aufgrund der cremeförmigen Konsistenz nicht aus dem Bohrloch herauslaufen, werden nahezu waagerechte Bohrung in die Mauermörtelfuge möglich. Aus dem gleichen Grund müssen Kavernen und Hohlräume vor dem Verfüllen mit einer Injektionscreme nicht verschlossen werden. Last but not Least benötigen die hochkonzentrierten Cremes auch bei hohen Durchfeuchtungsgraden (bis zu 95 % ± 5 %) nur eine einmalige Bohrlochbefüllung.

**Abb. 6:** Aufgrund ihrer Konsistenz lassen sich Injektionscremes auch unter schwierigen Randbedingungen einfach und anwendungssicher verarbeiten.

## Prüfverfahren – Prüfung nach WTA

In den einzelnen Staaten der EU sind unterschiedliche Wirksamkeitsprüfungen gängig (z.B. Benelux: Prüfung nach WTCB). In Deutschland ist vor allem die WTA-Prüfung akzeptiert. Bei dieser
wird die Funktionsfähigkeit einer nachträglichen Horizontalabdichtung durch Mauerwerksinjektion gegen kapillar aufsteigende Feuchtigkeit unter realitätsnahen Bedingungen beurteilt.
Dazu wird mit Prüfkörpern die Situation in kapillar durchfeuchtetem Mauerwerk nachgestellt: Der zu prüfende Injektionsstoff wird nach Herstellerangaben in den Prüfkörper eingebracht. Anschließend wird die Wirksamkeit des Injektionsstoffes gegen kapillaren Feuchtigkeitstransport untersucht.
Aufgrund der Vielzahl auf dem Markt befindlicher Injektionsstoffe und -verfahren können die Prüfungen an Mauerwerksprüfkörpern wahlweise in den drei Durchfeuchtungsgraden 60 %, 80 % oder 95 % durchgeführt werden. Die Wirksamkeitsprüfung mit einem Durchfeuchtungsgrad von 95 % (bzw. 80 %) ersetzt in der Regel eine Prüfung bei niedrigerem Durchfeuchtungsgrad.
Die Festlegung des Durchfeuchtungsgrades, für den der Injektionsstoff geprüft wird, erfolgt durch den Hersteller und wird im Prüfprotokoll und Zertifikat ausgewiesen. Zukünftig soll vorgeschrieben werden, dass der Hersteller eines Produktes neben dem Zertifikat auch das Prüfprotokoll zu veröffentlichen hat. Da das Protokoll die Randbedingungen beschreibt, unter denen ein Produkt die Anforderungen erfüllt hat, wird der Anwender in die Lage versetzt, Produkte hinsichtlich ihrer Eignung zu vergleichen und so das optimale Produkt für einen speziellen Anwendungsfall zu wählen.

## Literatur


- WTA Merkblatt 4-4-04/D: „Mauerwerksinjektion gegen kapillare Feuchtigkeit“
- WTA Merkblatt 4-6-05/D: „Nachträgliches Abdichten erdberührter Bauteile“
- WTA Merkblatt 4-5-99/D: „Beurteilung von Mauerwerk Mauerwerksdiagnostik“
- WTA Merkblatt 4-7-02/D: „Nachträgliche Mechanische Horizontalsperren“
- WTA Merkblatt 4-11-02/D: „Messung der Feuchte von mineralischen Baustoffen“
- Kabrede, Spirgatis: Abdichten erdberührter Bauteile; Frauenhofer IRB Verlag, 2003
- Remmers Baustofftechnik 2008: „Kein Wärmeschutz ohne Feuchteschutz“
- Remmers Baustofftechnik 2009: „Gebäudeinstandsetzung“
- Remmers Baustofftechnik 2011: „Gebäudeinstandsetzung“

**24. Hanseatische Sanierungstage**
**Messen Planen Ausführen**
**Heringsdorf 2013**

# Erste Praxiserfahrungen mit einem neu entwickelten Wärmedämmputzsystem

**T. Stahl**
Dübendorf

## Zusammenfassung

Im Rahmen des Schweizerischen Forschungsprojekts SuRHiB (aus dem Programm CCEM Nationales Kompetenzzentrum für Energie und Mobilität) wurde an der Empa in den vergangenen drei Jahren daran gearbeitet, einen aerogelbasierten Hochleistungsdämmputz für die Gebäudedämmung zu entwickeln und mit der Fixit AG marktreif zu machen.[1] Dieser unter dem Namen F222 bei der Fixit AG erhältliche Wärmedämmputz zeichnet sich unter anderem durch seine niedrige Wärmeleitfähigkeit von $\lambda \leq 0{,}03$ W/(m K) und seine hohe Dampfdiffusionsfähigkeit von $\mu \leq 4$ aus. Entwickelt wurde der Aerogel Dämmputz vor allem für traditionell historische Gebäude, bei denen die heute häufig zum Einsatz kommenden, kunstoffbasierten Schichten keine wirkliche Option für die Gebäudedämmung darstellen.[2] Mit dem neu entwickelten Dämmputz lassen sich Altbauten unter Wahrung ihres historischen Erscheinungsbildes isolieren. Rundungen und Vertiefungen können nachgebildet und Unebenheiten millimetergenau ausgefüllt werden. Die Ausführungen erster Testobjekte mit dem kalkbasierten Putz unter der Berücksichtigung denkmalpflegerischer Belange verliefen durchweg erfolgreich. Dies führte zu Lob aus den Reihen der Denkmalpflege und dies wiederum zu weiteren teils geschützten Objekten, wo der Aerogel Dämmputz bis heute bereits mit mehreren tausend Quadratmetern zum Einsatz gekommen ist. Im nachfolgenden Artikel werden die bisherigen Erfahrungen mit dem Dämmputz, die an unterschiedlichen Objekten und bei Labortests gemacht wurden, aufgezeigt.

# 1 Startschuss Ende 2012 – Umweltarena

Am 4. Dezember 2012 war es dann endlich soweit! In der Umweltarena in Spreitenbach (CH) stellten die Empa und die Fixit AG ihren gemeinsam entwickelten Aerogel Dämmputz der Fachpresse und einem breiten Publikum unter dem Titel *„Materialforscher und Putzhersteller schaffen den Durchbruch"* vor. Den Anwesenden wurden zuerst die Fixit AG und die Empa etwas detaillierter vorgestellt. Danach machten sich die Entwickler daran, den Dämmputz und seine besonderen Vorteile zu präsentieren und zum Schluss durfte das Publikum den Anwendungstechnikern dabei zusehen, wie sie den Aerogel Putz in acht Zentimetern Auftragsstärke auf eine mehrere Quadratmeter grosse Testfläche applizierten. Den wohl grössten Vorteil bietet der Aerogel Dämmputz Fixit 222 hinsichtlich seiner um den Faktor zwei- bis dreimal niedrigeren Wärmeleitfähigkeit gegenüber den heute marktgängigen Dämmputzen. Damit isoliert er ungefähr vergleichbar gut wie eine Polystyrolplatte. In der Schweiz ist der Aerogel Dämmputz seit Januar 2013 auf dem Markt erhältlich. Andere europäische Länder werden danach eines nach dem anderen folgen.

# 2 Leichtzuschlag Aerogel

Auf der Suche nach einem geeigneten Leichtzuschlag fiel die Wahl während der Entwicklung auf Aerogel. Heutzutage hat fast jeder schon einmal davon gehört. Vor allem wegen seinen günstigen thermischen und akustischen Eigenschaften. Doch häufig gibt es hier immer noch Missverständnisse in zweierlei Hinsicht. Nämlich wegen des Begriffs „Gel" und dem häufig in Verbindung mit Aerogel benutzten Wort „Nano". Deshalb eine kurze Erklärung an dieser Stelle: Wenn man den Begriff Aerogel hört, könnte man zuerst an etwas gelartiges Denken – vielleicht wie Wackelpudding. Doch dem ist noch so! Während des Herstellprozesses hat es zwar einmal diese Konsistenz, doch dann wird es durch ein spezielles Verfahren getrocknet, bei dem die Porenflüssigkeit durch Luft ersetzt und dadurch die Porenstruktur des Gels weitestgehend beibehalten wird. Was übrig bleibt ist ein festes und leichtes Material mit einer sehr feinen Netzstruktur und Millionen kleinster Luftbläschen im Nanometerbereich.[3] Hier sind wir auch schon beim zweiten Begriff angekommen, nämlich „Nano". Wie bereits oben beschrieben, bestehen Aerogele aus einem filigranen Netzwerk und einem sehr feinen Porengefüge. Diese Poren sind so fein, dass sie kaum grösser sind als die darin enthaltenen Luftmoleküle und diese daher kaum mehr genug Platz haben um gegeneinander zu stossen und so über Wärmeleitung Energie zu übertragen. Das ist der Hauptgrund für die niedrige Wärmeleitfähigkeit. Ein millionstel Millimeter ist für uns Menschen nicht mehr vorstellbar. Diese Grösseneinteilung wird auch als Nanometer bezeichnet und ist eben genau so gross wie die Luftporen im Aerogel, die notwendig sind um solch hervorragende thermische Eigenschaften zu ermöglichen. Fazit → Die Luftporen im Aerogel besitzen Nanometergrösse! Das Aerogel selbst ist kein Nanomaterial (kein Nanostaub)!

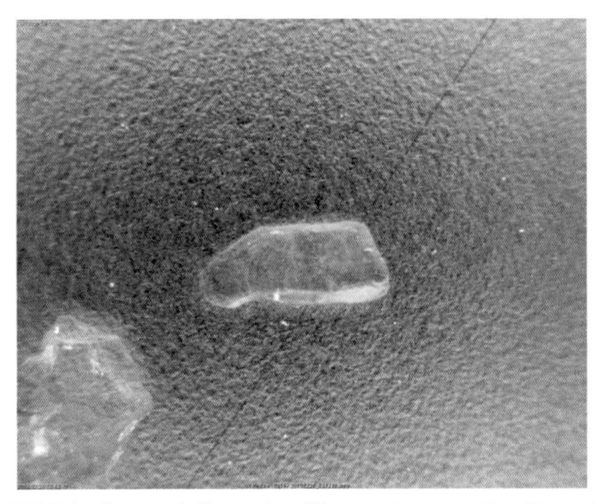

**Bild 1:** Aerogel Granulat (Korngrösse ca. 2 – 3 mm)

## 3 Der Systemaufbau

Der Aerogel Hochleistungsdämmputz wurde speziell für den Einsatz an traditionell historischen Gebäuden entwickelt. Das wiederum verlangte eine kalkbasierte Bindemittelmischung um den Anforderungen der schon etwas betagten Gemäuer gerecht zu werden. Der Dämmputz kann problemlos einlagig in sechs bis acht Zentimetern dicke auf das mit einem Vorspritzmörtel vorbereitete Mauerwerk maschinell aufgespritzt werden. Darauf kommt später eine Grundierung aus Kaliwasserglas und dann der Fixit 223 Spezial Einbettmörtel mit Glasgewebeeinbettung.[4] Danach kann der vom Bauherr oder der Denkmalpflege gewünschte Deckputz aufgebracht werden. Dieser kann eine feine, mittlere oder grobe Struktur haben und entweder Kalk- oder Silikat gebunden sein.

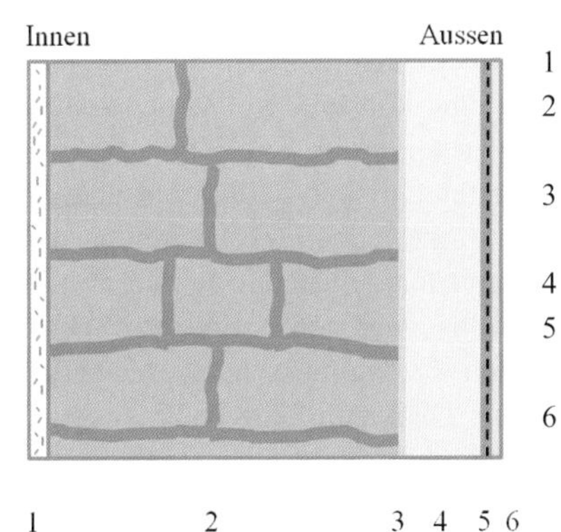


1 Vorhandener Innenputz
2 Altes Mauerwerk (z.B. Bruchsteinmauerwerk, Naturstein, Backstein, Kalksandstein)
3 Vorspritz (Fixit 281 Kalk Vorspritzmörtel, oder Fixit 211 Zementmörtelanwurf mit Haftzusatz)
4 Aerogel Dämmputz (Fixit 222)
5 Armierungsmörtel (Fixit 223) mit Glasgewebe einbettung
6 Deckputz in feiner, mittlerer oder grober Struktur (Kalk- oder Silikatputze)

**Bild 2:** Systemaufbau des Aerogel Dämmputzes als Aussendämmung

## 4 Die Testobjekte

Alte Mühle in Sissach (CH)

Der Ortskern von Sissach im Kanton Baselland gehört zu den Schützenswerten Ortsbildern von nationaler Bedeutung (ISOS). Etwas abseits vom Stadtkern steht die ehemalige Mühle. Das ca. 700 jährige Gebäude wurde im Jahre 1905 zu einem Wohnhaus umgebaut und beherbergt heute sechs Wohneinheiten.[5]

**Bild 3:** Alte Mühle Sissach vor den Sanierungsarbeiten (Foto: Denkmalpflege Kanton Baselland)

Das denkmalgeschützte Haus wechselte vor fünf Jahren seine Eigentümer und wurde Schritt für Schritt in ein historisches Wohngebäude mit Minergiestandard überführt und dadurch zukunftsfähig gemacht. Im Zuge der energetischen Sanierung wurde eine mit Stückholz und Pellets befeuerte Zentralheizung eingebaut, die für Heizung und Warmwasser sorgt. Ausserdem erhielt das Gebäude eine kontrollierte Wohnungslüftung mit Wärmerückgewinnung und dreifach verglaste Fenster. Die Kellerdecken- und Dachbodendämmung wurde mit dreissig Zentimeter dicker Zellulosefaserdämmung ausgeführt. Eine besondere Herausforderung stellte jedoch die Dämmung der Aussenwände dar. Die Fenster sind nämlich von Sandsteingewändern umrahmt und beim Einsatz herkömmlicher Dämmplatten mit zehn bis zwanzig Zentimetern Stärke hätten diese entweder aufgedoppelt oder abgeschlagen werden müssen. Ein Szenario, das weder für die Eigentümer noch für die kantonale Denkmalpflege in Frage kam. Eine Alternative war dann aber doch in Sicht. Die Bauherrschaft entschied sich für den von der Empa und der Fixit AG entwickelten Aerogel Hochleistungsdämmputz und auch die kantonale Denkmalpflege konnte von dieser Lösung überzeugt werden. So rangierte die alte Mühle in Sissach zum gemeinsamen Testobjekt für die Forschung, die Industrie und die Denkmalpflege. Die Putzarbeiten am bis zu sechzig Zentimeter dicken Bruchsteinmauerwerk begannen im Frühsommer 2012, wobei der Aerogel Dämmputz mit vier bis fünf Zentimetern dicke aufgetragen wurde.

**Bild 4:** Aufspritzen des Aerogel Dämmputzes in 4 – 5 cm Schichtdicke

Die energetische Sanierung des 700 jährigen Gebäudes hat sich gelohnt, wie der Eigentümer bestätigt. Der Energieverbrach konnte übers Jahr gemessen halbiert werden und liegt nun sogar zwischen dem Minergie und dem Minergie-P Standard. Aber nicht nur das, auch die kantonale Denkmalpflege ist zufrieden mit dem Ergebnis. Die neue, feine Deckputzstruktur des Kalkputzes passt sogar besser zum Charakter des Gebäudes, wie der kantonale Denkmalpfleger Herr Dr. Niederberger betont. Dank des Aerogel Dämmputzes konnte bei der Sanierung das historische Erscheinungsbild der Fassade wieder hergestellt und so ein in sich stimmiges Bild beibehalten werden.

**Bild 5:** Alte Mühle Sissach nach den Sanierungsarbeiten (Foto: April 2013)

Reihenhaus in Winterthur (CH)

Das unter Bestandsschutz stehende Reihenhaus wurde von den heutigen Eigentümern im Jahre 1999 erworben. Das Gebäude stammt aus dem Jahre 1922 und wurde im Rahmen einer energetischen Erneuerung 2011/12 komplett saniert. Im Zuge dieser Arbeiten erhielt das Reihenhaus dreifach verglaste Isolierglasfenster, eine Gasheizung, sowie eine zehn Quadratmeter grosse Solaranlage für die Warmwasser- und Heizungsunterstützung. Die Dämmung des Daches erfolgte mit ca. achtzehn Zentimeter dicker Zellulosefaserdämmung und die Kellerdeckendämmung wurde mit sechzehn Zentimeter dicker Holzfaser- und Schafwolldämmung ausgeführt.

**Bild 6:** Reihenhaus in Winterthur vor den Sanierungsarbeiten

Aufgrund der eingeschränkten Platzverhältnisse in den Innenräumen kam für die Bauherrschaft nur eine Aussendämmung des Backsteinmauerwerks in Frage. Die Eigentümer als auch Vertreter der Denkmalpflege entschieden sich von Beginn an für einen herkömmlichen Dämmputz. Jedoch wurde bald festgestellt, dass die damit erreichbare U-Wert Verbesserung der Aussenwand aufgrund der zu schlechten Wärmeleitfähigkeit von 70 – 80 mW/(m K) zu gering war. Eine Lösung musste her und die Bauherrschaft entschied sich ihr Gebäude als Testobjekt für den neuartigen, mineralischen Aerogel Hochleistungsdämmputz zur Verfügung zu stellen. Im Frühjahr 2012 wurde mit den Arbeiten begonnen. Der alte Aussenputz durfte abgeschlagen werden und so konnte eine Schichtdicke von ca. vier bis fünf Zentimetern realisiert werden. Gerade an diesem Objekt zeigten sich die Vorteile des Aerogel Dämmputzes ganz deutlich. Die beiden Fassadenseiten sind stark durch Fenster, Türen, Vordach usw. gegliedert, so dass fast keine zusammenhängenden Flächen vorhanden sind. Beim Einsatz von Dämmplatten wären daher umfangreiche und kostenintensive Zuschnitt- und Einpassungsarbeiten notwendig gewesen. Der Dämmputz jedoch konnte an einem Vormittag appliziert werden.

**Bild 7:** Aufspritzen des Aerogel Dämmputzes auf die stark untergliederte Fassade

An diesem Testobjekt kam als Deckputz ein rauer Kellenwurfputz in der Körnung sechs bis acht Millimeter zum Einsatz. Dieser bringt mit sechs bis acht Kilogramm pro Quadratmeter ein hohes Gewicht auf die Fassadenfläche. Somit konnten gleichzeitig wertvolle Erfahrungen mit dieser Art „schweren" Deckputz gesammelt werden. Als Beschichtung wurde eine Silikatfarbe mit APS Technologie verwendet (alkaliarme Polysilikate).

**Bild 8:** Reihenhaus Winterthur nach den Sanierungsarbeiten (Foto: April 2013)

## 5 Weitere Testflächen

Testflächen bei der Fixit AG

Auf Stellwänden und auf Freiflächen wurde der Aerogel Dämmputz ebenfalls umfangreichen Tests und Spritzversuchen unterzogen. Die Schichtdicken variierten hierbei von sechs bis acht Zentimetern, versuchsweise sogar bis fünfzehn Zentimetern und dies sogar ohne den Einsatz von speziellen Putzträgern (z.B. Streckmetall o.ä.). Ein besonderes Augenmerk wurde hierbei auf die Einsatzmöglichkeiten verschiedener Deckputze gelegt. In wieweit der leichte Aerogel Dämmputz für schwere und raue Oberputze tragfähig ist, wird hierbei getestet. Die Verfügbarkeit eines breiten Spektrums an verschiedenen Putzstrukturen ist für die Einsatzmöglichkeiten an traditioneller Bausubstanz ein wichtiger Punkt. Auf Bild 9 ist eine Fläche mit ca. acht Zentimetern Aerogel Dämmputz zu sehen, bei der ein Deckputz in drei Millimeter Körnung (A), ein sehr rauer Deckputz mit zehn bis zwölf Millimeter Körnung (B) und eine Fläche ohne Deckputz (C = nur Armierungsputzschicht) nebeneinander bewittert werden.

**Bild 9:** Testflächen mit unterschiedlichen Deckputzen in der Freibewitterung

Testfläche „Fachwerkwand“ bei der Empa

Auf dem Gelände der Empa in Dübendorf befindet sich ein kleines Testhaus, bei dem eine Seitenwand ausgebaut werden kann. Dadurch können verschiedene Dämmsituationen und Fassadentypen unter realen Randbedingungen wissenschaftlich und technisch auf ihre Funktionalität hin untersucht werden. Im Falle des Aerogel Dämmputzes wird momentan die Einsatzmöglichkeit als Gefach- und / oder Innendämmputz bei Fachwerkbauten untersucht.

**Bild 10:** Fachwerkfassade nach 12-monatiger Bewitterung (West)

Eine neuartige Ausführung der Gefachdämmung wird hierbei gezeigt (Bild 10). Bei dieser Ausführung wurde der Aerogel Dämmputz ca. vierzehn Zentimeter dick im Gefach auf eine speziell vorbereitete Zementfaserplatte von Hand appliziert. Danach wurde über die komplette Innenseite der Dämmputz in vier bis fünf Zentimetern Auftragsstärke von Hand aufgebracht, um den Wärmebrückeneffekt des Eichenfachwerks zu minimieren. Aussen erfolgte der Fixit 223 Armierungsspachtel mit Gewebeeinbettung und darauf ein feiner Kalkputz mit zweimaligem Silikatfarbenanstrich. Innen kam ebenfalls der Armierungsspachtel mit Gewebeeinbettung zum Einsatz. Dann erfolgten ein feiner Kalkputz und ein einmaliger Anstrich mit Silikatfarbe. Bei der Ausführung wurden Empfehlungen wie sie in den WTA Merkblättern zu finden sind, berücksichtigt.[6] Die Fachwerkwand ist nach Westen ausgerichtet und auf einen Dachüberstand wurde bewusst verzichtet, was eine ungehinderte Bewitterung bedeutet. Es soll damit das „Worst Case“ Szenario für einen Zeitraum von zwei bis drei Jahren analysiert werden.

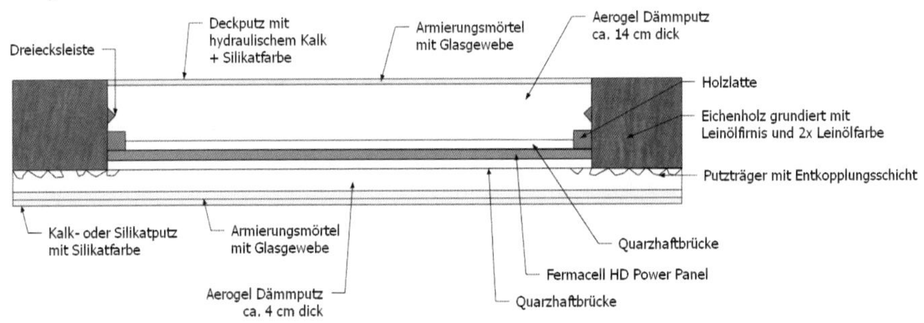


**Bild 11:** Gefach- und Innendämmung mit dem Aerogel Dämmputz

## 6 Die wichtigsten Eigenschaften

In diesem Kapitel werden einige wichtige Eigenschaften des Aerogel Dämmputzes beschrieben. Seine wohl wichtigste Eigenschaft ist seine um den Faktor zwei bis drei Mal bessere Wärmeleitfähigkeit gegenüber den heutzutage marktüblichen Dämmputzen. Damit sind die wärmedämmenden Eigenschaften des Aerogel Dämmputzes vergleichbar gut wie die von Polystyrolplatten (EPS-Platte).

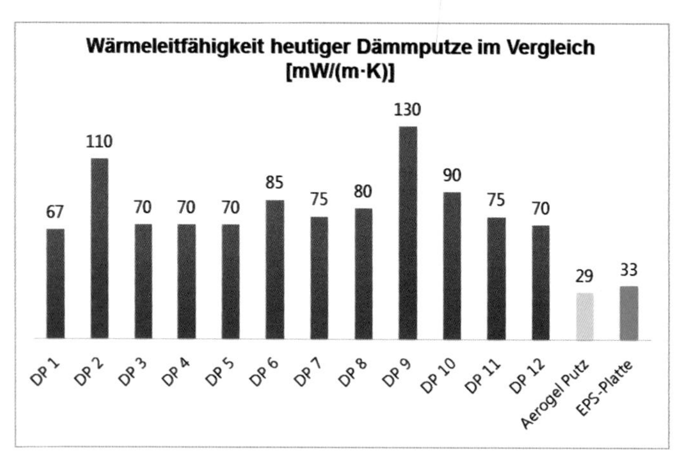


**Bild 12:** Wärmeleitfähigkeiten heute marktgängiger Dämmputze im Vergleich

Durch die mineralische Rezeptierung des Bindemittels ist er gerade für traditionell historische Gebäude bestens geeignet. Dies bewirkt auch seine für Wasserdampf offene Struktur mit einem μ-Wert von 4 und ermöglicht so auch eine Rücktrocknung von in der Konstruktion befindlichem Wasser nach innen. In einem vorläufigen Versuch zur Brennbarkeit, wurde der Aerogel Dämmputz auf ein kleines Stück Backsteinfläche aufgebracht. Der Wandaufbau erfolgte wie in Bild 2 beschrieben (Backstein, Zementmörtelanwurf, sechs Zentimeter Aerogel Dämmputz, Spezial Einbettmörtel mit Glasgewebeeinbettung, feiner Kalk Deckputz). Die eine Hälfte der Fläche wurde nur mit dem Dämmputz, also ohne Einbettmörtel, Gewebe und Kalk Deckputz verputzt. Mit einem Bunsenbrenner wurde die Oberfläche zuerst minutenlang mit der gelben Flamme belastet. Hierbei bildete sich Russ auf der Oberfläche. Danach wurde der Aerogel Putz mehrere Minuten lang mit der blauen und viel heisseren Flamme belastet, so dass der Russ verbrannte und sogar der Aerogel Dämmputz glühte (Bild 13). Dabei entstand weder eine sichtbare Rauchbelastung, noch wurden die Putzoberflächen dabei zerstört. Ein einfacher, doch beeindruckender Versuch!

**Bild 13:** Einfacher Brandversuch (links Aerogel Dämmputz ohne Deckputz)

Von weiterem Interesse war wegen der Möglichkeit des Einsatzes als Innendämmung die Ermittlung von NMHC`s (Non-methane hydrocarbons) und OVOC`s (Oxygenated Volatile Organic Compounds) in der Raumluft, ausgehend vom reinen Aerogel und vom Aerogel Dämmputz. Hierzu wurden an der Empa Messungen mit einem Gaschromatographen – Massenspektrometer wie folgt durchgeführt:

1) 30 ml der Innenraumluft (Labor) als Hintergrund Probe
2) 30 ml Luft aus einem Plastikbehälter der Aerogel Granulat enthielt
3) 30 ml Luft, direkt über der frischen Schnittstelle des Aerogel Putzes gesammelt

Für Xylol wurde bei der Messung 3) eine kleine Erhöhung gefunden, die sich in ihrer Konzentration jedoch innerhalb den Werten wie sie in der Raumluft ohnehin vorkommen bewegt. Für alle anderen wurde nichts gefunden.

## 7 Monitoring Testobjekte Stand August 2013

Alte Mühle in Sissach (CH)

Bei dem historischen Gebäude in Sissach wurde mit Temperatur und Feuchte Messsensoren das Aussenklima an der Gartenseite (West) und der Strassenseite (Nord) jeweils an einer von der direkten Witterung geschützten Stelle gemessen. Bei den verwendeten Messfühlern handelt es sich um NTC Widerstände.

**Bild 14:** Standorte der Temperatur und Feuchtesensoren (M 1:1000)

Zusätzlich wurden auf der alten Bruchsteinoberfläche vor den Dämmputzarbeiten jeweils ein Temperatur und Feuchtesensor auf der Westseite (Garten) und auf der Nordseite (Strasse) platziert. Diese messen die Verhältnisse unter dem Aerogel Dämmputz. Die Sensoren wurden zu ihrem Schutz vor Feuchtigkeit bei den Verputzarbeiten in eine hydrophobe, dampfdurchlässige Membran eingesteckt.

**Bild 15:** Platzierung der Temperatur und Feuchtesensoren

Wie oben beschrieben wurden an der West- und Nordseite die Aussenlufttemperaturen und die relativen Luftfeuchten gemessen. Zusätzlich auch die Temperaturen und relativen Luftfeuchten unter dem Aerogel Dämmputz. Die sich daraus ermittelte Taupunkttemperatur unter dem Dämmputz wurde berechnet. Bild 16 zeigt die Messdaten auf der Westseite, Bild 17 auf der Nordseite. Es ist zu sehen, dass nachdem der Dämmputz aufgespritzt wurde die Messfühler wegen der hohen Feuchte einen kurzen

Aussetzer hatten. Danach trocknete der Aerogel Dämmputz kontinuierlich aus. Nach der lang anhaltenden Regenperiode liegt die relative Luftfeuchte heute unter dem Dämmputz im Mittel bei 60 %. Es ist geplant, die Sensoren so lang wie möglich im Einsatz zu halten.

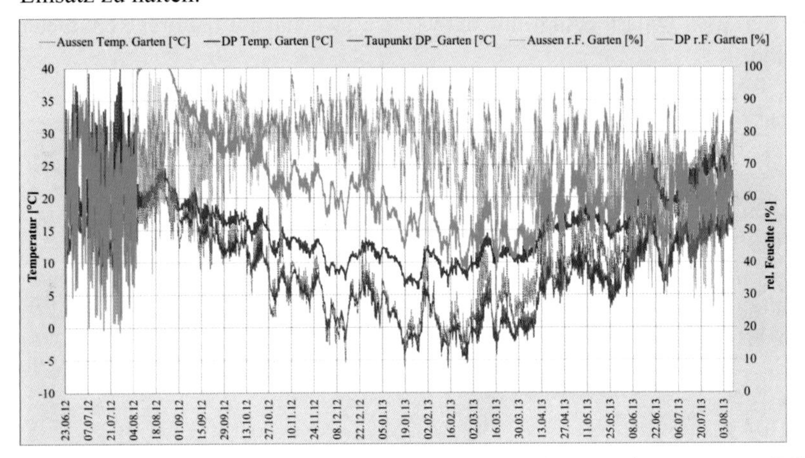


**Bild 16:** Messdaten Westseite Aussenklima und Aerogel Dämmputz (DP)

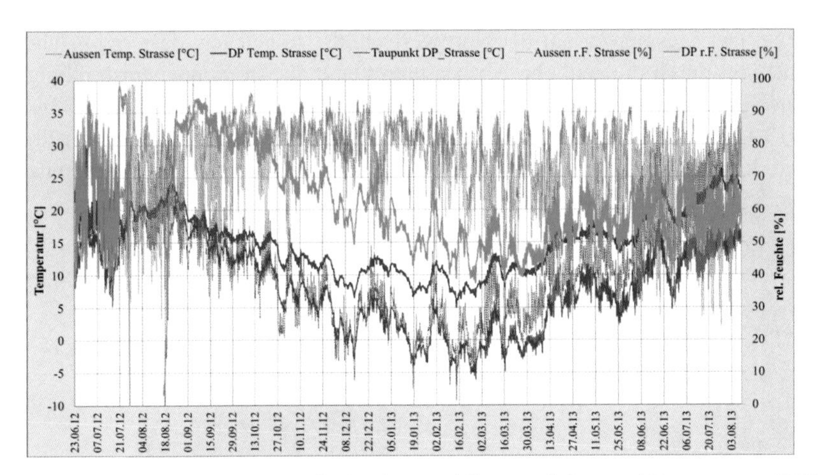


**Bild 17:** Messdaten Nordseite Aussenklima und Aerogel Dämmputz (DP)

Reihenhaus in Winterthur (CH)

Bei dem unter Bestandsschutz stehenden Reihenhaus wurden an beiden Gebäudeseiten die Temperaturen und relativen Luftfeuchten gemessen. Dies waren die Südostseite (Strasse) und die Nordwestseite (Garten). Die verwendeten Sensoren und Datenlogger sind gleich wie bei dem Objekt in Sissach und wurden auch in gleicher Weise eingebaut. Die Logger wurden witterungsgeschützt am Dachgesims befestigt, wo auch die Aussentemperatur und relative Luftfeuchte gemessen wurde. Zusätzlich erfolgte die Messung der Temperatur und relativen Luftfeuchte auf der alten Backsteinoberfläche, also unter dem vier bis fünf Zentimeter dicken Aerogel Dämmputz, wobei die Sensoren bauartbedingt nur durch etwa zweieinhalb bis drei Zentimeter überdeckt sind.

**Bild 18:** Temperatur und Feuchtesensor unter dem Aerogel Dämmputz

Die Bilder 19 und 20 zeigen die gemessenen Daten auf der Südost- bzw. auf der Nordwestseite. Der Messsensor auf der Nordwestseite ist so gelegen, dass er im Jahresverlauf bedingt durch die seitliche Abschattung keine direkte Sonneneinstrahlung bekommt, also immer im Schatten liegt. Für die Südostseite liegen vom 9.11.2012 bis zum 9.4.2013 keine Daten vor. Nach der lang anhaltenden Regenperiode im Frühsommer liegt die relative Luftfeuchte heute unter dem Dämmputz auf der Südostseite im Mittel bei 55 % und auf der Nordwestseite bei etwa 62 %.

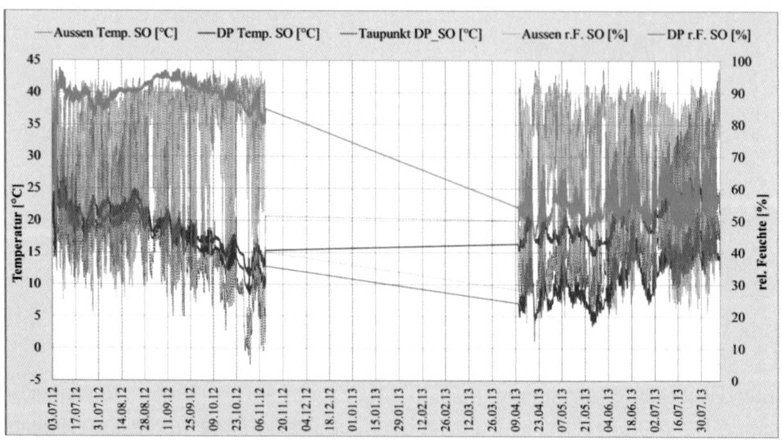


**Bild 19:** Messdaten Südostseite Aussenklima und Aerogel Dämmputz (DP)

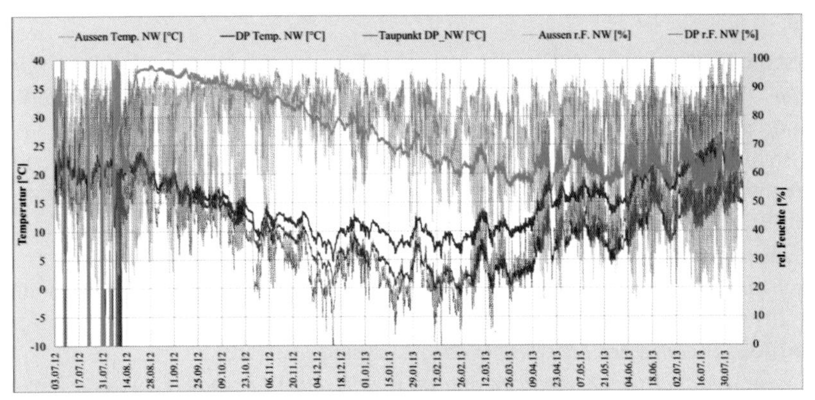


**Bild 20:** Messdaten Nordwestseite Aussenklima und Aerogel Dämmputz (DP)

Das Jahr 2012 / 2013 war bis jetzt von den Witterungseinflüssen her betrachtet extrem und deshalb für die Testphase ideal. Auf einen langen Winter mit vielen Frost-Tauwechseln folgten ein Frühjahr mit Kälteeinbrüchen und ein stark verregneter Frühsommer. Bisher zeigen sich an keinem der Testobjekte, die mit dem Aerogel Hochleistungsdämmputz ausgeführt wurden irgendwelche Probleme oder Schäden. An beiden Testobjekten dürfen die Messungen weitergeführt werden. Auch alle anderen, bisher ausgeführten Objekte werden die nächsten Jahre immer wieder in unregelmässigen Abständen begutachtet werden.

## 8 Die Entwicklung geht weiter

In einer weiterführenden Arbeit werden die Empa zusammen mit der TU-Wien und der Fixit Firmengruppe in einem von der FFG finanzierten Projekt die Einflüsse verschiedener Deckputzsysteme unter der Verwendung verschiedener Anstrichtypen hinsichtlich ihres Einflusses auf den Aerogel Dämmputz untersuchen. Hierzu sind messtechnische Untersuchungen und Thermo-hygrische Simulationen geplant. Es soll dabei auch gezeigt werden, welche Gestaltungsmöglichkeiten durch die Anwendung historischer Putzstrukturen möglich sind. Weiterhin ist geplant, durch den Einsatz speziell abgestimmter Armierungsputze Möglichkeiten zu finden, um zukünftig auf Gewebeeinbettungen bei historischen Gebäudefassaden verzichten zu können.

## Literatur

[1] T. Stahl, S. Brunner, M. Zimmermann, K. Ghazi Wakili, *Thermo-hygric properties of a newly developed aerogel based insulation rendering for both exterior and interior applications*, Energy and Buildings 44 (2012) 114 - 117

[2] T. Stahl, *Wärmedämmputze – auch für historische Bauten*, Wärmeschutz und Altbausanierung, 22. Hanseatische Sanierungstage, BuFAS e.V., DIN / Fraunhofer IRB Verlag 2011

[3] J. Gänssmantel, *Extrem porös, ultraleicht, hoch wärmedämmend: Aerogel – Leichtzuschlag der Zukunft?*, Beitrag in EnEV aktuell Heft 2/2013, Beuth Verlag 2013

[4] Fixit AG, *Technisches Merkblatt Fixit 222,* Stand 11.07.2013

[5] B. Vogel, *Moderne Wärmedämmung an historischer Fassade,* Bauen & Wohnen, Hauseigentümer Ausgabe Nr. 11, 15. Juni 2013

[6] WTA Merkblattsammlung Referat 8 - Fachwerk, *Merkblatt 3, Merkblatt 5 und Merkblatt 8*

**24. Hanseatische Sanierungstage**
**Messen Planen Ausführen**
**Heringsdorf 2013**

# Alterung, Schäden und Sanierung Harnstoffharz-verklebter Holztragwerke

**S. Aicher**
Stuttgart

## Zusammenfassung

Die Zuverlässigkeitsannahmen für Harnstoffharz(UF)-verklebte Holztragwerke wurden durch den katastrophalen Einsturz des Dachtragwerks des Eissportstadions in Bad Reichenhall im Jahre 2006 nachhaltig beeinträchtigt. Als eine der wesentlichen Ursachen wurde bei dem seinerzeitigen Unglück ein Versagen von UF-Klebefugen infolge hydrolytischer Degradation festgemacht. In unmittelbarer Reaktion auf den Einsturz wurden in Deutschland Klebstoffe des Typs II, damit im Wesentlichen UF-Harze, für die Herstellung neuer Holzbauteile ausgeschlossen und eine Richtlinie zur Überprüfung von (Holz-) Gebäuden erlassen.

Zur Bewertung des Risikopotentials von Bestandsbauten wurde des Weiteren bei der Materialprüfungsanstalt Universität Stuttgart eine umfassende Labor- und Felduntersuchung mit dem Ziel der Klärung der langfristigen Sicherheit und Beständigkeit UF-verklebter Bauteile bzw. Tragwerke beauftragt. Die Untersuchungsergebnisse mündeten in 2013 veröffentlichten Hinweisen der Fachkommission Bautechnik der Bauministerkonferenz (ARGE BAU), zu Art und Umfang des Untersuchungsbedarfes bei UF-verklebten Tragwerkwerken durch den Eigentümer bzw. Verfügungsberechtigten.

Im vorliegenden Beitrag werden in komprimierter Form einige wesentliche Aspekte der Alterung, gravierender Schäden und der Sanierung von UF-verklebten Holztragwerken dargestellt. Es wird erläutert, dass die alterungsbedingten Leistungsminderungen von UF-verklebten Holzbauteilen im Regelfall durch die heutigen Bemessungskonzepte abgedeckt sind. Im Falle längerfristig einwirkender hoher Luftfeuchten oder von Kondensat besteht jedoch eine hohe Wahrscheinlichkeit gravierender Klebfugendegradationen. Diesbezüglich wird im Zusammenhang mit Schäden auf wesentliche Aspekte des Tragwerkversagens in Bad Reichenhall eingegangen. Abschließend werden die baurechtlichen und normativen Randbedingungen von Sanierungen mittels Kleben dargestellt und erläutert, dass fachgerecht ausgeführte, etablierte Sanierungsmaßnahmen zur vollen Wiederherstellung der Tragfähigkeit geschädigter Bauwerke führen.

# 1 Einführung

Harnstoffharze, genauer Harnstoff-Formaldehyd (UF-)Klebstoffe, sind seit dem katastrophalen Einsturz des Dachtragwerks der Eissporthalle in Bad Reichenhall im Januar 2006 in Deutschland nicht mehr für die Verklebung tragender Holzbauteile zugelassen. Das Versagen des Daches bei dem viele Menschen getötet oder schwer verletzt wurden, wurde nachweislich wesentlich durch erheblich unzureichende Leistungseigenschaften des verwendeten UF-Klebstoffs in Bezug auf die bei der speziellen Bauwerksnutzung vorliegenden Anwendungsbedingungen mit verursacht. Die speziell in Eissporthallen vorliegende Kältestrahlung [1], [2] führte infolge Oberflächenkondensation zur hydrolytischen Degradation von UF-Klebefugen. In unmittelbarer Konsequenz wurden im Jahr 2006 Klebstoffe des Typs II, denen insbesondere UF-Harze zuzuordnen sind, über die Musterliste der technischen Baubestimmungen [3] und in der Folge sodann über die Normen DIN 1052:2008 [4], DIN EN 1995-1-1/NA:2010 [5] und DIN 1052-10 [6] von der Verwendung in verklebten tragenden Holzbauteilen ausgeschlossen. Des Weiteren wurden ebenfalls im Jahr 2006 seitens der Bauministerkonferenz (ARGEBAU) dezidierte Hinweise für die Überprüfung der Standsicherheit von baulichen Anlagen aus unterschiedlichen Werkstoffen erlassen [7].

Heute müssen Klebstoffe für tragende Holzbauteile für eine Verwendung in Deutschland gemäß den Regelwerken [3, 5, 6, 8] dem Klebstofftyp I nach DIN EN 301:2006-09, Tabelle 1 [9], zugeordnet werden können. Harnstoffharze, die in Deutschland von rd. 1960 bis ca. 1985 verwendungsmäßig mit weitem Abstand dominierten, sind im Gegensatz hierzu Klebstoffe des Typs II. Der prüf- und anforderungstechnisch wesentlichste Unterschied zwischen den Klebstofftypen I und II liegt darin, dass Typ II-Klebstoffe nicht kochwasserfest sind, d. h. bei (Warm-)wasser Einwirkung (Lagerungsfolgen A4 und A5 gemäß DIN EN 301 [9] und DIN EN 302-1 [10]) einen wesentlich niedrigeren Widerstand gegen hydrolytische Spaltung als Typ I-Klebstoffe aufweisen.

Im Zusammenhang mit dem im Jahr 2006 erstmalig mittels eines Warnvermerks in der Musterliste der Technischen Baubestimmungen erteilten Verwendungsverbot des Klebstofftyps II ist zu erwähnen, dass Harnstoff-Formaldehyd-Klebstoffe in Skandinavien nie für tragende Holzverklebungen zugelassen waren. Ursächlich für diesen Verwendungsausschluss waren langjährige Untersuchungen in Norwegen von [u.a. 11, 12] die zu Mutmaßungen hinsichtlich einer eventuell möglichen langzeitigen Abminderung der Trockenscherfestigkeit führten. Demgegenüber standen jedoch gleichermaßen ernstzunehmende, seriös durchgeführte und verfasste Untersuchungen in der Schweiz und in Deutschland, denen zufolge das Leistungspotenzial von tragenden UF-Holzverklebungen (sehr) positiv bewertet wurde [13, 14]. Desgleichen wurden in einer umfangreichen Untersuchung am Otto-Graf-Institut [16] anlässlich einer Reihe unerklärlicher Schäden an UF-verklebten Holzbauteilen keine wesentlichen Defizite und Schadensindikatoren für diese Klebstoffgruppe festgestellt.

Ausgelöst durch das Tragwerksversagen in Bad Reichenhall wurde die MPA Universität Stuttgart seitens der Obersten Bauaufsichtsbehörden und des DIBt mit der Durchführung einer umfangreichen Studie zur Langzeitbeständigkeit und Sicherheit Harnstoffharz-verklebter tragender Holzbauteile beauftragt. Die im Abschlussbericht des Forschungsvorhabens [17] dargelegten Schlussfolgerungen (vgl. auch [18]) führten sodann im Jahr 2013 zu bauaufsichtlichen Hinweisen der ARGE BAU [19] für die Eigentümer bzw. Verfügungsberechtigten hinsichtlich Art und Umfang der Untersuchungen an Harnstoffharz-verklebten Holzbauteilen.

In dem vorliegenden Beitrag werden wesentliche Aspekte der Alterung von (UF-)Klebstoffen, von Schäden sowie von Sanierungen geschädigter UF-Bauteile angesprochen.

## 2. Alterung und Zeitstandverhalten von Holz und Klebstoffen

### 2.1 Begriffsdefinitionen

Unter der Begrifflichkeit „Alterung" wird üblicherweise eine Abnahme der Leistungseigenschaften von Werkstoffen, aber auch von Lebewesen (Pflanzen, Tiere und Menschen) verstanden. Der Rückgang des Leistungspotenzials, der bei organischen Werkstoffen im Vergleich zu anorganischen Materialien im Allgemeinen ausgeprägter ist, hängt in komplexer Weise von Art und Ausmaß von

a) Umgebungseinflüssen wie Temperatur, Luftfeuchte, Wasserkontakt, Strahlung, etc.
   sowie von
b) überlagerten mechanischen Einwirkungen

ab.
In der Materialforschung wird der Begriff der Alterung i. d. R. auf die Leistungsminderung, z. B. die Abnahme von Festigkeiten und Steifigkeitskenngrößen, infolge ausschließlicher Einwirkung von Umgebungseinflüssen ohne planmäßig überlagerte äußere Lasten bezogen. Die Festigkeitsveränderung unter andauernder mechanischer Beanspruchung bei konstanten oder variablen Klima-/Umgebungsbedingungen wird sodann als Zeitstandverhalten oder auch als Alterung unter Last bezeichnet.

Wesentlich ist, dass die Wirkmechanismen bei reiner Alterung einerseits und bei Zeitstand-Leistungsminderung unter moderaten konstanten Umgebungsbedingungen andererseits chemisch, physikalisch und mechanisch meist deutlich unterschiedlich sind und sodann bei Alterung unter Last komplex interagieren können. So ist z. B. das Zeitstandverhalten unter schwingender Beanspruchung geprägt durch Mikroriss-Phänomene während Alterung unter Feuchtebeanspruchung mit einer Änderung der Wasserstoffbindungen in Holz-Klebstoff-Interfaces verknüpft ist.

## 2.2 Alterung unter Last von Holz nach Eurocode 5

Im Bereich der Holzbaubemessung nach DIN EN 1995-1-1 (Eurocode 5) [20] in Verbindung mit dem nationalen Anwendungsdokument [5] wird dem bei Bauwerken/Bauteilen immer vorliegenden Sachverhalt der Alterung unter Last durch Ansatz von Modifikationsbeiwerten der Festigkeiten $k_{mod}$ zur simultanen Berücksichtigung der (Klima-)Nutzungsklassen 1 bis 3 und der Klassen der (kumulierten) Lasteinwirkungsdauern (z. B. kurze oder lange Einwirkung) Rechnung getragen. Bild 1 zeigt den Verlauf der $k_{mod}$-Werte, die für die unterschiedlichen Klimanutzungsklassen 1 und 2 bzw. 3 treppenstufenartige Umhüllende der experimentell [21] für Vollholz bei Biegebeanspruchung erprüften sogenannte Madisonkurve darstellen. Für verklebte Vollholzprodukte wie z. B. Brettschichtholz oder keilgezinktes Vollholz wird hierbei ohne stringenten wissenschaftlichen Nachweis unterstellt, dass die Festigkeitsabminderungen der Klebfugen im ungünstigsten Falle den für Vollholz erprüften Abminderungen entsprechen. Diesbezüglich ist darauf hinzuweisen, dass es keine belastbare Studie zum Schub/Scher-Zeitstandverhalten von Vollholz gibt und wissenschaftlich ungeklärt ist, ob die für Biegung empirisch unterlegten $k_{mod}$-Werte auf Schub übertragbar sind.

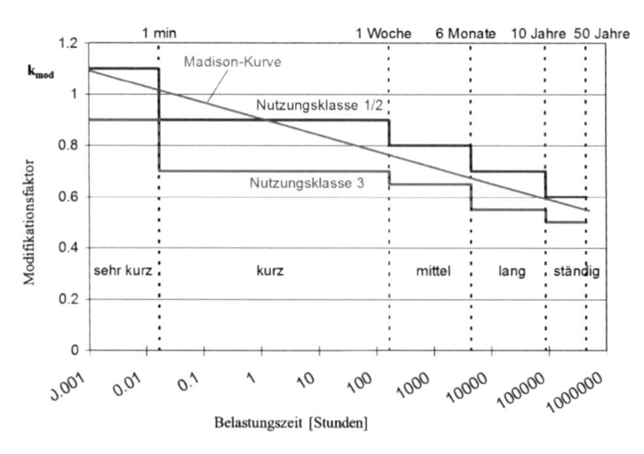


**Bild 1:** Modifikationsbeiwert $k_{mod}$ nach [20] in Abhängigkeit von der kumulierten Lasteinwirkungsdauer und von den Klimanutzungsklassen. Mit angegeben ist der in [21] empirisch für Biegung von Vollholz erhaltene Verlauf der Zeitstandfestigkeit

## 2.3 Alterung und Zeitstandverhalten von (UF-)Klebstoffen

Die (Zulassungs-)Prüfungen von Polykondensationsklebstoffen auf Aminoplast-Basis und damit von Harnstoff-Formaldehyd-Harzen sowie von Melamin(Harnstoff) Formaldehyd (MUF)-Harzen erfolgt nach heute gültiger Europäischer Anforderungsnorm DIN EN 301:2006 (*Anm.*: Die im Juli 2013 in der formalen Endabstimmung positiv befürwortete neue Fassung EN 301:2013 beinhaltet für Aminoplaste bestimmter Leistungsklassen zusätzlich Zeitstandversuche.) wie vormals nach deutscher Norm DIN 68141 [22] sowohl für Klebstoffe des Typs I und II ausschließlich auf der Basis von „reinen" Alterungsversuchen. Diese umfassen Zugscherprüfungen nach Klima/Wasserlagerungen (DIN EN 302-1), Delaminierungsprüfungen (DIN EN 302-2), Zugprüfungen rechtwinklig zur Klebefuge nach Klimastufenlagerung (DIN EN 302-3) und Druckscher-Rollschubversuche (DIN EN 302-4) an kreuzweise verklebten, stufenklimabeanspruchten Kleinproben.

Der klebstoffinhärente Unterschied zwischen den aminoplastischen Klebstofftypen I (ausschließlich MF und MUF-Klebstoffe) und II (im Wesentlichen UF-Harze) besteht darin, dass Klebstoffe bzw. Verklebungen des Typs II bei Kochwasserbehandlung immer, sowie bei hohen Luftfeuchten (> 85%) speziell in Verbindung mit höheren Temperaturen häufig, weitgehend degradieren. Dies führte dazu, dass Klebstoffe des Typs II bei den Zugscherprüfungen nach DIN EN 302-1 keinen Kochwasser-Vorlagerungen unterzogen werden und dass die Rücktrocknung der Prüfkörper der Delaminierungsprüfungen nach EN 302-2 ausschließlich bei niedriger Temperatur von 30° C erfolgt. Entsprechend des skizzierten unterschiedlichen Leistungspotenzials der Klebstoffe des Typs I und II erfolgt in DIN EN 301:2006, Tabelle 1, auch eine unterschiedliche Zuordnung zu den klimatischen/feuchtetechnischen Nutzungsklassen 1, 2 und 3 der EN 1995-1-1; in der genannten Tabelle 1 sind auch Klima-Beispiele für einen verwendungsgerechten Einsatz der Klebstofftypen I und II angegeben (vgl. Tab. 1).

Quantitative Rückschlüsse auf die eventuelle/wahrscheinliche Festigkeitsminderung einer (UF-)Klebefuge bei Alterung unter Last bei klimatischen Randbedingungen gemäß den Nutzungsklassen 1 bis 3 können aus den Ergebnissen der genannten Klebstoffprüfungen nicht eindeutig gezogen werden. Die vorherrschende Annahme, dass der $k_{mod}$-Faktor der Klebefuge höher ist als der $k_{mod}$-Faktor des Holzes, resultiert ausschließlich aus jahrzehntelanger überwiegend positiver Erfahrung mit verklebten Holzkonstruktionen. Sofern Schäden auftraten, konnten diese nur in seltenen Fällen, wie z. B. bei der säurebedingten Faserschädigung von Phenol-Resorcin-Klebefugen in den 60er Jahren, eindeutig auf eine versagensrelevante Alterung der speziellen verwendeten Holzklebstofftypfabrikat-Interfaces unter Last zurückgeführt werden.

**Tabelle 1: Definitionen der Klebstofftypen I und II zum Einsatz unter verschiedenen Klimabedingungen gemäß DIN EN 301:2006 [9]**

| Klebstofftyp | Temperatur | Klima entsprechend | Beispiele | Entsprechend EN 1995-1-1 Nutzungsklassen |
|---|---|---|---|---|
| I | > 50°C | Nicht festgelegt | Längerer Einfluss von hohen Temperaturen | 1, 2, 3 |
| I | ≤ 50°C | > 85 % relative Luftfeuchtigkeit bei 20°C | Uneingeschränkte Bewitterung | 1, 2, 3 |
| II | ≤ 50°C | ≤ 85 % relative Luftfeuchtigkeit bei 20°C | Beheizte und durchlüftete Gebäude. Schutz gegen Außenbewitterung | 1, 2 |
| ***Anm.***: 85 % relative Luftfeuchte und 20°C ergeben eine Holzfeuchte von ca. 20 % in Nadelhölzern und den meisten Laubhölzern und eine etwas geringere Feuchte in Holzwerkstoffen. | | | | |

Im Falle von Harnstoffharz-Verklebungen wurden infolge einer Reihe „unerklärlich“ erscheinender Schadensfälle an UF-verklebten Bauteilen/Bauwerken Bedenken bezüglich derartiger Verklebungen aufgeworfen. Diese konnten jedoch im Rahmen vergleichsweise umfangreicher Untersuchungen [16] nicht bestätigt werden.

Im Gegensatz dazu führen jedoch die Ergebnisse der mit anderen Prüfverfahren vorgenommenen Langzeit-Untersuchungen [11, 12] dazu, die für UF-Verklebungen bei feucht/nassen Umgebungsbedingungen erhaltenen Leistungsminderungen auch für trockene Klimaszenarios zu unterstellen. Dies führte letztlich dazu, dass UF-Klebstoffe in Skandinavien nie für tragende Verklebungen zugelassen wurden. (Anmerkung: Die gravierende Schlussfolgerung dahingehend, dass die bei feuchten/nassen Bedingungen festgestellten Festigkeitsabminderungen auch bei trocken gehaltenen Verklebungen auftreten können, wurde in [12] nicht empirisch unterlegt).

Einige wesentliche Ergebnisse aus [17] bezüglich des generellen Alterungsverhaltens von UF-Klebstoffen (mit und ohne Last) werden nachstehend in knapper Form mitgeteilt:

a) Im Mittel lagen sowohl die Trocken- wie auch die Nass-Scherfestigkeiten von „älteren“ Gebäuden mit einem mittleren Gebäudealter von 45 Jahren um rd. 9 % unter den Festigkeiten „jüngerer“ Gebäude mit einem mittleren Gebäudealter von rd. 20 Jahren. Bild 2 zeigt die Festigkeitsverteilungen von rd. 250 bzw. 500 Scherfestigkeiten trocken geprüfter Bohrkernabschnitte aus „älteren“ bzw. „jüngeren“ Gebäuden.

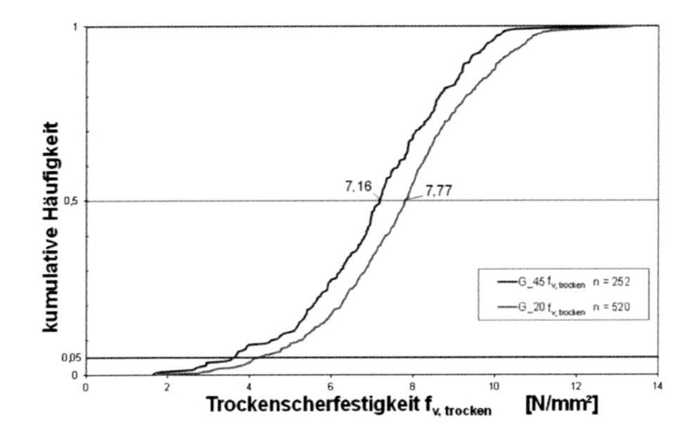


**Bild 2:** Festigkeitsverteilung von rd. 250 bzw. 500 Scherfestigkeiten trocken geprüfter Bohrkernabschnitte von „älteren“ und „jüngeren“ Gebäuden

b) Auf dem 5%-Quantilniveau basierend auf den Einzelwerten aller untersuchten Gebäude lagen die Trockenscherfestigkeiten der „älteren“ Gebäude um 14 % unter den Werten der „jüngeren“ Gebäude, während bei den Nass-Scherfestigkeiten ein Abfall von rd. 30 % zu konstatieren war. Eine ausgeprägtere Alterung bzw. Fugendegradation bei feuchtebeanspruchten Fugen ist in bemessungsrelevanter Hinsicht somit gegeben.

c) Im Mittel der untersuchten Gebäude lagen die $x_{mean}$- und $x_{05}$- Trocken- und Nass-Scherfestigkeiten auf einem ausreichend hohen Niveau (Anmerkung: Für einzelne Bauwerke trifft die im Falle der Nassfestigkeit in einigen Fällen jedoch nur in sehr abgeschwächter Form oder nicht zu).

d) UF-Klebstoffe können produktabhängig bezüglich des Delaminierungsverhaltens durchaus den Anforderungen des Klebstofftyps I entsprechen.

e) UF-Klebstoffe mit dickeren Klebefugen (> 0,5 mm), die im Härter-Vorstreichverfahren hergestellt wurden, weisen deutlich geringere Beständigkeiten/Dauerhaftsfestigkeiten im Vergleich zu UF-Fugen, die mit untermischten Klebstoffflotten hergestellt wurden, auf.

Basierend auf der Gesamtheit der Erkenntnisse und Schlussfolgerungen des Forschungsvorhabens [17] wurden seitens der ARGE BAU in Ergänzung der allgemeinen Hinweise [7] aus dem Jahr 2006 spezielle Hinweise zur Einschätzung von Art und Umfang zu untersuchender Harnstoffharz-verklebter Holzbauteile auf mögliche Schäden aus Feuchte- oder Temperatureinwirkungen durch die Eigentümer/Verfügungsberechtigten [19] erlassen.

# 3 Schäden an UF-verklebten Holzbauwerken

Wie in den vorstehenden Ausführungen des Beitrags dargelegt, sind sowohl die absoluten Tragfähigkeiten wie die alterungsbedingten Festigkeitsabnahmen von UF-Klebefugen speziell unter trockenen Einsatzbedingungen als sicherheitsrelevant ausreichend hoch zu bewerten. Im Falle sehr hoher Feuchte- und insbesondere überlagerter Feuchte-Temperatureinwirkungen können abhängig vom jeweiligen Klebstofffabrikat, den Verarbeitungs- und Auftragsgegebenheiten und den spezifischen konstruktiven Bauteilgegebenheiten wesentliche Tragfähigkeitsabminderungen vorliegen. Im Extremfall können die Fugendegradationen zu gravierenden und gegebenenfalls katastrophalen Bauwerksschäden führen.

Nachstehend wird in knapper Form über wesentliche Konstruktionsdetails und Schadensursachen des Dacheinsturzes in Bad Reichenhall berichtet. Die Ausführungen stützen sich hierbei auch wesentlich auf die Literaturstellen [23, 24]. Bezüglich wesentlicher weiterer teilweise gravierender Schäden, jedoch ohne Todesfolgen uns schwere Verletzungen wird ausführlich in [17] berichtet.

## 3.1 Einsturz des Eissporthallendaches in Bad Reichenhall

### 3.1.1 Details zur Konstruktion

Die gebrochenen Hauptträger des im Jahr 1972 errichteten Eissporthallendaches bestanden aus geraden, kastenförmigen Holzträgern mit Querschnittsabmessungen (Breite B x Höhe H) von 330 mm x 2870 mm. Die aus Brettschichtholz der Güte-/Festigkeitsklasse I (heute GL 28h) bestehenden Ober- und Untergurte wiesen Abmessungen von 200 mm x 200 mm auf. Die beidseitigen Stegplatten mit jeweils 65 mm Dicke und 2870 mm Höhe waren dreischichtig aufgebaute sogenannte Kämpfstegplatten, die zur grundsätzlichen Bezeichnung der Träger als sogenannte Kämpfstegträger führten und die in den Jahren 1955 bis 1972 allgemein bauaufsichtlich zugelassen waren.

Die Querschnittshöhe der Kämpfstegträger lag jedoch wesentlich über der zulassungsmäßig [25] erlaubten Höhe von 1,2 m. Für die extreme Abweichung von der zulässigen Höhe lag keine Zustimmung im Einzelfall vor und eine im Jahr 1972 beim DIBt beantragte Vergrößerung der zulässigen Querschnittshöhe wurde zudem negativ beschieden. Die 48 m langen Träger wiesen eine freie Spannweite von 40 m auf (Einfeldträger).

Die insgesamt 10 Träger wurden jeweils aus drei Einzelsegmenten mit 16 m Länge durch Universalkeilzinkenverbindungen der Gurte und der Stegplatten verbunden.

Die Stegplatten wiesen darüber hinaus innerhalb der Einzelsegmente vertikale Universalkeilzinkenstöße auf. Für die Herstellung der Brettschichtholzgurte sowie insbesondere der Universalkeilzinkenverbindungen der Gurte und der Gurt-Stegplatten-Verklebungen wurde ein UF-Klebstoff verwendet. Dies entsprach für das Brettschichtholz und deren Stöße mit Universalkeilzinkenverbindungen dem Stand der Technik, während für die mittels Nagelpressklebung hergestellten Gurt-Stegverklebungen wegen der sehr dicken Platten und der hiermit zu erwartenden dicken Klebfugen auch nach früherem Stand der Technik ein PRF-Klebstoff zu verwenden gewesen wäre.

### 3.2 Ursachen des Einsturzes

Der Einsturz des Dachtragwerks der Eissporthalle in Bad Reichenhall im Januar des Jahres 2006 wurde durch eine Verknüpfung mehrerer Ursachen bedingt. Nach unstrittigen Bewertungen (vgl. u. a. [23, 24]) und Urteilen waren für den Einsturz des Daches mehrere zusammenwirkende Gründe maßgeblich, zu denen im Wesentlichen die folgenden zählen:

- Eine wesentliche Überschreitung der zulässigen Zugtragfähigkeit der Untergurte infolge fehlender Nachweise der Gurtschwerpunktspannungen.

- Die Nichtberücksichtigung der Verschwächungen in den Gurten und Stegplatten infolge Universalkeilzinkenverbindungen.

- Eine teilweise erhebliche Degradation der Klebefugen in den Universalkeilzinkenverbindungen der Untergurte sowie in den Gurt-Stegverbindungen.

- Die zum Zeitpunkt des Unglücks vorliegende sehr hohe Schneelast, die jedoch noch unterhalb der rechnerisch angesetzten Last von 1,5 $kN/m^2$ lag, führte sodann zum Einsturz des unzureichend bemessenen und stark vorgeschädigten Dachtragwerks. Hierbei versagte zunächst ein Träger, dessen Last durch steif angeschlossene Nebenträger auf die Nachbarträger übertragen wurde, die sodann durch schlagartige Lasterhöhungen reißverschlussartig versagten.

Die nachweislichen erheblichen Schädigungen der Klebfugen sind durchweg auf eine hydrolytische Degradation der Fugen durch langjährige Einwirkung von Wasser infolge Kondensation und fehlerhafte Wasserabführung von Dachleckagen zurückzuführen. Der hohe Kondenswasseranfall insbesondere im unteren Bereich der Trägerquerschnittshöhe resultiert aus dem bauphysikalischen Sachverhalt der Strahlungswärmeabgabe zwischen Hallendach und Eisfläche, was zu einer starken Abkühlung und damit zu Wasserdampfkondensatbildung an den der Eisfläche zugewandten Trägerflächen führt (vgl. auch [1], [2].
Die Kenntnis der skizzierten wärmestrahlungsbedingten Ursache von Kondensatbildung in Eissporthallen war zum Zeitpunkt der Bauwerkserrichtung bis in jüngere Zeit nicht allgemein bekannter Stand der Technik. Die festgestellten großflächigen Kaltwasser-Hydrolyseschäden der Universalkeilzinkenverklebung in einem Bereich von 50 mm – 80 mm von der Träger/Gurtunterkante wurde auch durch „Kapilarsorption" des Kondensatwassers in den durch das Zinkenspiel bedingten vertikalen Hohlräumen/Kanälen verstärkt.

### 3.3 Konsequenzen aus dem Schadensfall

Es ist unstrittig, dass das Tragwerksversagen mit sehr hoher Wahrscheinlichkeit durch fachkundige, eingehende handnahe Inspektionen der Hauptträger hätte vermieden werden können. Diese Erkenntnis führt dazu, dass seitens der ARGE BAU neben dem Ausschluss des Klebstofftyps II insbesondere auch dezidierte Hinweise für die Überprüfung der Standsicherheit von baulichen Anlagen durch den Eigentümer/Verfügungsberechtigten [7] verfasst wurden.

Tabelle 2 enthält als Auszug aus [7] die vorgenommene Einteilung von baulichen Anlagen nach Gefährdungspotenzial und Schadensfolgen sowie Anhaltswerte für Zeitintervalle von Überprüfungen. Bezüglich weiterer Details insbesondere betreffend Holzkonstruktionen wird auf [7] verwiesen.

In einem weiteren Schritt wurde mit Blick auf eine wissenschaftlich untermauerte Bewertung von UF-verklebten Bestandsbauten das Forschungsvorhaben [17] beauftragt, das sodann in den neuerlichen ARGE BAU Hinweisen [19] mündete.

**Tabelle 2: Einteilung von baulichen Anlagen nach Gefährdungspotenzial und Schadensfolgen sowie Anhaltswerte für Zeitintervalle von Überprüfungen nach [7]**

| 1 | 2 | 3 | 4 | 5 | 6 |
|---|---|---|---|---|---|
| Gefährdungs-potenzial/ Schadensfolgen | Gebäudetypen und exponierte Bauteile | Beispielhafte, nichtabschließende Aufzählung | Begehung nach Abschn. 4.2.1 nach x Jahr(en) | Sichtkontrolle nach Abschn. 4.2.2 nach x Jahr(en) | Eingehen-de Überprüfung nach Abschn. 4.2.2 nach x Jahr(en) |
| Kategorie 1 | Versammlungsstätten mit mehr als 5000 Personen | Stadien | 1 – 2 | 2 – 3 | 6 – 9 |
| Kategorie 2 | Bauliche Anlagen mit über 60 m Höhe<br><br>Gebäude und Gebäudeteile mit Stützweiten > 12 m[1)] und/oder Auskragungen > 6 m sowie großflächige Überdachungen[1)]<br><br>Exponierte Bauteile von Gebäuden, soweit sie ein besonderes Gefährdungspotenzial beinhalten | Fernsehtürme, Hochhäuser<br><br>Hallenbäder, Einkaufsmärkte, Mehrzweck-, Sport-, Eislauf-, Reit-, Tennis-, Passagierabfertigungs-, Pausen-, Produktionshallen,<br><br>Kinos, Theater, Schulen, große Vordächer, angehängte Balkone, vorgehängte Fassaden, Kuppeln | 2 – 3 | 4 - 5 | 12 - 15 |

[1)] soweit aus Gründen der Standsicherheit vertretbar, kann sich die Überprüfung gemäß Spalten 4 – 6 der Tabelle auf die betroffenen Gebäudeteile beschränken.

# 4 Sanierung geschädigter Harnstoffharz-verklebter Holztragwerke

## 4.1 Baurechtliche und normative Grundlagen

Im Hinblick auf UF-klebstoffspezifische Schäden werden nachstehend ausschließlich Instandsetzungen, umgangssprachlich auch als Sanierungen bezeichnet, von gerissenen bzw. delaminierten Klebstofffugen betrachtet. Da die Fülle der Randbedingungen sowie der Maßnahmen für erfolgreiche Sanierungen den Rahmen des vorliegenden Beitrages weit überschreitet, wird nachstehend nur auf einige zentrale baurechtliche, normative und technische Punkte eingegangen.

Die baurechtlichen und normungsspezifischen Randbedingungen von Sanierungen mittels Klebung werden in [5], NCI NA.11.1 sowie in [6], Abschnitt 5, behandelt. Von zentraler Bedeutung ist hierbei, dass die verklebungsbasierte Instandsetzung von tragenden Holzbauteilen in ihrer baurechtlichen Bedeutung der Herstellung neuer Bauteile gleichgesetzt ist. Dies impliziert u.a., dass ein Betrieb einer hierfür anerkannten Prüfstelle gegenüber den Nachweis zu erbringen hat, dass die fachliche Eignung des ausführenden und leitenden Personals und die notwendigen technischen Einrichtungen vorliegen. Im Rahmen der Nachweisführung, die bei positivem Abschluss zur Erteilung einer Bescheinigung D nach [6] führt, sind des Weiteren auch Erstprüfungen an Bauteilen und Erstinspektionen/begleitungen von Sanierungsdurchführungen vorgeschrieben. Ergänzend zu [6] werden im Rahmen der Erteilung der Bescheinigung D weitergehende Spezifizierungen ausgeführt. Wesentlich und normativ geregelt [6] ist auch, dass bei jeder Instandsetzungsmaßnahme vorab eine ingenieurmäßige Bauteil-/Bauwerksanalyse zur erfolgen hat, auf deren Basis sodann ein sachgerechtes Instandhaltungskonzept zu erstellen ist.

## 4.2 Kernpunkte erfolgreicher Sanierungen

Im Falle von Fugendelaminierungen mit größeren Abmessungen als nach heutigem Stand der Technik vertretbar[1], sind zunächst und sodann unabhängig von der jeweiligen Klebstofffamilie handnah eingehende quantitative Rissvermessungen (Risstiefen, -öffnungen und -längen) erforderlich. Im Falle von UF-Klebstoffen kommt hierbei der Aufnahme der Fugendicke ein deutlich größerer Stellenwert zu als bei anderen Polykondensationsklebstoffen (MUF- oder PRF-Harze). Im Falle gehäuft auftretender Fugendicken $\geq$ 0,5 mm in nicht gerissenen Fugenbereichen liegen erhöhte Verdachtsmomente für eventuell unzureichende Verklebungen vor. (Anmerkung: Dies gilt speziell dann, wenn der Klebstoff im sogenannten Härter-Vorstreichverfahren

[1] In primär schubbeanspruchten Bereichen werden beidseitige (auch gegenüberliegende) Risstiefen von jeweils 1/6 der Querschnittsbreite b und einseitige Risstiefen von b/3 als soeben nach vertretbar angesehen. Im Falle von Fugen- oder faserparallelen Holzrissen in querzugbeanspruchten Bereichen (z. B. Firstbereiche von Satteldachträgern) sind beidseitige Risstiefen von jeweils b/8 als noch tolerierbar anzusehen.

aufgetragen wurde, was bei äußerlicher Betrachtung der Fugen jedoch nicht feststellbar ist).

Zur Bewertung der Residualfestigkeit und Beständigkeit der zu bewertenden Verklebungen von geschlossenen und angerissenen Fugen sind sodann in einem ergänzenden Schritt Bohrkerne zu entnehmen, visuell zu beurteilen, nach DIN EN 392 [26] zu prüfen und nach DIN EN 386 [27] zu bewerten. Im Falle dicker Fugen und geringer Scherfestigkeit ist eine ergänzende Nass- und Nass-Wiedertrockenprüfung [17] anzuraten, um das Residual-Leistungspotential zutreffender beurteilen zu können.

Sofern die Ergebnisse der Bohrkernprüfungen an trocken bzw. nass und nass/wiedertrocken gelagerten Proben keine offensichtlichen Anhaltspunkte für Fugendegradationen liefern, die oberhalb derjenigen liegen, die bei Alterung unter Last üblicherweise zu erwarten sind (siehe oben) und [18], so kann mit den Verklebungssanierungen begonnen werden. Von zentraler Bedeutung ist hierbei die Sauberkeit der zu sanierenden Fuge(n). Sofern diese – wie im Falle dickerer UF-Fugen häufig – bröckelige, einseitig kaum anhaftende Klebstoff-Fugenschichten enthalten, sind diese mit Kreissägeschnitten freizuschneiden.

Die Sanierung (Wiederverklebung gerissener Fugen) darf heute in Deutschland ausschließlich mit zwei speziellen, allgemein bauaufsichtlich zugelassenen Epoxidharzklebstoffen [28], [29] vorgenommen werden. Die beiden Sanierungsharze ermöglichen nachweislich bei sach- und fachgerechtem Einsatz eine dauerhafte Wiederherstellung der vollen ursprünglichen Tragfähigkeit gerissener Bauteile. Mit beiden Klebstofffabrikaten können Fugendicken/Klaffungen bis maximal 8 mm überbrückt werden. Abhängig vom Klebstofffabrikat können hierbei Rissöffnungen $< 4$ mm bzw. $< 6$ mm [28] bzw. [29] unabhängig von den jeweiligen Risslängen und den maximal zusammenhängenden Rissflächen verfüllt werden. Für Risstiefen im Bereich von 4 mm bis 8 mm bzw. von 6 mm bis 8 mm liegen Klebstofffabrikat abhängige Anforderungen an die Rissflächen und –längen vor.

Die Zulassungsbescheide und die technischen Merkblätter der Klebstoffe enthalten weitere wesentliche Vorgaben zu den Sanierungsdurchführungen. Wesentlich ist, dass die für die Aushärtung erforderlichen Mindestbauteiltemperaturen ($\geq 17°C$) eingehalten werden. Sofern Abweichungen zu niedrigen Temperaturen projektbezogen unplanmäßig auftreten, sind die Auswirkungen auf die ausgeprägt bzw. extrem verzögerte Abbindegeschwindigkeit der Klebstoffe insbesondere auch mit Blick auf die Entfernung von Unterstützungen zu berücksichtigen.

### 4.3 Qualitätskontrollen von verklebungsbasierten Risssanierungen

Die Zulassungsbescheide [28], [29] enthalten umfangreiche Angaben zur Überprüfung und Sicherstellung erfolgreich durchgeführter Sanierungsmaßnahmen. Kernpunkte der Überprüfungsmaßnahmen sind neben selbstverständlichen visuellen Kontrollen der Klebefugen der instand gesetzten Holzbauteile sodann Bohrkernentnahmen aus sanierten Klebefugen aus statisch unbedenklichen Bereichen. Die Prüfung und die Bewertung der Bohrkerne erfolgt nach [26], [27]. Die Leistungsfähigkeit der Sanierung geschädigter (UF-)verklebter Holzbauteile durch nachweislich befähigte Firmen mit geschultem Personal wurde zwischenzeitlich im Rahmen von mehreren 100 Gebäuden nachgewiesen.

## 5 Schlussfolgerungen

Zusammenfassend kann festgestellt werden, dass bei stringenter Nutzung des heutigen Wissensstandes zum Alterungsverhalten von Harnstoffharz-verklebten Holzbauteilen in Verbindung mit konsequenter Anwendung der seitens der ARGE BAU verabschiedeten Hinweise katastrophale Einstürze UF-verklebter Holztragwerke mit größter Wahrscheinlichkeit ausgeschlossen werden können. Weiterhin gilt, dass es leistungsfähige verklebungsbasierte Sanierungsverfahren gibt, mittels derer rißgeschädigte Bauteile durch geschulte und sodann baurechtlich autorisierte Fachkräfte zuverlässig instandgesetzt werden können

## Literaturverzeichnis

[1] Fritzen, K. (2006): Zur Problematik bei Eissporthallen. Bauen mit Holz, H. 3, S. 44 – 46

[2] Feldmeier, F. (2006): Wer weiß was? Ein Beitrag zur Bauphysik. Bauen mit Holz, H. 9, S. 46 – 49

[3] Musterliste der Technischen Baubestimmungen – Fassung September 2006 – sowie – Fassung September 2012

[4] DIN 1052:2008: Entwurf, Berechnung und Bemessung von Holzbauwerken – Allgemeine Bemessungsregeln und Bemessungsregeln für den Hochbau

[5] DIN EN 1995-1-1/NA:2010: Nationaler Anhang – National festgelegte Parameter – Eurocode 5: Bemessung und Konstruktion von Holzbauten – Teil 1-1: Allgemeines – Allgemeine Regeln und Regeln für den Hochbau

[6] DIN 1052-10:2012: Herstellung und Ausführung von Holzbauwerken – Teil 10: Ergänzende Bestimmungen

[7] ARGE BAU (2006): Hinweise für die Überprüfung der Standsicherheit von baulichen Anlagen durch den Eigentümer/Verfügungsberechtigten. Konferenz der

für Städtebau, Bau- und Wohnungswesen zuständigen Minister und Senatoren der Länder, Fassung September 2006

[8] Bauregelliste A, Bauregelliste B und Liste C, Ausgabe 2013/1, Mitteilungen des Deutschen Instituts für Bautechnik, 17.04.2013

[9] DIN EN 301 (2006): Klebstoffe für tragende Holzbauteile – Phenoplaste und Aminoplaste-Klassifizierung und Leistungsanforderungen

[10] DIN EN 302-1 (2013): Klebstoffe für tragende Holzbauteile – Prüfverfahren – Teil 1: Bestimmung der Längszugscherfestigkeit

[11] Raknes, E. (1971): Langtidsbestandigkhet ev lim for baerende trekonstruksjoner – Resultater etter 6 ars eksponering. Jg. 11, Bd. 25, S. 325 – 335, Norsk Skogindustie

[12] Raknes, E. (1997): Durability of structural wood adhesives after 30 years aging. Holz Roh-Werkstoff, 55. Jg., S. 83 – 90

[13] Egner, K., Kolb, H. (1966): Versuche über das Alterungsverhalten von Leimen für tragende Holzbauteile. Holz Roh-Werkstoff, 24. Jg., H. 10, S. 439 – 442

[14] Steinger, G. (1967): Die Alterungsbeständigkeit von Holzverleimungen. Sonderdruck aus: „Holz- und Tiefbau, Schweizerische Baumeister- und Zimmermeister-Zeitung, Nr. 28, 23. Juni 1967

[15] Clad, W. (1969): Die Beurteilung von Harnstoff-Harzleimen auf Grund ihrer Prüfung. Holz Roh-Werkstoff, 18. Jg., H. 10, S. 391 – 400

[16] Kolb, H., Frech, P. (1978): Alterungsbeständigkeit von Harnstoffharz-verleimtem Brettschichtholz. Bauen mit Holz, H. 3, S. 1 – 4

[17] Aicher, S. (2012): Langzeitbeständigkeit und Sicherheit Harnstoffharz-verklebter tragender Holzbauteile. Abschlussbericht zum DIBt-Forschungsvorhaben ZP 52-5-13.179-1246/07, Materialprüfungsanstalt Universität Stuttgart

[18] Aicher, S. (2012): Harnstoffharz-verklebte Dachtragwerke – ein latentes Sicherheitsrisiko? Tagungsband zum 2. Stuttgarter Holzbau-Symposium. Neueste Entwicklungen bei geklebten Holzbauteilen, S. 33 – 46, Materialprüfungsanstalt Universität Stuttgart

[19] ARGE BAU (2013): Hinweise zur Einschätzung von Art und Umfang zu untersuchender Harnstoffharz-verklebter Holzbauteile auf mögliche Schäden aus Feuchte- oder Temperatureinwirkungen durch den Eigentümer/Verfügungsberechtigten. Fachkommission Bautechnik der Bauministerkonferenz, Fassung Februar 2013

[20] DIN EN 1995-1-1:2010: Eurocode 5: Bemessung und Konstruktion von Holzbauten – Teil 1-1: Allgemeines – Allgemeine Regeln und Regeln für den Hochbau; Deutsche Fassung EN 1995-1-1:2004 + AC:2006 + A1:2008

[21] Pearson R. G. (1972): The effect of duration of load on the bending strength of wood. Holzforschung 26, Nr. 4, S. 153 - 158

[22] DIN 68141 (1969): Holzverbindungen – Prüfung von Leimen und Leimverbindungen für tragende Holzbauteile, Gütebedingungen

[23] Leitender Oberstaatsanwalt in Traunstein (2006): Presseerklärung der Staatsanwaltschaft Traunstein zum Einsturz der Eishalle in Bad Reichenhall, 20. Juli 2006, Traunstein

[24] VBI (2006): Presseerklärung zu den Ursachen des Einsturzes der Eissporthalle in Bad Reichenhall veröffentlicht in: Bauingenieure schlagen Maßnahmen zur Erhöhung der Sicherheit vor. Verband beratender Ingenieure, Vereinigung der Prüfingenieure für Baustatik in Bayern e. V. und Bayerische Ingenieurkammer-Bau, www.bayika.de,

[25] N. N (1964): Zulassungsbescheid Nr. IVB 5-9151/2-11 des Bayerischen Staatsministeriums des Innern über die Verlängerung der Geltungsdauer und die Änderungen der besonderen Bestimmungen der allgemeinen Zulassung vom 10.04.1964, betreffend den Zulassungsgegenstand „Kämpf-Träger“. Geltungsdauer bis: 31.07.1969, Zulassungsinhaber: G. Kämpf, Rupperswill, Schweiz

[26] DIN EN 392 (1996): Brettschichtholz - Scherprüfung der Leimfugen

[27] DIN EN 386 (2002): Brettschichtholz - Leistungsanforderungen und Mindestanforderungen an die Herstellung

[28] Allgemeine bauaufsichtliche Zulassung Z-9.1-750; Zulassungsgegenstand: WEVO-Spezialharz EP 20/VP1 mit WEVO-Härter B 20/1 zur Instandsetzung von tragenden Holzbauteilen. Antragsteller: WEVO-Chemie GmbH, Ostfildern-Kemnat. Geltungsdauer bis 31. Januar 2015

[29] Allgemeine bauaufsichtliche Zulassung Z-9.1-794; Zulassungsgegenstand: 2K-EP-Klebstoff WEVO-Spezialharz EP 32 S mit WEVO-Härter B 22 TS zur Instandsetzung von tragenden Holzbauteilen. Antragsteller: WEVO-Chemie, Ostfildern-Kemnat. Geltungsdauer bis 17. Januar 2017

**24. Hanseatische Sanierungstage**
**Messen Planen Ausführen**
**Heringsdorf 2013**

# VOC-freie, lösungsmittelbasierte Bekämpfungsmittel - eine neue Holzschutzmitteltechnologie für die Zukunft

**M. Pallaske**
Bad Berleburg

## Zusammenfassung

Mit der Umsetzung der Bauprodukte-Richtlinie (Richtlinie 89/106/EWG) in nationales Recht werden alle Bauprodukte, die in Innenräumen verwendet werden, hinsichtlich ihrer Emission von flüchtigen organischen Verbindungen (VOC) bewertet. Diese Bewertung erfolgt nach dem AgBB-Bewertungsschema und ist Bestandteil der gesundheitlichen Bewertung von Bauprodukten in den Zulassungsgrundsätzen des Deutschen Instituts für Bautechnik (DIBt).

Besonders betroffen sind Holzschutzmittel, die für die Bekämpfung von Insektenbefall in Innenräumen vorgesehen sind. Hier legt das DIBt auf der Grundlage des AgBB-Bewertungsschemas Wartezeiten fest, die nach der Bekämpfungsmaßnahme bis zu einer normalen Nutzung des Raumes einzuhalten sind.

Ernsthafte Probleme durch VOC-bedingte Wartezeiten treten in der Praxis bei der Verwendung konventionell formulierter Bekämpfungsmittel auf Mineralöl-Basis auf. Bis die Räumlichkeiten nach einer Bekämpfungsmaßnahme wieder normal genutzt werden dürfen, beträgt die von DIBt festgelegte Wartezeit zwischen 4 und 6 Wochen.

Um die technischen Vorteile lösungsmittelbasierter Bekämpfungsmittel nicht aufgeben zu müssen, wurde eine neue Schutzmitteltechnologie entwickelt, die Rapsölmethylester (RME, Hauptbestandteil von Biodiesel) als VOC-freies Lösungsmittel nutzt. Bekämpfungsmittel dieser Art sind – sofern technisch erforderlich – auch für die Bekämpfung von Insektenbefall in Innenräumen ohne Auflagen hinsichtlich einzuhaltender Wartezeiten zugelassen.

## 1 Einführung

Mit der Umsetzung der Bauprodukte-Richtlinie [1] in nationales Recht werden alle Bauprodukte, die in Innenräumen verwendet werden, hinsichtlich ihrer Emission von flüchtigen organischen Verbindungen (VOC) bewertet. Diese Bewertung erfolgt nach einem fest vorgegebenem Schema, das vom Ausschuss zur gesundheitlichen Bewertung von Bauprodukten (AgBB-Bewertungsschema [2]) erarbeitet und vom Deutschen Institut für Bautechnik (DIBt) in den Zulassungsgrundsätzen zur gesundheitlichen Bewertung von Bauprodukten umgesetzt [3] wurde.

Das Schutzziel formuliert der Ausschuss zur gesundheitlichen Bewertung von Bauprodukten (Fassung 2012) wie folgt:

*„Für die Verwendung von Bauprodukten gelten in Deutschland die Bestimmungen der Landesbauordnungen. Danach sind bauliche Anlagen so zu errichten und instand zu halten, dass „Leben, Gesundheit und die natürlichen Lebensgrundlagen nicht gefährdet werden“ (§ 3 Musterbauordnung, MBO, 2002* [4]*). Bauprodukte, mit denen Gebäude errichtet oder die in solche eingebaut werden, haben diese Anforderungen insbesondere in der Weise zu erfüllen, dass „durch chemische, physikalische oder biologische Einflüsse Gefahren oder unzumutbare Belästigungen nicht entstehen“ (§ 13 MBO).*

........

*Bei Einhaltung der im Schema vorgegebenen Prüfwerte werden die Mindestanforderungen der vorgenannten Bauordnungen zum Schutz der Gesundheit im Hinblick auf VOC-Emissionen erfüllt. Gleichwohl werden Initiativen der Hersteller, emissionsärmere Produkte herzustellen, unterstützt. Hersteller können deshalb bessere Leistungsparameter (VOC-Emissionen) ihrer Produkte z.B. mit Hilfe von Gütesiegeln deklarieren [ECA, 2005; ECA 2012].“*

Neben einer Vielzahl von Baustoffen fallen u.a. auch alle Lasuren, Lacke und Wandfarben, die bestimmungsgemäß für die Verwendung in Innenräumen vorgesehen sind, in den Geltungsbereich dieses AgBB-Bewertungsschemas. Auch Holzschutzmittel, die für die Bekämpfung von Insektenbefall in Innenräumen vorgesehen sind, unterliegen dieser Bewertung und das DIBt legt auf der Grundlage des AgBB-Bewertungsschemas Wartezeiten fest, die nach der Bekämpfungsmaßnahme bis zu einer normalen Nutzung des Raumes einzuhalten sind.

Entwicklungsziel war die Erarbeitung einer praxistauglichen Schutzmitteltechnologie, die sowohl den gesetzlich Rahmenbedingung entspricht, als auch die technischen Vorteile der seit Jahrzehnten bewährten, mineralölbasierten Bekämpfungsmittel aufweist.

## 2 Verdunstung von Lösungsmitteln aus Holz

Die Verdunstung von Lösungsmitteln wird in der Regel durch Verdunstungszahlen beschrieben, die die Evaporation des Lösungsmittels relativ zu einer anderen Substanz wiedergibt. Diese vergleichenden Messungen erfolgen unter Normklima und in offenen Glasgefäßen, berücksichtigen also keine Wechselwirkungen zwischen Substrat und Lösungsmittel.

Um die Abgabe von Lösungsmitteln aus behandeltem Holz abschätzen zu können, wurde zunächst eine vergleichende Untersuchung des Evaporationsverhalten der bekannten Lösungs- und Hilfslösungsmittel durchgeführt sowie einige potentielle Alternativen geprüft.

Es wurden kleine Prüfkörper aus Kiefernsplintholz (50 mm x 25 mm x 15 mm) gesägt, einzeln verwogen und für 24 h in der Prüfsubstanz getaucht gelagert. Anschließend wird die eingebrachte Menge Prüfsubstanz durch Rückwiegen bestimmt und die Hölzer auf einer Glasplatte frei aufgestellt. Es wurden jeweils drei Prüfkörper pro Lösungsmittel imprägniert, getrennt verwogen und das Ergebnis anschließend gemittelt. Um externe Einflüsse wie z.B. Schwankungen der Luftfeuchte zu eliminieren, wurden zur Korrektur der Messergebnisse die Gewichtsschwankungen unbehandelter Prüfkörper ermittelt.

### 2.1 Verdunstung von aliphatischen und isoparaffinischen Lösungsmitteln

Aliphatische und isoparaffinische Lösungsmittel werden seit mehreren Jahrzehnten als preiswerte, mineralölbasierte Trägersubstanzen für Bekämpfungsmittel erfolgreich eingesetzt. Der Nachteil dieser Trägersubstanzen ist, dass sie zum einen nicht in der Lage sind, die Wirkstoffe direkt zu lösen – die Wirkstoffe müssen über geeignete Hilfslösungsmittel in Lösung gebracht werden – und zum anderen, dass sie während der Verdunstung einen Teil des Wirkstoffes wieder in Richtung zur Holzoberfläche transportieren, was zu einer Anreicherung der Wirkstoffe im oberflächennahen Bereich und zu einer Verarmung im Holzinneren führt.

Aus dieser Lösungsmittelgruppe wurden geprüft:

- D60 (Testbenzin, stellvertretend als aliphatisches Hauptlösungsmittel herkömmlich formulierter Bekämpfungsmittel, z.B. Exxsol D60)
- Isopar J
- Isopar K
- Isopar L (meist Hauptbestandteil sehr geruchsarmer Bekämpfungsmittel)
- Isopar V (nicht-flüchtiges Lösungsmittel)

Das Verdunstungsverhalten dieser Lösungsmittel ist in Abbildung 1 zusammengefasst.

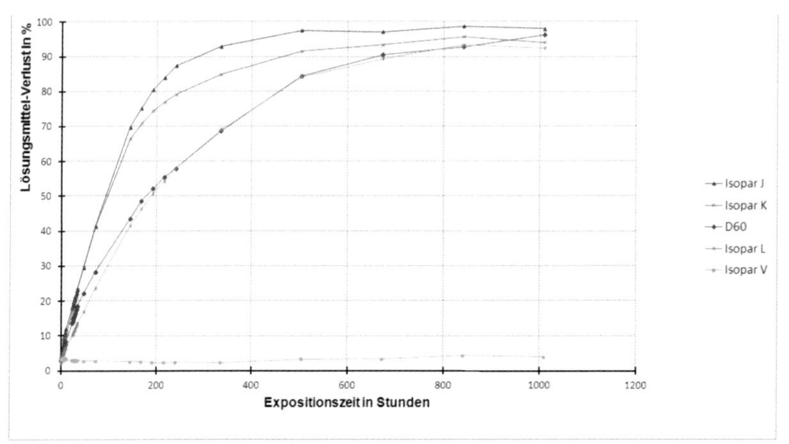


**Abb. 1 :** Verdunstung von aliphatischen und isoparaffinischen Lösungsmittel aus Kiefernsplintholz

## 2.2 Verdunstung von Hilfslösungsmitteln

Wie in 2.1 beschrieben, sind nahezu alle Wirkstoffe in den mineralölbasierten Lösungsmitteln nicht direkt löslich, sondern müssen in diesen über geeignete Hilfslösungsmittel in Lösung gebracht werden. Bei diesen Hilfslösungsmitteln handelt es sich meist um Glykole, die einerseits ein sehr gutes Lösungsvermögen für die meisten Biozide zeigen und andererseits sehr gut in den aliphatischen und isoparaffinischen Lösungsmitteln löslich sind. Nahezu alle dieser Hilfslösungsmittel sind ebenfalls flüchtige Substanzen und können einen deutlichen Beitrag zu Raumluftbelastungen leisten. Diese Substanzen sind teilweise auch als Lösungsvermittler in wasserbasierten Formulierungen und/oder für die Entwicklung von Emulsionen von Bedeutung.

Aus dieser Lösungsmittelgruppe wurden geprüft:

- Dipropylen Glycol Methyl Ether (Dowanol® DPM)
- Butyldiglykol
- Butylglykol
- Ethyldiglykol

Das Verdunstungsverhalten dieser Lösungsmittel ist in Abbildung 2 zusammengefasst.

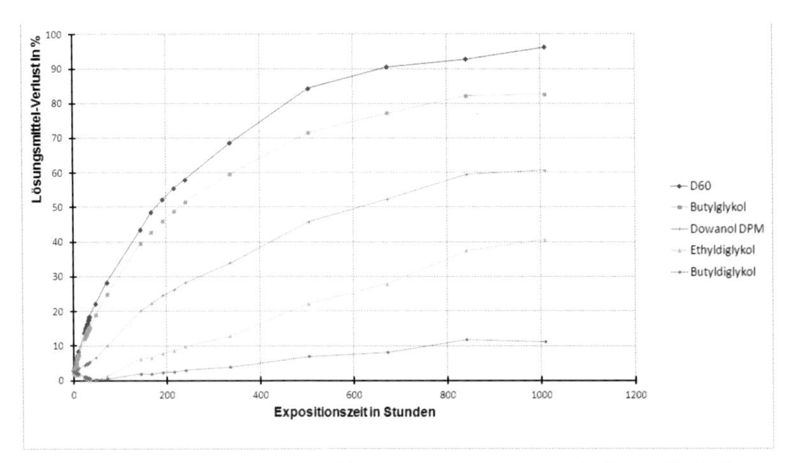


**Abb. 2 :** Verdunstung von Hilfs- Lösungsmittel aus Kiefernsplintholz

Die Ergebnisse zeigen, dass bei einigen Glykolen zu Beginn der Exposition kein verdunstungsbedingter Gewichtsverlust eintritt, sondern dass das Gewicht der Prüfkörper zunimmt. Sehr ausgeprägt ist dieser Effekt bei Butyldiglykol und Ethyldiglykol, etwas schwächer bei Dipropylen-Glykol Methyl Ether. Die anfänglichen Gewichtszunahmen sind bedingt durch die hygroskopischen Eigenschaften dieser Glykole; zunächst wird über mehrere Tage mehr Wasser aus der Umgebungsluft im Holz eingelagert als gewichtsmäßig durch die Verdunstung des Glykols verloren geht. Anschließend stellt sich ein Gleichgewicht ein und erst hiernach verdunsten Glykole in die umgebende Luft.

Butylglykol ähnelt im Verdunstungsverhalten dem Testbenzin (hier: D60) am meisten und trägt, im Vergleich zu den anderen Glykolen, am wenigsten zu einer zusätzlichen Verlängerung der Raumluftbelastung bei.

## 2.2 Verdunstung von Hilfslösungsmitteln

Außer der Fortführung der seit Jahrzehnten bewährten Lösungsmittel/Hilfslösungsmittel-Formulierungstechnik kommen auch andere, innovative Problemlösungen in Betracht. Zum einen könnte auf schnellflüchtige Glykole oder andere Lösungsmittelgruppen oder zum anderen auf weitestgehend nichtflüchtige Trägerchemikalien ausgewichen werden.

Aus dieser Lösungsmittelgruppe wurden geprüft:

| | |
|---|---|
| - Texanol | (nichtflüchtiges Hilfsmittel für wässrige Formulierungen) |
| - D5 | (Siloxan, D5: Decamethylcyclopentasiloxan) |
| - D5 / D6 | (Siloxangemisch, D6: Dodecamethylcyclohexasiloxan) |
| - RME | (Rapsölmethylester, Hauptbestandteil von Biodiesel) |

Das Verdunstungsverhalten dieser Lösungsmittel ist in Abbildung 3 zusammengefasst.

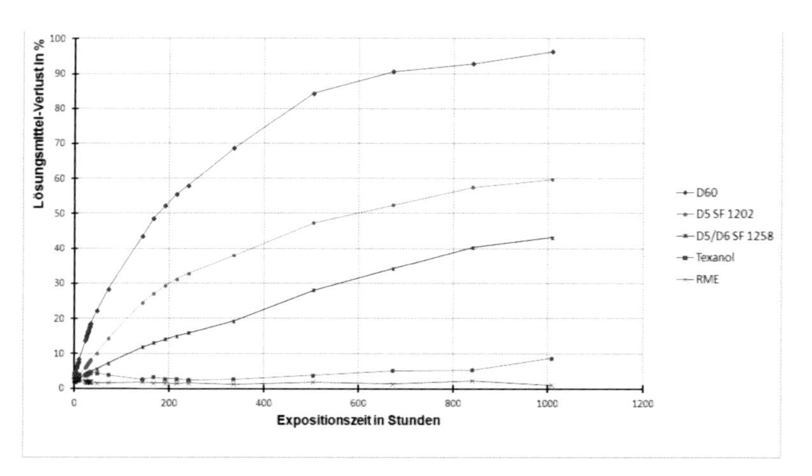


**Abb. 3:** Verdunstung von Hilfslösungsmittel aus Kiefernsplintholz

Die Ergebnisse zeigen, dass Texanol bei der Formulierung von wasserbasierten Bekämpfungsmitteln ein guter Kandidat zur Vermeidung von Raumluftbelastungen darstellt und dass RME – bedingt durch sein ausgezeichnetes Lösungsvermögen für Wirkstoffe – die beste Alternative für eine nicht-flüchtige Formulierung ohne Hilfslösungsmittel ist. Alternativ könnte auch auf Isopar V (s. Abb. 1) in Verbindung mit einem nichtflüchtigen Hilfslösungsmittel zurückgegriffen werden.

## 3 Entwicklung eines VOC-freien, lösungsmittelbasierten Bekämpfungsmittels

Aus den grundlegenden Versuchen zum Verhalten der unterschiedlichen Lösungsmittel eröffnete sich durch RME die Möglichkeit, eine Schutzmittelformulierung zu entwickeln, die einerseits die VOC-bedingten Nachteile konventioneller Bekämpfungsmittel vermeidet und andererseits fast alle ihrer technischen Vorteile erhält.

### 3.1 Entwicklung der Formulierung

Die Formulierung von bekämpfenden Schutzmitteln auf Basis RME gestaltete sich überraschend unproblematisch. Nahezu alle organischen Biozide sind in RME direkt löslich; dies stellte eine hervorragende Ausgangsposition zum Erreichen hoher Eindringtiefen und homogener Wirkstoffverteilungen dar.

### 3.2 Bestimmung der Eindringtiefe

Bei der Bewertung des Penetrationsverhaltens von bekämpfenden Holzschutzmitteln steht immer die Verteilung der Wirkstoffe im Vordergrund. Die Verteilung von Lösungsmitteln war in herkömmlichen Produkten bei konventioneller Formulierungstechnik in weiten Bereichen von meist untergeordneter Bedeutung, da die Wirkstoffe über Hilfslösungsmittel und/oder Emulgatoren in das eigentliche Hauptlösungsmittel formuliert wurden und die Eindringtiefe der Wirkstoffe im Wesentlichen bestimmten.

Die Verteilung der Lösungsmittel erhält eine hohe Bedeutung, wenn auf die o.g. Hilfsstoffe verzichtet werden kann, d.h. wenn die Wirkstoffe im Hauptlösungsmittel selbst gelöst sind. In diesen Fällen lassen sich über die Verteilung der Lösungsmittel bereits in der Entwicklungsphase erste Aussagen zur Qualität einer Formulierung ableiten, denn wo das Lösungsmittel nicht ist, kann i.d.R. auch kein Wirkstoff sein.
Um die Verteilung der Lösungsmittel sichtbar zu machen, wurden diese angefärbt. Hierbei ist wichtig, dass der Farbstoff vollständig der Lösungsmittelfront folgt und nicht an der Holzfaser abgelagert wird (Chromatographie-Effekt)

Eine Visualisierung von RME erfolgte mit Sudan-Rot. Dieser Fettfarbstoff ist sehr gut in RME löslich und folgt ohne Chromatographie-Effekte der Lösungsmittelfront.

Die Anfärbung der aliphatischen und isoparaffinischen Lösungsmittel erfolgte mit CERES®-Blau und stellt die Lösungsmittelfront ebenfalls ohne Chromatographie-Effekt dar [5].

Die Anfärbung von Wasser war ein bislang ungelöstes Problem, alle organischen Farbstoffe zeigten Chromatographie-Effekte. Es konnte aber mit Kobalt-Blau, einem Feuchteindikator, eine zuverlässig funktionierende Färbemethode gefunden werden, die ohne Chromatographie-Effekt der Wasserfront folgt. Die einzige Einschränkung bei dieser Methode ist, dass sich keine dynamischen Prozesse visualisieren lassen. Da Kobalt-Blau in wässriger Lösung gelblich/orange vorliegt, ist die Wasserfront im Holz kaum erkennbar. Erst nach dem Verdunsten des Wassers erfolgt der Farbumschlag nach Blau und es wird erst dann deutlich sichtbar, wie tief das Wasser eingedrungen ist.

### 3.2.1 Eindringtiefe von Lösungsmitteln bei Oberflächen-Applikation

Die gebräuchlichste Verarbeitungsform von Bekämpfungsmittel ist das Oberflächenverfahren, bei dem das Schutzmittel mit einer geeigneten Anwendungstechnik auf das Holz aufgetragen wird. Die Abbildungen 4 und 5 zeigen Zwischenergebnisse aus einer laufenden Untersuchung, bei der jeweils 350 Gramm Schutzmittel pro Quadratmeter im Streichverfahren appliziert wurden. Nach der Applikation wurde jedes Versuchsholz gespalten und die Eindringtiefe der Schutzmittelfront photographisch dokumentiert.

**Abb. 4 :** Verteilung einer mineralölbasierten Schutzmittelformulierung im Holz (Anfärbung mit CERES®-Blau)

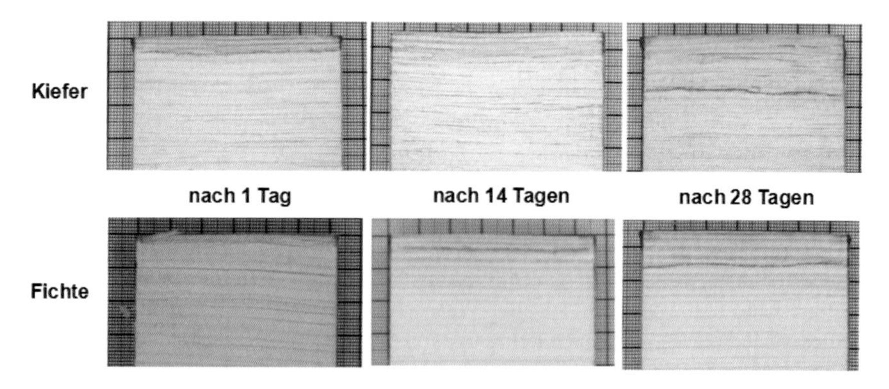


**Abb. 5 :** Verteilung einer RME-basierten Schutzmittelformulierung im Holz (Anfärbung mit Sudan-Rot)

### 3.2.2 Verteilung von Lösungsmitteln bei Bohrloch-Applikation

In Hölzern mit großen Querschnitten werden die holzzerstörenden Insektenlarven über die Oberflächenapplikation von Bekämpfungsmitteln nicht erreicht. In solchen Fällen, oder bei Vorliegen eines Befalls durch den gescheckten Nagekäfer, wird das Schutzmittel im Bohrlochverfahren appliziert. Hierbei werden Löcher (Durchmesser ca. 10 mm) in den Balken gebohrt und anschließend 2 bis 4 Mal mit Schutzmittel befüllt [6].

Diese Situation wurde im Labor an Balkenabschnitten mit einem Bohrloch nachgestellt, wobei die Bohrlöcher bis in den Kernbereich reichten und zwei Mal befüllt wurden. Von den Bohrlöchern ausgehend verteilt sich das Schutzmittel hauptsächlich in Richtung der Holzfaser und deutlich langsamer in seitlicher Richtung. Das Verteilungsmuster in Richtung der Holzfaser (in 25 cm Abstand vom Bohrloch) ist in Abbildung 6 dargestellt.

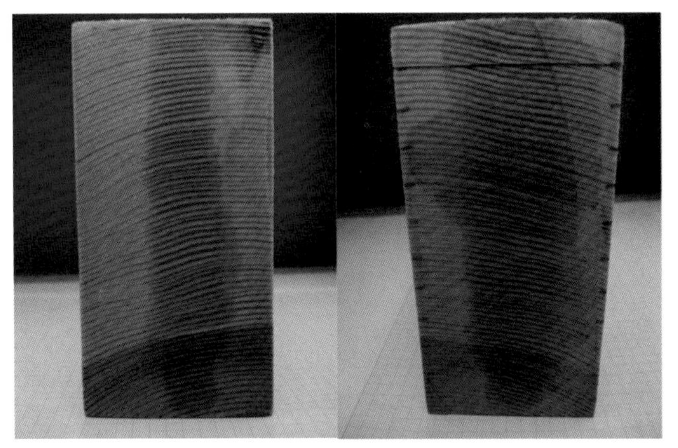

**Abb. 6 :** Verteilung einer RME-basierten (links) und einer mineralölbasierten (rechts) Schutzmittelformulierung in Kiefern-Kern- und -Splintholz

### 3.2.3 Bewertung der Schutzmittelverteilung

Nach der Schutzmittelapplikation im Oberflächenverfahren wird aus den Verteilungsmustern deutlich, dass die Verteilung des mineralölbasierten Systems aufgrund seiner sehr niedrigen Viskosität bereits nach einem Tag im wesentlich abgeschlossen ist (Abb. 4). Das RME-basierte System verteilt sich deutlich langsamer, bleibt aber über einen langen Zeitraum mobil und ist nach 28 Tagen tiefer ins das Holz eingedrungen als das konventionelle System. Insbesondere bei der Holzart Fichte, dem wichtigsten Bauholz im konstruktiven Bereich, zeigt sich eine deutlich bessere Penetration (siehe Abbildung 5).

Abbildung 6 zeigt das Verteilungsmuster eines RME-basierten (links) und eines mineralölölbasierten Systems (rechts) nach Bohrlochapplikation ca. eine Stunde nach dem Befüllen des Bohrloches. Die Schutzmittelfronten sind an den Hirnflächen der Prüfkörper gut erkennbar. Beide Systeme penetrieren problemlos das Kernholz; die Verteilung von RME erfolgt aufgrund der höheren Viskosität auch hier etwas langsamer als beim mineralölbasierten System.

### 3.3 Bestimmung der Wirksamkeit gegenüber Holz zerstörenden Insekten

Die Wirksamkeit einer RME-basierten Schutzmittelformulierung mit 0.15% Cypermethrin wurde gemäß

DIN EN 1390 [7]
DIN EN 48 [8]
DIN EN 272 [9]

gegenüber dem Hausbockkäfer (*Hylotrupes bajulus* L.), dem Gewöhnlichen Nagekäfer (*Anobium punctatum* DeGeer) und dem Splintholzkäfer (*Lyctus brunneus* Stephens) geprüft.

#### 3.3.1 Wirksamkeit gegenüber dem Hausbockkäfer (gemäß DIN EN 1390)

Die Wirksamkeitsprüfung gegenüber dem Hausbockkäfer wurde mit 100% Mortalität nach 12 Wochen Exposition problemlos bestanden (siehe Abb. 7).

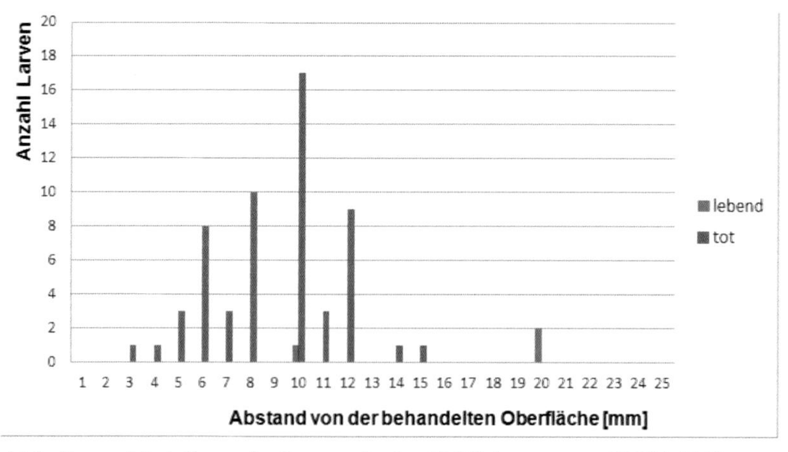


**Abb. 7 :** Verteilung der Larven in den Prüfkörpern gemäß EN 1390

### 3.3.2 Wirksamkeit gegenüber dem Gewöhnlichen Nagekäfer (gemäß DIN EN 48)

Die Wirksamkeitsprüfung gegenüber dem Gewöhnlichen Nagekäfer wurde nach 16 Wochen Exposition mit 90% Mortalität (Kiefer, siehe Abb. 8) und mit 96% Mortalität (Buche, siehe Abb. 9) bestanden.

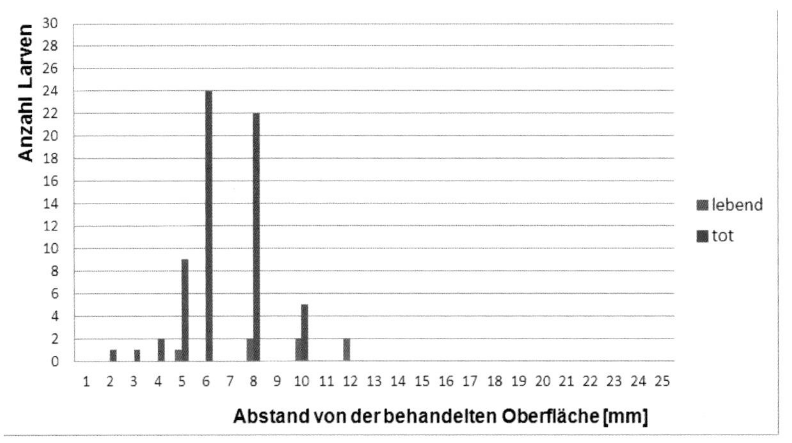


**Abb. 8 :** Verteilung der Larven in den Prüfkörpern gemäß EN 48 (Kiefer)

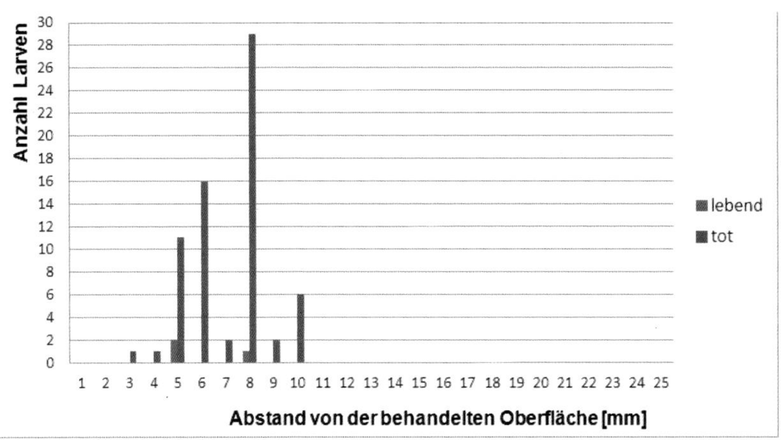


**Abb. 9 :** Verteilung der Larven in den Prüfkörpern gemäß EN 48 (Buche)

### 3.3.3 Wirksamkeit gegenüber dem Splintholzkäfer (gemäß DIN EN 272)

Die Wirksamkeitsprüfung gegenüber dem Splintholzkäfer wurde mit 100% Mortalität nach 12 Wochen Exposition bestanden.

### 3.3.4 Bewertung der biologischen Wirksamkeit

Bei der Wirksamkeitsprüfung von Bekämpfungsmitteln wird, neben der Mortalität, auch die Verteilung der Larven in den Prüfkörpern ermittelt. Während allein die Mortalität über das Bestehen der Prüfung (gefordert sind mindestens 80%) entscheidet, gibt die Verteilung der Larven im Holz (siehe Abb. 7, 8 und 9) wertvolle Zusatzinformationen über das Verhalten des Mittels in der Praxis. Schlecht formulierte oder verzögert wirksame Bekämpfungsmittel lassen den Versuchstieren Zeit für eine Fluchtreaktion, die weg von der behandelten Oberfläche führt. Indikator für eine derartige Fluchtreaktion ist eine Häufung der Larvenzahl im Bereich von 20 bis 25 mm bei der Prüfung gemäß DIN EN 1390 bzw. im Bereich von 12 bis 15 mm bei der Prüfung gemäß DIN EN 48.

Bei der Prüfung der Wirksamkeit gegenüber dem Hausbockkäfer gemäß DIN EN 1390 werden die Oberseite und die beiden Seitenbereiche der 25 mm dicken Versuchshölzer behandelt. Aus Abb. 7 ist zu sehen, dass den Versuchstieren keine Zeit für eine erkennbare Fluchtreaktion in Richtung der unbehandelten Prüfkörper-Unterseite bleibt; die Abtötung erfolgt sehr schnell.

Bei der Prüfung der Wirksamkeit gegenüber dem Gemeinen Nagekäfer gemäß DIN EN 48 werden Ober- und Unterseite der 30 mm dicken Versuchshölzer behandelt. Aus Abb. 8 und 9 ist zu sehen, dass auch hier den Versuchstieren keine Zeit für eine erkennbare Fluchtreaktion in Richtung der Mitte des Prüfkörpers bleibt.

Zusammenfassend ist festzustellen, dass gegenüber allen holzzerstörenden Insektenlarven zum einen die geforderte Mortalität erreicht wurde und dass zum anderen ein sicherer Abtötungserfolg zu erwarten ist.

## 3.4 Anwendungstechnische Optimierung

### 3.4.1 Optimierung des Brandverhaltens behandelter Hölzer

Bei der Verwendung von RME als Hauptlösungsmittel werden bei Aufbringmengen zwischen 300 und 350 g/m² zum Teil erhebliche Mengen an zusätzlichem brennbaren Material in das Holz eingebracht. Da RME nicht verdunstet, verbleibt es als brennbares Material auf Dauer im Holz und stellt im Brandfall eine zusätzliche Brandlast dar.

Um hier ein vorhersehbares Gefährdungspotential von vorherein zu eliminieren, wurde gezielt nach nichtflüchtigen und halogenfreien Flammschutz-Additiven gesucht. Diese wurden dann in verschiedenen Konzentrationen der RME-Formulierung beigegeben und im Labormaßstab geprüft. Die Versuchsanordnung war wie folgt:

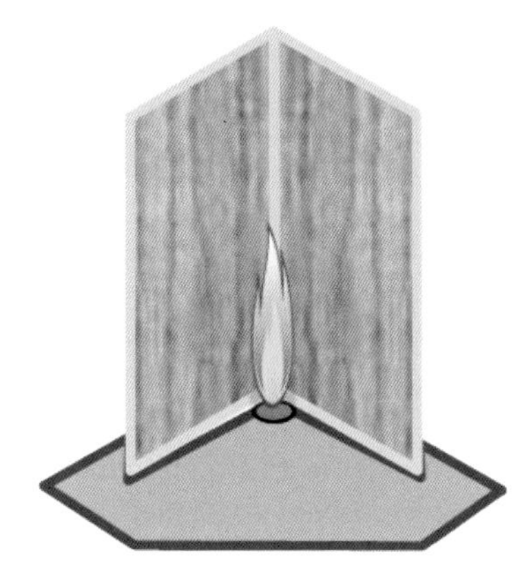

**Abb.10:** Brandversuche Aufbau

Jeweils zwei kleine Brettchen wurden mit der Testformulierung behandelt und über Eck direkt an eine Spiritus-Flamme gestellt. Die Versuchsdauer betrug jeweils 30 Minuten und führte zu folgenden Ergebnissen:

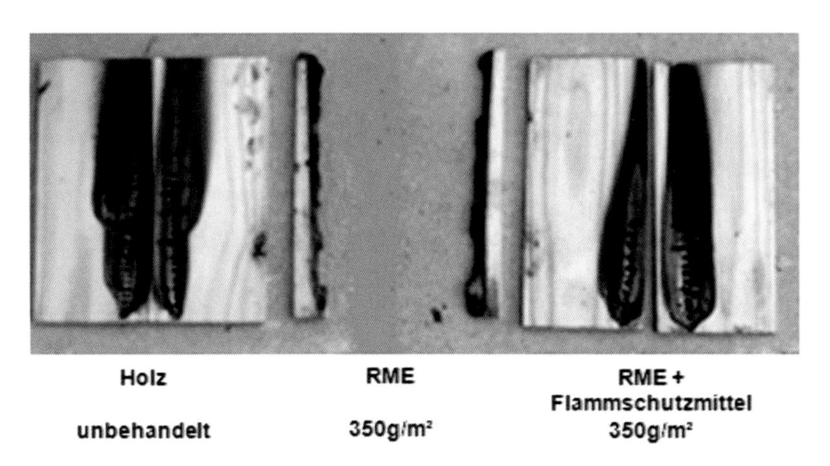


**Abb. 11:** Brandversuch Ergebnis

Diese Vorab-Befunde wurden bei einem akkreditierten Prüfinstitut in Brandversuchen gemäß DIN EN 13823 (SBI) verifiziert und es wurde gezeigt, dass das Brandverhalten von behandeltem Holz bei einer adäquaten Zugabe von Flammschutz-Additiv dem Brandverhalten von unbehandeltem Holz entspricht.

## 4 Resümee

Die Entwicklung einer VOC-freien, lösungsmittelbasierten Schutzmitteltechnologie erfolgte ausgehend von der Forderung des Gesetzgebers, dass *„durch chemische, physikalische oder biologische Einflüsse Gefahren oder unzumutbare Belästigungen nicht entstehen“* (§ 13 MBO) und unter Einbeziehung der Anforderungen, die im Rahmen einer Produktzulassung nach der Europäischen Biozid-Gesetzgebung [9, 10] an Schutzmittel zur Bekämpfung von holzzerstörenden Organismen gestellt werden.

Neben der Berücksichtigung der gesundheitlichen und umweltbezogenen Aspekte wurden einerseits die VOC-bedingten Nachteile konventionell formulierter Bekämpfungsmittel vermieden und es gelang andererseits fast alle technischen Vorteile dieser seit Jahrzehnten bewährten Schutzmittelklasse zu erhalten.

Diese neue Schutzmitteltechnologie wurde im Rahmen eines vom Bundesministerium für Bildung und Forschung geförderten Forschungsvorhabens erarbeitet und basiert im Wesentlichen auf RME (Rapsölmethylester, Hauptbestandteil von Biodiesel) als VOC-freiem Lösungsmittel. Das erste Bekämpfungsmittel, das diese neue, patentierte Technologie nutzt, ist das Koratect® Ib der Firma Kurt Obermeier GmbH & Co. KG mit der bauaufsichtlichen Zulassungsnummer Z-58.2-1677. Es ist – sofern technisch erforderlich – auch für die Bekämpfung von Insektenbefall in Innenräumen ohne Auflagen hinsichtlich Wartezeiten zugelassen [11].

Wir danken der AiF/ZIM für die Förderung dieser Untersuchungen.

## Literaturverzeichnis

[1] Richtlinie 89/106/EWG des Rates der Europäischen Gemeinschaften (21.12.1988). *ab 01.07.2013 : Verordnung (EU) 305/2011; "Bauproduktverordnung" BauPVo*

[2] Vorgehensweise bei der gesundheitlichen Bewertung der Emissionen von flüchtigen organischen Verbindungen (VOC und SVOC) aus Bauprodukten. AgBB-Bewertungsschema (Juni 2012)

[3] Zulassungsgrundsätze zur gesundheitlichen Bewertung von Bauprodukten (DIBt, 2004, aktuelle Fassung 2010)

[4] Musterbauordnung (MBO, 2002)

[5] Esser, P.M.; Suitela, W.L.D.; Pendlebury, A.J. (1994) : Penetration of Surface Applied Deltamethrin Micro-Emulsion Formulations in Four European Timber Species. International Research Group on Wood Preservation, 25th Annual Meeting, IRG/WP 94-20030

[6] DGfH-Merkblatt (2003) : Sonderverfahren zur Behandlung von Gefahrstellen

[7] DIN EN 1390 (2006) : Holzschutzmittel - Bestimmung der bekämpfenden Wirkung gegenüber Larven von *Hylotrupes bajulus* (Linné).

[8] DIN EN 48 (2005) : Holzschutzmittel; Bestimmung der bekämpfenden Wirkung gegenüber Larven von *Anobium punctatum* (De Geer) (Laboratoriumsverfahren)

[9] DIN EN 273 (1992) : Bestimmung der bekämpfenden Wirkung gegenüber *Lyctus brunneus* (Stephens)

[9] Richtlinie 98/8/EG des Europäischen Parlaments und des Rates (16.02.1998)

[10] Verordnung (EU) Nr. 528/2012 des Europäischen Parlaments und des Rates (22.05.2012)

[11] Allgemeine bauaufsichtliche Zulassung Z-58.2-1677 (2012) : Koratect Ib

**24. Hanseatische Sanierungstage**
**Messen Planen Ausführen**
**Heringsdorf 2013**

# In-situ-Messgerät für die zerstörungsfreie Messung der kapillaren Wasseraufnahme von Fassaden

**M. Stelzmann**
Leipzig

## Zusammenfassung

Wird eine historische Fassade von innen gedämmt, erhöht sich die Gefahr einer Auffeuchtung der Wand infolge Schlagregen. Die Folge können Feuchteschäden wie Frostabplatzungen, Schimmelpilze oder der Befall von holzzerstörenden Insekten und Pilzen sein. Umso wichtiger ist hier eine genaue Untersuchung der Schlagregensicherheit bereits bei der Sanierungsplanung. Die Wasseraufnahme von Fassaden gilt als ein wichtiges Kriterium zur Beschreibung des Schlagregenschutzes. In diesem Aufsatz wird ein Messgerät vorgestellt, dass die kapillare Wasseraufnahme einer Fassade zerstörungsfrei messen kann. Durch eine tatsächlich benetzte Messfläche von 51 x 40 cm wird mit dem Messgerät ein repräsentativer Fassadenbereich erfasst. Durch das gravimetrische Prinzip erreicht das Gerät eine reproduzierbare Genauigkeit von bis zu 0,05 $kg/(m^2\sqrt{h})$. Anhand von Ergebnissen aus Laborversuchen wird die prinzipielle Funktionsweise des Gerätes belegt. In anschließenden Feldversuchen wurde auch die Praxistauglichkeit des Gerätes nachgewiesen. Die Ergebnisse der Feldversuche zeigen gleichzeitig die qualitativen Unterschiede der kapillaren Wasseraufnahme historischer Fassaden.

M. Stelzmann, In-situ-Messgerät für die zerstörungsfreie Messung der kapillaren Wasseraufnahme von Fassaden

# 1 Einführung

Bei Sanierungen von Gebäuden mit historischen Fassaden wurden in den vergangenen Jahren immer häufiger Innendämmungen eingesetzt. Gegenüber einer außenseitigen Wärmedämmung hat die Innendämmung den großen Vorteil, dass die ursprüngliche Fassadenansicht erhalten bleibt. Die Nachteile einer Innendämmung sind größtenteils bauphysikalischer Natur. Neben Wärmebrücken und der Tauwasserproblematik stellt die Schlagregensicherheit der bestehenden Außenwandkonstruktion häufig ein Problem dar. Wird innen eine Dämmung aufgebracht, verändert sich das Trocknungsverhalten der Außenwand. Ein zusätzlicher Schichtenaufbau verringert die Trocknung in den Innenraum. Ein geringeres Temperaturniveau des ursprünglichen Wandquerschnittes in den Wintermonaten, reduziert das Trocknungspotenzial nach außen zusätzlich. Dringt nun mehr Regenwasser kapillar in eine innen gedämmte Außenwand ein, als wieder austrocknet, kommt es zu einer unkontrollierten Auffeuchtung der Konstruktion. Feuchteschäden wie Frostabplatzungen, Schimmelpilze oder der Befall von holzzerstörenden Insekten und Pilzen können die Folge sein. Um Schäden zu verhindern, ist eine sorgfältige Planung der Innendämmmaßnahme nötig. Der hygrothermische Nachweis von innen gedämmten Außenwänden kann über das vereinfachte Verfahren nach WTA-Merkblatt 6-4 „Innendämmung nach WTA I – Planungsleitfaden“ [1] oder durch eine hygrothermische Simulationsrechnung nach DIN EN 15026 [2] geführt werden. In beiden Fälle ist ein ausreichender konstruktiver Schlagregenschutz eine wichtige Voraussetzung. Der Wasseraufnahmekoeffizient ($W_w$-Wert) gilt dabei als ein entscheidendes Kriterium für dessen Beschreibung. In der DIN 4108-3 [3] wird für einen wasserabweisenden Regenschutz ein $W_w$-Wert $\leq 0{,}5$ kg/(m²√h) gefordert. Bei hygrothermischen Simulationsberechnungen fließt der $W_w$-Wert direkt in den Rechenalgorithmus ein. Die ausreichend genaue Bestimmung des $W_w$-Wertes von bestehenden Fassaden ist derzeit jedoch nur mit einer zerstörenden Entnahme von Material und einer anschließenden Untersuchung im Labor möglich. Dies ist besonders für die Untersuchung von denkmalgeschützten Fassaden unbefriedigend. In dem folgenden Aufsatz wird ein Verfahren vorgestellt, dass die kapillare Wasseraufnahme einer Fassade zerstörungsfrei messen kann.

# 2 Bekannte Prüfverfahren

Für die Ermittlung der kapillaren Wasseraufnahme von Fassaden existieren bereits eine Reihe von Verfahren und Geräten. Die drei wichtigsten werden folgend kurz angeführt.

Die DIN EN ISO 15148 [4] beschreibt einen Normversuch zur Bestimmung des Wasseraufnahmekoeffizienten und stellt die Grundlage aller weiteren Betrachtungen dar. Bei dem Laborversuch wird eine trockene Probe wenige Millimeter in ein Wasserbad getaucht. In definierten Zeitabständen wird der Probekörper aus dem Wasserbad genommen und gewogen. Die Gewichtszunahme des Probekörpers entspricht der

aufgenommenen Wassermenge. Bezogen auf die eingetauchte Probekörpergrundfläche und die Wurzel der Versuchsdauer wird daraus der Wasseraufnahmekoeffizient der Baustoffprobe in $kg/(m^2\sqrt{h})$ bzw. $kg/(m^2\sqrt{s})$ errechnet. Für die Anwendung dieses Verfahrens an einer Bestandsfassade ist eine zerstörende Entnahme von Baustoffproben nötig. Um eine repräsentative Aussage über eine ganze Fassade treffen zu können, sollten entsprechend mehrere Stellen untersucht werden. Neben hohen Kosten für Entnahme, Untersuchung und anschließendem Verschließen der Probestellen stoßen solche zerstörenden Verfahren bei Bauherren und Denkmalpflegern oft auf Widerspruch.
Mit dem Prüfröhrchen nach Karsten oder der WD-Prüfplatte nach Franke [5] besteht die Möglichkeit, die kapillare Wasseraufnahme einer Fassade auch zerstörungsfrei zu bestimmen. Dabei wird das jeweilige Prüfgerät mithilfe eines Dichtungskittes direkt an der Fassade befestigt. Über ein Röhrchen werden die beiden Geräte mit Wasser befüllt. Durch Beobachten des Wasserstandes im Röhrchen wird auf die kapillare Wasseraufnahme der Fassade geschlossen. Nach einer Messung lassen sich die Geräte wieder rückstandslos entfernen. Die beiden Prüfgeräte eignen sich gut für eine Abschätzung der vorhandenen kapillaren Wasseraufnahme von Fassaden. Für den Nachweis bspw. eines wasserabweisenden Regenschutzes nach DIN 4108-3 mit einem Wasseraufnahmekoeffizienten von $\leq 0{,}5\ kg/(m^2\sqrt{h})$ sind das Prüfröhrchen nach Karsten und die WD-Prüfplatte nach Franke jedoch nur bedingt geeignet. Durch eine geringe Grundfläche von $3cm^2$ beim Prüfröhrchen nach Karsten und $200cm^2$ bei der WD-Prüfplatte nach Franke sowie eine kurze Messdauer von 15 Minuten ist speziell bei wasserabweisenden Fassadenoberflächen lediglich eine grobe Einschätzung der kapillare Wasseraufnahme möglich.

**Bild 1:** Prüfröhrchen nach Karsten

## 3 Das Wasseraufnahmemessgerät

Vor dem Hintergrund eines zerstörenden und aufwendigen Normversuches sowie eine eher qualitative Einschätzung durch vorhandene in-situ-Geräte, wurde ein neues Messgerät entwickelt. Ziel der Entwicklungsarbeit war ein Gerät, das die kapillare

Wasseraufnahme einer Fassade mit einer repräsentativen Fläche und einer hohen Genauigkeit messen kann.

## 3.1 Aufbau und Messablauf

Das Prinzip des Wasseraufnahmemessgerätes beruht auf einem geschlossenen Wasserfilm, der einen definierten Fassadenbereich permanent mit Wasser benetzt. Dabei wird ein Teil des Wassers von der Fassade aufgenommen, der Rest fließt zurück in den Wasserkreislauf. Gemessen wird der Wasserverlust des Kreislaufsystems. Das theoretische Prinzip wurde mit dem Wasseraufnahmemessgerät umgesetzt. Der entwickelte Prototyp besteht aus drei Komponenten: einem Wasserbehälter, einer Waage und einer Messkammer. An der Messkammer sind ein Leitungssystem und eine Pumpe befestigt. Für eine Messung wird die Messkammer an die zu untersuchende Fassade angedichtet. Dafür wird eine spezielle Dichtungsmasse verwendet, die sich nach einer Messung wieder rückstandslos entfernen lässt. Das Wasseraufnahmegerät benötigt eine stabile Aufstandsfläche. Die Abdichtung sorgt dann für den nötigen Halt an der Wandfläche. Damit ist es nicht notwendig, Löcher für die Befestigung des Messgerätes zu bohren. Als Aufstandsfläche kann eine Rüstung, ein Gesims oder eine Fensterbank etc. genutzt werden. Das entwickelte Verfahren ist somit komplett zerstörungsfrei. Wasserbehälter und Waage stehen frei in einer speziellen Öffnung im unteren Bereich der Messkammer.

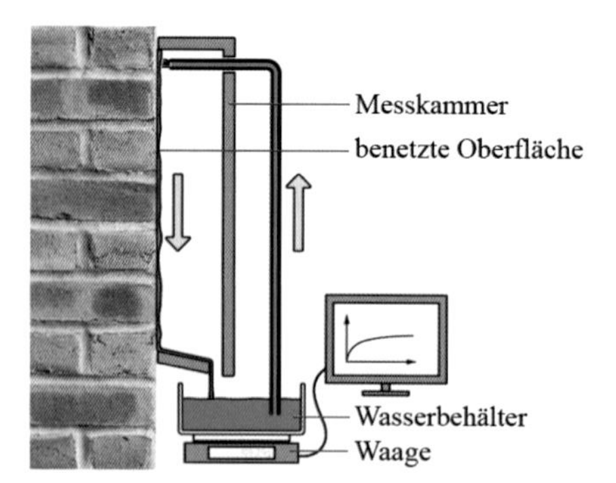


**Bild 2:** Prinzip des Wasseraufnahmemessgerätes

Die durch das Wasseraufnahmemessgerät erfasste Prüffläche hat eine Breite von 51 cm und eine Höhe von 40 cm (≈ 2000 cm²). Zum Start der Messung wird Wasser aus dem Wasserbehälter angesaugt und innerhalb der Messkammer kontinuierlich gegen die Prüffläche gespritzt. Das Wasser läuft an der Prüffläche herunter, bis es schließlich über eine Öffnung in dem Messkammerboden zurück in den Wasserbehälter fließt. Aufgrund eines sehr gleichmäßigen Wasserstroms stellt sich bei dem Gewicht des Wasserbehälters bereits nach wenigen Sekunden ein Gleichgewicht ein.

Der kontinuierliche Gewichtsverlust des Wasserbehälters entspricht somit der Wasseraufnahme der Prüffläche. Zum Ende der Messung wird der Kreislauf wieder leer gepumpt. Die Messdauer beträgt üblicherweise 60 Minuten, ist jedoch nicht von dem eigentlichen Messprinzip abhängig. Bei stark saugenden Oberflächen können auch bereits 20-minütige Messungen zu einem aussagekräftigen Ergebnis führen. In einer späteren Auswertung werden schließlich die Behältermassen vor und nach der Messung, sowie die kontinuierlichen Gewichtsdifferenzen des Wasserbehälters zu einer Funktion der kapillaren Wasseraufnahme verrechnet. Dabei werden zusätzlich Systemwasserverluste wie die Benetzung innerhalb der Messkammer sowie eine Verdunstungsrate berücksichtigt. Diese Kalibrierungswerte für Systemverluste wurden in zahlreichen Labor- und Freiversuchen bestimmt. Aus der Funktion der kapillaren Wasseraufnahme wird schließlich der Wasseraufnahmekoeffizient analog zum Normversuch nach DIN EN ISO 15148 bestimmt. In unterschiedlichen Laborversuchen hat das Messgerät eine reproduzierbare Genauigkeit von bis zu 0,05 kg/(m²√h) erreicht.

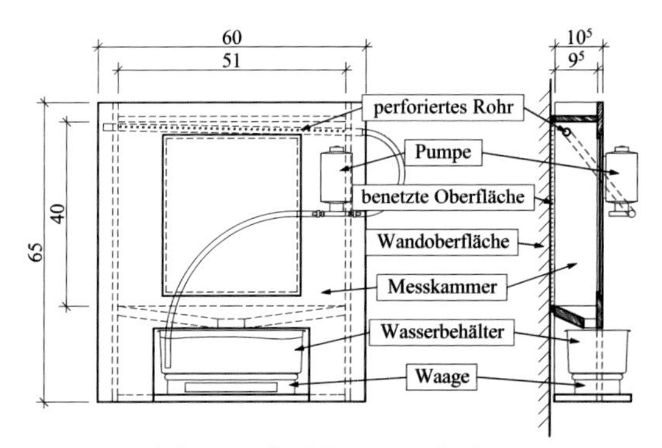


**Bild 3:** Zeichnung des Wasseraufnahmemessgerät-Prototyp

## 3.2 Vergleich Gerät und Normversuch

Um die Funktionsweise des Wasseraufnahmemessgerätes zu belegen, wurden vergleichende Untersuchungen an unterschiedlichen Baustoffen durchgeführt. Dabei wurde die kapillare Wasseraufnahme an zwei großformatigen Probekörpern gemessen: Porenbeton (0,625 m * 0,625 m * 0,175 m; $\rho = 0,55$ kg/dm³) und Beton (C30/37; 0,55 m * 0,46 m * 0,04 m; $\rho = 2,1$ kg/dm³). In einer ersten Versuchsreihe wurde die Wasseraufnahme der beiden Probekörper in Anlehnung an die Norm DIN EN ISO 15148 [4] gemessen. Im Anschluss daran wurden die Probekörper getrocknet und mit dem entwickelten Wasseraufnahmemessgerät gemessen. In Bild 4 und 5 sind die gemessenen kapillaren Wasseraufnahmen in je einem Diagramm über die Wurzel der Zeit aufgetragen. Bei der Betonplatte konnte eine gute Übereinstimmung der beiden Verfahren festgestellt werden. Im Gegensatz dazu wurden bei den

Funktionen der Wasseraufnahme des Porenbetonprobekörpers geringe Differenzen festgestellt. Die durch das Wasseraufnahmemessgerät gemessene Kurve verlief zwar parallel, aber etwas niedriger als beim Versuch nach DIN EN ISO 15148. Dennoch belegen die dargestellten Ergebnisse die gute Übereinstimmung zwischen klassischem Laborversuch und dem Prototypen des Wasseraufnahmemessgerätes.

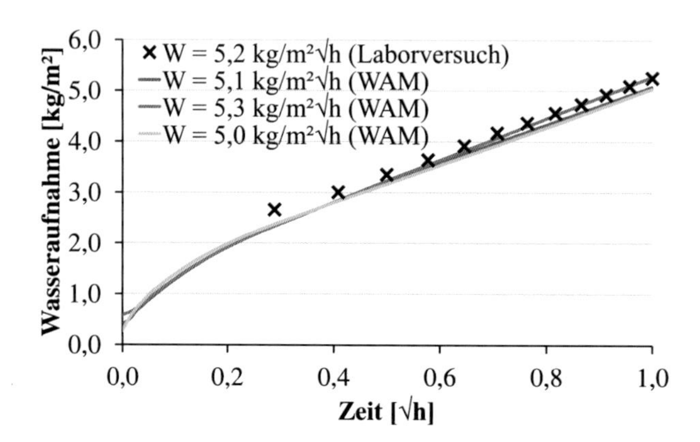


**Bild 4:** Gemessene Wasseraufnahme an Porenbeton über eine Stunde nach DIN EN ISO 15148 (Laborversuch) und mit dem Wasseraufnahmemessgerät (WAM)

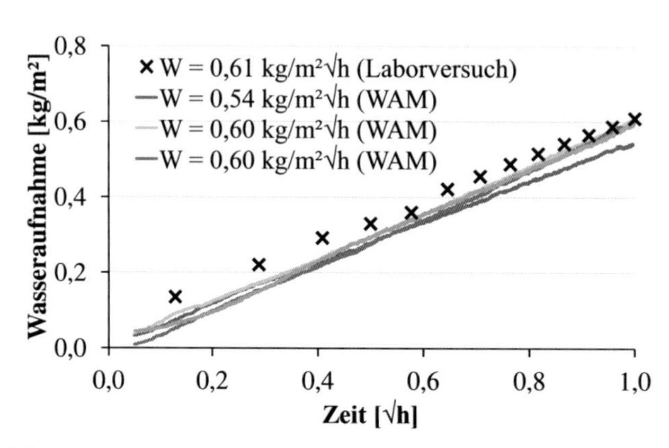


**Bild 5:** Gemessene Wasseraufnahme an Beton über eine Stunde nach DIN EN ISO 15148 (Laborversuch) und mit dem Wasseraufnahmemessgerät (WAM)

### 3.3 Feldversuche

Im nächsten Schritt wurde die kapillare Wasseraufnahme von zwei unterschiedlichen Objekten mit denkmalgeschützter Sichtmauerwerkfassade vor Ort untersucht. Dafür wurden Messungen mit dem Wasseraufnahmemessgerät an unterschiedlichen Stellen der jeweiligen Fassaden durchgeführt. Eine Entnahme von Materialproben war in beiden Fällen nicht möglich. Entsprechend konnte keine Überprüfung der gemessenen Werte durchgeführt werden. Ziel der Untersuchungen war es, den Messablauf des Wasseraufnahmemessgerätes in Feldversuchen zu erproben, um dadurch das Gerät auch im Hinblick auf dessen Praxistauglichkeit zu untersuchen und ggf. zu optimieren. Um für die Versuche den Einfluss einer zu hohen Ausgangsfeuchtigkeit ausschließen zu können, wurde im Vorfeld der Untersuchungen die Wandfeuchtigkeit mithilfe eines zerstörungsfreien mikrowellenbasierten Feuchtemessgerätes bestimmt. Die Mauerwerksfeuchte der untersuchten Messstellen lag stets in einem Bereich der Ausgleichsfeuchte von < 1,0 M-%.

**Bild 6:** Objekt 1 mit Sichtmauerwerkfassade (li.) und das Wasseraufnahmemessgerät im Einsatz (re.)

Bei Objekt 1 handelt es sich um ein bewohntes vierstöckiges Wohngebäude. Das frei stehende Gebäude wurde in der Nachkriegszeit errichtet und ist Teil einer Wohnanlage. Die einschalige Außenwandkonstruktion ist außenseitig als Sichtmauerwerk ausgeführt. Die Fassade macht optisch einen altersentsprechenden Eindruck, wobei keine größeren Schäden sichtbar waren. Die Verfugung der Sichtmauerwerkfassade war zum Teil ausgebessert. Mit dem Wasseraufnahmemessgerät wurden insgesamt 6 Messungen zur kapillaren Wasseraufnahme der Fassade an allen 4 Fassadenausrichtungen des Gebäudes durchgeführt. Aufgrund einer hohen Wasseraufnahme wurden die Versuche bereits nach 20 Minuten (20 Minuten entsprechen $\approx 0{,}6\ \sqrt{h}$) beendet. Die Ergebnisse der Untersuchungen sind in Bild 7 dargestellt. Keine der Messungen wies einen linear-quadratwurzelförmigen Verlauf auf. Dies wird auf ein unterschiedliches Saugverhalten von Steinen und Fugen sowie eine daraus resultierende Verteilung innerhalb der Konstruktion zurückgeführt. Bei der Auswertung der gemessenen Kurven wurden Wasseraufnahmekoeffizienten von 5 bis 12 $kg/(m^2\sqrt{h})$ ermittelt. Nach DIN 4108-3 sind Kriterien für den Regenschutz von Putzen und Beschichtungen beschrieben. Für einen wasserhemmenden Regenschutz wird dabei ein Wasseraufnahmekoeffizient von 0,5 bis 2,0 kg/(m²√h) und für einen wasserabweisenden Regenschutz von ≤ 0,5 kg/(m²√h) gefordert. Auch unter Berücksichtigung von möglichen Fehlereinflüssen des Wasseraufnahmemessgerät-Prototyps kann mit großer Sicherheit gesagt werden, dass die Wasseraufnahme der vorliegenden Fassade deutlich über den in der Norm vorgegebenen Werten liegt. Hinzu kommt, dass in einigen Bereichen der Fassade Wanddicken von lediglich 26 cm gemessen wurden. In den Wintermonaten wird das Gebäude von den Bewohnern regelrecht „trockengeheizt“. Würde in diesem Gebäude ohne eine grundlegende Fassadensanierung eine Innendämmung eingebaut, würde es mit hoher Wahrscheinlichkeit zu einer unkontrollierten Auffeuchtung der Außenwand und entsprechenden Folgeschäden kommen.

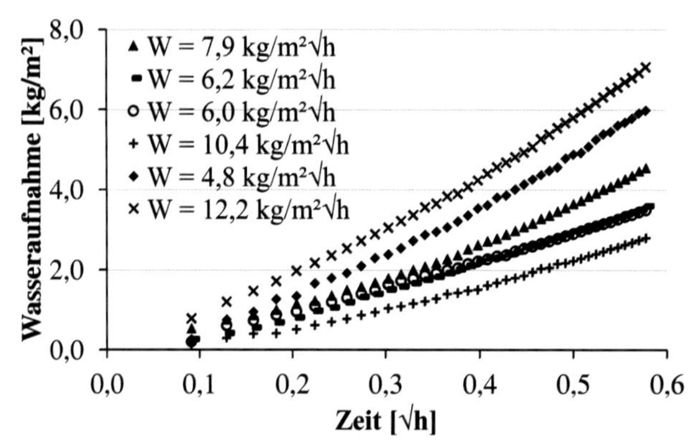


**Bild 7:** Ergebnisse zur kapillaren Wasseraufnahme des Objektes 1, aufgetragen über die Wurzel der Zeit

Beim zweiten Objekt wurde ein Gründerzeit-Wohnhaus in Leipzig untersucht.
Das Gebäude besitzt eine denkmalgeschützte Sichtmauerwerkfassade. Gemäß Bauakte lag das Baujahr um 1902. Zum Zeitpunkt der Messungen war das vierstöckige Gebäude unbewohnt. Für das Objekt ist eine Komplettsanierung geplant.
Die Sichtfassade des Reihenhauses ist nach Südosten ausgerichtet. Die unsanierte Fassade befand sich in einem optisch guten Zustand.
Eine geringe Fugenbreite von etwa 5 mm weist auf eine qualitativ hochwertige Ausführung der Sichtmauerwerkskonstruktion hin. Mit dem Wasseraufnahmemessgerät wurden insgesamt zwei Messungen an der Fassade durchgeführt.
In Bild 9 sind die beiden gemessenen Funktionen der Wasseraufnahme über die Wurzel der Zeit dargestellt. Auch hier weist ein nicht-linear-wurzelförmiger Verlauf auf ein unterschiedliches Saugverhalten von Steinen und Fugen hin. Bei der Auswertung der beiden Kurven wurde ein Wasseraufnahmekoeffizient von etwa 0,5 kg/(m²√h) bestimmt. Das entspricht einer wasserabweisenden Oberfläche nach DIN 4108-3.

Bei diesem Objekt wäre somit eine Anwendung des vereinfachten Nachweisverfahrens für Innendämmung nach WTA Merkblatt 6-4 [1] zulässig.

**Bild 8:** Fassadenansicht Objekt 2 (li.), das Wasseraufnahmemessgerät (re.)

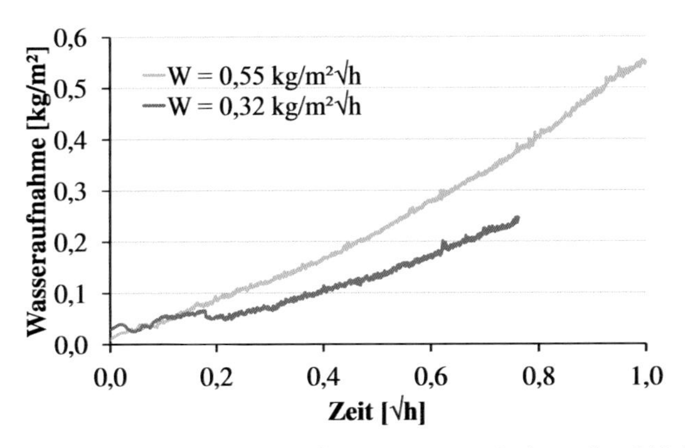


**Bild 9:** Ergebnisse zur kapillaren Wasseraufnahme des Objektes 2, aufgetragen über die Wurzel der Zeit

## 4 Zukünftige Entwicklungen

Der in diesem Aufsatz präsentierte Prototyp eines Wasseraufnahmemessgerätes soll zukünftig weiterentwickelt werden. Dabei werden weitere Praxisversuche helfen die Handhabung und Praxistauglichkeit des Gerätes zu verbessern. Bei der Geräteentwicklung werden zwei unterschiedliche Ansätze verfolgt. Zum Ersten soll das Wasseraufnahmemessgerät für den Einsatz in der Baupraxis verbessert werden. Das Gerät soll es Gutachtern und Baustoffprüfern ermöglichen die kapillare Wasseraufnahme von Fassaden bestimmen zu können. Zum Zweiten soll der Messaufbau für den Einsatz in der Bauforschung verbessert werden. Hier werden Anforderungen an eine möglichst hohe Genauigkeit, Messdauer und Messwertauflösung gestellt.

## Literaturverzeichnis

[1] WTA Merkblatt 6-4 (2009): Innendämmungen nach WTA I – Planungsleitfaden.

[2] DIN EN 15026, Juli 2007. Wärme- und feuchtetechnisches Verhalten von Bauteilen und Bauelementen - Bewertung der Feuchteübertragung durch numerische Simulation; Deutsche Fassung EN 15026:2007

[3] DIN 4108-3, Januar 2012. Wärmeschutz und Energie-Einsparung in Gebäuden – Teil 3: Klimabedingter Feuchteschutz – Anforderungen, Berechnungsverfahren und Hinweise für Planung und Ausführung

[4] DIN EN ISO 15148, März 2003. Wärme- und feuchtetechnisches Verhalten von Baustoffen und Bauprodukten - Bestimmung des Wasseraufnahmekoeffizienten bei teilweisem Eintauchen (ISO 15148:2002); Deutsche Fassung EN ISO 15148:2002

[5] L. Franke, H. Bentrup, *Einfluß von Rissen auf die Schlagregensicherheit von hydrophobiertem Mauerwerk und Prüfung der Hydrophobierbarkeit*, Bautenschutz + Bausanierung, Heft 14, S. 98-101 und 117-121, 1991

**24. Hanseatische Sanierungstage**
**Planen Messen Ausführen**
**Heringsdorf 2013**

# Energetische Sanierungsmethoden von großflächigen Fenstern am Beispiel von Kirchenbauten

**J. Münster**
Berlin

## Zusammenfassung

Klimawandel, Ressourcenverknappung, steigende Energiepreise, Nachhaltigkeit – das sind aktuelle Schlagworte, mit denen sich die Politik, die Wirtschaft und letztendlich der Mensch als Nutznießer der Umwelt auseinander setzen muss. Trotz des wachsenden, ökologischen und ökonomischen Bewusstseins hinsichtlich der Notwendigkeit von Energieeinsparmaßnahmen steigen die Komfortansprüche der Gebäudenutzer. Hiervon sind zunehmend auch Institutionen wie Kirchengemeinden betroffen. Kirchen werden in Deutschland zunehmend beheizt, um auch in der kalten Jahreszeit Gottesdienste und andere Veranstaltungen im Kirchenraum abhalten zu können. Zum anderen bewegt der zunehmende Leerstand von Kirchenbauten Gemeinden zur Umnutzung der Bauwerke – als weltliche Gesellschaftsbauten wie Bibliotheken, Konzerthäuser oder Kitas, aber auch als Wohn- und Büroflächen. Ohne energetische Ertüchtigung geht ein Großteil der Wärme über die ungedämmte Gebäudehülle verloren. Schwachpunkte bilden vor allem die Fenster, die bis Mitte des 20. Jahrhunderts einfachverglast ausgeführt wurden und nahezu keinen Widerstand gegen Wärmeverluste leisten. Steigende Energiekosten und ein zunehmendes Interesse für die Umwelt bewegen immer mehr Gemeinden dazu, Sanierungsmaßnahmen an ihren Gotteshäusern durchzuführen, um den Wärmeschutz der Gebäudehülle zu verbessern. Erschwert wird dieser progressive Gedanke jedoch durch die Problematik, dass die meisten Kirchengebäude unter Denkmalschutz stehen und somit der Bewegungsspielraum hinsichtlich baulicher Veränderungen stark eingeschränkt ist.
Im Rahmen der Masterthesis wurden unter besonderer Berücksichtigung des Denkmalschutzes Lösungsvorschläge für die energetische Ertüchtigung historischer Fensterflächen am Beispiel von Kirchen entwickelt. Mithilfe einer Typologisierung großformatiger Kirchenfenster erfolgte an 13 Beispielkirchen eine energetische Bestandsaufnahme als Grundlage für die Entwicklung der Sanierungsvorschläge. Die vorgestellten Maßnahmen wurden hinsichtlich ihrer energetischen Effektivität, der Wahrung des kulturellen Erbes und der Wirtschaftlichkeit geprüft und beurteilt.

## 1 Allgemeine Anforderungen an die energetische Sanierung von Kirchen

Historische Bauwerke sind aufgrund ihrer meist massiven Bauweise in ihrem thermischen Verhalten kaum mit modernen Gebäuden vergleichbar. Kirchen sind durch ein großes Raumvolumen gegenüber ihrer Grundfläche und meist meterdicke Wände gekennzeichnet, welche im Gegensatz zu modernen, leichten Außenwänden eine hohe Wärmespeicherfähigkeit besitzen. Diese bewirkt sowohl im Sommer als auch im Winter eine Phasenverschiebung zwischen der Außen- und der Raumlufttemperatur, da die hohen Bauteilmassen den Kirchenraum in der kalten Jahreszeit langsamer auskühlen und im Sommer langsamer erwärmen. [1] Problematisch wird dieser Effekt im Winter bei Außenbauteilen mit geringem Wärmeschutz und geringerer Wärmespeicherkapazität, wie den Fenstern. Die leichten Bauteile kühlen, im Gegensatz zu den angrenzenden massiven Bauteilen, wesentlich schneller aus und bewirken neben dem erhöhten Wärmeverlust eine Abkühlung der Luft in Oberflächennähe und damit eine Erhöhung der relativen Luftfeuchte. Bei Unterschreitung der Taupunkttemperatur schlägt sich Tauwasser an den kalten Oberflächen nieder. Glas ist hydrophil und erzeugt einen Wasserfilm, welcher bei dauerhaftem Bestehen in Verbindung mit den Schadstoffen der Luft (Abgase, Kerzenruß, etc.) zur irreparablen Glaskorrosion – „Wettersteinbildung" – führt. Zum anderen kann das ablaufende Kondenswasser Feuchteschäden an angrenzenden Bauteilen wie Holzrahmen oder Mauerwerk verursachen. Im Sommerhalbjahr führt die Phasenverschiebung zu einer langsameren Erwärmung der massiven Bauteile gegenüber der Umgebungsluft, was besonders in den ersten warmen Tagen zum Problem wird, welche häufig zum „Entlüften" der historischen Bauwerke genutzt werden. Die warme, mit Feuchtigkeit vollgesogene Außenluft kühlt hierbei an den noch kalten Bauteilinnenoberflächen ab und es kommt zu Tauwasserausfall auf den massiven Bauteilen.

Die großen Bauteilmassen bewirken neben der Wärmespeicherung auch einen Feuchteausgleich. Wird beispielsweise durch eine instationäre Beheizung des Kirchenraums die Lufttemperatur erhöht, würde die relative Feuchte normalerweise sinken. Durch Sorptionsvorgänge im Mauerwerk können diese Feuchteschwankungen jedoch ausgeglichen werden. [1] Beim Aufheizen wird im Mauerwerk gespeicherte Feuchte abgegeben. Beim Abkühlen der Luft (nach Abschaltung der Heizung) wird die überschüssige Feuchte dann wieder im Mauerwerk aufgenommen. Die beschriebenen Sorptionsvorgänge wirken in der Kurzzeitbetrachtung stabilisierend für das Raumklima, beispielsweise bei veranstaltungsbezogenen Beheizungen. Soll eine Heizung in der kalten Jahreszeit jedoch dauerhaft (stationär) betrieben werden, führt ein erhöhter Luftaustausch über Undichtigkeiten, wie die Fensterfugen, mit trockener Winterluft nach und nach zu einer erhöhten Lufttrockenheit. Diese kann sich vor allem auf die Innenausstattung des Kirchenraums, wie dem Holzmobiliar, der Orgel, Gemälde oder Fresken schädigend auswirken (Trocknungsrisse, etc.). [1]

Sollen Kirchen und ähnliche historische Bauwerke zu Zwecken des Wintergottesdienstes oder sonstigen (Um-)Nutzungen mit dauerhaften Beheizungen ausgestattet werden, ist es somit nicht nur im Sinne der Energieeinsparung, sondern auch zum Schutz der Bausubstanz sowie des Inventars verbindlich, dass die Gebäudehülle einen ausreichenden Wärmeschutz aufweist, um Tauwasserausfälle zu verhindern. Zum anderen muss das Gebäude auch eine entsprechende Dichtheit besitzen, um Lüftungswärmeverluste und eine Entfeuchtung der Luft zu vermeiden. Der hygienische Mindestluftwechsel muss mithilfe von gezielten Lüftungskonzepten oder Raumlufttechnik sichergestellt werden.

## 2 Anforderungen an die Sanierung von (Kirchen-)Fenstern

Hauptfaktor bei der Sanierung von Kirchenfenstern ist grundsätzlich der Schutz der historischen Bausubstanz, wodurch grobe, zerstörerische Eingriffe von vornherein auszuschließen sind.
Bei großformatigen Fenstern spielt der Wärmeschutz der Verglasung die Hauptrolle, da sie aufgrund ihrer großen Fläche bei vergleichsweise niedrigem Wärmedurchlasswiderstand Wärme in großen Mengen an die Außenluft abgibt. An den Dämmstoff der Verglasung wird jedoch im Gegensatz zu anderen Bauteilen eine wesentliche Zusatzanforderung gestellt: er muss durchsichtig sein. Nur so können die Funktionen des Fensters zur Belichtung und als Sichtverbindung nach außen weiterhin gewährleistet werden. Als Dämmung kommen daher nur gasförmige Stoffe wie Luft oder Edelgase in Frage, die durch angrenzende Glasscheiben in einem Verglasungssystem hermetisch abgeschlossen werden müssen, um ihre maximale Dämmwirkung zu erzielen. Durch den Einbau zusätzlicher Verglasungsebenen wird jedoch die Strahlungsdurchlässigkeit der Bestandsverglasung reduziert, was einen Verlust an solaren Wärme- und Tageslichtgewinnen bewirkt und zudem die Farbwiedergabe im Raum wesentlich beeinträchtigen kann, sodass der originale Raumeindruck und die Ansicht von Kunstobjekten verfälscht werden.
Erschwerend ist zudem die Tauwasserproblematik. Generell sollten Bauteile nach außen immer diffusionsoffener ausgeführt werden, damit eventuell anfallende Feuchte im Bauteil nach außen ausdampfen kann. Bei Verglasungssystemen ergibt sich dabei folgendes Problem: Glas ist diffusionsdicht und ein guter Wärmeleiter. Durch die eingeschlossene Gasschicht wird der Wärmedurchlasswiderstand wesentlich erhöht, sodass die innenliegende Scheibe ausreichend wärmegedämmt wird. Die Außenscheibe hingegen kühlt im Winterfall ($T_e < T_i$) stark aus. Befindet sich im Scheibenzwischenraum feuchte Luft, kann diese aufgrund der diffusionsdichten Glasschichten weder nach außen noch nach innen abdampfen. Die Luft kühlt an der kalten Oberfläche der Außenscheibe ab, bis bei Unterschreitung des Wasserdampfsättigungspunkts Tauwasser auf der Innenoberfläche der kalten Außenscheibe ausfällt. Bei Einfügen einer zweiten Verglasungsebene ist somit eine hermetische Abdichtung des Scheibenzwischenraums oder eine ausreichende Belüftung zum Abtransport der Feuchtelasten zu gewährleisten. Können Undichtigkeiten aufgrund der Einbausituation nicht verhindert werden oder ist aufgrund der Tauwasserproblematik eine Belüftung des

Scheibenzwischenraums zwangsläufig erforderlich, kann dies je nach Grad des Luftaustauschs eine erhebliche Senkung des Wärmeschutzes verursachen.
Der Rahmen spielt bei der energetischen Sanierung moderner, großformatiger Fenster wegen des geringen Flächenanteils eher eine untergeordnete Rolle. Historische Fenster hingegen weisen aufgrund der herstellungsbedingten, geringeren Scheibenformate einen hohen Rahmenanteil auf. Holzsprossenfenster werden so geringfügig begünstigt, da Holz einen besseren Dämmwert als einfaches Glas besitzt. Kritisch zu betrachten sind jedoch historische Metallrahmen als sehr gute Wärmeleiter, die den Wärmedurchgangskoeffizienten des Fensters aufgrund ihrer Wärmebrückenwirkung wesentlich verschlechtern. Eine Erhöhung des Wärmeschutzes kann durch die Unterbrechung des Wärmetransports mithilfe einer thermischen Entkopplung (Luftschichten, Kunststoffstege, etc.) erzielt werden.

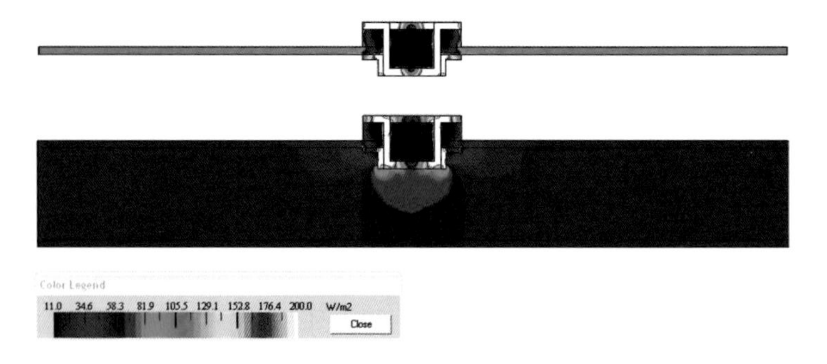


**Bild 1:** Thermische Entkopplung eines Standeisens im Bestand (oben) und mit zusätzlicher Verglasungsebene (unten), Darstellung Wärmestrom ( Wärmebrückenberechnung THERM 6)

Eine bedeutende Rolle spielen außerdem Fugen und Anschlüsse des Fensters, welche erhöhte Lüftungswärmeverluste verursachen. Diesen kann mit einer nachträglichen Abdichtung des Rahmen-Mauerwerksanschlusses und der Glas-Rahmen-Verbindung und elastischen Dichtstoffen zwischen beweglichem und fest stehendem Fensterflügel entgegengewirkt werden. Maßgebliche Beachtung muss hierbei die Verträglichkeit der Materialien finden. Zudem muss der durch die Abdichtung unterbundene, jedoch zum Abtransport interner Feuchtelasten erforderliche, hygienische Mindestluftwechsel des Raums anderweitig gewährleistet werden, um eine kritische Luftfeuchte und einen Tauwasserausfall auf Bauteiloberflächen zu vermeiden.

## 3 Energetische Bewertung der Bestandsfenster und Sanierungsvarianten

Für die energetische Bestandsaufnahme wurden 13 Beispielkirchen in Berlin und Südbrandenburg geometrisch und konstruktiv aufgenommen und hinsichtlich ihres Wärmedurchgangs untersucht.

Einfachverglasungen, wie sie bis Anfang des 20. Jahrhunderts eingesetzt wurden, weisen aufgrund ihrer Dünnschichtigkeit nahezu keinen Widerstand gegen den Wärmestrom vom beheizten zum unbeheizten Klima. Der Wärmedurchgangskoeffizient („U-Wert") als Indikator der Wärmedämmfähigkeit eines Bauteils wird durch die Wärmeübergangswiderstände zwischen der Innen- bzw. Außenluft und der Glasoberfläche dominiert und kann für Einfachverglasungen mit U = 5,9 W/m²K abgeschätzt werden. Der Wärmeschutz der Rahmenkonstruktion hängt im Wesentlichen von der Rahmengeometrie und Materialwahl ab. Vorstehende Bauteile bilden zweidimensionale Wärmebrücken in den Kantenbereichen. Dadurch wird ein erhöhter Wärmestrom provoziert und es resultieren höhere Wärmeverluste. Metallkomponenten haben zudem eine sehr hohe Wärmeleitfähigkeit, wodurch die Wärmebrückenwirkung durch den Materialwechsel (Glas-Metall) zusätzlich vergrößert wird.Im Gegensatz zur eindimensionalen Handrechnung können mithilfe von Wärmebrückenprogrammen wie THERM auch die Wärmeverluste, die über die flankierenden Bauteilkomponenten erzeugt werden, berücksichtigt werden.

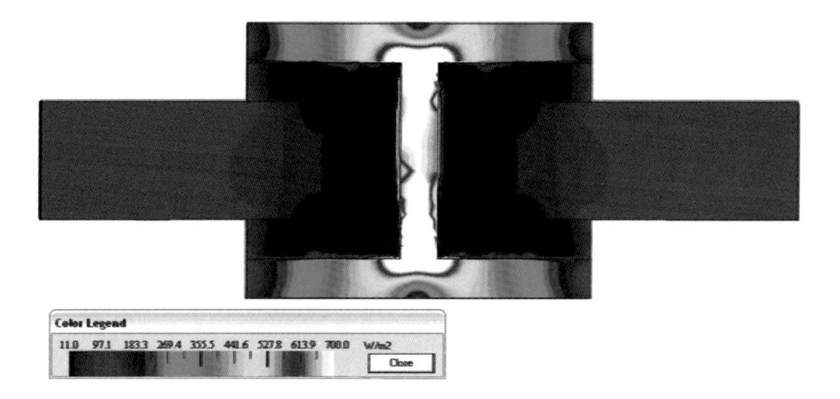


**Bild 2:** Wärmestrom einer Bleiverglasung, Bleirute (Wärmebrückenberechnung mit THERM 6)

Bei der Untersuchung der historischen Rahmen wurden daher, besonders bei Metallrahmen, teilweise höhere Wärmeverluste bzw. U-Werte U > 7 W/m²K ermittelt, als in der eindimensionalen Betrachtung unter Berücksichtigung der Wärmeübergangswiderstände (vergleiche Glas mit U = 5,9 W/m²K) üblich.

Für die Berechnung der Sanierungsvarianten war eine genauere Untersuchung der thermischen Eigenschaften von Verglasungssystemen erforderlich. Der Wärmeschutz ist im Wesentlichen durch die Geometrie des Scheibenzwischenraums, der Gasart und den wärmerückstrahlenden Beschichtungen der Glasoberflächen abhängig. Bei breiten oder belüfteten Scheibenzwischenräumen, wie sie bei Kastenfenstern oder Bestandsgläsern mit Schutzverglasung auftreten, sind der Einfluss der Konvektion und der damit einhergehende erhöhte Wärmeabtransport zu berücksichtigen.
Die Berechnung unbelüfteter Scheibenzwischenräume erfolgte anhand bestehender Normenwerke für Verglasungssysteme (DIN EN 673, DIN EN ISO 10077). Für die Abbildung des Wärmetransports belüfteter Scheibenzwischenräume wurde ein iteratives Rechenverfahren in Anlehnung an die ISO 15099 und VDI 6007 entwickelt.

## 4 Auswertung der Ergebnisse für den U-Wert der Bestandsfenster

Die untersuchten Holzrahmenfenster weisen Wärmedurchgangskoeffizienten von 4,0 bis 5,4W/m²K auf. Da Holz einen besseren Dämmwert als Glas besitzt, sinkt der U-Wert bei Einfachfenstern mit steigendem Rahmenanteil. Der U-Wert des Holzrahmens variiert zwischen 1,9 und 2,8W/m²K.
Die Metallrahmenfenster weisen höhere U-Werte von $U_W$=5,9 bis 6,3W/m²K auf, da Metallrahmen eine höhere Wärmeleitfähigkeit als Glas besitzen. Dadurch verschlechtern sich die Dämmeigenschaften mit steigendem Rahmenanteil. Maßgeblich ist hierbei die thermische Entkopplung der Rahmeninnen- und –außenseite. Für die thermisch nicht getrennten Industrieprofile wurden aufgrund der Wärmebrückenwirkung der Rahmenflanken U-Werte > 7,0W/m²K ermittelt.
Die für Bleiverglasungen häufig eingesetzten Standeisen, bestehend aus einem innen- und einem außenliegenden Eisen, sind nur über Verbindungsmittel miteinander verbunden. Ihre gute Wärmeleitfähigkeit wird durch den dazwischen liegenden Falzraum unterbrochen. Somit haben sie einen geringeren U-Wert (von 3,3 bis 4,2W/m²K) als durchlaufende Industrieprofile. Dafür sind jedoch die punktuellen Wärmebrücken der Verbindungsmittel zu berücksichtigen.

Bei der Untersuchung von in Mauerwerk eingesetzten Bleiverglasungen hat sich am Vergleich von Rahmungen aus Sandstein ($\lambda$=2,3W/mK) und Backstein ($\lambda$=0,96W/mK) gezeigt, dass die höhere Wärmeleitfähigkeit des dichteren Materials Sandstein den U-Wert erkennbar (im untersuchten Beispiel um 0,3W/m²K) verschlechtert.

**Bild 3:** Holzfenster Barock, Dorfkirche Heiligensee

**Bild 4:** Bleiverglasung in Standeisen, Backsteinrahmung, Dorfkirche Brandis

Bleiverglasungen weisen generell einen geringfügig schlechteren Wärmedurchgangskoeffizienten mit 5,8 bis 6,0W/m²K (abhängig vom Bleirutenanteil und der Scheibendicke) gegenüber den Blankverglasungen mit einem $U_W$=5,7 bis 5,8W/m²K auf. Die Differenz von 0,1W/m²K ist dabei jedoch marginal. Für die Bleiverglasungen in Standeisen und Mauerwerksfalz ergaben sich durchschnittliche Wärmedurchgangskoeffizienten von 5,8W/m²K (zzgl. $\Delta U$ für die Verbindungsmittel).

## 5 Sanierungsvorschläge für Kirchenfenster

**Die Vorsatzscheibe** ist eine zusätzliche Verglasung, welche direkt auf dem Bestandsrahmen, auf einem Abstandhalter in der Fensternische oder auf dem angrenzenden Mauerwerk angebracht wird. Die Konstruktion ist nahezu unsichtbar und beeinträchtigt weder das äußere noch das innere Erscheinungsbild des Originalfensters. Der Materialaufwand ist verhältnismäßig gering und die Konstruktion lässt sich schnell und nahezu rückstandslos wieder entfernen. Eine hermetische Abdichtung ist jedoch nur schwierig herzustellen. Um anfallendes Tauwasser zu vermeiden, sind Belüftungsöffnungen vorzusehen.

Das thermische Wirkprinzip der Vorsatzscheibe ergibt sich aus der eingeschlossenen Luftschicht zwischen Bestandsverglasung und Vorsatzscheibe. Durch die Befestigung der Scheibe auf dem Rahmen wird das Fenster zu einem Verbundfenster erweitert. Bei einer Montage auf dem angrenzenden Mauerwerk oder auf einem Abstandhalter entspricht der Fenstertyp einem Doppelfenster, wobei der U-Wert des zweiten Fensters aus der rahmenlosen Verglasung der Vorsatzscheibe resultiert.

Durch den Einbau einer unbeschichteten Vorsatzscheibe kann der Wärmedurchgangskoeffizient je nach Rahmenanteil um 40 bis 50% reduziert und ein $U_W$=2,7-2,8W/m²K erreicht werden. Die Belüftung ist aufgrund der Kleinstöffnungen und des schmalen Scheibenzwischenraums vernachlässigbar.

**Das Vorfenster** besteht aus einem zusätzlichen Fensterflügel mit eigenem Rahmen und Verglasung, welcher auf der Rauminnenseite montiert wird, um die historische Außenansicht zu wahren. Der vorgesetzte Rahmen übernimmt die Form und die Beschläge des Originalfensters, um auch die historische Innenansicht weitestgehend beibehalten zu können. Der Montage- und Materialaufwand ist beim Vorfenster wesentlich größer als bei der Vorsatzscheibe, da ein komplettes Fenster originalgetreu hergestellt und in die Fensternische eingepasst werden muss, was sich vor allem in den Herstellungskosten niederschlägt und eine rückstandslose Demontage erschwert.
Das thermische Wirkprinzip des Vorfensters mit eigenem Rahmen entspricht einem Kasten- oder Doppelfenster. Durch ein Vorfenster mit beschichteter Zweifachverglasung können die U-Werte sowohl für Holz- als auch für Metallrahmenfenster um bis zu 75% gesenkt werden. Beide Fenstertypen erreichen bereits mit einer unbeschichteten Isolierverglasung den Anforderungswert der EnEV 2009 für geänderte Fenster von $U_W$=1,9W/m²K.

Die Erweiterung der Bestandsverglasung zu einem **Isolierglas-Element** bietet sich an, wenn ein Ausbau der Bestandsverglasung, beispielsweise zur Reinigung der Gläser oder Ertüchtigung der Rahmen, geplant ist. Hierbei werden die originalen Scheiben beidseitig mit einer zusätzlichen Verglasungsebene versehen und somit zu einer Dreifachverglasung erweitert.
Durch den Wiedereinbau der Originalverglasung bleibt die historische Ansicht erhalten. Zudem wird die Bestandsverglasung vor äußeren Einflüssen wie Feuchtigkeit und Verschmutzung geschützt. Problematisch ist jedoch der Austausch des Rahmens, der aufgrund der großen Bauteildicke der Dreifachverglasung und dem vergrößerten Gewicht in der Regel erforderlich wird. Schreibt der Denkmalschutz den Erhalt der originalen Rahmenbauteile vor, ist diese Sanierungsvariante demnach technisch nicht realisierbar. Die Variante eignet sich sehr gut für Bleiverglasungen in Steinrahmen, besonders, wenn ohnehin Restaurationsarbeiten geplant sind. Hierbei wird lediglich eine Vergrößerung der Originalfalz erforderlich.
Das Isolierglas-Element mit innenliegender Originalverglasung entspricht, wärmetechnisch gesehen, einer Dreifachverglasung mit zwei eingeschlossenen Luftschichten. Hierbei wird nur die Verglasung energetisch verbessert. Der U-Wert einer 3mm dicken Bestandsverglasung kann durch die Erweiterung zum Isolierglaselement um bis zu 65% reduziert werden. Mit einer Beschichtung ist eine Dezimierung um bis zu 80% möglich. Die Werte gelten auch für Bleiverglasungen, da die Bestandsverglasung vom direkten Wärmetransport entkoppelt wird und daher nur marginal Einfluss auf die Wärmeübertragung besitzt.

**Schutzverglasungen** haben die Aufgabe historische Bleiverglasungen und Glasmalereien vor schädigenden Einwirkungen abzuschirmen. Hierzu zählen unter anderem der Schutz vor Korrosion, Witterungseinflüssen wie Schlagregen oder Hagel, Angriff von Luftschadstoffen, direkter Sonneneinstrahlung, Verschmutzung und Vandalismus. Durch die Verwendung von Floatgläsern als Schutzverglasung kommt es jedoch zu großen Spiegelungseffekten der angrenzenden Bebauung und des Himmels, wodurch das äußere Erscheinungsbild stark beeinträchtigt wird. Dieser Effekt wird durch beschichtete Gläser zunehmend verstärkt. Abhilfe können ornamentierte Scheiben oder Bleiverglasungen als Schutzverglasung bieten, welche sich jedoch in wesentlich höheren Herstellungskosten niederschlagen. Ein weiterer Nachteil der außen vorgehängten Schutzverglasung ist die Verdeckung der Rahmenprofilierung und der historischen Außenansicht. Neben den Konfliktpunkten mit dem Denkmalschutz bergen Schutzverglasungen vor allem ein hohes Tauwasserrisiko, welches bei einer energetischen Sanierung zwingend geprüft werden muss.
Wirtschaftlich betrachtet sind Schutzverglasungen als günstig zu bewerten. Der Einbau kann mit ohnehin notwendigen Restaurationsarbeiten gekoppelt werden. Die Montage erfolgt in der Regel an den vorhandenen Standeisen, solange diese noch tragfähig genug sind. Wird die feststehende Verglasung in den Originalfalz eingesetzt, müssen keine zusätzlichen Nute gefräst werden. Dadurch bleibt die Konstruktion ohne große Eingriffe in die Originalsubstanz reversibel. Die Bestandsverglasung kann komplett erhalten werden.
Das thermische Wirkprinzip der Schutzverglasung entspricht der Anordnung zweier Scheiben mit zwischenliegendem Luftraum wie bei einer Doppelverglasung. Da dieser Luftraum jedoch aufgrund von Undichtigkeiten im Mauerwerksanschluss oder in der Verbindung von Glas und Bleinetz nur schwer hermetisch abriegelbar ist, ist in der Regel eine Belüftung des Scheibenzwischenraums zum Schutz vor Tauwasserausfall erforderlich. Diese Belüftung erfolgt bevorzugt über eine Spaltöffnung am Fuß und Kopf der Verglasung, je nach Abdichtungsebene mit Außen- oder Innenluft. Kann eine vollständige Abdichtung, z.B. durch den Einsatz der Original- und Schutzverglasung in einem gemeinsamen Rahmen, hergestellt werden handelt es sich um ein unbelüftetes System, wie bei einem Verbundfenster.
Problematisch sind die Wärmebrücken, die durch die Befestigungselemente zwischen der Schutzverglasung und der Originalverglasung verursacht werden und bei den Wärmeverlusten mit berücksichtigt werden müssen.
Bei der **außen belüfteten Schutzverglasung** erfolgt die Belüftung mit Außenluft. Die kalten Luftmassen strömen dabei von unten in den Scheibenzwischenraum, erwärmen sich an der warmen Innenscheibe und steigen aufgrund der geringeren Dichte von warmer Luft auf. Die Temperatur der austretenden Luft ist dabei von der Höhe des Scheibenzwischenraums abhängig. Je länger die kalte Luft an der warmen Oberfläche entlang streift, desto mehr Wärme kann sie der Innenscheibe entziehen und desto wärmer wird sie. Je größer das treibende Temperaturgefälle ist, desto größer ist die Geschwindigkeit, die wiederum eine erhöhte Konvektion bewirkt, wodurch der

Wärmedurchgangswiderstand im Scheibenzwischenraum zusätzlich sinkt.
Der zusätzliche Wärmeschutz durch die außen vorgehängte Schutzverglasung sinkt mit steigender Bauteilhöhe. Es wird dennoch deutlich, dass der Wärmedurchgangskoeffizient durch eine einfach verglaste Schutzverglasung gegenüber dem Bestand ($U_g \approx 5{,}8\text{-}6{,}0 W/m^2K$) selbst bei einer Bauteilhöhe bis zu 20m um bis zu 30% reduziert wird. Der Wärmeschutz kann weiter erhöht werden, indem beschichtete Scheiben oder Isolierverglasungen als Schutzverglasung gewählt werden.
Die **innen belüftete Schutzverglasung** bildet den Raumabschluss anstelle der originalen Bestandsverglasung, die dem neuen Glaselement von innen vorgehängt wird. Die Belüftung erfolgt mit Raumluft. Die warmen Luftmassen strömen von oben in den Scheibenzwischenraum, kühlen an der kalten Außenscheibe ab und sinken aufgrund der höheren Dichte von kalter Luft. Die Temperatur der austretenden Luft ist dabei wiederum von der Höhe des Scheibenzwischenraums abhängig. Je länger die warme Luft an der kalten Oberfläche entlang streift, desto mehr Wärme wird ihr entzogen. Gleichzeitig entnimmt sie der warmen Innenscheibe Wärme und gibt sie weiter an die Außenscheibe ab. Damit tritt bei der Wahl von Einfachgläsern insgesamt ein höherer Wärmeverlust mit innen belüfteter Schutzverglasung auf als ohne, da nicht nur über die Fensterfläche Wärme übertragen wird, sondern zusätzlich der belüftenden Raumluft Wärme entzogen wird. Die innenliegende Scheibe trägt damit nicht zum Wärmeschutz bei, sondern begünstigt die Wärmeverluste.
Der Wärmeschutz kann erheblich durch den Einsatz einer beschichteten Verglasung oder einer Isolierverglasung verbessert werden. Eine beschichtete Schutzverglasung kann den U-Wert des Verglasungssystems in Abhängigkeit von der Fensterhöhe um 10 bis 30% senken. Mit einer Isolierverglasung sind bis zu 80% Verringerung möglich.
Die **unbelüftete Schutzverglasung** hat prinzipiell den gleichen thermischen Effekt wie eine Vorsatzscheibe oder ein Vorfenster. Der Unterschied besteht in der Konstruktion, da die Schutzverglasung außenseitig angeordnet wird. Sie kann als Mehrfachverglasung (bei eingestellter Schutzscheibe im gleichen Rahmen) oder als Doppelfenster (mit außen liegendem Zusatzfenster) konstruiert werden. Voraussetzung für eine unbelüftete Schutzverglasung ist die luftdichte Ausführung der Konstruktion. Bei Verwendung von unbeschichteten Zusatzscheiben oder -fenstern kann der U-Wert der Verglasung um bis zu 50% reduziert werden. Bei beschichteten Scheiben beträgt die Einsparung bis > 70%.

## 6 Zusammenfassung und Ausblick

Als Ergebnis der Ausarbeitung wurden die einzelnen Sanierungsvarianten am Beispiel von vier repräsentativen Fenstertypen hinsichtlich ihrer Energieeffizienz, der Wahrung des Denkmalgehalts, ihrer Wirtschaftlichkeit sowie der Schonung der vorhandenen Bausubstanz analysiert und gegenüber gestellt. Mithilfe der gewonnenen Erkenntnisse wurde ein Fensterkatalog erstellt, in welchem für häufig vorkommende

Vertreter typischer Stilepochen der Region Berlin-Brandenburg verträgliche Sanierungsmaßnahmen und ihr Effekt dargestellt werden.

**Tabelle 1:** U-Wert [W/m²K] der vier Hauptfensterkonstruktionen nach Sanierung

| Sanierungsmaßnahme | | Holzrahmen (40%) | | Holzrahmen (19%) | | Stahlrahmen (9%) | | Bleiverglasung (20%) | |
|---|---|---|---|---|---|---|---|---|---|
| | g | $U_g$ | $U_W$ | $U_g$ | $U_W$ | $U_g$ | $U_W$ | $U_g$ | $U_W$ |
| **Bestand** | 0,86 | 5,8 | 4,6 | 5,9 | 5,4 | 5,8 | 5,9 | 5,9 | 6,0 |
| **Vorsatzscheibe** | 0,77 | 2,7 | 2,7 | 2,8 | 2,7 | 2,8 | 2,8 | 2,8 | 3,5 |
| - mit Beschichtung | 0,47 | 1,4 | 1,9 | 1,4 | 1,6 | 1,5 | 1,5 | 1,4 | 2,4 |
| **Vorfenster** | 0,69 | - | 1,7 | - | 1,7 | - | 1,7 | 1,6[a)] | 2,7[a)] |
| - mit Beschichtung | 0,45 | - | 1,4 | - | 1,3 | - | 1,3 | 1,0[a)] | 2,3[a)] |
| **Isolierglaselement** | 0,68 | - | - | 1,9 | 2,1 | 1,9 | 2,3 | 1,9 | 2,9 |
| - mit einfacher Besch. | 0,44 | - | - | 1,2 | 1,7 | 1,2 | 1,8 | 1,2 | 2,5 |
| - mit zweifach. Besch. | 0,35 | - | - | 0,9 | 1,5 | 0,9 | 1,6 | 0,9 | 2,3 |
| **Glasaustausch** | 0,75 | - | - | - | 3,0 | - | 3,5 | - | 3,5 |
| - mit Beschichtung | 0,46 | - | - | - | 1,9 | - | 2,3 | - | 2,5 |
| - Vakuumverglasung | 0,46 | - | - | - | 1,3 | - | 1,7 | - | 1,9 |
| **SV, außen belüftet** | 0,76 | - | 3,1 | - | 3,5 | - | 3,7 | 3,8 | 4,3 |
| - mit Beschichtung | 0,45 | - | 2,6 | - | 2,8 | - | 2,8 | 3,1 | 3,8 |
| - mit IV | 0,68 | - | 2,1 | - | 2,2 | - | 2,4 | 2,2 | 3,1 |
| - mit IV, beschichtet | 0,43 | - | 1,3 | - | 1,4 | - | 1,7 | 1,1 | 2,4 |
| **SV, innen belüftet** | 0,76 | - | 5,7 | - | 5,7 | - | 5,7 | 5,7 | 5,8 |
| - mit Beschichtung | 0,45 | - | 3,5 | - | 4,0 | - | 4,1 | 4,5 | 4,9 |
| - mit IV | 0,68 | - | 2,4 | - | 2,4 | - | 2,8 | 2,5 | 3,1 |
| - mit IV, beschichtet | 0,43 | - | 1,4 | - | 1,5 | - | 1,7 | 1,1 | 2,4 |

[a)] Die Berechnung erfolgt als Verbundfenster, da Isolierverglasung in Mauerwerksnut eingesetzt wird und keinen eigenen Rahmen besitzt.

Zusammenfassend kann festgestellt werden, dass umfangreiches Energieeinsparpotenzial in historischen Gebäuden – speziell in Kirchen und ihren Fenstern – steckt. Dabei müssen die Sanierungsmethoden nicht mit dem Bestandsschutz konkurrieren, sondern können sich viel mehr auf interessante Weise und neue Wege ergänzen. Bisher wird noch nach einer Definition der heutigen Baukultur gesucht und darüber spekuliert, ob es sie überhaupt gäbe. Vielleicht ist aber gerade die gewagte, spielerische und manchmal mutige, aber vor allem stilechte Verbindung von Gebäudebestand mit innovativen Technologien die Baukultur unserer Zeit.

## 7 Literaturverzeichnis

[1] H. Künzel, D. Holz, *Bauphysikalische Untersuchungen in unbeheizten und beheizten Gebäuden alter Bauart. Bauphysikalische Grundlagen und generelle Zusammenhänge über die Temperatur- und Feuchteverhältnisse auf Grund von Langzeituntersuchungen*, IRB Verlag 1991

24. Hanseatische Sanierungstage
Messen Planen Ausführen
Heringsdorf 2013

# DIN 4108 Teil 2, 3 - Neuerungen und Kritik

**Th. Ackermann**
Hockenheim

## Zusammenfassung

Gemäß Abschnitt 5 der DIN 820-4:2000-01 müssen Normen spätestens alle fünf Jahre vom zuständigen Normenausschuss überprüft werden.
Es heißt: „Entspricht eine Norm nicht mehr dem Stand der Technik, den bestehenden Grundnormen (z. B. Stoffnormen, Zeichnungsnormen, Normen über Einheiten und Formelgrößen, sicherheitstechnischen Grundnormen) und den in ihr zitierten Normen, so muss der Inhalt überarbeitet werden, wenn die Norm weiter aufrechterhalten werden soll". Mit dem folgenden Beitrag sollen Neuerungen aus DIN 4108-2:2013-02 und der laufenden Überarbeitung von DIN 4108-3:2001-07 vorgestellt werden. Bei DIN 4108-2:2013-02 handelt es sich dabei um die Anforderungen an den Mindestwärmeschutz nach Tabelle 3, die Anforderungen an den hygienischen Wärmeschutz in Ecken (dreidimensionale Wärmebrücken) nach Abschnitt 6.2.2 und den vereinfachten Nachweis des sommerlichen Wärmeschutzes. Für diese Punkte werden neben Neuerungen auch fehlerhafte Festlegungen und Konsequenzen aus veränderten Rechengängen dargestellt. In Bezug auf die Überarbeitung von DIN 4108-3:2001-07 zeigen die Ausführungen deren Ziele und den Stand der Diskussion auf.

# 1 Mindestanforderungen an den hygienischen Wärmeschutz

Im Rahmen der Novellierung von DIN 4108-2:2003-07 wurde auch Tabelle 3 mit den darin enthaltenen Mindestanforderungen an den hygienischen Wärmeschutz überarbeitet. Neben einer Überarbeitung der Struktur wurden auch die in Bezug genommenen Bauteile verändert und neue Bauteile in den Katalog der Mindestanforderungen aufgenommen.

**Tabelle 1:** Tabelle 3 der DIN 4108-2:200-07

| Spalte | 1 | 2 | 3 |
|---|---|---|---|
| Zeile | | | |
| | **Bauteile** | **Beschreibung** | **Wärmedurchlasswiderstand des Bauteils** [b] $R$ in $m^2 \cdot K/W$ |
| 1 | **Wände beheizter Räume** | gegen Außenluft, Erdreich, Tiefgaragen, nicht beheizte Räume (auch nicht beheizte Dachräume oder nicht beheizte Kellerräume außerhalb der Wärme übertragenden Umfassungsfläche) | 1,2[c] |
| 2 | **Dachschrägen beheizter Räume** | gegen Außenluft | 1,2 |
| 3 | **Decken beheizter Räume nach oben und Flachdächer** | | |
| 3.1 | | gegen Außenluft | 1,2 |
| 3.2 | | zu belüfteten Räumen zwischen Dachschrägen und Abseitenwänden bei ausgebauten Dachräumen | 0,90 |
| 3.3 | | zu nicht beheizten Räumen, zu bekriechbaren oder noch niedrigeren Räumen | 0,90 |
| 3.4 | | zu Räumen zwischen gedämmten Dachschrägen und Abseitenwänden bei ausgebauten Dachräumen | 0,35 |
| 4 | **Decken beheizter Räume nach unten** | | |
| 4.1[a] | | gegen Außenluft, gegen Tiefgarage, gegen Garagen (auch beheizte), Durchfahrten (auch verschließbare) und belüftete Kriechkeller | 1,75 |
| 4.2 | | gegen nicht beheizten Kellerraum | |
| 4.3 | | unterer Abschluss (z. B. Sohlplatte) von Aufenthaltsräumen unmittelbar an das Erdreich grenzend bis zu einer Raumtiefe von 5 m | 0,90 |
| 4.4 | | über einem nicht belüfteten Hohlraum, z. B. Kriechkeller, an das Erdreich grenzend | |
| 5 | **Bauteile an Treppenräumen** | | |
| 5.1 | | Wände zwischen beheiztem Raum und direkt beheiztem Treppenraum, Wände zwischen beheiztem Raum und indirekt beheiztem Treppenraum, sofern die anderen Bauteile des Treppenraums die Anforderungen der Tabelle 3 erfüllen | 0,07 |
| 5.2 | | Wände zwischen beheiztem Raum und indirekt beheiztem Treppenraum, wenn nicht alle anderen Bauteile des Treppenraums die Anforderungen der Tabelle 3 erfüllen. | 0,25 |

| | | | |
|---|---|---|---|
| 5.3 | | oberer und unterer Abschluss eines beheizten oder indirekt beheizten Treppenraumes | wie Bauteile beheizter Räume |
| 6 | **Bauteile zwischen beheizten Räumen** | | |
| 6.1 | | Wohnungs- und Gebäudetrennwände zwischen beheizten Räumen | 0,07 |
| 6.2 | | Wohnungstrenndecken, Decken zwischen Räumen unterschiedlicher Nutzung | 0,35 |

[a] Vermeidung von Fußkälte.
[b] bei erdberührten Bauteilen: konstruktiver Wärmedurchlasswiderstand
[c] bei niedrig beheizten Räumen 0,55 $(m^2 \cdot K)/W$

Während sich die Struktur von Tabelle 3 der DIN 4108-2:200-07 und der Vorgängerversionen im Wesentlichen auf Bauteile wie z. B. Wände und Decken bezog, ist die Systematik in DIN 4108-2:2013-02 auf den Einbauort, wie Außenwände, Treppenraumwände usw. ausgerichtet.
Bei der Veränderung des Bauteilkatalogs wurden einige Unschärfen eingebaut, für die zwei Beispiele in den Tabellen 3 und 4 vorgestellt werden.
Rot markiert wurden dabei in der neuen Version die Bezüge die hinzukamen, während in der alten Variante die Passagen mit grün gekennzeichnet wurden die entfielen.

**Tabelle 2:** Zeile 1 der Mindestanforderungen neu / alt

| | | | |
|---|---|---|---|
| 1 | **Wände beheizter Räume** | gegen Außenluft, Erdreich, Tiefgaragen, nicht beheizte Räume (auch nicht beheizte Dachräume oder nicht beheizte Kellerräume außerhalb der Wärme übertragenden Umfassungsfläche) | 1,2[c] |
| | Außenwände; Wände von Aufenthaltsräumen gegen Bodenräume, Durchfahrten, offene Hausflure, Garagen, Erdreich | | 1,2 |

Der Vergleich der Zeile 1 aus Tabelle 3 der DIN 4108-2:2013-02 (gelb) mit der vergleichbaren Zeile aus der Ausgabe vom Juli 2003 (blau) zeigt, dass aus der früheren Formulierung einer Garage nun eine Tiefgarage wurde. Wände beheizter Räume gegen (oberirdische) Garagen entfallen damit künftig ebenso wie Wände gegen Durchfahrten und offene Hausflure. Als Außenwänden werden in der Version vom Februar 2013 dagegen auch Wände zu unbeheizten Kellerräumen definiert, wenn der Keller außerhalb der wärmeübertragenden Umfassungsflächen liegt. Diese Festlegung wirft in der Praxis teilweise Probleme auf, da an solche Wände häufig neben den Anforderungen an den Wärmeschutz auch Anforderungen an den Brandschutz gestellt werden.

**Tabelle 3:** Zeile 6 der Mindestanforderungen neu / alt

| | | | |
|---|---|---|---|
| 6 | **Bauteile zwischen beheizten Räumen** | | |
| 6.1 | | Wohnungs- und Gebäudetrennwände zwischen beheizten Räumen | 0,07 |
| 2 | Wände zwischen fremd genutzten Räumen, Wohnungstrennwände | | 0,07 |

Mit der Neuformulierung der Mindestanforderungen an beheizte Räume geht ein wesentlicher Aspekt der ursprünglichen Überlegungen verloren. Der Wärmeschutz bezog sich in der Vergangenheit auf unterschiedliche Nutzereinheiten (fremd genutzt). Damit sollte vermieden werden, dass es bei einer Heizunterbrechnung in einem Bereich nicht zur Auskühlung und damit zur Schimmelpilzbildung am Trennbauteil kommt. In der Version aus dem Februar 2013 wird nur noch auf beheizte Räume abgehoben, so dass unklar ist, ob sich diese Festlegung auf den eigenen oder einen fremdgenutzten Bereich bezieht.

## 2 Anforderungen an dreidimensionale Wärmebrücken

Mit DIN 4108-2 Ausgabe Februar 2013 werden neben zweidimensionalen geometrischen Wärmebrücken erstmals auch Anforderungen an dreidimenionale Wärmebrücken gestellt. In Abschnitt 6.2.2 heißt es hierzu:
„An der ungünstigsten Stelle ist bei stationärer Berechnung unter den Randbedingungen nach 6.3 mindestens ein Temperaturfaktor von 0,70 einzuhalten. Dies entspricht bei den Randbedingungen nach 6.3 einer einzuhaltenden Mindestinnenoberflächentemperatur von 12,6 °C entsprechend einem $f_{Rsi}$ von 0,70 nach DIN EN ISO 10211“.
Um den Aufwand des Nachweises zu vermindern wurde in die Norm folgende Formulierung aufgenommen:
„Für Ecken gilt: Ecken, die aus Kanten nach 6.2.1 gebildet werden, und bei denen keine darüber hinausgehende Störung der Dämmebene vorhanden ist, können als unbedenklich hinsichtlich Schimmelbildung angesehen werden und bedürfen hierzu keines Nachweises“.
Die Anforderungen an Kanten wurden in DIN 4108-2:2013-02 wie folgt festgelegt:
„An der ungünstigsten Stelle ist bei stationärer Berechnung unter den Randbedingungen nach 6.3 mindestens ein Temperaturfaktor von 0,70 / eine Oberflächentemperatur von 12,6 °C einzuhalten“.
Fasst man die die Anforderungen an zweidimensionale und dreidimensionale Wärmebrücken nach DIN 4108-2:2013-02 zusammen, dann bedeutet dies, dass dreidimensionale Wärmebrücken nachweisfrei – und damit unkritisch – sind, wenn an den Kanten der beteiligten zweidimensionalen Wärmebrücken eine Oberflächentemperatur von $\Theta_{si}$ = 12,6 °C vorhanden ist.

Daraus ergeben sich folgen zwei Fragen:

a) Welche Temperatur $\Theta_{si}$ stellt sich in der Ecke unter Normrandbedingungen ein, wenn drei Bauteile aus thermisch homogenen Schichten und einem Wärmedurchlasswiderstand $R$ im ungestörten Bereich von $R$ = 1,2 (m²K)/W in einem Punkt zusammentreffen?

b) Welcher $f_{Rsi}$-Wert – und damit welche Oberflächentemperatur $\Theta_{si}$ – ist in einer Ecke erforderlich um die Anforderungen an den hygienischen Wärmeschutz zu erfüllen?

Zur Beantwortung der erste Frage wurde die Innenoberflächentemperatur $\Theta_{si}$ in einer dreidimensionalen Ecke aus folgenden drei Bauteilen mit einer flächenbezogenen Masse m‘ > 100 kg/m² berechnet:
Eine massiven Schicht der Dicke $d$ = 0,12 m mit einer Rohdichte $\rho$ = 2300 kg/m³ sowie einer Wärmeleitfähigkeit λ = 2,3 W/(m·K) und einer außenseitigen Wärmedämmung der Dicke $d$ = 0,04 m mit einer Wärmeleitfähigkeit λ = 0,035 W/(m·K). Für die Bauteile wurde der Wärmedurchlasswiderstand zu $R$ = 1,20 (m²·K)/W bestimmt und es stellt sich bei einer stationären Berechnung mit Randbedingungen nach DIN 4108-2-2013-02 an der Kante eine Oberflächentemperatur $\Theta_{si\text{-}2D}$ = 13,93 °C in der Ecke eine Oberflächentemperatur von $\Theta_{si\text{-}3D}$ = 12,31 °C ein.
Die Beantwortung der zweiten Frage ist mit den „klassischen„ Rechengängen nicht möglich, da diese einerseits von stationären Verhältnissen ausgehen und andererseits keine weiteren Anforderungen an die Schimmelpilzbildung beinhalten. Daraus folgt, dass neue Aussagen nur auf der Basis zeitlich veränderlicher, d. h. instationärer Betrachtungen möglich sind. Zu diesem Zweck wurde vom Autor dieses Beitrags in seiner Disseration an der Universität Rostock das Verfahren des Hygieneindex entwickelt [ 1 ]. Das Ziel der Arbeit lag darin, ein Verfahren zur Planung von Bauteilen in Hinblick auf den hygienischen Wärmeschutz zu entwickeln und das außerdem zu keiner größeren Belastung für Anwender führt. Der wesentliche Unterschied zwischen dem Hygieneindex-Verfahren und der Berechnung nach DIN 4108-2:2013-02 liegt darin, dass im Teil 2 von rein stationären Randbedingungen ausgegangen wird und man sich bei diesem Ansatz auf einen vorgegebenen $f_{Rsi}$-Wert bezieht, während beim Hygieneindex-Verfahren durch instationäre Berechnungen Mindest-Konstruktionen hinsichtlich des hygienischen Wärmeschutzes ermittelt werden, für die dann bei stationären Randbedingungen nach DIN 4108-2:2013-02 die entsprechendenden Temperaturfaktoren bestimmt werden. Da diesen Temperaturfaktoren eine instationäre Berechnung vorangeht werden sie als $f_{Rsi,instat}$ bezeichnet. Um ein Planungsinstrument für die Schimmelpilzuntersuchung zu schaffen, mußten für das Hygienindex-Verfahren zunächst Bemessungswerte der Außenlufttemperatur ermittelt werden. Dazu erfolgte – in Absprache mit dem Deutschen Wetterdienst – eine Analyse der Außenlufttemperatur $\Theta_e$ an 38 Stationen in der Bundesrepublik. Der untersuchte Zeitraum betrug 53 Jahre. Durch Clusterbildung entstanden sechs Hygieneindex-Zonen mit jeweils einer Repräsentanzstation. Diese Einteilung ähnelt der Einteilung des Bundesgebiets in Dämmgebiete nach DIN 4108:1960-05.

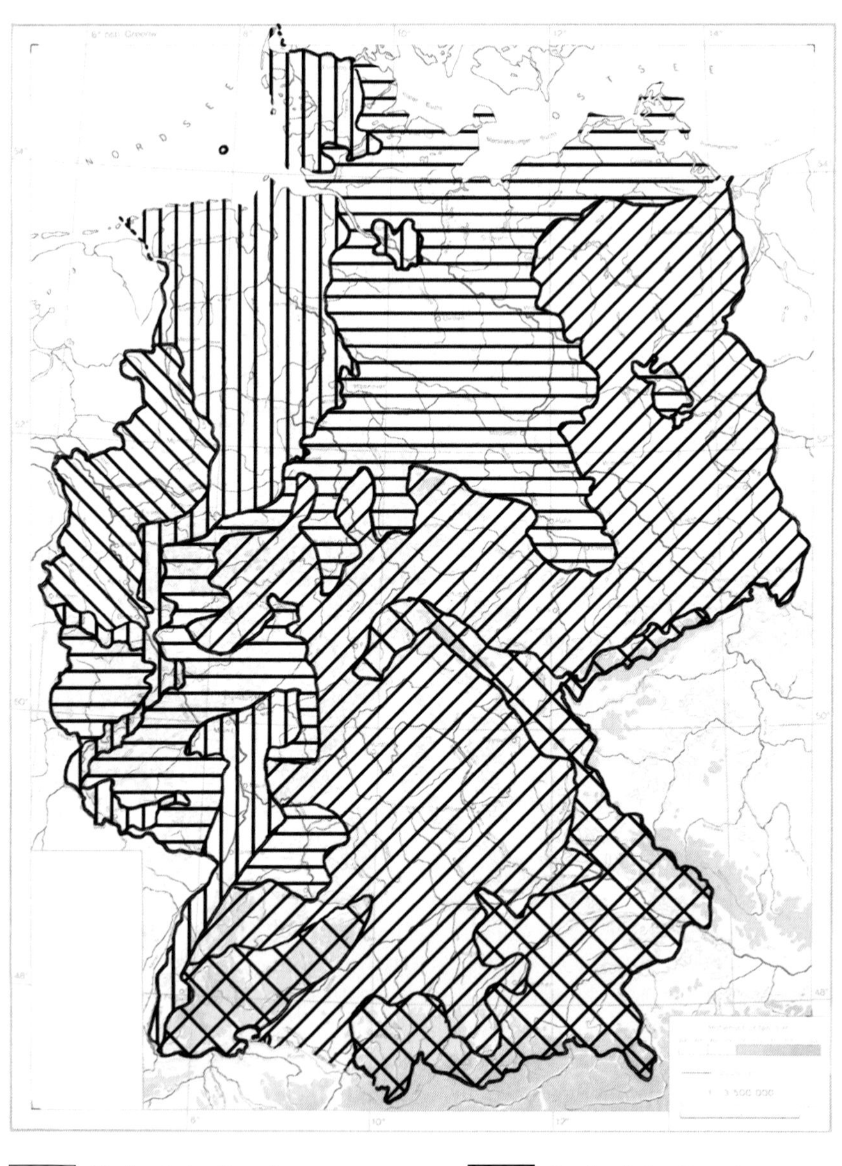

 Hygieneindex-Zone 1

 Hygieneindex-Zone 2

  Hygieneindex-Zone 3

 Hygieneindex-Zone 4

 Hygieneindex-Zone 5

Hygieneindex-Zone 6

**Bild 1:** Hygieneindex-Zonen

Nachdem die Bemessungszyklen der Außenlufttemperatur bestimmt waren konnten unter Berücksichtigung folgender Einflussfaktoren Mindestkonstruktionen des hygienischen Wärmeschutzes berechnet werden:

- Hygieneindex-Zone (I – VI)
- Nachtabsenkung (mit / ohne)
- Temperaturleitfähigkeit (thermisch dynamisch / thermisch träge)
- Wärmeübergangswiderstand (0,25 / 0,50 / 1,00)
- Relative Luftfeuchte (konstant / niedrig / normal / hoch)
- Substratgruppe (I / II)

Zur Bewertung, wann unter instationären Verhältnissen mit der Bildung von Schimmelpilzen auf Bauteiloberflächen zu rechnen ist, wurde das biohygrothermische Verfahren [ 2 ] von Prof. Sedlbauer verwendet. Die Verteilung der relativen Feuchte in Räumen wurde – da zum Zeitpunkt der Untersuchungen zum Hygieneindex-Verfahren keine weiteren Angaben verfügbar waren – einer Studie von Dr. Künzel [ 3 ] entnommen. Mittlerweile liegen Auswertungen der Temperatur- und Feuchteverteiilung in Räumen an 53 Standorten in der Bundesrepublik über einen Zeitraum von zwei Jahren vor, so dass auch hierfür genauere Aussagen möglich sind.

Überträgt man die mit Hilfe der instationären Berechnungen definierten Bauteile in ein Wärmebrückenprogramm mit den Randbedingungen nach DIN 4108-2:2013-02, dann kann man für die ungünstigste Stelle die Oberflächentemperatur □$_{si}$ ermitteln und daraus den Temperaturfaktor $f_{Rsi,instat}$ berechnen. Die Ergebnisse für ein thermisch träges Bauteil als zweidimensionale Wärmebrücke in der Hygieneindex-Zone 3 sind exemplarisch in Tabelle 1 dargestellt.

**Tabelle 4:** Temperaturfaktoren $f_{Rsi,instat-2D}$ in der Hygieneindex-Zone 3

| $R_{si}$ | Nachtab-senkung | Substratgruppe I | | | | Substratgruppe II | | | |
|---|---|---|---|---|---|---|---|---|---|
| | | Luftfeuchte innen □$_i$ | | | | Luftfeuchte innen □$_i$ | | | |
| | | konst. | niedrig | normal | hoch | konst. | niedrig | normal | hoch |
| 0,25 | ohne | **0,7674** | **0,6019** | **0,6801** | **0,7674** | **0,7311** | **0,6019** | **0,6801** | **0,7311** |
| | mit | **0,7940** | **0,6019** | **0,6801** | **0,7940** | **0,7674** | **0,6019** | **0,6801** | **0,7674** |
| 0,50 | ohne | **0,8313** | **0,6801** | **0,7674** | **0,8447** | **0,8313** | **0,6801** | **0,7674** | **0,8313** |
| | mit | **0,8561** | **0,6801** | **0,7940** | **0,8656** | **0,8447** | **0,6801** | **0,7674** | **0,8561** |
| 1,00 | ohne | **0,8974** | **0,7674** | **0,8447** | **0,8974** | **0,8847** | **0,7674** | **0,8313** | **0,8847** |
| | mit | **0,9105** | **0,7940** | **0,8561** | **0,9138** | **0,9032** | **0,7674** | **0,8447** | **0,9070** |

Wendet man das Hygieneindex-Verfahren nicht nur auf zweidimensionale Wärmebrücken (z. B. Kanten) an, sondern erweiteret das Einsatzgebiet auch auf dreidimensionale Wärmebrücken (z. B. Ecken), dann ist es möglich zu überprüfen, ob die Aussage in DIN 4108-2 Abschnitt 6.2.2 richtig ist. Die erforderliche Vorgehensweise wird im Folgenden beispielhaft anhand des bereits bei der Beantwortung der Frage 1herangezogenen Bauteils gezeigt werden.

**Tabelle 5:** $f_{Rsi,instat}$-Werte eines thermisch trägen Bauteils

| | Ecke | | Kante | | Fläche | | erf. $R$ |
|---|---|---|---|---|---|---|---|
| | $f_{Rsi,insat\text{-}3D}$ [ ] | $\Theta_{si\text{-}3D}$ [ °C ] | $\Theta_{si\text{-}2D}$ [ °C ] | $f_{Rsi,insat\text{-}2D}$ [ ] | $\Theta_{si\text{-}1D}$ [ °C ] | $f_{Rsi,insat\text{-}1D}$ [ ] | [ $m^2 \cdot K/W$ ] |
| HiZ1 | 0,66 | 11,61 | 13,37 | 0,73 | 15,34 | 0,81 | 1,05 |
| HiZ2 | 0,66 | 11,61 | 13,37 | 0,73 | 15,34 | 0,81 | 1,05 |
| HiZ3 | 0,71 | 12,75 | 14,33 | 0,77 | 16,07 | 0,84 | 1,30 |
| HiZ4 | 0,71 | 12,75 | 14,33 | 0,77 | 16,07 | 0,84 | 1,30 |
| HiZ5 | 0,71 | 12,75 | 14,33 | 0,77 | 16,07 | 0,84 | 1,30 |
| HiZ6 | 0,74 | 13,47 | 14,96 | 0,80 | 16,61 | 0,86 | 1,55 |

Betrachtete man die Ergebnisse in Tabelle 2 dann wird deutlich, dass die Anforderung an dreidimensionale Wärmebrücken in DIN 4108-2:2013-02, wonach „Ecken, die aus Kanten nach 6.2.1 ($\Theta_{si} \geq 12{,}6$ °C) gebildet werden, und bei denen keine darüber hinausgehende Störung der Dämmebene vorhanden ist, als unbedenklich hinsichtlich Schimmelbildung angesehen werden können und hierzu keines Nachweises bedürfen“ nicht richtig ist.

Es ist beispielsweise für eine Ecke in der Hygieneindex-Zone 3 zur Gewährleistung der Schimmelpilzfreiheit bei instationären Bemessungsrandbedingungen ein Bauteil notwendig, für welches unter stationären Randbedingungen eine Oberflächentemperatur von $\Theta_{si\text{-}3D} = 12{,}75$ °C und damit ein $f_{Rsi,instat\text{-}3D}$-Wert von 0,71 errechnet wird. Die Oberflächentemperatur dieses Bauteils an der Kante beträgt 14,33 °C, der zugehörige $f_{Rsi,instat\text{-}2D}$-Wert beträgt 0,77.

Wie Tabelle 2 zu entnehmen ist, liegt diese Abweichung der erfoderlichen Temperaturen in der Kante von den Vorgaben der DIN 4108-2:2013-02 bei allen Hygieneindex-Zonen vor (d. h. für das gesamte Bundesgebiet und damit für den Zuständigkeitsbereich der Norm) und gilt sowohl für für andere thermisch träge Bauteile als auch für thermisch dynamische Bauteile.

## 3 Vereinfachter Nachweis des sommerlichen Wärmeschutzes

Neben den Anforderungen an den Mindestwärmeschutz im Winter enthält DIN 4108:2 auch Anforderungen an den sommerlichen Wärmeschutz. Damit soll zum einen verhindert werden, dass es in den Aufenthaltsräumen von Gebäuden zu einer Überhitzung kommt, zum anderen soll aber auch Sorge getragen werden, dass durch gestalterische und bauliche Maßnahmen eine „erträgliche" Innenraumtemperaturen gegeben ist, ohne dass gebäudetechnische Anlagen und Einrichtungen zur Kühlung erforderlich werden. Diese Überlegungen zielen auf die Energieeinsparung ab.

Da das Verfahren zum sommerlichen Wärmeschutz in DIN 4108-2:2003-07 – angeblich – mangelhaft war, wurde der Nachweis im Rahmen der Novellierung von DIN 4108-2 überarbeitet. Das Ziel war, ähnlich wie bei der Vorgängerversion, als zentrales Instrument einen Nachweis zu schaffen, der den Bedürfnissen der Gebäudenutzer gerecht wird, gleichzeitig von den Anwendern aber ohne großen Aufwand bewerkstelligt werden kann. D. h. das vereinfachte Verfahren sollte beibehalten werden. Außerdem sollte die Norm – analog zur Vorgängerversion –für genauere Untersuchungen die Parameter von Simulationsrechnungen enthalten.

Neben der Anpassung der Berechnungsweise wurde auch die Karte der Sommerklimaregionen überarbeitet. Da sich seit dem Jahr 2000 die klimatischen Verhältnisse in der Bundesrepublik deutlich verändert haben sollen, wurde beispielsweise die Region um Frankfurt/Oder und Berlin nicht länger als sommerlich heiß, sondern als eine Zone gemäßigter Außenlufttemperaturen während der Sommerzeit eingestuft, wobei sich die neueren Analysen nur auf einen Betrachtungszeitraum von 11 Jahren bezogen, während die vorangegenen Untersuchungen ein Zeitfenster von 31 Jahren umfassten. Außerdem bezieht sich mit DIN 4108-2:2013-02 die Festlegung der Zumutbarkeit von Innenraumtemperaturen nicht mehr auf die maximal zulässige zeitliche Überschreitung, sondern auf die Übertemperaturgradstunden.
Diese Festlegung hebt nicht mehr auf die Behaglichkeit bzw. die Hygiene in Räumen ab, sondern zielt auf die energetischen Belange und damit auf die Gebäudetechnik. Aber nicht nur bei den grundsätzlichen Festlegungen, wie den genannten Übertemperaturgradstunden, treten mit dem neuen Nachweisverfahren gebäudetechnische Belange in den Vordergrund, auch beim vereinfachten Verfahren erhält durch die Berücksichtigung passiver Kühlung die Gebäudetechnik Einzug in eine Baunorm.

Mit den im Folgenden aufgeführten vier Tabellen soll dargelegt werden, welche Konsequenzen das vereinfachte Nachweisverfahren des sommerlichen Wärmeschutzes auf die Baupraxis bei Nichtwohngebäuden hat.

**Tabelle 6:** Vergleichsrechnung zum sommerlichen Wärmeschutz Teil 1

**Beispiele für den Nachweis des sommerlichen Wärmeschutzes nach DIN 4108-2:2013-02**

| Nr. / Kimaregion | 1A | 1C | 2A | 2C |
|---|---|---|---|---|
| Nutzung | Nicht-Wohngebäude | Nicht-Wohngebäude | Nicht-Wohngebäude | Nicht-Wohngebäude |
| Klimazone | A | C | A | C |
| Bauart | leicht | leicht | leicht | leicht |
| Nachtlüftung | ohne Nachtlüftung | ohne Nachtlüftung | ohne Nachtlüftung | ohne Nachtlüftung |
| Breite | 4,00 | 4,00 | 4,00 | 4,00 |
| Tiefe | 3,00 | 3,00 | 3,00 | 3,00 |
| Höhe | 2,75 | 2,75 | 2,75 | 2,75 |
| Fensterfläche | 11,00 | 11,00 | 11,00 | 11,00 |
| nordorientierte Fenster | 0,00 | 0,00 | 0,00 | 0,00 |
| Dachfenster | 0,00 | 0,00 | 0,00 | 0,00 |
| $g$-Wert Verglasung | 0,58 | 0,58 | 0,58 | 0,58 |
| Verglasungstyp | Wärmeschutzglas | Wärmeschutzglas | Wärmeschutzglas | Wärmeschutzglas |
| $F_c$ für Verschattung | 1,00 | 1,00 | 0,25 | 0,25 |
| passive Kühlung | nein | nein | nein | nein |
| vorh. $S$ | 0,532 | 0,532 | 0,133 | 0,133 |
| zul. $S$ | -0,062 | -0,075 | -0,062 | -0,075 |
| | vollverglast | vollverglast | vollverglast mit Lamellen 45° | vollverglast mit Lamellen 45° |

maximale Fensterbreite $b$
bei Fensterhöhe $h$ = 1,385 m

**Tabelle 7:** Vergleichsrechnung zum sommerlichen Wärmeschutz Teil 2

| 3A | 3C | 4A | 4C | 5A | 5C |
|---|---|---|---|---|---|
| Nicht-Wohngebäude | Nicht-Wohngebäude | Nicht-Wohngebäude | Nicht-Wohngebäude | Nicht-Wohngebäude | Nicht-Wohngebäude |
| A | C | A | C | A | C |
| leicht | leicht | leicht | leicht | leicht | leicht |
| ohne Nachtlüftung | ohne Nachtlüftung | ohne Nachtlüftung | ohne Nachtlüftung | ohne Nachtlüftung | ohne Nachtlüftung |
| 4,00 | 4,00 | 4,00 | 4,00 | 4,00 | 4,00 |
| 3,00 | 3,00 | 3,00 | 3,00 | 3,00 | 3,00 |
| 2,75 | 2,75 | 2,75 | 2,75 | 2,75 | 2,75 |
| 11,00 | 11,00 | 11,00 | 11,00 | 1,50 | 1,50 |
| 0,00 | 0,00 | 0,00 | 0,00 | 0,00 | 0,00 |
| 0,00 | 0,00 | 0,00 | 0,00 | 0,00 | 0,00 |
| 0,38 | 0,38 | 0,38 | 0,38 | 0,58 | 0,58 |
| Sonnenschutzglas | Sonnenschutzglas | Sonnenschutzglas | Sonnenschutzglas | Wärmeschutzglas | Wärmeschutzglas |
| 0,30 | 0,30 | 0,20 | 0,20 | 1,00 | 1,00 |
| nein | nein | nein | nein | nein | nein |
| 0,105 | 0,105 | 0,070 | 0,070 | 0,073 | 0,073 |
| -0,032 | -0,045 | -0,032 | -0,045 | 0,029 | 0,016 |
| vollverglast mit Lamellen 45° mit Sonnenschutzglas | vollverglast mit Lamellen 45° mit Sonnenschutzglas | vollverglast mit Lamellen 10° mit Sonnenschutzglas | vollverglast mit Lamellen 10° mit Sonnenschutzglas | Lochfassade Fenstergröße nach LBO | Lochfassade Fenstergröße nach LBO |

**Tabelle 8:** Vergleichsrechnung zum sommerlichen Wärmeschutz Teil 3

| 6A | 6C | 7A | 7C | 8A | 8C |
|---|---|---|---|---|---|
| Nicht-Wohngebäude | Nicht-Wohngebäude | Nicht-Wohngebäude | Nicht-Wohngebäude | Nicht-Wohngebäude | Nicht-Wohngebäude |
| A | C | A | C | A | C |
| leicht | leicht | leicht | leicht | leicht | leicht |
| ohne Nachtlüftung | ohne Nachtlüftung | ohne Nachtlüftung | ohne Nachtlüftung | ohne Nachtlüftung | ohne Nachtlüftung |
| 4,00 | 4,00 | 4,00 | 4,00 | 4,00 | 4,00 |
| 3,00 | 3,00 | 3,00 | 3,00 | 3,00 | 3,00 |
| 2,75 | 2,75 | 2,75 | 2,75 | 2,75 | 2,75 |
| 1,50 | 1,50 | 2,55 | 1,80 | 1,50 | 1,50 |
| 0,00 | 0,00 | 0,00 | 0,00 | 0,00 | 0,00 |
| 0,00 | 0,00 | 0,00 | 0,00 | 0,00 | 0,00 |
| 0,58 | 0,58 | 0,58 | 0,58 | 0,38 | 0,38 |
| Wärmeschutzglas | Wärmeschutzglas | Wärmeschutzglas | Wärmeschutzglas | Sonnenschutzglas | Sonnenschutzglas |
| 0,25 | 0,25 | 0,15 | 0,15 | 1,00 | 1,00 |
| nein | nein | nein | nein | nein | nein |
| **0,018** | **0,018** | **0,018** | **0,013** | **0,048** | **0,048** |
| **0,029** | **0,016** | **0,019** | **0,013** | **0,059** | **0,046** |
| Lochfassade<br>mit Lamellen 45°<br>Fenstergröße nach LBO | Lochfassade<br>Lamellen 45°<br>Fenstergröße nach LBO | Lochfassade<br>Lamellen 10°<br>max. Fenstergröße | Lochfassade<br>mit Lamellen 10°<br>max. Fenstergröße | Lochfassade<br>Fenstergröße nach LBO<br>mit Sonnenschutzglas | Lochfassade<br>Fenstergröße nach LBO<br>mit Sonnenschutzglas |
| 1,08 | | 1,84 | 1,30 | 1,08 | |

**Tabelle 9:** Vergleichsrechnung zum sommerlichen Wärmeschutz Teil 4

| 9A | 9C | 10A | 10C |
|---|---|---|---|
| Nicht-Wohngebäude | Nicht-Wohngebäude | Nicht-Wohngebäude | Nicht-Wohngebäude |
| A | C | A | C |
| leicht | leicht | leicht | leicht |
| ohne Nachtlüftung | ohne Nachtlüftung | ohne Nachtlüftung | ohne Nachtlüftung |
| 4,00 | 4,00 | 4,00 | 4,00 |
| 3,00 | 3,00 | 3,00 | 3,00 |
| 2,75 | 2,75 | 2,75 | 2,75 |
| 3,75 | 3,15 | 4,50 | 3,75 |
| 0,00 | 0,00 | 0,00 | 0,00 |
| 0,00 | 0,00 | 0,00 | 0,00 |
| 0,38 | 0,38 | 0,38 | 0,38 |
| Sonnenschutzglas | Sonnenschutzglas | Sonnenschutzglas | Sonnenschutzglas |
| 0,30 | 0,30 | 0,20 | 0,20 |
| nein | nein | nein | nein |
| **0,036** | **0,030** | **0,029** | **0,024** |
| **0,037** | **0,030** | **0,030** | **0,024** |
| Lochfassade<br>Lamellen 45°<br>max. Fenstergröße<br>mit Sonnenschutzglas | Lochfassade<br>mit Lamellen 45°<br>max. Fenstergröße<br>mit Sonnenschutzglas | Lochfassade<br>Lamellen 10°<br>max. Fenstergröße<br>mit Sonnenschutzglas | Lochfassade<br>Lamellen 10°<br>max. Fenstergröße<br>mit Sonnenschutzglas |
| 2,71 | 2,27 | 3,25 | 2,71 |

Die wesentlichen Größen in der Parameterstudie der Tabellen 6 bis 8 wurden jeweils in der Fußzeile unter der betreffenden Spalte dokumentiert. Der Ausgangspunkt war ein Raum der Größe 3,0 m x 4,0 m bei einer lichten Höhe von 2,75 m der auf einer Seite unter Verwendung einer Wärmeschutzverglasung vollverglast ist und bei dem auf Sonnenschutzmaßnahmen verzichtet wird.
⇒ Der Nachweis kann nicht erbracht werden.
In einem zweiten Schritt erfolgte – bei sonste gleichen Bedingungen – der Einbau einer außenseitigen Lamellenverschattung mit einem Neigungswinkel von 45°.
⇒ Der Nachweis kann nicht erbracht werden.
Als nächste Maßnahme wurde zusätzlich zur außenliegenden Verschattungseinrichtung, die vorhandene Wärmeschutzverglasung durch eine Sonnenschutzverglasung ersetzt.
⇒ Der Nachweis kann nicht erbracht werden.
Als weitere Maßnahme wurde die Neigung der Lamellen auf 10° erhöht.
⇒ Der Nachweis kann nicht erbracht werden.
In der Konsequenz bedeutet dies, dass bei der Anwendung des vereinfachten Nachweisverfahrens zum sommerlichen Wärmeschutz bei Ladenlokalen, Gaststätten, Hotels und ähnlichen Nutzungsarten entweder eine gebäudetechnische Anlage zur Kühlung eingebaut werden muss oder dass – entgegen der Vorgabe im Normenausschusses – nicht das vereinfachte Verfahren als Standardnachweis anzuwenden ist, sondern eine Simulation.
Eine weitere Möglichkeit mit deren Hilfe der Nachweis des sommerlichen Wärmeschutzes nach dem vereinfachten Verfahren möglich ist, bsteht in einer Verkleinerung der Fensterflächen. Damit ist jedoch der Einbau eines Schaufensters nicht mehr möglich. Die entsprechenden Untersuchungen können den Spalten fünf bis zehn in den Tabellen entnommen werden.

## 4 Überarbeitung von DIN 4108-3:2001-07

Auch für DIN 4108-3 steht eine Überarbeitung an. Hierfür legte der Normenausschuss ursprünglich folgende Punkte fest:

- Übernahme von DIN EN ISO 13788 in die nationale Norm
- Ausschluss der Sommerkondensation bei der Berechnung der Verdunstungswassermasse $M_w$
- eine moderate Verschärfung der Klimarandbedingungen
- Überarbeitung der Beispiele und Anpassung an aktuelle Bezeichnungen und Bausoffe.

Die Diskussionen im Normenausschuss NABau 005.56.99 „Feuchte“ führte hinsichtlich der Untersuchung bwz. des Nachweises von Tauwasserausfall in Bauteilen zu dem Ergebnis, dass

- die Unterscheidung zwischen nachweisfreien Konstruktionen und dem rechnerischen Nachweis des Tauwasserausfalls in Bauteilen auch künftig beibehalten werden soll
- der Katalog der nachweisfreien Konstruktionen nicht nur erhalten bleibt, sondern noch erweitert wird

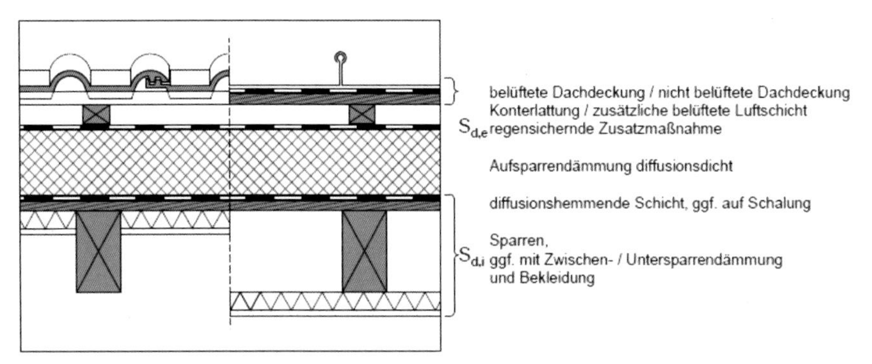


Bild 4 - Konstruktionsbeispiel:
nicht belüftete Dachkonstruktion mit belüfteter Dachdeckung bzw. nicht belüfteter Dachdeckung und zusätzlicher belüfteter Luftschicht, diffusionsdichte Aufsparrendämmung und ggf. geringfügige Zwischen- oder Untersparrendämmung

**Bild 2:** Geplante nachweisfreie Konstruktion für DIN 4108-3

- neben dem Periodenbilanzverfahren (Glaser-Verfahren) auch ein Monatsbilanzverfahren bzw. eine Simulation als Nachweisführung möglich sind.

Die Umsetzung dieser Zielvorgaben führt jedoch zu den Problemen, dass eine Nachweisführung nach dem Monatsbilanzverfahren nicht angewendet werden kann, da die erforderlichen Klimarandbedingungen nicht gegeben sind und dass das dieses Verfahren falsche Ergebnisse liefert, da beispielsweise der Lastfall Tauwasserausfall in einem Bereich fehlt.
Für die Nachweisführung mittels Simulation gilt, dass diese im Rahmen öffentlich rechtlicher Berechnungen nicht möglich ist, da keine offiziellen Klimarandbedingungen vorliegen. Außerdem müssten Simulationsprogramme vor einem Einsatz zum öffentlich rechtlichen Nachweis zunächst validiert werden, um Schwankungen und Abweichungen auszuschließen bzw. bewerten zu können.

In Bezug auf das Periodenbilanzverfahren (Glaser-Verfahren) sieht der Stand der Diskussion im Normenausschuss derzeit wie folgt aus:

- Das Verfahren bleibt in seiner grundsätzlichen Struktur auch weiterhin bestehen
- eine moderate Verschärfung der Klimarandbedingungen wurde vom Ausschuss abgelehnt
- der zur Berechnung der Temperaturverteilung im Bauteil erforderliche Wärmeübergangswiderstand wird – unabhängig von der Richtung des Wärmestroms – auf $R_{si}$ = 0,25 m²K/W festgelegt
- die Nomenklatur und Schreibweisen werden an die Diktion der DIN EN ISO 13788 angepasst
- der Wasserdampf-Diffusionsleitkoeffizient $\delta_0$ von Luft aus DIN EN ISO 13788 wird in DIN 4108-3 übernommen, wodurch es bei den Sättigungsdampfdrücken $p_s$ zu geringfügigen Veränderungen kommt.

Abgelehnt wurde vom Ausschuss hingegen die ursprünglich als Ziel vorgegebene geringfügige Verschärfung der Klimadaten. Dass dies nicht gerechtfertigt ist, zeigen die folgenden Bilder. Sie wurden einem Forschungsvorhaben entnommen, bei dem an 53 Standorten in der Bundesrepublik über einen Zeitraum von drei Jahren hinweg in Räumen Temperaturen und relative Feuchte mittels Thermohygrographen gemessen wurden.
Die Bildern 3 bis 5 zeigen – über einen Zeitraum von zwei Jahren – die Verteilung der relativen Feuchte in einem Gebäude aus dem Jahr 2009 und in einem Gebäude aus dem Jahr 1961, welches sich hinsichtlich der Umfassungsbauteile noch im ursprünglichen Zustand befindet. Beide Gebäude stehen im Rheintal, so dass der Einfluss des Außenklimas von untergeordneter Bedeutung ist.

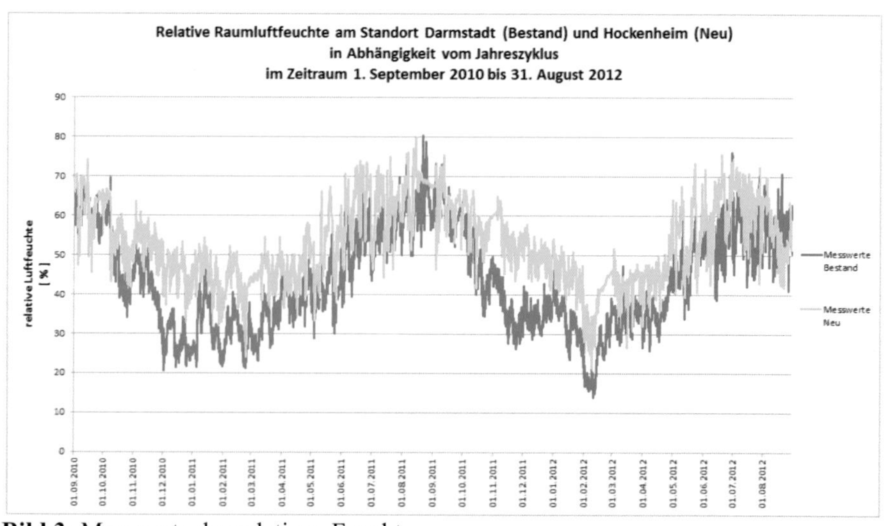


**Bild 3:** Messwerte der relativen Feuchte

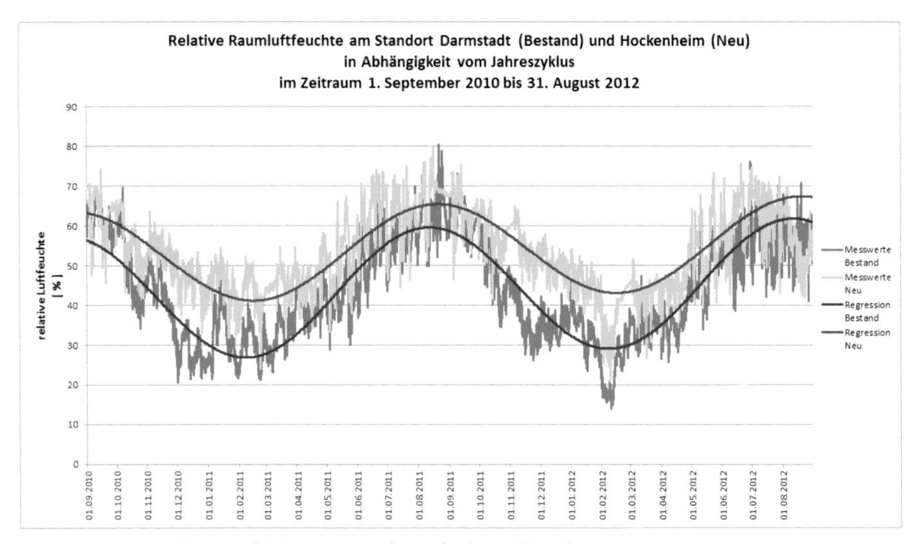


**Bild 4:** Regression und Messwerte der relativen Feuchte

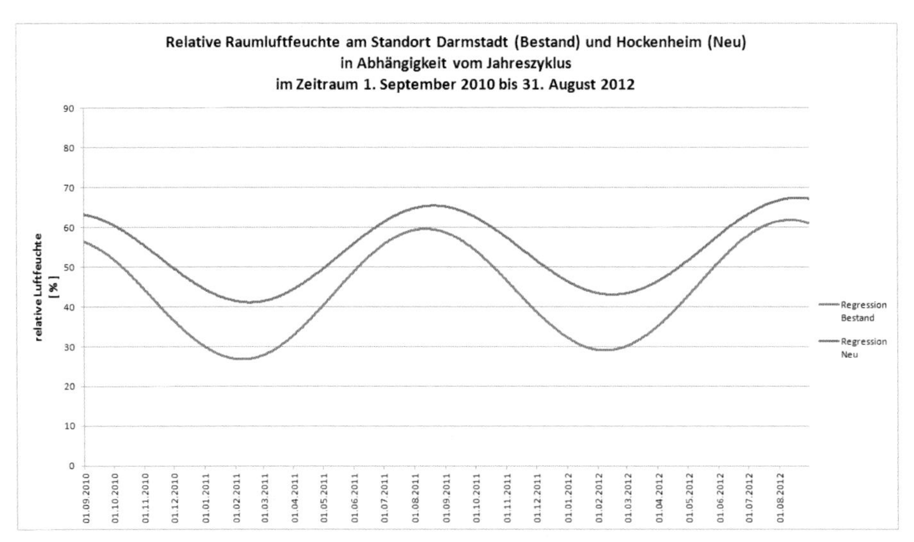


**Bild 5:** Regressionskurve der relativen Feuchte

Bei der Betrachtung der Regressionskurven wird deutlich, dass in dem moderneren Gebäude – bedingt durch die größere Luftdichtheit der Hülle ($n_{50} < 1{,}0\ s^{-1}$) – eine höhere relative Feuchte gegeben ist. Da die Norm DIN 4108-3 und die darin enthaltenen Anforderungen auf künftige Bauvorhaben abzielt, muss davon ausgegangen werden, dass die Maßgaben an die Luftdichtheit steigen und damit – wenn Anlagen zur mechanischen Be- und Entlüftung von Gebäuden nicht zwangsweise vorgeschrieben werden – eine Zunahme des absolten Wassergehalts und damit der relativen Feuchte in der Raumluft unabdingbar ist.

Der Frage, ob und wenn ja wie sich eine Verschärfung der Klimarandbedingungen im Periodenbilanzverfahren der DIN 4108-3 auf Bauteile auswirken würde wurde in einem Forschungsvorhaben nachgegangen [ 4 ]. Die Ergebnisse dieser Untersuchung zeigen, dass derzeit übliche und in DIN 4108-3 als nachweisfrei eingestufte Bauteile auch bei einer moderaten Verschärfung der Klimarandbedingungen noch unkritisch wären.

Literaturangaben:

[ 1 ] Th. Ackermann, Nachweis des hygiensichen Wärmeschutzes bei zweidimensionalen Wärmebrücken unter Verwendung instationärer Außenlufttemperaturen, Dissertaion Rostock, 2011, Shaker Verlag
[ 2 ] K. Sedlbauer, Vorhersage der Schimmelpilzbildung auf und in Bauteilen, Dissertation Stuttgart, 2001
[ 3 ] H.M. Künzel, Raumluftfeuchteverhältnisse in Wohnräumen. In IBP-Mitteilungen 314. Neue Forschungsergebnisse kurz gefasst, Nr. 24 1997
[ 4 ] Th. Ackermann, K. Kießl, Michael Grafe, Systematische rechnerische Untersuchung zur ergänzenden Absicherung vereinfachter nationaler Klima-Randbedingungen bei der Übernahme des Diffusionsnachweises gemäß DIN EN ISO 13788 in die nationale Feuchtenorm DIN 4108-3, Fraunhofer IRB Verlag, 2013

**24. Hanseatische Sanierungstage**
**Messen Planen Ausführen**
**Heringsdorf 2013**

# Öffentliche Ausschreibungen für sich gewinnen

**U. Kohls/E. Schmitz**
Bremen

## Zusammenfassung

Die Vergabe öffentlicher Aufträge nimmt auch im Bereich der Gebäudesanierung einen großen Stellenwert ein. Anders, als es der Titel vielleicht suggeriert, hängt die Zuschlagsentscheidung jedoch nicht nur von glücklichen Umständen ab. Vielmehr bedarf es neben der Abgabe attraktiver Angebote der Kenntnis der vergaberechtlichen „Spielregeln", um im Rahmen öffentlicher Auftragsvergaben erfolgreich zu sein und sich das damit verbundene Marktpotential zu erschließen.

Dieser Beitrag soll für die Rahmenbedingungen des Vergaberechts sensibilisieren, wobei er auf die Regelungen der Bauvergabe nach der Vergabe- und Vertragsordnung für Bauleistungen (VOB/A) fokussiert. Mit dieser Zielstellung führt der Beitrag kurz in die vergaberechtlichen Grundlagen ein. Darauf aufbauend zeigt er in der Praxis häufig auftretende Fehler der Bieter bei der Angebotsabgabe und Handlungsoptionen für deren Vermeidung auf. Außerdem werden die für Bieter im Rahmen von Vergabeverfahren bestehenden Gestaltungsspielräume dargestellt. Abschließend gibt der Beitrag einen kurzer Einblick in die Thematik des Rechtsschutzes zur Überprüfung der Einhaltung bieterschützender vergaberechtlicher Bestimmungen.

## 1 Marktpotential öffentlicher Aufträge im Gebäudesanierungsbereich

Die Altbausanierung gewinnt auch im öffentlichen Auftragswesen an Bedeutung. So wurden beispielsweise im Jahr 2010 im Nichtwohngebäudebereich in Deutschland Bestandsinvestitionen in Höhe von insgesamt 55,4 Mrd. Euro getätigt. Der öffentliche Bau hatte daran einen Anteil von 34 %, was einem Auftragsvolumen von 19 Mrd. Euro entspricht. [1]
Da die Vergabe der Leistungen des öffentlichen Baus den Regeln des öffentlichen Auftragswesens unterliegt, gilt es, sich sowohl diese als auch das im Bereich der Gebäudesanierung der öffentlichen Hand liegende Auftragspotential zu erschließen.

## 2 Vergaberechtliche Grundlagen und Grundsätze

Unter „Vergaberecht" ist die Gesamtheit der Regeln und Vorschriften zu verstehen, die der Staat, seine Behörden und Institutionen beim Einkauf von Leistungen und Gütern zu berücksichtigen haben.

a) Regelungszwecke
Dabei werden zwei Zielrichtungen verfolgt: Erstens die Verpflichtung von Auftraggebern, ihren Einkauf nach der Wirtschaftlichkeit auszurichten. Zweitens, die Öffnung der einzelnen nationalen Beschaffungsmärkte der EG zu einem großen Binnenmarkt. Das Vergaberecht dient also dazu, den Wettbewerb im öffentlichen Auftragswesen zu schaffen und zu organisieren.

b) Rechtsgrundlagen
Aufgrund der durch die EU-Rechtsmittelrichtlinie geforderten Schaffung eines Rechtsweges für Vergabenachprüfungen oberhalb der EU-Schwellenwerte für EU-weite Vergabeverfahren, wurde das deutsche Vergaberecht in 1998 wesentlich geändert und der sogenannten „Kartellrechtlichen Lösung" zugeführt. Das bedeutet, dass für Vergaben oberhalb der EU-Schwellenwerte ein eigener Teil in das Gesetz gegen Wettbewerbsbeschränkungen (GWB) aufgenommen wurde, nämlich dessen 4. Teil mit den §§ 97 ff. GWB.

§ 127 GWB ist die Ermächtigungsnorm zum Erlass von Verordnungen zur Umsetzung der Richtlinien der Europäischen Gemeinschaft. Auf dieser Grundlage beruht die Vergabeverordnung (VgV). Gemäß §§ 4 bis 6 der VgV sind öffentliche Auftraggeber oberhalb der Schwellenwerte zur Anwendung der Vergabe- und Vertragsordnungen verpflichtet. Im Unterschwellenbereich ergibt sich deren Anwendung aus haushaltrechtlichen Bestimmungen.

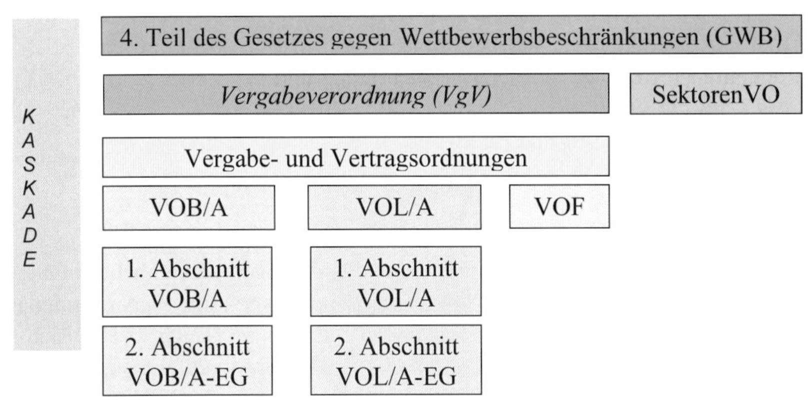


**Bild 1:** Schema Kaskade des Vergaberechts - nationale Rechtsquellen oberhalb der EU-Schwellenwerte zur Umsetzung europäischen Rechts (Koordinierungsrichtlinien, Sektorenrichtlinien)

Unterhalb der Schwellenwerte sind das GWB und die VgV nicht anzuwenden, so dass sich das anzuwendende Vergaberecht dann wie folgt darstellt.

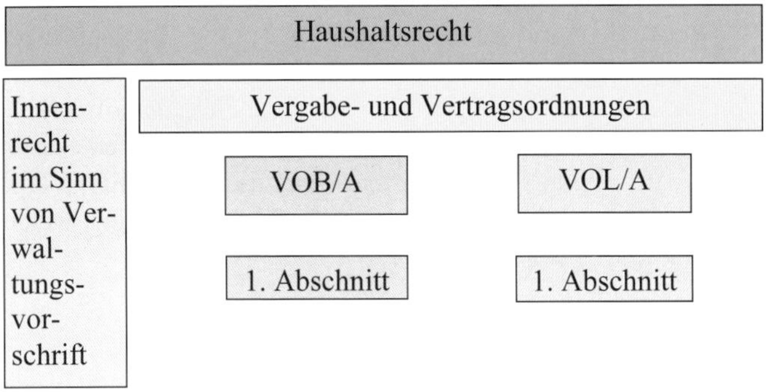

Haushaltsrecht

Innenrecht im Sinn von Verwaltungsvorschrift

Vergabe- und Vertragsordnungen

VOB/A

VOL/A

1. Abschnitt

1. Abschnitt

**Bild 2:** Schema Rechtsquellen für nationale Vergabeverfahren

Für die Vergabe von Bauleistungen ist die Vergabe- und Vertragsordnung für Bauleistungen (VOB/A) anzuwenden. Bei der VOB/A handelt es sich nicht um ein Gesetz oder eine Rechtsverordnung. Herausgeber der VOB ist vielmehr der Deutsche Vergabe- und Vertragsausschuss (DVA). Der DVA ist ein rechtsfähiger Verein, dessen Mitglieder sowohl Institutionen von Bund, Ländern und Kommunen als auch der Wirtschaft sind. [2] Zur Einstufung der Rechtsnatur der VOB/A ist zu unterscheiden: Unterhalb der EU-Schwellenwerte stellt die VOB/A eine Verwaltungsvorschrift dar, so genanntes haushaltsrechtliches Innenrecht, an das die öffentlichen Auftraggeber gebunden sind, das jedoch keine Außenwirkung entfaltet. Oberhalb der EU-Schwellenwerte (derzeit liegt der EU-Schwellenwert für Bauvergaben bei 5 Mio. Euro) [3] ist der Charakter der VOB/A aufgrund der in § 97 Absatz 6 und § 127 des GWB enthaltenen Rechtsverordnungsermächtigung und der Verweisung des § 6 Absatz 1 VgV auf die VOB/A vergleichbar mit einer Rechtsverordnung. [4] Die VOB/A untergliedert sich in drei Abschnitte.

**Tabelle 1: Aufbau der VOB/A**

| **Abschnitt** | **Abschnitt 1** | **Abschnitt 2** | **Abschnitt 3** |
|---|---|---|---|
| Inhalt | Basisparagraphen | Vergabebestimmungen im Anwendungsbereich der Richtlinie 2004/18/EG (VOB/A-EG) [5] | Vergabebestimmungen im Anwendungsbereich der Richtlinie 2009/81/EG (VOB/A-VS) [6] |
| Regelungsgehalt | Regelt Bauvergaben unterhalb der EU-Schwellenwerte. | Regelt Bauvergaben für EU-weite Ausschreibungen oberhalb der EU-Schwellenwerte. | Regelt die Vergabe von Bauleistungen in den Bereichen Verteidigung und Sicherheit oberhalb der EU-Schwellenwerte. |

c) Vergabearten

Das Vergaberecht kennt unterschiedliche Vergabearten, die verschieden strenge Formanforderungen stellen. Es gilt der Grundsatz der Vorrangigkeit der öffentlichen Ausschreibung/des offenen Verfahrens. Alle übrigen Vergabearten stellen Ausnahmetatbestände dar, die nur Anwendung finden dürfen, wenn die in § 3 (EG) VOB/A normierten Gründe gegeben sind. [7] Dabei ist stets das Verfahren vorrangig, welches den umfangreicheren Wettbewerb gewährleistet.

Unterhalb der Schwellenwerte enthält die VOB/A drei Vergabearten:
- die Öffentliche Ausschreibung,
- die Beschränkte Ausschreibung und
- die Freihändige Vergabe.

Diese „klassischen" Vergabearten unterscheiden sich im Wesentlichen durch ihre formellen Anforderungen an den Verfahrensablauf sowie den Umfang des mit ihnen verbundenen Wettbewerbs: Während bei der Öffentlichen Ausschreibung allen interessierten Unternehmen die Vergabeunterlagen zu übermitteln sind, also die Zahl der Unternehmen unbeschränkt ist, werden sie bei Beschränkter Ausschreibung und Freihändiger Vergabe nur an die zuvor ausgewählten geeigneten Unternehmen gesendet. Dabei unterscheidet sich die Freihändige Vergabe von der Beschränkten Ausschreibung dadurch, dass die Vergabe der Bauleistungen ohne förmliches Verfahren erfolgt, vgl. § 3 Absatz 1 Satz 3 VOB/A.

Oberhalb der EU-Schwellenwerte enthalten die EG-Paragraphen neben zusätzlichen Verfahrensanforderungen auch eine weitere Vergabeart – den wettbewerblichen Dialog. Bei den übrigen Vergabearten oberhalb der Schwellenwerte handelt es sich um mit denen unterhalb der Schwellenwerte im Wesentlichen Vergleichbare, die jedoch andere Bezeichnungen tragen, nämlich:
- das offene Verfahren,
- das nicht offene Verfahren und
- das Verhandlungsverfahren.

d) Vergaberechtliche Grundsätze
Die dargelegten Regelungszwecke des Vergaberechts werden durch folgende Grundsätze ergänzt, die die Erreichung des Zwecks sicherstellen sollen.

Öffentliche Auftraggeber haben Güter und Leistungen im Wettbewerb und mittels Durchführung transparenter Vergabeverfahren zu beschaffen. Dazu ist die Durchführung möglichst offener, uneingeschränkter Verfahren mit weitest gehender Streuung von Vergabebekanntmachungen und Vergabeunterlagen erforderlich. Dem Transparenzprinzip wird durch zahlreiche Publizitätsvorschriften im Vergaberecht entsprochen. Zudem schreibt das Vergaberecht vor, dass alle Teilnehmer am Vergabeverfahren gleich zu behandeln sind (Diskriminierungsverbot). Den Interessen des Mittelstandes soll durch die Auftragsvergabe in Losen Rechnung getragen werden. Des Weiteren stellt das Vergaberecht die Anforderungen auf, dass Aufträge nur an geeignete Bieter zu vergeben sind und der Zuschlag nur auf das wirtschaftlichste Angebot zu erteilen ist.

Die dargelegten vergaberechtlichen Grundsätze sind durch die öffentlichen Auftraggeber im Zuge der Durchführung der Vergabeverfahren stets zu wahren und münden in zahlreiche sowohl von öffentlichen Auftraggebern als auch von Bietern zu beachtende Verfahrens- und Formanforderungen.

## 3 Praxisrelevante Fehler bei Angebotsabgabe und Vermeidungsstrategien

In der Vergabepraxis sind häufig folgende Fehler, die Bietern bei Angebotsabgabe unterlaufen, festzustellen, die aufgrund der formalen Vorgaben des §§ 16 (EG) VOB/A dann zwangsweise den Angebotsausschluss zur Folge haben, ohne dass den Auftraggebern diesbezüglich ein Ermessenspielraum zusteht. Dies ist für alle Beteiligten ärgerlich, da für die Bieter bei Vorlage solcher Fehler die zur Angebotsabgabe eingesetzten Aufwände nicht zu einer reellen Chance im Wettbewerb führen können, und den Auftraggebern nur eine geringere Anzahl wertbarer Angebote im Wettbewerb verbleibt.

a) Verspätete Angebote
Gemäß § 16 (EG) Absatz 1 Nr. 1 a) VOB/A sind verspätete Angebote, also solche, die dem Verhandlungsleiter im Submissionstermin aus nicht von der Vergabestelle zu vertretenden Gründen bei Öffnung des ersten Angebotes nicht vorgelegen haben, zwingend auszuschließen. Etwas anderes kann nur in den Fällen gelten, in denen der Bieter die Verspätung nicht zu vertreten hat. Das ist nur dann zu bejahen, wenn die Verspätung auf höhere Gewalt oder alleiniges Verschulden der Vergabestelle zurückzuführen ist. [8]

In diesem Zusammenhang ist zu betonen, dass die Bieter das Übermittlungsrisiko tragen. Den Bietern wird daher auch das Verschulden eines von ihnen beauftragten Post- oder Kurierdienstes gem. §§ 276, 278 BGB zugerechnet. [9] Die Praxisrelevanz solcher Fälle ist nicht zu unterschätzen: Es geschieht nicht selten, dass unter Zeitnot Adresszusätze nicht richtig erfasst und Zustellungen durch Boten nicht oder erst verspätet erfolgen. Versuche der Bieter, Schadensersatz vom Postdienst zu erlangen, scheitern meist am rechtlich schwer zu führenden Nachweis des Schadens. Dessen Vorliegen wird in der Regel nur dann bejaht, wenn der Bieter nachweisen kann, dass ihm bei rechtzeitiger Angebotsabgabe der Zuschlag hätte erteilt werden müssen. [10] Dieser Prämisse kann in der Praxis nur begegnet werden, indem der Postdienst nachweislich über die Bedeutung der fristgerechten Zustellung informiert und die fristgerechte Angebotsabgabe als Leistungsbestandteil des Postdienstes schriftlich vereinbart wird.

b) Fehlende Unterschrift
Nicht unterschriebene Angebote sind im Rahmen der Angebotsprüfung durch den öffentlichen Auftraggeber gemäß § 16 (EG) Absatz 1 Nr. 1 b) VOB/A zwingend auszuschließen. Dies gilt auch für den Fall, dass die Unterschrift sich nicht an der vom Auftraggeber hierfür gekennzeichneten Stelle befindet. [11]

Die VOB/A stellt zwar nicht das Erfordernis einer rechtsverbindlichen Unterschrift auf. In Fällen der Unterzeichnung durch nicht vertretungsberechtigte Personen gelten die Grundsätze der Anscheins- und Duldungsvollmacht. Auftraggeber können jedoch eine rechtsverbindliche Unterschrift fordern. Wird die rechtsverbindliche Unterschrift verlangt, nicht jedoch die Vorlage eines Nachweises der Vertretungsmacht des Unterzeichners, so genügt dieser Anforderung jede Unterschrift eines Erklärenden, der zum Zeitpunkt des Ablaufes der Vorlagefrist tatsächlich bevollmächtigt war. Der Nachweis über die Vertretungsmacht kann in diesem Fall jederzeit, auch nachträglich, geführt werden.

c) Weitere Unterzeichnungserfordernisse
Angebote müssen unterschrieben sein, um die Identität des Ausstellers erkennbar zu machen sowie die Echtheit und Vollständigkeit der Angebote zu gewährleisten.
Die Unterschrift muss eine eigenhändige Namensunterschrift sein. Stempelabdrucke reichen nicht aus. Darüber hinaus muss die Unterschrift sich auf den gesamten Angebotsinhalt beziehen und den Text räumlich abschließen. Da Letzteres bei umfänglichen Angeboten schwierig ist, fügen Auftraggeber in der Regel Formblätter bei, die dann an den hierfür gekennzeichneten Stellen zwingend zu unterschreiben sind.

Bieter müssen daher die Vergabeunterlagen sorgfältig daraufhin überprüfen, an welchen Stellen diese zu unterzeichnen sind, und welche Anforderungen an die Unterschrift und den Nachweis der Vertretungsmacht sie enthalten. Zwar wurde mit der VOB/A 2009 die Möglichkeit der Nachforderung von Erklärungen und Nachweisen in § 16 (EG) Abs. 1 Nr. 3 VOB/A neu eingeführt. Die Unterzeichnung des Angebotes zählt jedoch nicht zu den Erklärungen im Sinne des § 16 (EG) Abs. 1 Nr. 3 VOB/A und kann daher nicht nachgeholt werden. Fehlt die Unterschrift, liegt vielmehr bereits kein Angebot im Rechtssinn vor und darf aus diesem Grund bereits nicht weiter berücksichtigt werden. [12]

d) Änderungen oder Ergänzungen an den Vergabeunterlagen
Um die Vergleichbarkeit der Angebote und damit die Chancengleichheit der Bieter zu gewährleisten, gilt hinsichtlich der Vergabeunterlagen ein Änderungs- und Ergänzungsverbot für die Bieter. Eine unzulässige Änderung liegt immer dann vor, wenn durch eine aktive Handlung des Bieters, wie z. B. textliche Ergänzungen oder Streichungen, der von der Vergabestelle in den Vergabeunterlagen dokumentierte Wille verändert wird.

Große Praxisrelevanz haben in diesem Zusammenhang diejenigen Fälle, in denen Bieter ihren Angebotsunterlagen eigene Allgemeine Geschäftsbedingungen (AGB) beifügen. In der Praxis erfolgt dies oft unbewusst, beispielsweise aufgrund des Abdrucks der AGB auf der Rückseite des Geschäftspapiers der Bieter. Die Rechtsprechung ist hinsichtlich der Bewertung der Rechtsfolgen beigefügter AGB uneinheitlich, stellt jedoch überwiegend auf das Vorliegen unzulässiger Änderungen der Vergabeunterlagen in solchen Fällen ab. [13] Zur Vermeidung von Unwägbarkeiten sollten Bieter daher von vornherein sicherstellen, dass ihren Angebotsunterlagen eigene AGB nicht beiliegen.

Weitere Problemstellungen hinsichtlich der Frage des Vorliegens unzulässiger Änderungen der Vergabeunterlagen ergeben sich immer dann, wenn Bieter in Begleitschreiben darlegen, wie sie aus ihrer Sicht nicht eindeutige Positionen des Leistungsverzeichnisses oder Passagen der Leistungsbeschreibung deuten. Diese Darlegungen der Bieter sind in der Praxis häufig als Angebotsbedingungen und damit unzulässige

Änderungen der Vergabeunterlagen zu bewerten, mit der Konsequenz des zwingenden Angebotsausschlusses.

Der Umgang mit in der Praxis leider häufig anzutreffenden fehler- und/oder lückenhaften Leistungsbeschreibungen und –verzeichnissen sollte zur Vermeidung des Angebotsausschlusses durch die Bieter dringend folgendermaßen gestaltet werden:
Die Leistungsbeschreibung sollte möglichst frühzeitig sorgfältig gelesen und auf Widersprüche und/oder Unklarheiten geprüft werden. Bei Zweifeln müssen die Bieter Rückfragen an die Vergabestelle stellen, und zwar möglichst schriftlich, um ihr Vorgehen zu dokumentieren und im Streitfall nachweisen zu können. Dieses Vorgehen erfordert es, sich einen möglichst ausreichenden Zeitraum für das Stellen von Nachfragen vor Ablauf der Angebotsfrist offen zu halten. Sollten sich jedoch umfassende Unzulänglichkeiten der Vergabeunterlagen erweisen, die voraussichtlich längere Zeit der Klärung in Anspruch nehmen, kann auch die Beantragung zur Verschiebung des Submissionstermins angezeigt sein. Die Vergabestelle ist dann zur Prüfung und ggf. einheitlichen Fristverlängerung gegenüber allen Bietern verpflichtet. Ebenso hat sie im Sinne der Chancengleichheit allen Bietern die entsprechenden Hinweise zur Klarstellung der Vergabeunterlagen zu übermitteln.

e) Nicht zweifelsfreie Änderungen des Bieters an seinen Eintragungen
Sind Eintragungen der Bieter nicht zweifelsfrei, führt dies zwingend zum Angebotsausschluss. Dies soll die Vergleichbarkeit der Angebote sicherstellen und dient damit der Chancengleichheit der Bieter. Jegliche Korrekturen und/oder Ergänzungen des ursprünglichen Angebotsinhaltes stellen Änderungen der Eintragungen des Bieters dar. Daher ist bei handschriftlichen Ergänzungen/Änderungen durch die Bieter zumindest auf folgende Punkte besonderes Augenmerk zu legen: Änderungen sollten nur mit namentlichem Hinweis auf den Urheber sowie dem Zusatz des Änderungsdatums erfolgen. Außerdem sollte ausschließlich dokumentenechte Schreibflüssigkeit zum Einsatz kommen. Selbstverständlich ist darüber hinaus auf die Lesbarkeit der Änderung zu achten. Hinsichtlich der Verwendung von Tipp-Ex ist darauf hinzuweisen, dass die Rechtsprechung diese uneinheitlich bewertet. Teilweise wird die Eindeutigkeit der mit Tipp-Ex vorgenommenen Änderungen wegen der generellen Lösbarkeit vom Papier bereits bei normalem Gebrauch verneint. [14]

f) Fehlende Preisangaben
Probleme bereiten in der Vergabepraxis auch fehlende Preisangaben, die grundsätzlich zum Angebotsausschluss führen. Denn gemäß § 16 (EG) Absatz 1 Nr. 1 c) VOB/A dürfen Angebote trotz Fehlens eines Preises nur dann berücksichtigt werden, wenn es sich bei der nicht verpreisten Position um eine Unwesentliche handelt und auch bei Wertung dieser Position mit dem höchsten Wettbewerbspreis der Wettbewerb und die Wertungsreihenfolge der Angebote nicht beeinträchtigt werden. Nicht

nur fehlende, sondern auch widersprüchliche Preisangaben gelten als fehlende Preisangaben. [15]

Zudem ist die Problematik der sogenannten Mischkalkulationen im Anwendungsbereich der VOB/A zu bedenken. Angebote, die auf Mischkalkulationen beruhen sind nach der Rechtsprechung des BGH zwingend von der Wertung auszuschließen. [16] Für das Vorliegen einer unzulässigen Mischkalkulation können Preisangaben von 0,00 € ein mögliches aber nicht zwingendes Indiz sein. [17] Der BGH vertritt die Auffassung, dass Bieter bei Vorliegen von Mischkalkulationen nicht die geforderten Erklärungen abgeben. Hintergrund ist die Sicherstellung der Transparenz im Wettbewerb und die Vermeidung von spekulativen Angeboten. Bieter müssen, um einen Ausschluss wegen Mischkalkulationen zu vermeiden, insbesondere darauf achten, dass auch die Angaben der von ihnen für die Bearbeitung des Auftrags angefragten Nachunternehmer den oben genannten Anforderungen entsprechen. Im Fall der ungeprüften Übernahme der Preisangaben der Nachunternehmer droht der Ausschluss des Angebots wegen fehlender Preisangaben. [18] Im Falle von Indizien für das Vorliegen einer Mischkalkulation obliegt es den Bietern diese zu entkräften. [19] Für die Zulässigkeit eines Angebotsausschlusses ohne Angebotsaufklärung reichen daher bloße Zweifel der Vergabestelle über das Vorliegen einer Mischkalkulation nicht aus. [20]

## 4 Gestaltungsspielräume

Bietern eröffnen sich im Rahmen von Vergabeverfahren Gestaltungsspielräume insbesondere im Zusammenhang mit der Abgabe von zugelassenen Nebenangeboten, dem Einsatz von Nachunternehmern und der Bildung von Bietergemeinschaften.

a) Nebenangebote
Als Nebenangebote werden Angebote bezeichnet, die von der vorgesehenen Leistungsausführung abweichen. Aber auch wirtschaftliche Änderungen (z. B. ohne Bedingung gewährte pauschale Nachlässe) können Nebenangebote darstellen. Im Rahmen der Nebenangebote, soweit diese von der Vergabestelle zugelassen sind, haben Bieter die Gelegenheit, ihr besonderes Know-how und speziell auf den Auftragsgegenstand zugeschnittene Lösungsmöglichkeiten bzw. Ausführungsvarianten einzubringen. Hierbei sind allerdings seitens der Bieter folgende Rahmenbedingungen zu bedenken.

Nebenangebote dürfen durch die Vergabestelle nur dann im Wettbewerb berücksichtigt werden, wenn sie deren Abgabe zugelassen hat. Die Zulassung von Nebenangeboten steht im Ermessen der Vergabestelle. Unterhalb der EU-Schwellenwerte gilt für den Fall, dass die Bekanntmachung oder die Vergabeunterlagen hierzu keine Angaben enthalten, dass Nebenangebote zugelassen sind und gewertet werden müssen, vgl. § 16 Absatz 8 VOB/A. Oberhalb der EU-Schwellenwerte dürfen hingegen nur ausdrücklich zugelassene Nebenangebote gewertet werden.

Bieter haben zudem folgende Formanforderungen des § 13 (EG) Absatz 3 VOB/A bei Abgabe von Nebenangeboten zu berücksichtigen. Die Anzahl der Nebenangebote ist an der vom Auftraggeber bestimmten Stelle (meist im Angebotsschreiben) anzugeben. Denn ohne die Angabe der Anzahl der Nebenangebote ist es dem Verhandlungsleiter im Submissionstermin nicht möglich, die gemäß § 14 (EG) Absatz 3 Nr. 2 Satz 3 VOB/A vorgeschriebenen Aussagen, die der Transparenz des Wettbewerbs dienen, zu treffen. Zudem sind Nebenangebote auf besonderer Anlage zu unterbreiten und als solche deutlich zu kennzeichnen. Unter einer besonderen Anlage im Sinne des § 13 (EG) Absatz 3 VOB/A ist ein eigenständiges, vom Hauptangebot körperlich getrenntes und unterzeichnetes Schriftstück zu verstehen. Die geforderte körperliche Trennung vom Hauptangebot sowie die deutliche Kennzeichnung dienen der Klarheit über die Reichweite von Haupt- bzw. Nebenangebot.

Damit die Vergabestelle Abweichungen erkennen kann, sind diese im Nebenangebot eindeutig zu bezeichnen. Gemäß § 13 (EG) Absatz 2 VOB/A müssen Nebenangebote mit dem von der Vergabestelle geforderten Schutzniveau in Bezug auf Sicherheit, Gesundheit und Gebrauchstauglichkeit gleichwertig sein. Die Gleichwertigkeit ist von den Bietern mit ihrem Nebenangebot nachzuweisen. Das bedeutet, die Bieter haben in Bezug auf ihr(e) Nebenangebot(e) alle erforderlichen Angaben über die Ausführung und Beschaffenheit abzugeben, damit die Vergabestelle eine ausreichende Beurteilungsgrundlage hat. Dieser technischen Beschreibung des Nebenangebots durch den Bieter kommt große Bedeutung zu: In der Regel handelt es sich bei den im Rahmen von Nebenangeboten angebotenen Leistungen um solche, die mit speziellem Know-how des Bieters erbracht oder gar von ihm entwickelt wurden, und für deren Beschreibung es eben gerade keine allgemeinen Vertragsbedingungen gibt, so dass es wesentlich auf die technische Beschreibung des Bieters ankommt. Die Bieter können sich mit Nebenangeboten und den darin enthaltenen speziellen Leistungen und Ausführungen ggf. Wettbewerbsvorteile und damit bessere Chancen auf die Zuschlagserteilung eröffnen. Im Gegenzug übernehmen sie das Risiko für die Ausführbarkeit und Vollständigkeit ihrer Nebenangebote. [21]

b) Nachunternehmereinsatz

Gemäß § 6 EG Absatz 8 VOB/A können sich Bieter zur Erfüllung ihrer Leistungspflichten der Kapazitäten Dritter bedienen. Darunter fällt auch der Einsatz von Nachunternehmern. Für Bieter kann es teilweise, in Abhängigkeit des Umfangs und der Komplexität der zu vergebenden Bauleistungen, jedoch schwierig oder gar unzumutbar sein, den Zugriff auf die Kapazitäten der Nachunternehmer mittels so genannter Verpflichtungserklärungen bereits zum Zeitpunkt der Angebotsabgabe nachzuweisen.

Mit den Verpflichtungserklärungen bestätigen die Nachunternehmer verbindlich, dass sie im Auftragsfall dem Bieter mit ihren Kapazitäten zur Verfügung stehen.
Die Rechtsprechung des BGH hat die Forderung nach Verpflichtungserklärungen nicht grundsätzlich für unzulässig bzw. unzumutbar erklärt, jedoch eine Unzumutbarkeit des Nachweises von Verpflichtungserklärungen im Einzelfall für gegeben erachtet. [22] Allerdings sind die Umstände, aus denen die Unzumutbarkeit im Einzelfall resultieren soll, von den Bietern nachzuweisen.
Möchten Bieter sich jedoch nicht nur hinsichtlich der Kapazitäten sondern auch hinsichtlich des Nachweises ihrer Eignung der Fähigkeiten von Nachunternehmern bedienen, haben sie die so genannten Verpflichtungserklärungen der Nachunternehmer zwingend mit dem Angebot vorzulegen. Die Nachunternehmer haben die Eignungsanforderungen, die an die Bieter gestellt werden, zu erfüllen.

c) Bildung von Bietergemeinschaften
Bei Bietergemeinschaften handelt es sich um einen Zusammenschluss von mehreren Unternehmen zur Abgabe eines gemeinsamen Angebotes mit dem Ziel, den ausgeschriebenen Auftrag gemeinsam zu erhalten und auszuführen. [23] Für Bieter kann die Bildung einer Bietergemeinschaft ein probates Mittel sein, um die Wettbewerbsfähigkeit gemeinsam zu erlangen. Allerdings sind auch hier Besonderheiten zu beachten, auf die nachfolgend kurz eingegangen werden soll.

Nach der Regelung in § 6 (EG) Absatz 1 Nr. 2 VOB/A sind Bietergemeinschaften grundsätzlich Einzelbietern gleichzustellen. Dies ist Ausfluss des Gleichbehandlungsgrundsatzes. Unterhalb der Schwellenwerte wird dieser Grundsatz dahingehend eingeschränkt, dass Voraussetzung der Gleichsetzung mit Einzelbietern die Erbringung der Arbeiten im eigenen Betrieb bzw. den Betrieben der Mitglieder der Bietergemeinschaft ist, vgl. § 6 Absatz 1 Nr. 2 letzter Halbsatz VOB/A. Diese Einschränkung resultiert aus dem Selbstausführungsgebot, dessen Geltung unterhalb der EU-Schwellenwerte inzwischen allerdings strittig ist. [24] Oberhalb der EU-Schwellenwerte gilt diese Einschränkung nicht, vgl. § 6 EG Absatz 1 Nr. 2 VOB/A.

Aus der grundsätzlichen Gleichstellung von Bietergemeinschaften mit Einzelbietern folgt, dass der Zusammenschluss als Bietergemeinschaft in der Regel nicht als wettbewerbsbeschränkende Vereinbarung im Sinne des § 1 GWB anzusehen ist. [25] Allerdings ist es nach ständiger Rechtsprechung erforderlich, dass der Zusammenschluss zu einer Bietergemeinschaft für deren Mitglieder aus wirtschaftlicher Sicht erforderlich ist, um sie zur Teilnahme am Wettbewerb zu befähigen. [26]
Die Entscheidung, eine Bietergemeinschaft zu bilden, ist vor Angebotsabgabe zu treffen, denn Änderungen des Angebotes sind nach dessen Abgabe grundsätzlich unzulässig. Dies gilt auch im Hinblick auf die Zusammensetzung von Bietergemeinschaften, also auch für den Fall des Ausscheidens, Hinzutretens oder Wechsels eines Mitglieds der Bietergemeinschaft. [27] Allerdings kann von diesem Grundsatz dann eine

Ausnahme erfolgen, wenn durch den (veränderten) Zusammenschluss der Bietergemeinschaft eine Verletzung des diskriminierungsfreien und wettbewerblichen Verfahrens ausgeschlossen werden kann. Diese Anforderung wäre allerdings beispielsweise dann nicht erfüllt, wenn erst durch den Zusammenschluss als Bietergemeinschaft die bisher fehlende Eignung bestätigt werden könnte. [28]

Bei der Eignungsprüfung von Bietergemeinschaften steht die Frage im Raum, ob die geforderten Eignungsnachweise für jedes Mitglied der Bietergemeinschaft einzeln oder für die Bietergemeinschaft insgesamt vorzulegen sind. Die Rechtsprechung ist diesbezüglich uneinheitlich. Während die eine Meinung dahin geht, die Vorlage aller Eignungsnachweise stets für jedes Mitglied der Bietergemeinschaft gesondert zu fordern, [29] besagt die andere wohl überwiegend in der Rechtsprechung vertretene Auffassung, dass dies lediglich für das Kriterium der Zuverlässigkeit erforderlich sei. Hinsichtlich Fachkunde und Leistungsfähigkeit soll danach die Vorlage von Nachweisen für die Bietergemeinschaft insgesamt möglich sein. [30]
Die zuletzt genannte Ansicht entspricht dem Wesen der Bietergemeinschaft, die ja gerade zum Ziel hat, unzureichende Kapazitäten im Bereich der Fachkunde und Leistungsfähigkeit durch einen Zusammenschluss auszugleichen, und so gerade kleinen und mittelständischen Unternehmen die Chance bietet, sich für die Ausführung auch komplexer Bauvorhaben am Wettbewerb zu beteiligen.

Hinsichtlich der Rechtsform von Bietergemeinschaften ist seit dem Vergaberechtsmodernisierungsgesetz 2009 für Vergaben oberhalb der EU-Schwellenwerte klargestellt, dass Auftraggeber die Annahme einer bestimmten Rechtsform nur dann verlangen dürfen, wenn dies für die ordnungsgemäße Auftragsdurchführung notwendig ist (vgl. § 6 EG Absatz 6 VOB/A). Unterhalb der EU-Schwellenwerte ist jedoch kein Grund für eine andere Handhabung ersichtlich, denn eine Abweichung würde in der Konsequenz eine Schlechterstellung von Bietergemeinschaften bei Unterschwellenvergaben darstellen. [31] Hingegen ist es zulässig, wenn Auftraggeber eine gesamtschuldnerische Haftung der Bietergemeinschaften fordern, da diese im Schadensfall vorteilhaft sein kann, und die Auftraggeber die Wahl haben, welche Vorgaben sie hinsichtlich der Haftung von Bietermehrheiten machen. [32]

## 5 Rechtsschutzmöglichkeiten

Da in der Vergabepraxis die rechtliche Überprüfung der Verfahren zunehmend Relevanz hat, soll hierauf im Folgenden kurz eingegangen werden, wobei insbesondere Möglichkeiten des so genannten Primärrechtsschutzes unterhalb der EU-Schwellenwerte beleuchtet werden.

a) Rechtsschutz oberhalb der EU-Schwellenwerte

Bei Vergaben oberhalb der EU-Schwellenwerte räumt § 97 Absatz 7 GWB den Bietern ein subjektives Recht auf Einhaltung der vergaberechtlichen Bestimmungen ein. Die Nichteinhaltung bieterschützender Vergabebestimmungen können Bieter im Rahmen eines Nachprüfungsverfahrens überprüfen lassen. Dieses ist in §§ 102 ff. GWB gesetzlich geregelt und zweistufig ausgestaltet: dem Nachprüfungsverfahren vor den Vergabekammern und dem Beschwerdeverfahren vor den Oberlandesgerichten.

Die Zulässigkeit eines Nachprüfungsantrags vor den Vergabekammern ist gegeben, wenn:
- es sich um einen öffentlichen Auftrag eines öffentlichen Auftraggebers handelt,
- die Antragsbefugnis des Antragstellers vorliegt,
- eine unverzügliche Rüge des vorgeworfenen Vergabefehlers gegenüber dem Auftraggeber abgegeben wurde,
- die Schwellenwerte gemäß § 100 Absatz 1 GWB i. V. m. § 2 VgV überschritten sind und
- der Zuschlag noch nicht erteilt worden ist.

Wesentlich ist, dass die Vergabekammer nicht an die Anträge der Beteiligten gebunden ist. Sie kann nach § 114 Absatz 1 Satz 2 GWB die Rechtmäßigkeit des Vergabeverfahrens insgesamt prüfen, ist dabei jedoch an den Grundsatz der Verhältnismäßigkeit gebunden. Das bedeutet, bei mehreren in Betracht kommenden Möglichkeiten zur Beseitigung eines Rechtsverstoßes ist diejenige zu wählen, die die Interessen der Beteiligten möglichst wenig beeinträchtigt. Die Anweisung einer Aufhebung der Vergabe kommt somit nur dann in Betracht, wenn keine milderen Maßnahmen zur Verfügung stehen. [33] Die Vergabekammer kann demnach alle Maßnahmen bis hin zur Aufhebung des Vergabeverfahrens treffen, die geeignet sind, eine festgestellte Rechtsverletzung der Verfahrensbeteiligten zu heilen bzw. ihr vorzubeugen. Verfahren können daher sowohl in frühere Verfahrensstadien zurückversetzt werden, um eine Wertungsstufe zu wiederholen. Denkbar ist auch die Wiederaufnahme vorher ausgeschlossener Bieter, die Streichung von Verfahrensschritten, die Zulassung von abgelehnten Nachweisen oder auch die Vorgabe, eine Wertungsstufe unter Berücksichtigung der Auffassung der Vergabekammer zu wiederholen.

b) Rechtsschutz unterhalb der EU-Schwellenwerte

Unterhalb der EU-Schwellenwerte sind zunächst, genauso wie bei Vergaben oberhalb der EU-Schwellenwerte, Rechtsschutzmöglichkeiten für so genannte Sekundäransprüche wegen entgangenem Gewinn oder (Kosten-)Aufwand für die Angebotserstellung und Teilnahme am Vergabeverfahren gegeben. Diese Ansprüche sind vor den ordentlichen Gerichten geltend zu machen.

Primärrechtsschutz zielt hingegen auf die Prüfung der Rechtmäßigkeit des Verfahrens vor Zuschlagserteilung ab. Es soll die Benachteiligung eines einzelnen Unternehmens aufgrund der Verletzung subjektiver vergaberechtlicher Rechte sowie die Auftragsvergabe an einen Wettbewerber verhindert werden. Insoweit geht der Primärrechtsschutz über den Sekundärrechtsschutz hinaus. Eine dem System des GWB für europaweite Vergaben entsprechende Rechtsschutzmöglichkeit im Wege des vorstehend erläuterten Nachprüfungsverfahrens vor Vergabekammern ist für Vergaben unterhalb der EU-Schwellenwerte jedoch nicht gegeben. Das Bundesverfassungsgericht hat dies in seiner Entscheidung von 2006 als verfassungskonform beurteilt. [34] In seinem Beschluss vom 2. Mai 2007 kommt das Bundesverwaltungsgericht zu dem Ergebnis, dass für Vergabestreitigkeiten unterhalb der EU-Schwellenwerte der ordentliche Rechtsweg eröffnet ist. [35] Daher besteht die Rechtsschutzmöglichkeit im Rahmen einstweiliger Verfügungen vor den Zivilgerichten. Somit ist die volle gerichtliche Überprüfbarkeit von Vergabeverfahren für Aufträge unterhalb der EU-Schwellenwerte auch bereits vor der Zuschlagserteilung gegeben. [36]

Zudem sind hinsichtlich des Primärrechtsschutzes unterhalb der EU-Schwellenwerte auch die Entwicklungen auf der Ebene der Landesgesetze zu beachten: Einige Bundesländer brechen durch ihre Vergabegesetze zumindest teilweise die bisher bestehende Zweiteilung zwischen Vergaben oberhalb und unterhalb der EU-Schwellenwerte auf, so z. B. die Landesvergabegesetze der Länder Bremen und Niedersachsen, welche die §§ 97 Abs. 1 bis 5 und 98-101 GWB für anwendbar erklären. Noch weiter geht das Vergabegesetz des Landes Thüringen vom 18.04.2011, welches erstmals eine vergleichbare Nachprüfungsmöglichkeit und Informationspflicht auch für Vergaben unterhalb der EU-Schwellenwerte statuiert. [37] Diese Möglichkeit sieht zum Beispiel auch dass seit 2013 geltende Landesvergabegesetz des Landes Sachsen-Anhalt vor. [38]

Es bleibt abzuwarten, inwieweit diese landesrechtlichen Regelungen nachhaltig Auswirkungen in der vergaberechtlichen Praxis haben werden. In der Vergabepraxis ist jedoch bereits jetzt die Bereitschaft der Bieter erkennbar, die Erweiterung der Rechtsschutzmöglichkeiten zu nutzen und die Ordnungsgemäßheit von Vergabeverfahren auch im Falle von Vergaben unterhalb der EU-Schwellenwerte zunehmend überprüfen zu lassen.

**Literatur**

[1] Bundesinstitut für Bau-, Stadt und Raumforschung im Bundesamt für Bauwesen und Raumordnung BBSR [Hrsg.], Struktur der Bestandsinvestitionen, BBSR-Berichte KOMPAKT 12/2011, Seite 7.
[2] Nähere Informationen zur Arbeit und Zusammensetzung des DVA sind erhältlich auf folgender Internetseite des BMVBS: http://www.bmvbs.de/SharedDocs/DE/Artikel/B/deutscher-vergabe-und-vertragsausschuss-fuer-bauleistungen-dva.html (letzter Aufruf der Seite erfolgte am 13.08.2013)
[3] Vgl. § 2 Nr. 3 Verordnung über die Vergabe öffentlicher Aufträge (Vergabeverordnung - VgV) in der Fassung der Bekanntmachung vom 11. Februar 2003 (BGBl. I S. 169), zuletzt geändert durch Artikel 1 der Verordnung vom 12. Juli 2012 (BGBl. I S. 1508)
[4] Kratzenberg/Leupertz (Hrsg.) Ingenstau/Korbion VOB Teile A und B Kommentar, 18. Auflage, Köln 2013, Einl. Rn. 24
[5] Richtlinie 2004/18/EG des Europäischen Parlaments und des Rates vom 31. März 2004 über die Koordinierung der Verfahren zur Vergabe öffentlicher Bauaufträge, Lieferaufträge und Dienstleistungsaufträge – Abl. EU Nr. L 134 vom 30. April 2004 (S. 114-240).
[6] Richtlinie 2009/81/EG des Europäischen Parlaments und des Rates vom 13. Juli 2009 über die Koordinierung der Verfahren zur Vergabe öffentlicher Bauaufträge, Lieferaufträge und Dienstleistungsaufträge – Abl. EU Nr. L 216 vom 20. August 2009 (S. 76-136).
[7] Hinweis bezüglich der Kennzeichnung VOB/A (EG): Wenn bei der Paragraphennennung der VOB/A die Kennzeichnung EG in Klammern eingefügt ist, gilt die Aussage sowohl für Verfahren oberhalb als auch unterhalb der EU-Schwellenwerte. Wenn eine Regelung nur oberhalb der Schwellenwerte gilt, erfolgt die Bezugnahme ohne Klammersetzung, also beispielsweise wie folgt: § 16 VOB/A EG.
[8] VK Nordbayern, Beschluss v. 01.04.2008 – Az.: 21. VK-3194-9/08; VK Köln, Beschluss v. 18.07.2002 – Az.: VK VOB 8/2002
[9] so die einhellig Rechtsprechung, vgl. bspw. OLG Frankfurt, Beschluss v. 11.05.2004 – Az.: 11 Verg 8 bis 10/04; VK Bund, Beschluss v. 28.08.2006 – Az.: VK 3-99/06; VK Nordbayern, Beschluss v. 01.04.2008 – Az.: 21. VK-3194-9/08; VK Sachsen, Beschluss v. 23.06.2004 – Az.: 1/SVK/123-04
[10] OLG Köln, Urteil v. 31.01.2012 – Az.: 3 U 17/11
[11] VK Düsseldorf, Beschluss v. 21.04.2006 – Az.: VK – 16/2006-L
[12] 3. VK Bund, Beschluss v. 27.04.2006 – Az.: VK 3 - 21/06
[13] vgl. ausführlich und mit zahlreichen Rechtsprechungsnachweisen hierzu R. Weyand, ibr-online-Kommentar Vergaberecht, 4. Auflage 2013, Stand 02.07.2013, § 16 VOB/A Rn. 95 ff.
[14] VK Südbayern, Beschluss v. 14.12.2004 – Az.: 69-10/04
[15] OLG Naumburg, Beschluss v. 02.04.2009 – Az.: 1 Verg 10/08

[16] BGH, Beschluss v. 18.05.2004 – Az.: X ZB 7/04
[17] OLG Naumburg, Beschluss v. 02.04.2009 – Az.: 1 Verg 10/08
[18] OLG Düsseldorf, Beschluss v. 16.05.2006 – Az.: VII-Verg 19/06
[19] OLG Brandenburg, Beschluss v. 13.09.2005 – Az.: Verg W 9/05
[20] VK Nordbayern, Beschluss vom 17.11.2009 – Az.: 21.VK-3194-50/09
[21] OLG Düsseldorf, Beschluss v. 10.08.2011 – Az.: VII–Verg 66/11
[22] Vgl. hierzu klarstellend BGH, Urteil v. 03.04.2012 – Az.: X ZR 130/10, so auch bereits BGH Urteil v. 10.06.2008 – Az.: X ZR 78/07
[23] VK Arnsberg, Beschluss v. 02.02.2006 – Az.: VK 30/05; 3. VK Bund, Beschluss v. 04.10.2004 – Az.: VK 3 - 152/04.
[24] bejahend: Schranner in Kratzenberg/Leupertz (Hrsg.), Ingenstau/Korbion VOB Kommentar, 18. Auflage, Köln 2013, § 6 Rn. 37 ff.; ablehnend hingegen Frister in Kapellmann/Messerschmidt, VOB Teile A und B. Vergabe- und Vertragsordnung für Bauleistungen mit Vergabeordnung (VgV), 4. Auflage, München 2013, § 16 VOB/A, Rn. 66.
[25] BGH, Urteil v. 05.02.2002 - Az.: KZR 3/01
[26] OLG Düsseldorf, Beschluss v. 11.11.2011 – Az.: VII-Verg 92/11
[27] OLG Düsseldorf, Beschluss v. 24.05.2005 – Az.: VII - Verg 28/05
[28] Siehe zum Meinungsstand im Detail R. Weyand, ibr-online-Kommentar Vergaberecht, 4. Auflage 2013, Stand 02.07.2013, § 6, Rn. 19ff.
[29] 1. VK Saarland, Beschluss v. 28.10.2010 – Az.: 1 VK 12/2010; VK Südbayern, Beschluss v. 13.09.2002 – Az.: 37-08/02
[30] OLG Düsseldorf, Beschluss v. 31.07.2007 – Az.: VII - Verg 25/07; Beschluss v. 06.06.2007 – Az.: VII - Verg 8/07; Beschluss v. 15.12.2004 – Az.: VII - Verg 48/04; OLG Naumburg, Beschluss v. 30.04.2007 - Az.: 1 Verg 1/07.
[31] R. Weyand, ibr-online-Kommentar Vergaberecht, 4. Auflage 2013, Stand 02.07.2013, § 6 VOB/A Rdn. 24.
[32] OLG Düsseldorf Beschluss v. 29.03.2006 – Az.: VII - Verg 77/05; VK Niedersachsen v. 17.3.2011 – Az.: VgK-65/2010
[33] z. B. OLG Celle, Beschluss v. 08.04.2004 – 13 Verg 6/04
[34] BVerfG, Urteil v. 13.06.2006 - Az.: 1 BvR 1160/03.
[35] BVerwG, Beschluss v. 02.05.2007 – Az.: 6 B 10.07.
[36]OLG Thüringen, Urteil v. 08.12.2008 - Az.:9 U 431/08, OLG Düsseldorf, Beschluss vom 13.01.2010 - Az.: I 27 U 1/09; OLG Stuttgart, Urteil v. 19.05.2011 - Az.: 2 U 36/11.
[37] Thüringer Gesetz über die Vergabe öffentlicher Aufträge (Thüringer Vergabegesetz -ThürVgG-), Gesetz- und Verordnungsblatt für den Freistaat Thüringen 2011 Nr. 4 vom 28.04.2011, S. 69), in Kraft seit 01.05.2011
[38] Gesetz über die Vergabe öffentlicher Aufträge in Sachsen-Anhalt (Landesvergabegesetz - LVG LSA)vom 19. November 2012, GVBl. LSA 2012, S. 536

**24. Hanseatische Sanierungstage**
**Messen Planen Ausführen**
**Heringsdorf 2013**

# Holzschäden an tragenden Bauteilen einer Biogasanlage durch aggressive Chemikalien – Eine Ausnahme?

**C. v. Laar, D. Krause**
Wismar, Groß Belitz

## Zusammenfassung

Die Untersuchung der Zerstörung eines Holzdaches des Fermenters einer Biogasanlage nach einer Standzeit von knapp 6 Jahren war Anlass für die Ergründung der Ursachen. Bis dato lagen dazu nahezu keine Erkenntnisse, Unterlagen, Zahlen- oder Faktenmaterial zu solchen Schadensfällen vor, teilweise bekannte Schadensfälle wurden nicht untersucht.
Ausgehend von einem Sachverständigengutachten für eine Versicherung erfolgten dann nach einem weiteren Schadensfall wissenschaftliche Untersuchungen an der Hochschule Wismar. Es stellte sich heraus, dass die Zusammenhänge des Schadensmechanismus im Holz unter dem Einfluss aggressiver Medien sehr komplex sind und deren Untersuchungen aufwändiger als gedacht.
Der Beitrag stellt den derzeitigen Stand der Untersuchungsergebnisse dar und beschreibt die bisher bekannten Auswirkungen von Chemikalien auf die Eigenschaften von Holzbauteilen und Holzbestandteilen, die z.T. völlig neue Erkenntnisse brachten. Die Untersuchungen werden derzeit anhand neuer Schadensfälle weiter geführt.

# 1 Einführung

Im Folgenden eine kurze Erklärung zur Funktion eines Biogas-Fermenters und der speziellen Bauart mit einem Holzdach.
Fermenter von Biogasanlagen sind i.d.R. erkennbar durch die meistens grünen oder graue Foliendächer, die sich über dem Fermenter (Beton- oder Stahlringbau) spannen und das Gas (i.d. Hauptsache Methan) auffängt. Dieses Foliendach dient gleichzeitig als Gasfolie (einfache Siloabdeckung) oder als Wetterschutzfolie für die darunter befindliche Gasfolie (Doppelmenbran Siloabdeckung). Sie wird im laufenden Betrieb durch den aufgebauten Gasdruck oder durch Lufteinblasung in Form gehalten. Bei der Errichtung und bei Reparaturen liegt sie entweder auf einem Betondeckel, gespannten Gurten oder einem Holzdach auf.

Das Holzdach besteht i.d.R. aus rd. 40 Holzbalken aus Nadelholz Fichte/Tanne, die sternförmig zwischen dem inneren Rand des Betonrings (auf Konsolen, Balkenschuhen oder Aussparungen) und einer Beton-Mittelsäule mit einer Länge von i.d.R. rd. 9,5 - 12 m aufliegen. Auf diesen Balken sind mit Luftspalt Schalungsbretter genagelt. Auf dieser Schalung liegt eine Vliesmatte.

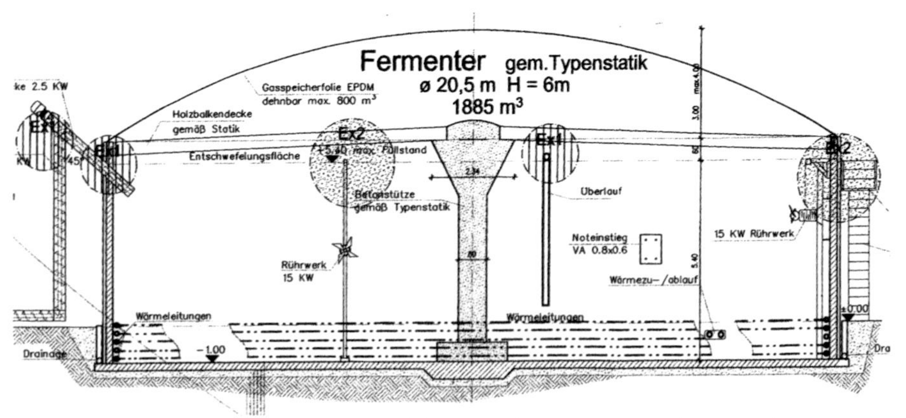


**Bild 1:** Aufbau eines Fermenters mit Holzdach (Auszug aus den Bauunterlagen)

# 2 Ergebnisse der Sachverständigentätigkeit

Die untersuchte Biogasanlage bestand aus insgesamt 2 baugleichen und zeitgleich errichteten Fermentern mit einer einfachen Siloabdeckung.
Dem Sachverständigen standen nach seiner Beauftragung im Mai 2012 lediglich 6 gebrochene Sparren des Holzdaches eines der beiden Fermenter der Biogasanlage

zur Verfügung, die im Februar des gleichen Jahres von dem komplett ausgetauschten Dach geborgen waren und seitdem im Freien lagerten.
Bei der Begutachtung war bekannt und ersichtlich, dass auch das Dach des 2. Fermenters geschädigt war, da im Substrat mind. 1 gebrochener Sparren vorhanden war.
Im August des gleichen Jahres konnten dann aus diesem zweiten Fermenter weitere Probestücke geborgen werden.
Zur Erläuterung der Hinweis, das eine Sichtkontrolle des Fermenterinneren während des Betriebs der Anlage nur über ein Bullauge von ca. 30 cm Durchmesser möglich ist.

**Bild 2:** Ansicht der untersuchten Anlage im Mai 2012, links im Bild der schon sanierte Fermenter

**Bild 3:** Innenansicht eines baugleichen Fermenters nach der Sanierung

Am auffälligsten waren die Bruchstellen der Sparren, die für Fichtenholz extrem kurz waren.

**Bild 4:** Bruch aus 1. dem Fermenter

**Bild 5:** Bruch aus dem 2. Fermenter

Umfangreiche Recherchen führten zu keinem verwertbaren Ergebnis, es waren lediglich einige Schadensfälle nach dem „Hören-Sagen“ bekannt, es gab keine Untersuchungen, keine Veröffentlichungen, keine Analysen. Es war auch nicht exakt zu erfahren, wie viel Biogasanlagenmit mit der dazu gehörenden Anzahl an Fermentern und wie viel es davon mit einem Holzdach in Deutschland gibt.

Bis heute sind den Autoren nur wenige Schadensfälle bekannt geworden.

Aus den eigenen Untersuchungen und aus Laboranalysen konnten folgende Erkenntnisse gezogen werden [1]:

- es war kein chemischer Holzschutz der tragenden Bauteile vorhanden (was reinrechtlich nach DIN 68000 ein Mangel ist) [2]

- es konnte kein Befall mit Holz zerstörenden Pilzen festgestellt werden

- die vorliegende Typenstatik war zwar „ausgereizt", aber rechnerisch nachweisbar; dagegen wurde der Querschnitt der Sparren entgegen der Statik von 16/28 cm auf 10/30 cm durch den Errichter der Anlage eigenmächtig geändert

- es war kein Substanzverlust (Holzabbau) feststellbar, die Rohdichte $r_0$ der geschädigten Sparren lag mit 0,41 g/m³ im Mittelfeld von Fichtenholz (0,3...0,43...0,64 g/m³) [3]

- das Holz in der Bruchzone hatte einen pH-Wert von 3, gemessen im Eluat (Substrat pH-Wert 8)

- es waren andeutungsweise im Lichtmikroskop Schädigungen der Holzstruktur zu erkennbar (Auflösung von Zellwänden und Ablösung von Zellverbänden)

Bei den weiteren Untersuchungen wurden die chemische Zusammensetzung des im Fermenter entstehenden Gases und damit auch die eigentliche Funktion des Holzdaches betrachtet.
Beim anaeroben mikrobiellen Abbau organischer Stoffe in Biogasanlagen entsteht neben den Hauptbestandteilen Methan (CH4) und Kohlendioxid (CO2) als „Nebenprodukte" auch Stickstoff (N), Sauerstoff (O2), Schwefelwasserstoff (H2S), Wasserstoff (H2) und Ammoniak (NH3).
Die Fermentation läuft dabei unter Luftabschluss bei Temperaturen von 25 – 55 °C ab, im Durchschnitt beträgt die Temperatur im Gasraum 38 – 40 °C.
Während die meisten Nebenbestandteile im Biogas unproblematisch sind, bereitet der enthaltene hoch giftige Schwefelwasserstoff diverse Probleme und ist zwingend zu entfernen, da in den Gasreaktoren bei dessen Verbrennung in Verbindung mit dem Luftsauerstoff saures Schwefeldioxid entsteht, das korrosiv wirkt. Auch eine Einspeisung eines ungereinigten Gases in öffentliche Gasnetze ist nicht erlaubt.
Neben der Möglichkeit der externen Entschwefelung des Biogases und anderen chemische Verfahren (auf die hier nicht eingegangen wird), wird in Fermentern mit Holzdach die sog. interne Entschwefelung praktiziert.

Dazu wird in den Gasraum des Fermenters oberhalb des Gärsubstrats Luft eingeblasen. Durch den Luftsauerstoff wird der Schwefelwasserstoff u.a. zu elementarem Schwefel umsetzt. Dieser akkumuliert sich auf den Oberflächen und gelangt letztlich wieder in das Substrat. Dort wird ein Teil wieder zu Schwefelwasserstoff umgesetzt, während der andere Teil mit dem Gärrest aus dem Fermenter ausgetragen wird.
Ein schwerwiegender Nachteil dieses Verfahrens ist die mögliche Bildung von Schwefelsäure. Dadurch wird der pH-Wert in der Umgebung deutlich gesenkt. Näheres unter Pkt. 3.

**Bild 6:** Ablagerungen auf allen Hölzern

**Bild 7:** … z.T. mehrere cm dick

**Bild 8:** z.T. krustenartige Beläge

**Bild 9:** Verfärbungen

Diese biogene Schwefelsäure führt bekannter Weise zu massiven Korrosionsschäden an allen Beton- und Metallwerkstoffen, selbst die aus hochlegiertem Edelstahl hergestellten Wandkonsolen als Auflage der Sparren korrodieren.
Es wurde deshalb überlegt, was diese Schwefelsäure für einen Einfluss auf das Holz und dessen Tragfähigkeit haben könnte.
Aus früheren Veröffentlichungen von Forschungsergebnissen zur Mazeration bzw. Holzkorrosion und zum Einfluss aggressiver Chemikalien auf Holz (u.a. von Erler, Besold, Fengel, Schwar, Lißner) [4] – [11] ist bekannt, dass Säuren zur Schädigung des Holzes führen können.

Diese Schadensbild - als Mazeration oder Holzkorrosion bezeichnet - wird von Erler 1988 in Anlehnung an den Korrosionsbegriff für andere Werkstoffe folgendermaßen definiert:
„Holzkorrosion ist die von der Oberfläche ausgehende Schädigung bzw. Zerstörung des Holzes infolge chemischer und/oder chemisch – physikalischer Reaktionen bei Wechselwirkung mit seiner Umgebung“. [4]

Alle bisherigen Untersuchungen von Mazerationsschäden beinhalten jedoch einstimmig die Aussage, dass die Schäden sich auf den Randbereich beschränken und die schädigenden Substanzen nicht in das Holz eindringen können.
Ursache dafür ist, dass sich die in diesen Berichten untersuchten Holzbauteile (überwiegend Dachtragwerke in Gebäuden mit Belastung durch Holzschutzmittel, Flammschutzmittel, Düngemittel, sonst. Chemikalien, Abwässer) in einer Umgebung mit normalen Raumluftfeuchten deutlich unter 100 % befinden und zwischenzeitliche Schwankungen der Luftfeuchte zu verzeichnen sind, die Hölzer also auch wieder Abtrocknen können.
Damit dringen die Substanzen vorwiegend kapillar in das Holz ein, kristallisieren relativ schnell, das Holz quillt auf und der weitere Transport in das Innere des Holzes wird dadurch unterbunden.

Die Holzbauteile des Daches des Fermenters befinden sich jedoch permanent in einem Klima von 35 - 40 °C und fast 100 % relative Luftfeuchte.
Damit hat das Holz schon auf Grund seiner hygroskopischen Eigenschaften eine dauerhaft hohe relative Holzfeuchte.
Dieses Wasser führt nun dazu, dass Säuren und gelöste Salze nicht nur kapillar sondern überwiegend über Diffusionsströme tief in das Holz gelangen können, wo sie ihre schädigende Wirkung entfalten.

Im Gutachten wurde daher die Vermutung geäußert, dass es bei diesen Schäden nicht um eine „klassische“ Mazeration im Sinne der Definition von Erler sondern um eine biochemische Zersetzung von Holzbestandteilen (Lignin, Cellulose, Hemicellulose) über den gesamten Holzquerschnitt.
Die Zersetzung der Holzbestandteile führt zu einer Abnahme der Festigkeit bis zum Versagen.
Da es keine bekannte Untersuchung gibt, die belegt, welche Holzbestandteile auf welche Art durch Säuren/Salze geschädigt werden, konnte diese Annahmen bis dato nicht belegt werden.
Analogien könnten gezogen werden zur klassischen Gewinnung von Cellulose aus Holz durch Säureaufschluss.
Das Resümee des Gutachtens über die untersuchte Anlage war, das in Fermentern von Biogasanlagen mit Holzdach und interner Entschwefelung eindeutig ein Risiko von Holzschäden besteht und diese nicht verhindert werden können.

Es blieben viele Fragen offen, so z.B.:

- warum diese Anlage schon nach 5 Jahren und andere Anlagen (noch) nicht
- welche chemischen Prozesse laufen genau im Gärraum ab
- wie ist der zeitliche und lokale Verlauf des Eindringens der Säure in das Holz
- welche chem. Verbindungen bewirken welche Schädigungen der verschiedenen Holzbestandteile
- wie hoch ist der Einfluss des Gärsubstrats
- welchen Einfluss hat die Holzart, die Holzqualität, der Einschnitt
- welche Schäden verursachen die Bakterien

„ Glücklicherweise“ musste das Dach des 2. Fermenters dieser Anlage im August 2012 ebenfalls wegen gebrochener Sparren ersetzt werden, so das am nächsten Tage nach dem Abbruch „frisches Probenmaterial“ geborgen, konserviert und zur Hochschule nach Wismar gebracht werden konnte.

**Bild 10 und 11:** "frisches“ Probematerial auf dem Weg nach Wismar.....

Dort konnten dann auch dank dem persönlichen Engagement von Frau Prof. von Laar weitere wissenschaftliche Untersuchungen durchgeführt werden.

## 3 Ergebnisse der bisherigen wissenschaftlichen Untersuchungen

Das Probematerial bestand aus 6 Sparrenabschnitten von jeweils ca. 1,00 bis 120 cm Länge, 30 cm Höhe und 10 cm Breite aus Fichtenvollholz. Die genaue Lage im Fermenterdach war nicht zu rekonstruieren. Es war jedoch bekannt, dass die Abschnitte 4 und 5 zum Auflager an der Betonwand, die Abschnitte 2 und 3 nach innen hin zur Betonstütze und die Abschnitte 1, 6 und 7 eher mittig gelegen waren (Bild 12). Balken 1+6 sind Teilstücke eines mittig gebrochenen Sparrens.

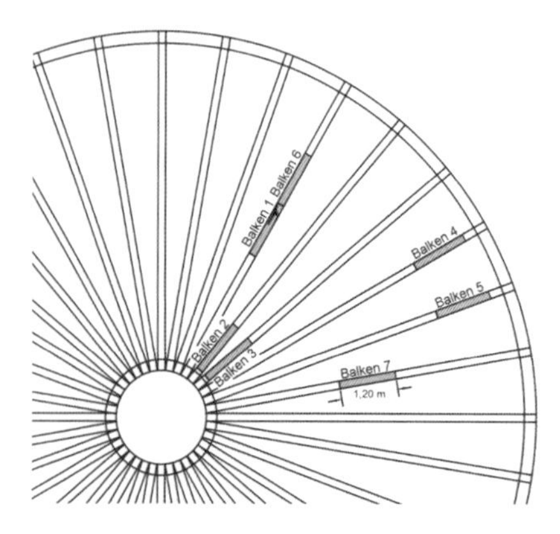


**Bild 12:** Fiktive Lage der untersuchten Balkenabschnitte in der Deckenkonstruktion

Wie auf den Bildern 6, 7 und 8 zu sehen, befanden sich auf den Sparren heterogene Beläge bis zu einer Stärke von einigen Zentimetern. Die Belagsstärke und die Belagsverteilung auf den Sparren waren unregelmäßig. Die feuchten Beläge hatten einen krustenartigen, festen Charakter.

Beläge auf den Sparren entstehen infolge der biologischen Entschwefelung des Biogases durch aerobe Schwefelbakterien (Thiobazillen) im Fermenter. Schwefelwasserstoff ist ein aggressiver Bestandteil von Biogas, das u.a. zu Korrosion von Anlagenteilen führt und eine Reinigung notwendig macht. Der Anteil des gebildeten Schwefelwasserstoffs im Biogas ist von dem eingesetzten Gärsubstrat abhängig. Die für die Entschwefelung notwendigen Schwefelbakterien sind im Gärsubstrat vorhanden [12]. Sie gelangen mit Aerosolen in den Gasraum des Fermenters. Dabei hat die Holzbalkendecke eine wichtige Funktion als Aufwuchsfläche für die Schwefelbakterien, die sich auf allen Oberflächen im Gasraum des Fermenters ansiedeln [13]. Je größer die von Schwefelbakterien besiedelte Fläche ist, desto effektiver ist die Entschwefelungsleistung im Fermenter.

Schwefelbakterien verbrauchen den im Gärprozess entstehenden Schwefelwasserstoff als Energiequelle und produzieren während dieser mikrobiologischen Oxidation elementaren Schwefel und Sulfat [12, 13, 14].

Es erfolgt auch eine Umwandlung zu Schwefelsäure (Gleichung 1-2). Der für die Reaktionen notwendige Luftsauerstoff wird in den Fermenter oberhalb des Gärsubstrates eingeblasen.

Gleichung 1: $2\ H_2S + O_2 \rightarrow 2\ S + 2\ H_2O$
Gleichung 2: $H_2S + 2\ O_2 \rightarrow H_2SO_4$

Die Reaktionsprodukte Schwefel und Sulfat lagern sich bei diesem Prozess auf der hölzernen Deckenkonstruktion im Biogasfermenter ab.

### 3.1 Untersuchung der dem Holz anhaftenden Beläge

Um zu klären, in welchem Zustand das Holz unter diesen krustigen Belägen ist, wurde die Holzoberfläche freigelegt und optisch beurteilt.
Der größte Teil der anhaftenden Beläge wurde vor dem Transport nach Wismar grob entfernt. Dennoch verblieben auf den untersuchten Holzabschnitten unregelmäßig dicke, helle und schwarze Beläge. Die äußeren krustigen Beläge waren hell bis gelblich, darunter befand sich eine schwarz gefärbte Schicht (Bild 13).
Die Holzoberfläche unter diesen Krusten wiederum war dunkelbraun verfärbt und zeigte kurzfaserig aufgelöste Holzsubstanz. Die Holzverfärbung und die zerstörte Holzoberfläche entsprechen vom Schadensbild her einer Mazeration der Holzoberfläche (Bild 14).

**Bild 13:** Helle und schwärzliche Beläge auf dem verfärbten Holz

**Bild 14:** faserige Holzoberfläche unter den krustigen Belägen

Zunächst galt es zu klären, um welche stofflichen Verbindungen es sich bei diesen Belägen handelt. Von unterschiedlichen Sparren wurden Proben von der Oberfläche entnommen. Die Bestimmung der in Wasser löslichen Anteile dieser Beläge erfolgte mittels Ionenchromatographie.

Hierbei sind erwartungsgemäß hohe Sulfatgehalte (30 Gew.-%) als Endprodukte aus dem Kreislauf der Schwefelbakterien ermittelt worden. Darüber hinaus konnten zum Teil erhebliche Anteile an anderen wasserlöslichen Salzen festgestellt werden. Bei den Kationen waren Natrium, Kalium, Magnesium und Calcium sowie insbesondere Ammonium mit 4,6 Gew.-% vorhanden. Bei den Anionen sind Fluorid, Chlorid, Phosphat und Sulfat festgestellt worden. Außerdem geringe Gehalte an Bromid und Nitrat.

Ergänzend wurden EDX-Analysen (Energiedispersive Röntgenanalyse) an 4 verschiedenen getrockneten Belagsproben durchgeführt, um die hellen und dunklen Anteile näher charakterisieren zu können.
Hierbei zeigte sich, dass die hellen Beläge zu 75 bis 92 Gew.-% aus Schwefel bestehen, mit kleineren Beimengungen an Kohlenstoff, Stickstoff und Sauerstoff (Bild 15 und 16).
Die Proben der dunkel-schwarzen Beläge wiesen Gehalte [Gew.-%] von 40 bis 46% an Kohlenstoff, zwischen 14 und 19% Stickstoff und 33 bis 37% Sauerstoff auf. Der Schwefelgehalt lag unter 6%.

**Bild 15:** Probe des hellen Belags im Rasterelektronenmikroskop

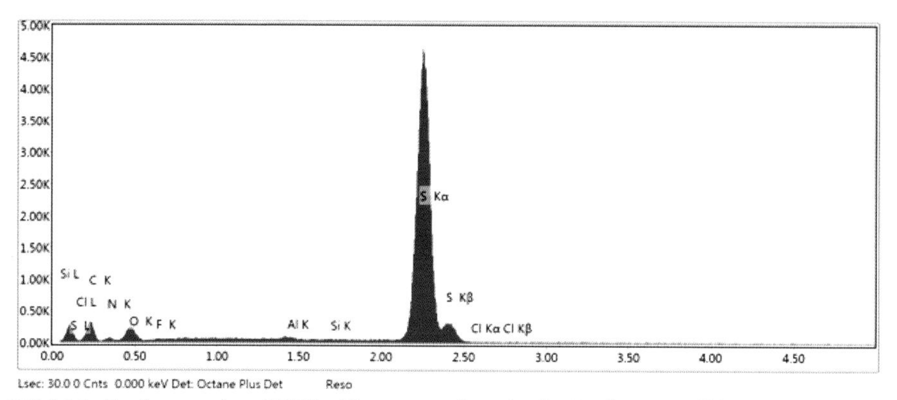


**Bild 16:** Spektrum einer EDX - Elementanalyse in der Probe aus Bild 15

Im untersuchten Fermenter war eine Mischung aus Rindergülle und Maissilage als Gärsubstrat verwendet worden. Rindergülle als Substrat hat einen Ammoniumgehalt von bis zu 4 %, Maissilage bis 0,3 % [15].
Als Erklärungsmodell ist denkbar, dass die Holzbalkendecke als Siedlungsfläche mit Gülle benetzt wurde, um die Versorgung der Bakterien mit Nährstoffen zu gewährleisten [14]. Ob ein Beimpfen der Besiedlungsflächen in der Praxis vorgenommen wird, konnte nicht geklärt werden. Weiterhin ist eine Tröpfchenverbreitung des Gärsubstrates mit dem in den Gasspeicher aufsteigenden Gas denkbar. Zudem kann es in der Gärflüssigkeit zur Schaumbildung kommen, welcher die Holzbalkendecke erreichen kann.

## 3.2 Analysen der Holzproben aus der Fermenterdecke

### Holzfeuchte

Das im Fermentationsprozess entstehende Biogas ist mit Wasser gesättigt [12, 14]. Auf der Grundlage der vorherrschenden Klimabedingungen (bis zu 40°C und 100% rel. Luftfeuchte) war eine Ausgleichsfeuchte im Holz zu erwarten, die im Bereich der Fasersättigung von u = 30 bis 34% liegt.
Aus den Balkenabschnitten wurden Scheiben geschnitten und weiter unterteilt. Die Holzfeuchtewerte sind nach dem Darrverfahren in Anlehnung an DIN 13183-1 [16] ermittelt worden. Die Probekörper hatten die Maße 36 cm Länge x 2 cm Höhe x 2 cm Breite.
Die Probekörper sind sowohl im Innen- wie auch im Randbereich der Balkenabschnitte entnommen worden. Es gab sowohl Sparren mit einstieligem Einschnitt, als auch solche mit herzfreiem und herzgetrenntem Einschnitt. Infolge dessen wiesen die Sparrenabschnitte unterschiedliche Splint- und Kernholzanteile auf.

Charakteristische Holzfeuchten für den Kern von waldfrischem Fichtenholz liegen bei 30 bis 40% und ca. 150% für den Splint [17].

**Tab.1:** Holzfeuchtegehalte nach Probenabschnitten

| | Balken 2 | Balken 3 | Balken 5 | Balken 7 |
|---|---|---|---|---|
| Anzahl | n = 28 | n = 28 | n = 28 | n = 28 |
| Holzfeuchte u [%] | 119 | 131 | 112 | 114 |

Die ermittelten Werte lagen im Mittel bei etwa 119 % für n = 112 Proben und damit deutlich über der erwarteten Holzausgleichsfeuchte. Die Höhe der Holzfeuchte ist nur über einen Wassereintrag aus anderen Quellen erklärbar. Im Folgenden werden vier Mechanismen diskutiert:

1. Bei der biologischen Entschwefelung (Gleichung 1) entsteht im Zuge der Reaktion als Produkt Wasser, welches auf der Oberfläche der Sparren und Bretter der Balkendecke in flüssiger Form anfällt. Der Wasseranteil, der hierbei entsteht, dürfte angesichts der Stärke der Beläge auf den Sparren erheblich sein.
2. Das mit Wasser gesättigte Biogas kondensiert an der Oberfläche der Gasbehälter z.B. der Folie [14] und wird mutmaßlich nicht nur an den Wandungen ablaufen, sondern auch auf die Holzkonstruktion abtropfen. Die den Sparren aufliegenden Bretter und das darauf befestigte Flies sind durch das aufsteigende Gas und Kondensat durchnässt und leiten das Wasser auf die darunter befindlichen Sparren weiter.
3. Zusätzlich befinden sich nasse, krustige Salzablagerungen (Sulfat und Schwefel) auf allen Holzteilen, die eine Feuchteabgabe des Holzes behindern. Ein Teil der Salze wird durch den Feuchtetransport in das Holz eingetragen und durch Hydratbildung Wasser im Holz binden. Dieser Mechanismus ist zumindest für die Randschichten des Holzes zu erwarten.
4. Durch den Einbau von saftfrischem Fichtenholz.

Salzanalysen

Um zu überprüfen, ob und welche Salze in das Holz gelangt sind, erfolgte eine quantitative Bestimmung der Gehalte an wasserlöslichen Salze in verschiedenen Holzproben. Hierfür wurden von den Balkenabschnitten 2,5 - 3 cm breite Scheiben über den gesamten Balkenquerschnitt gesägt und in weitere würfelförmige Probekörper geteilt. Aus den getrockneten Probekörpern wurde Bohrmehl hergestellt und im Verhältnis 1:10 oder 1:20 mit Wasser eluiert. Die Proben sind im Ultraschallbad für 1 h bei

40°C aufgeschlossen worden. Die Temperatur wurde in Anlehnung an die Bedingungen im Fermenter gewählt.
Nach weiteren Filtrationsschritten wurde das Eluat mittels Austauschchromatographie auf die Kationen Lithium, Natrium, Kalium, Ammonium, Magnesium und Calcium hin untersucht. An Anionen konnten Fluorid, Chlorid, Bromid, Nitrat, Phosphat und Sulfat detektiert werden.
Für konkrete Vergleichswerte wurde das gesamte Verfahren auch für unbehandeltes Fichtenholz aus dem Holzhandel durchgeführt und als Referenzholz bezeichnet.

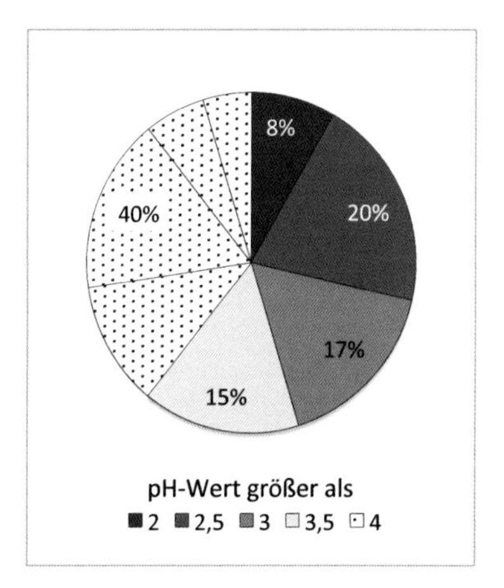


Bild 17: Verteilung der Ammoniumgehalte im Holz für n = 90

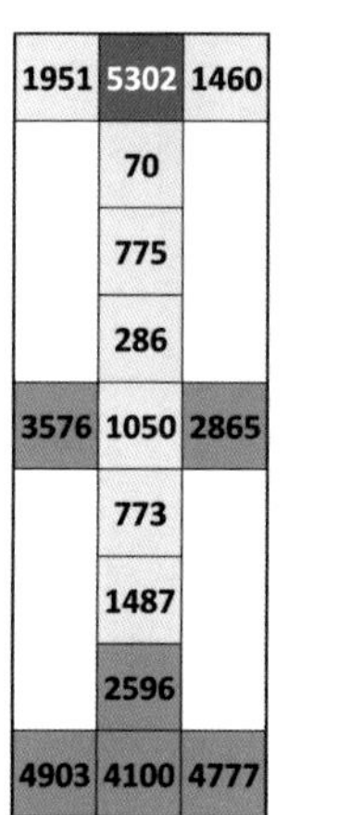


**Bild 18a+b**: Ammoniumverteilung - [mg/kg] in Proben von zwei Scheiben des Balkenabschnitts 1

Die höchsten Gehalte bei den Kationen sind für Ammonium ermittelt worden. Im Vergleich zum Referenzholz waren die Gehalte in Holzproben aus dem Biogasfermenter um das 444-fache erhöht.

Es war auffällig, dass alle untersuchten 90 Proben von 6 geschnittenen Scheiben erhöhte Ammoniumwerte aufwiesen, d.h. Ammoniumverbindungen haben den gesamten Balkenquerschnitt durchdrungen (Bild 17+ 18).

Dieser Befund gilt für die Balkenabschnitte 1/6 sowie 4 und 5. Bei allen 6 untersuchten Holzscheiben konnten in der Scheibenmitte niedrigere Werte gefunden werden als in den Randbereichen (Bild 18).

Dies lässt auf einen Stoffeintrag von außen schließen. In Bild 18 a+b ist die Lage der Probenscheiben so zu betrachten, das die oberen Werte zur Holzbalkendecke, die unteren Werte zum Gärsubstrat hin orientiert sind.

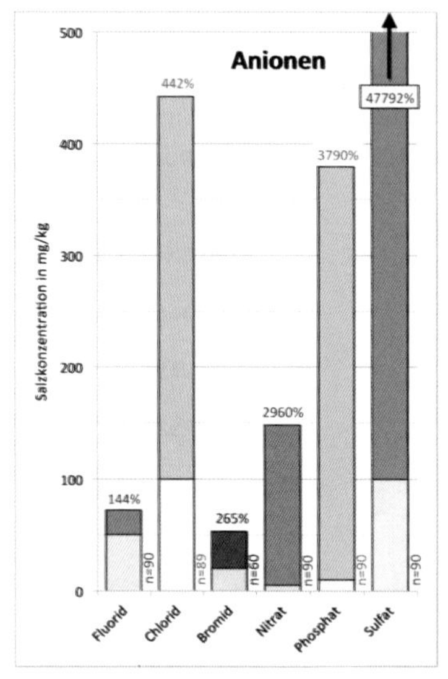


**Bild 19:** Anionengehalte in den wässrigen Eluaten von 6 Holzscheiben:

Bei den Anionen waren erwartungsgemäß – mit Bezug auf die Gehalte in den Belägen – hohe Sulfatgehalte feststellbar, aber auch nennenswerte Gehalte an Phosphat, Chlorid und Nitrat. In Bild 19 sind die analysierten Gehalte an Anionen im Verhältnis zum Referenzwert (hell) dargestellt.
In Tabelle 2 ist eine mögliche Kombination der ermittelten Kationen und Anionen zu Salzen vorgenommen worden. Mit Ausnahme von Kaliumsulfat (nur mäßig löslich) sind Nitrate, Ammoniumverbindungen und Chloride leicht löslich. Die pH-Werte der in wässriger Lösung gelösten Salze liegt überwiegend im leicht sauren bis neutralen Bereich. Die meisten Verbindungen sind hygroskopisch.

**Tab. 2:** Eigenschaften von bauschädlichen Salzen [18]

| Salz | hygroskopisch | pH-Wert[1] | bei 20°C |
|---|---|---|---|
| Ammoniumsulfat | | ca. 5 | 754 g/l |
| Ammoniumnitrat | ja | 4,5 – 7,0 | 1877 g/l |
| Ammoniumchlorid | ja | 4,5-5,5 | 372 g/l |
| | | | |
| | | | |
| Magnesiumsulfat | ja | ca. 7,9 | 300 g/l |

| Magnesiumnitrat | ja | 5,0…7,0 | 420 g/l |
|---|---|---|---|
| Magnesiumchlorid | ja | >= 7 | 542 g/l |
| | | | |
| Kaliumsulfat | | 5,5....7,5 | 111,1 g/l |
| Kaliumnitrat | ja | 5,0…7,5 | 316 g/l |
| Kaliumchlorid | ja | 5,5…8,0 | 347 g/l |

[1]20°C, bei 100g/l

pH-Werte im Holz

Der pH-Wert ist eine wichtige chemische Kenngröße, die eine Aussage dazu ermöglicht wie sauer, neutral oder basisch eine Lösung ist. Der pH-Wert im Holz wird vornehmlich von der chemischen Zusammensetzung und Konzentration der im Wasser löslichen Extraktstoffe bestimmt.

Die pH-Werte in den Holzproben aus dem Biogasfermenter wurden mit einer pH-Elektrode aus den wässrigen Suspensionen der Balkenabschnitte 1/6, 4, 5 wie auch aus den Referenzholzproben bestimmt. Aus der gleichen Lösung erfolgte auch die Bestimmung der Kationen und Anionen.

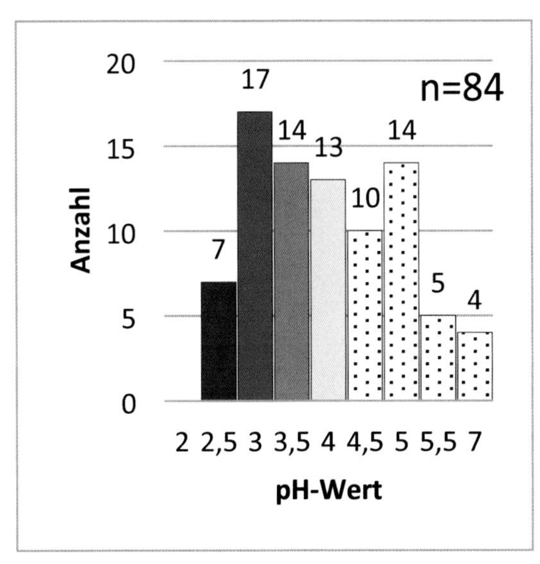


**Bild 20**: Ergebnisse der pH-Wertbestimmungen

Das Referenzholz wies pH-Werte zwischen 4,5 und 5,9 auf. In der Literatur wird der pH-Wert für Fichtenholz mit 4,0 bis 5,3 angegeben [19, 20]. Wuchsbedingte Unter-

schiede bei den natürlichen Inhaltsstoffen wie auch in der Probenvorbereitung bedingen Messwertabweichungen.
Als Grundlage für die Bewertung wurden die pH-Werte des Referenzholzes herangezogen. 51 von 84 Proben aus den Balkenabschnitten wiesen einen pH-Wert von < 4,5 auf, das entspricht 61% (Bild 20). Der niedrigste gemessene pH-Wert lag bei 2,2 der höchste bei 6,6. Es besteht demnach eine Verschiebung des pH-Wertes im Holz aus dem Biogasfermenter in Richtung zu niedrigeren pH-Werten.

Als Hauptgrund für diese Verschiebung ist die bei der internen Entschwefelung anfallende Schwefelsäure zu sehen.

## 4 Schlussfolgerung:

Das dem Holz anhaftende krustige Material besteht aus wasserlöslichen Salzen und Schwefel, vorrangig Sulfat, aber auch Phosphat und Chlorid. Bei den dokumentierten Schichtdicken von bis zu einigen cm dieser Salze auf den Holzsparren wirken sie wie ein Salzumschlag.

Die Kombination aus den Belägen auf dem Holz und die mit Wasserdampf gesättigte Atmosphäre führen dazu, dass erhebliche Mengen an Salzen in das Holz eingetragen werden. Dieser Effekt konnte durch die Ergebnisse der durchgeführten Salzanalysen im Holz belegt werden.

Die Verschiebungen zu niedrigeren pH-Werten im Holz lassen auf einen sauren Angriff auf die Holzbestandteile schließen.

Weiterführende Untersuchungen sollen die Schadmechanismen im Holz genauer klären.

Die Ergebnisse sind nicht direkt auf andere Schadensfälle in Biogasfermentern übertragbar, weil bedingt durch die vielfältigen Varianten bei den Gärsubstraten auch die Zusammensetzung der abbauenden Bakterienpopulationen stark schwankt. Hinzu kommen Unterschiede in den Prozessbedingungen, die verschiedene Stoffwechselwege und damit auch vielfältige Zwischenprodukte ermöglichen.

**Danksagung der Autoren**

Für die finanzielle Unterstützung, welche diese Untersuchungen erst möglich gemacht haben, sei an dieser Stelle der VHV Versicherungen AG und dem BuFAS e.V. gedankt.

## Bildquellen

| | |
|---|---|
| Bild 2 bis 11 | Dipl.-Ing. (FH) Detlef Krause |
| Bild 12 bis 20 | Prof. Dr. Claudia von Laar |

## Literaturverzeichnis


[1] Krause, D.: Gutachten über Holzschäden an einer Biogasanlage v. 02.07.2012

[2] DIN 68800 Holzschutz
Teil 1 „Allgemeines“ (Oktober 2011)
Teil 2 „Vorbeugende bauliche Maßnahmen im Hochbau“ (Februar 2012)
Teil 3 „Vorbeugender Schutz von Holz mit Holzschutzmitteln“ (Februar 2012)
Teil 4 „Bekämpfungs- und Sanierungsmaßnahmen gegen Holz zerstörende Pilze und Insekten (Februar 2012)

[3] Gesamtverband Deutscher Holzhandel e.V.

[4] Erler, K.: Bauzustandsanalyse und Beurteilung der Tragfähigkeit von Holzkonstruktionen unter besonderer Berücksichtigung der Korrosion des Holzes. Ingenieurhochschule Wismar, Habilitation, Wismar, 1987.

[5] Besold, G.: Systematische Untersuchungen der Wirkung aggressiver Gase auf Fichtenholz. Dissertation Universität München, 1982.

[6] Erler, K.: Korrosion von Vollholz und Brettschichtholz. Bautechnik 75 - 8, S. 530-538, 1998

[7] Erler, K.: Chemische Korrosion von Holz und Holzkonstruktionen. Bauforschung T 2916 Frauenhofer IRB, 2000

[8] Fengel, D.: Bartels, H.J.. Über die Einwirkung von Säuren auf Fichtenholz. Holzforschung 34 – 6, S. 201-206, 1980

[9] Fengel, D.: Hardell H.-L.: Systematische Untersuchungen der Wirkung aggressiver Gase auf Fichtenholz, Teil 4: Elektronenmikroskopische Beobachtungen. Holz als Roh- und Werkstoff 41, S. 509-513, 1983

[10] Schwar, A.: Physiko – mechanische Untersuchungen des Schadensmechanismus bei Dachstuhlhölzern durch spezifische Holzschutz- und Holzflammschutzmittel (Dissertationschrift) Technische Universität Cottbus, 2004

[11] Rug, W./Lißner, A.: Untersuchungen zur Festigkeit und Tragfähigkeit von Holz unter dem Einfluss chemisch aggressiver Medien. Bautechnik 88 (2011), Heft 3

[12] Schneider, R.: Biologische Entschwefelung von Biogas, Dissertation am Lehrstuhl für Energie- und Umwelttechnik der Lebensmittelindustrie der Technischen Universität München, 2007

[13] Leitfaden Biogas, Von der Gewinnung zur Nutzung, Fachagentur Nachwachsende Rohstoffe e.V. (FNR), 5. Auflage, 2010

[14] Biogasaufbereitungssysteme zur Einspeisung in das Erdgasnetz – ein Praxisvergleich, SeV-Studien, Solarenergieförderverein Bayern e.V., 2008

[15] Handreichung Biogasgewinnung und –nutzung, Fachagentur Nachwachsende Rohstoffe e.V. (FNR), 3. Auflage, 2006

[16] DIN EN 13183-1:2002: Feuchtegehalt eines Stückes Schnittholz – Teil 1: Bestimmung durch Darrverfahren, Deutsche Fassung

[17] Neuhaus, H.: Ingenieurholzbau, Grundlagen – Bemessung – Nachweise – Beispiele, 2. Auflage, Vieweg und Täubner

[18] GESTIS-Stoffdatenbank: Gefahrstoffinformationssystem der deutschen gesetzlichen Unfallversicherung

[19] GD Holz/von Thünen-Institut, Merkblattreihe Holzarten, Blatt 57, Fichte

[20] Wagenführ, R.: Holzatlas, Fachbuchverlag Leipzig

**24. Hanseatische Sanierungstage**
**Messen Planen Ausführen**
**Heringsdorf 2013**

# Versuche zur Konsolidierung der Moai-Statuen auf der Osterinsel

**P. Friese**
Berlin

## Zusammenfassung

Die zum Weltkulturerbe gehörenden Statuen auf der Osterinsel (Moai) sind in ihrem Bestand bedroht und es ist dringend erforderlich, geeignete Verfahren und Produkte zu entwickeln, um einen Teil dieser Statuen für die Nachwelt zu erhalten. Ausgehend von Ergebnissen umfangreicher Forschungsarbeiten von verschiedenen Arbeitsgruppen auf dem Gebiet der Steinkonservierung wurde versucht, eine verbesserte Methode zur Konsolidierung der Moai auszuarbeiten. Im Vordergrund standen dabei die Verminderung der hygrischen Dehnung des Steinmateriales (vulkanischer Lapillituff) und eine nachträgliche Festigung der oberflächennahen Schichten bis in eine Tiefe von 10 cm mit Kieselsäureethylestern (KSE).

Für die Laborversuche an Probekörpern bis zu einem Durchmesser von 30 cm wurden überwiegend kommerziell verfügbare Materialien eingesetzt (Antihygro, KSE 100, KSE 300, KSE 300E). Ziel der Versuche war, den geschädigten Oberflächenbereich bis in eine Tiefe von ca. 10 cm so zu festigen, dass die ursprünglichen mechanischen Eigenschaften wieder erreicht werden. Es erwies sich als notwendig, die Steinfestiger über einen Zeitraum von 2 – 3 Tagen mit Hilfe einer besonderen Kompressenanordnung in den Stein einzubringen.

Zur Bewertung der Versuchsergebnisse wurde eine Abrasion mit Ultraschall genutzt. Die mit Steinfestigern behandelten Probekörper wurden in Wasser langsam unter einem abrasiven Ultraschallstrahl bewegt und der Substanzabtrag in dem geschädigten Bereich bis an die Oberfläche ermittelt.

# 1 Einführung

Die Osterinsel ist bekannt für ihre bis zu 10 m hohen monumentalen Statuen, den Moai, die zum Weltkulturerbe gehören und damit unter dem besonderen Schutz der UNESCO stehen. Die etwa 1000 Steinfiguren, deren Bestimmung bis heute nicht eindeutig bekannt ist, wurden zwischen dem 10. und 17. Jahrhundert gefertigt und auf Steinplattformen (Ahus) aufgestellt. Vermutlich als Folge innerer, sozialer Unruhen wurden im 18. und 19. Jahrhundert alle Moai von den Bewohnern der weitgehend isolierten Insel umgestürzt und teilweise zerstört. Ein großer Teil der Steinfiguren wurde zusätzlich durch Verwitterungsprozesse so stark geschädigt, dass eine Erhaltung durch restauratorische Maßnahmen nicht mehr möglich ist (Bild 1).

**Bild 1:** Reste von umgestürzten und bereits stark verwitterten Steinfiguren auf der Osterinsel

Im Rahmen einer Expedition von Thor Heyerdahl wurde in den Jahren 1955 und 1956 der erste Moai wieder aufgestellt (Bild 2). In den Folgejahren haben verschiedene Arbeitsgruppen bis jetzt etwa 40 Steinfiguren an verschiedenen Stellen der Insel aufgerichtet und teilweise restauriert (Bild 3). Bei diesen Arbeiten und der anschließenden Beobachtung der aufgestellten Figuren wurde u.a. deutlich, dass der Bestand der Moai durch Verwitterungserscheinungen stark gefährdet ist und die dringende Notwendigkeit besteht, Methoden zu entwickeln, mit denen der fortschreitende Steinzerfall aufgehalten werden kann.

**Bild 2:** Einzelne Steinfigur (Moai) auf der Osterinsel, die im Rahmen einer Expedition von Thor Heyerdahl 1955 wieder aufgerichtet wurde.

**Bild 3:** Ahu Tongariki mit mehreren Moai, die von einem Team chilenischer Studenten mit Unterstützung einer Japanischen Firma von 1992 bis 1996 wiederaufgerichtet wurden. Im Vordergrund ein Moai, der 1960 von einem Tsunami von dem Ahu weggespült wurde.

In der Vergangenheit wurden trotz des großen kulturhistorischen Wertes der Moai nur wenige Versuche zu ihrer Konsolidierung unternommen. Die in den Jahren zwischen 1960 und 1980 wieder aufgestellten Steinfiguren wurden häufig mit Zementmörtel restauriert. Es ist aber bekannt, dass eine derartige Behandlung zu einer zusätzlichen Schädigung des Steinmateriales führen kann und an einigen Steinfiguren auch geführt hat.

Im Auftrag der UNESCO wurden 1981 von DOMASLOWSKI wissenschaftliche Untersuchungen zu den Schadensursachen durchgeführt und Vorschläge für eine Konsolidierung der Steinfiguren ausgearbeitet [1]. Entsprechend dieser Vorschläge wurde 1986-87 ein Moai mit Steinfestigern auf der Basis von Äthylsilikaten mit einer nachfolgenden Hydrophobierung behandelt. Diese Arbeiten wurden mit großer Sorgfalt ausgeführt unter Berücksichtigung aller bis zu dieser Zeit vorliegenden Erfahrungen und Erkenntnisse auf dem Gebiet der Steinkonservierung [2]. Die Ergebnisse wurden auf einer internationalen Konferenz 1994 positiv bewertet [3].

In den vorangegangenen 25 Jahren haben umfangreiche Forschungs- und Entwicklungsarbeiten sowie die Entwicklung neuer Materialien zu größeren Fortschritten auf dem Gebiet der Steinkonservierung geführt. An dem Steinmaterial, aus dem die Moai bestehen, wurden von WENDLER u.a. [4] erfolgreiche Versuche zur Quellminderung mit einem bifunktionalen Tensid und zur Festigung mit Äthylsilikaten durchgeführt. Es lag daher nahe zu versuchen, diese Erkenntnisse für weitere Versuche zur Konsolidierung der Steinfiguren auf der Osterinsel zu nutzen.

## 2 Steinmaterial und Ursachen für den starken Steinzerfall

Die Moai wurden mit Steinwerkzeugen am Hang eines erloschenen Vulkanes (Rano Raraku) aus dem massiven Gestein herausgearbeitet und bestehen aus einem vulkanischen Lapillituff, d.h. aus einem Aschesediment mit Einschlüssen von erstarrten Lavateilchen. Der weiche, im frisch gebrochenen Zustand leicht bräunliche Stein nimmt ca. 20 Masse% an Wasser auf. In dem niederschlagsreichen Klima der Osterinsel wird dadurch die Hydrolyse von Glimmer und Feldspäten zu tonigen Bestandteilen und das Herauslösen einiger Bestandteile begünstigt. Dies führt zu einer zunehmenden hygrischen Dehnung des Tuffgesteines, die je nach Bewitterungsdauer zwischen 1 und 2 mm/m liegen kann. Dieser relativ hohe Wert der hygrischen Dehnung ist eine der wesentlichen Ursachen für den stetigen Verfall der Steinfiguren.

In dem Klima der Osterinsel wechseln häufig kurze, aber intensive Regenschauer mit starker Sonneneinstrahlung. Die tieferen Gesteinsschichten bleiben davon unberührt. Es ist anzunehmen, dass sich hier im Gleichgewicht zwischen Durchfeuchtung und Trocknung ein hoher, aber konstanter Wassergehalt eingestellt hat. In den oberflächennahen Schichten bewirkt der Wechsel zwischen Durchfeuchtung und Trocknung jedoch ein ständiges Quellen und Schwinden des Steinmateriales. Dadurch werden Mikrorisse gebildet und die Festigkeit der Steinmatrix vermindert.

Regenschauer auf der Osterinsel sind oft mit starken Winden verbunden, und der Schlagregen vermag die gelockerten Oberflächenschichten mit den tonigen Bestandteilen auszuwaschen. Zurück bleiben zunächst die größeren Lavapartikel, die erst abfallen, wenn das sie umgebende Steinmaterial ausgewaschen ist. Dementsprechend ist das Erscheinungsbild der neu aufgestellten und der noch liegenden Moai: Die Oberfläche ist rau mit hervortretenden Lavapartikeln, die bis zu einigen Zentimetern groß sein können.

Eine Verminderung der hygrischen Dehnung und eine Festigung bereits geschädigter Oberflächenschichten sind daher Voraussetzungen für eine erfolgreiche Konsolidierung der Steinfiguren. Vor einer direkten Anwendung von Materialien und Methoden an den kulturhistorisch wertvollen Moai müssen diese aber an kleineren Steinproben getestet werden. Für Laborversuche wurden daher auf der Osterinsel unter der Aufsicht von Denkmalpflegern geeignete Steinproben mit Durchmessern bis zu 30 cm gesammelt und nach Deutschland verschickt. Diese Steinproben waren wahrscheinlich Abfallprodukte bei der Herstellung der Moai und zeigten eine ähnliche Oberflächenstruktur wie die Steinfiguren selbst. Für die Laborversuche wurde ein Teil der Steinproben in kleinere Stücke zerschnitten. Ein anderer Teil wurde für Modellversuche zur Aufnahme der entsprechenden Flüssigkeiten zur Verminderung der hygrischen Dehnung und den Steinfestigern verwendet (Bild 4).

**Bild 4:** Proben für die Laboruntersuchung

## 3 Laborversuche

Für die Experimente zur Verminderung der hygrischen Dehnung wurden kleinere Probekörper verwendet, die so geschnitten waren, dass sie zur Bestimmung der Längenänderung bei der Durchfeuchtung auf eine ebene Fläche gestellt werden konnten. Mindesten eine der Seitenflächen war dabei im Originalzustand. Um die Wirksamkeit verschiedener Behandlungsmethoden zu ermitteln, wurde zunächst die hygrische Dehnung einzelner, nicht behandelter Probekörper bestimmt. Dazu wurden die bei 80°C bis zur Gewichtskonstanz getrockneten und nachfolgend bei einer relativen Luftfeuchtigkeit von 75% gelagerten Probekörper langsam mit dest. Wasser gesättigt und mit einer einfachen Messuhr die Längenänderung bestimmt (Bild 5). Dabei wurden Werte zwischen 1,4 und 1,9 mm/m gemessen. Nachfolgend wurden die Proben getrocknet und mit wässrigen Lösungen ausgewählter Substanzen getränkt. Nach erneuter Trocknung wurde die hygrische Dehnung wie oben beschrieben bestimmt.

**Bild 5:** Anordnung zur Bestimmung der hygrischen Dehnung mit einfacher Messuhr

Aus vorangegangenen Arbeiten war bekannt, dass mit einem bifunktionalen Tensid – Butyldiaminochlorid (BDCA) - die hygrische Dehnung auf etwa 60% des ursprünglichen Wertes vermindert werden kann. Eine gebrauchsfertige Lösung des BDCA ist kommerziell erhältlich (Antihygro, Hersteller: Remmers Baustofftechnik GmbH) und wurde bei den Versuchen eingesetzt. Mit einer einmaligen Tränkung konnte die hygrische Dehnung der Probekörper auf etwa 60% des ursprünglichen Wertes vermindert werden. Wünschenswert wäre jedoch, den Wert noch weiter abzusenken. Dazu wurden zahlreiche Versuche mit verschiedenen Substanzen unternommen. Der größte Teil dieser Versuche brachte keine wesentliche Verbesserung. Die besten Ergebnisse zeigte eine Tränkung der Probekörper mit einer nahezu gesättigten Lösung von Bariumhydroxid und nach der Trocknung eine Behandlung mit „Antihygro“. Auf

diese Weise ließ sich der Wert für die hygrische Dehnung aber auch nur auf 40 – 50% des ursprünglichen Wertes absenken.
Die praktische Anwendung der genannten Agentien an größeren Objekten wäre relativ einfach. Die wässrigen Lösungen können entsprechend der kapillaren Saugfähigkeit des Materiales aufgesprüht oder aufgepinselt werden.
In einem zweiten Schritt bei der Konsolidierung der Moai ist es notwendig, die oberflächennahen Schichten zu festigen. Seit etwa 4Jahrzehnten werden für diesen Zweck Äthylester der Kieselsäure (KSE) in verschiedenen Konzentrationen als Steinfestiger für poröse Natursteine erfolgreich angewendet. Für die praktische Anwendung stehen fertig konfektionierte Produkte verschiedener Hersteller zur Verfügung. Die Steinfestiger werden auf die Oberfläche des zu behandelnden Objektes aufgegeben und von dem porösen Material aufgesaugt. Bei Anwesenheit von geringen Mengen an Wasser (eine relative Luftfeuchtigkeit von 70% ist schon ausreichend) wird durch Hydrolyse Kieselsäuregel gebildet, das in den Porenräumen verbleibt und eine festigende Wirkung hat.
Bei der Anwendung von KSE muss aber darauf geachtet werden, dass keine Überfestigung der oberflächennahen Schichten erfolgt, weil dies zu Schäden durch Schalenbildung führen kann. Bei einem frisch gebrochenen Stein unterscheidet sich die mechanische Festigkeit nicht von der Festigkeit im Volumen. Bei längerer freier Bewitterung wird das Gefüge von der Oberfläche ausgehend zunehmend gelockert. Bei den mehrere Jahrhunderte alten Steinfiguren auf der Osterinsel ist eine Oberflächenschicht von etwa 10 cm davon betroffen. In ähnlicher Größenordnung dürfte der bisherige Substanzverlust der Figuren liegen. Ziel einer Steinfestigung ist, die ursprünglichen mechanischen Eigenschaften wiederherzustellen.
Ein besonderes Problem bei der Konsolidierung von dem vulkanischen Tuff ist seine besondere Porenstruktur, die eine nur relativ langsame Aufnahme der KSE - Lösungen ermöglicht. Die Eindringtiefe und die Geschwindigkeit der Aufnahme der KSE-Lösungen sind von deren Wirkstoffkonzentration abhängig und werden mit zunehmender Konzentration kleiner. Zur Festigung der oberflächennahen Schichten bis in eine Tiefe von 1 – 2 cm müsste ein Produkt mit besonders hoher KSE Konzentration eingesetzt werden, um hier die ursprüngliche Steinfestigkeit zu erreichen. Die geringe Eindringtiefe würde aber unweigerlich zu einer Schalenbildung führen. Deshalb ist es notwendig, zunächst stark verdünnte KSE Lösungen einzusetzen, die bei geeigneter Applikation 10 cm in den Stein eindringen können. In zwei oder 3 Stufen kann die Wirkstoffkonzentration dann auf den entsprechenden Wert gesteigert werden.
Für orientierende Laborversuche zur Anwendung der Steinfestiger wurden kleinere Steinproben (Gewicht 100 – 300 g) verwendet, die mit der Originaloberfläche auf einen Brei von Zellstoffflocken und Steinfestiger aufgesetzt wurden. Eine vorzeitige Verdunstung des Lösemittels wurde durch ein Abdecken des Probekörpers mit Folie eingeschränkt. Die Flüssigkeitsaufnahme konnte dabei an den Schnittflächen gut beobachtet werden. Zur Auswertung der Experimente wurde nach einer Methode gesucht, mit der der Substanzabtrag durch starken Schlagregen simuliert werden kann.

Geeignet dafür erschien eine Abrasion des unter Wasser gelagerten Probekörpers mit einen Ultraschallstrahl. Die dafür verwendete Apparatur ist in Abb. 6 dargestellt. Dabei wird ein Ultraschallstrahl senkrecht auf einen ungeschädigten Bereich der zu prüfende Fläche gerichtet und bei konstantem Abstand zur Schallquelle die Schallintensität soweit gesteigert, bis ein geringer Substanzabtrag erkennbar ist. Als ungeschädigt können Bereiche angesehen werden, die mehr als 10 cm von der Oberfläche entfernt sind. Nachfolgend wird der Probekörper - in Abb. 6 ein Bohrkern - langsam, aber mit konstanter Geschwindigkeit unter der Ultraschallquelle bis zur Oberfläche bewegt. Das Bild 7 zeigt das Ergebnis einer Ultraschallabrasion an einem Bohrkern, der vor einer Festigung entnommen wurde und einem Bohrkern aus dem gleichen Stein nach einer Festigung mit KSE. Mit der in Bild 6 gezeigten Apparatur können bei entsprechendem Zuschnitt auch glatte Flächen untersucht werden. Ein Nachteil dieser Methode ist, dass es sehr schwierig ist, die Ergebnisse zu quantifizieren und die Auswertung rein visuell erfolgt. Die Übereinstimmung mit Bohrwiderstandsmessungen, die auch an dem vulkanischen Tuff der Osterinsel vorgenommen wurden, ist recht gut. In beiden Fällen wurde eine Lockerung des Gefüges bis in eine Tiefe von ca. 10 cm gefunden.

**Bild 6:** Apparatur zur Ermittlung von Unterschieden in der mechanischen Festigkeit von Steinproben mit Hilfe von Ultraschallabrasion. Die Probe wird langsam, mit gleich-bleibender Geschwindigkeit unter dem Ultraschallstrahl bewegt. Die Schallintensität wird so gewählt, dass in dem nicht geschädigten Bereich der Probe ein geringer, aber sichtbarer Substanzabtrag erfolgt. In geschädigten Bereichen ist dieser Substanzabtrag dann entsprechend größer.

**Bild 7:** Zwei Bohrkerne nach einer Ultraschallabrasion. Der linke Bohrkern wurde einem Probekörper vor der Festigung mit KSE entnommen. Gut zu erkennen ist der starke Substanzabtrag im oberflächennahen Bereich. Der rechte Bohrkern wurde von demselben Probekörper nach der Festigung entnommen und zeigt eine gleichbleibende Festigkeit bis an die Oberfläche.

Bereits bei den Versuchen mit kleineren Probekörpern wurde deutlich, dass eine Applikation der Steinfestiger auch bei niedrigen KSE-Konzentrationen ca. zwei Tage dauert, bis der Steinfestiger in die erforderliche Tiefe von etwa 10 cm eingedrungen ist. Damit erscheint ein Aufsprühen der Steinfestiger ungeeignet, nicht zuletzt deshalb, weil das Lösungsmittel unter den klimatischen Bedingungen auf der Osterinsel zu schnell verdunsten und die resultierende höher konzentrierte KSE Lösung an der Oberfläche eine weitere Flüssigkeitsaufnahme blockieren würde. Selbst wenn man dies durch den Einsatz anderer, weniger flüchtiger Lösungsmittel einschränken würde, wäre eine derartige Arbeit über zwei Tage keinem Team zuzumuten.
Deshalb wurden die Steinfestiger über eine Zellstoffkompresse in den Stein eingetragen in ähnlicher Weise, wie ROTH [2 ] es bei der ersten Festigung einer Steinfigur auf der Osterinsel durchgeführt hat. Abb. 8 zeigt eine schematische Darstellung der bei den Laborversuchen genutzten Technik und die experimentelle Anordnung. Auf die Steinoberfläche wird eine Zwischenschicht aus feuchtem Filterpapier aufgebracht, auf die eine 1-2 cm dicke Schicht aus Zelluloseflocken, die in wenig Wasser suspendiert sind, aufgetragen wird. Zur Stabilisierung wird ein geeignetes Baumwollgewebe auf die Zelluloseschicht aufgelegt. Erst nach dem vollständigen Abtrocknen kann mit der Zugabe des Steinfestigers begonnen werden. Dazu wird die Oberfläche vollständig mit Folie abgedeckt, um eine vorzeitige Verdunstung von Lösungsmittel einzuschränken. Der Steinfestiger wird im oberen Teil im Überschuss aufgegeben und durchströmt die Schicht aus Zelluloseflocken. Der nicht von dem Stein aufgenommene Anteil wird unten aufgefangen und wieder nach oben gepumpt.

Mit der in Bild 8 gezeigten Anordnung kann die pro Zeiteinheit vom Stein aufgesaugte Menge und die aufgenommene Gesamtmenge an KSE Lösung leicht bestimmt werden.

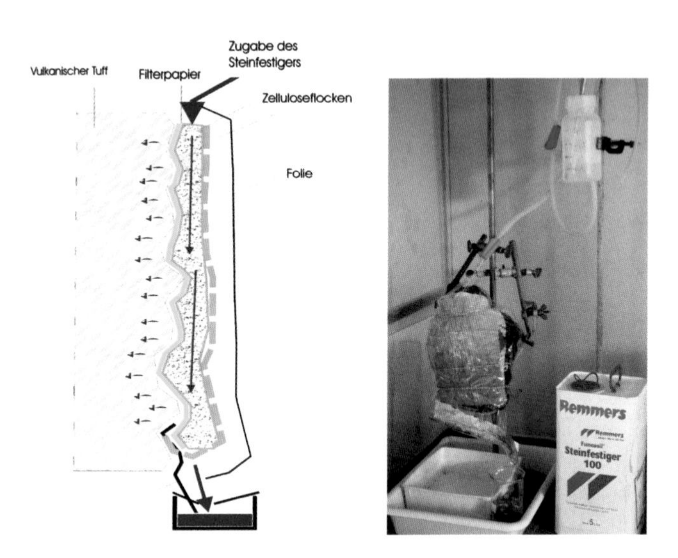


**Bild 8:** Schematische Darstellung und Versuchsanordnung zum Einbringen der Steinfestiger.

Für die Versuche wurden kommerziell verfügbare Steinfestiger verwendet (KSE 100, KSE 200 und KSE300E, Hersteller: Remmers Baustofftechnik GmbH). Die besten Ergebnisse wurden mit nachfolgenden Abläufen und Konzentrationen erhalten. In der ersten Phase wurde KSE 100 aufgegeben. Dieses Produkt bildet bei der Hydrolyse nur 10 % Kieselsäuregel, hat eine entsprechend niedrige Viskosität und kann deshalb über einen Zeitraum von 2 – 3 Tagen 10 cm tief in den Stein eindringen. Von dem KSE 100 wurden ca. 5 $l/m^2$ eingesetzt. Etwa die gleiche Menge an KSE 200 (Kieselsäuregelbildung: 20 Masse%) wurde nachfolgend aufgegeben. Den Abschluss bildete KSE 300E, ein Produkt mit einem elastifizierten Kieselsäureester und mit einer Kieselsäuregelbildung von 30 Masse%. Von letzterem wurde ein Überschuss eingesetzt, d.h. die Zugabe wurde erst beendet, wenn der Stein keinen Steinfestiger mehr aufnahm. Die Gesamtmenge an aufgenommenen KSE 300E betrug 8 – 12 $l/m^2$. Für die Aufnahme der Steinfestiger war ein Gesamtzeitraum von 2 – 3 Tage notwendig.

Nach Abnahme der Folie und der Schicht aus Zelluloseflocken brauchen die Kieselsäureester eine Zeit von mehreren Wochen, um vollständig zu hydrolysieren.

Danach können von den behandelten Steinen Probekörper (z.B. Bohrkerne) für die Bestimmung der mechanischen Eigenschaften entnommen werden.

## 4 Schlussfolgerungen

Die Konsolidierung der kulturhistorisch sehr wertvollen Steinfiguren auf der Osterinsel erfordert umfangreiche Vorversuche. Im Labor ausgearbeitete Methoden müssen, bevor sie an den Steinfiguren selbst eingesetzt werden, erst an größeren Steinobjekten getestet werden. Vorschläge für eine entsprechende Vorgehensweise finden sich in [5]. Die mit Substanzen zur Verminderung der hygrischen Dehnung und den Steinfestigern behandelten Objekte sollten bei freier Bewitterung auf der Osterinsel über mehrere Jahre beobachtet werden. Erst wenn nach längerer Zeit keine Sekundärschäden auftreten und die aufwändigen Arbeiten durch eine erhebliche Verminderung des witterungsbedingten Substanzabtrages und eine Erhaltung der mechanischen Eigenschaften gerechtfertigt werden, sollte mit der Behandlung der Moai begonnen werden.

## Literatur

[1] W. Domaslowski,. Les statues en Pierre de I´lle de Paques: etat actuel, cause de deterioration. Propositions pour la conservation. UNESCO Report, Paris 1981

[2] M. Roth,. The Conservation of the Moai “Hanga Kioe”. Methods and Consequences of the Restoration. Courier Forschungs Institut Senckenberg 123:183-188,1990

[3] M. Bahamondes Prieto,. Conservation Treatment of a Moai on Easter Island: A Laboratory Evaluation in: A. E. Charola, R. J. Koestler and G. Lombardi (Eds.): "Lavas and Volcanic Tuffs", Proc. Int. Meeting Easter Island, ICCROM 1994: 323 – 332, 1994

[4] E.Wendler , A. E. Charola and B. Fitzner. Easter Island Tuff: Laboratory Studies for its Consolidation. Proc. VIII. Int. Congr. Deterioration and Conservation of Stone, Berlin. Ed. by J. Riederer: 1159 – 1170, 1996.

[5] P. Friese, E. Wendler and Th. Bolze, Conservation and restoration of statues on Easter Island: Laboratory experimants and proposals for statue Consolidation, VI International Conference on Rapa Nui and the Pacific, Renaca, Chile, Edited by C. M. Stevenson, J. M. Ramirez, F. J. Morin and N. Baracci, 2004, 493-499

24. Hanseatische Sanierungstage
Messen Planen Ausführen
Heringsdorf 2013

# „Gebrauchsklasse 0 nach DIN 68800 – Fortschritt oder Problem?“

## Konstruktions- und Schadensbeispiele

**D. Krause**
Groß Belitz

### Zusammenfassung

Die neue DIN 68800 „Holzschutz“ war nötig, ja längst überfällig. Und es ist gut, dass sie nun da ist.
Aber seitdem sie unter den Fachleuten bekannt ist, wird sie in vielen Punkten kontrovers diskutiert und ihre Stellung als allgemein anerkannte Regel der Technik teilweise sogar angezweifelt.
Einer der Diskussionspunkte ist die enorme Erweiterung der Auslegung der Gebrauchsklasse GK 0, früher Gefährdungsklasse.
Besonders die generelle Einstufung technischer Holzprodukte wie KVH und BSH und die Konstruktionsbeispiele für Dächer und Wände im Holzbau geraten dabei immer wieder in die Kritik und scheint der Erfahrung von Sachverständigen zu widersprechen.
Mit diesem und den nachfolgenden Beiträgen von B. Radovic und R. Borsch-Laaks sollen im Rahmen der Podiumsdiskussion Probleme aufgezeigt, Standpunkte erläutert und Auswege aufgezeigt werden.

# 1 Einleitung

Folgende Aussagen der Normen DIN 68000-1:2011-10 „Holzschutz – Teil 1 Allgemeines" sowie DIN 68800-2:2012-02 „Holzschutz – Teil 2: Vorbeugende bauliche Maßnahmen im Hochbau" sind Anlass kritischer Hinterfragungen:

*aus Teil 1:*
*5.2.1 GK 0*
*Holzbauteile in GK 1, bei denen das Risiko von Bauschäden durch Insekten vermieden wird, indem Holz in Räumen mit üblichem Wohnklima oder vergleichbaren Räumen verbaut ist oder die Bauteile in entsprechender Weise beansprucht werden*
*oder*
*indem unter den in DIN 68800-2 festgelegten Bedingungen das Holz gegen Insektenbefall allseitig durch eine geschlossene Bekleidung abgedeckt ist*
*oder*
*Holz, z. B. in begehbaren, unbeheizten Dachstühlen, zum Raum hin so offen angeordnet ist, dass es kontrollierbar bleibt und an sichtbar bleibender Stelle dauerhaft ein Hinweis auf die Notwendigkeit einer regelmäßigen Kontrolle angebracht wird.*

*aus Teil 2:*
*6.1Allgemeines*
*Besondere bauliche Maßnahmen sind dann vorzusehen, wenn die Gebrauchsklasse GK 0 erreicht werden soll und grundsätzliche bauliche Maßnahmen nach Abschnitt 5 alleine nicht die Zuordnung zur Gebrauchsklasse GK 0 erlauben.*
*Latten hinter Vorhangfassaden, Dach- und Konterlatten sowie Traufbohlen, ferner Dachschalungen werden der Gebrauchsklasse GK 0 zugeordnet. Dies gilt auch für im Freien befindliche Dachbauteile, wenn diese so abgedeckt sind, dass eine unzuträgliche Veränderung des Feuchtegehaltes nicht vorkommen kann.*

*Die Beispiel zu 7 und 8 Konstruktionsprinzipien ……… bei denen die Bedingung der Gebrauchsklasse GK 0 erfüllt sind.*

*9.2 Balkenköpfe von Holzbalkendecken in Außenwänden aus Mauerwerk oder Stahlbeton sind der Gebrauchsklasse GK 0 zuzuordnen, wenn durch bauliche Maßnahmen dafür gesorgt wird, dass im Bereich der Balkenköpfe keine unzuträgliche Erhöhung des Feuchtegehaltes durch Tauwasserbildung oder andere Einflussfaktoren auftreten kann, z.B. durch zusätzliche außenliegende Wärmedämmschicht.*

Da die Holzfeuchte eine entscheidende Rolle für einen Befall mit Holz zerstörenden Pilzen und Insekten spielt, wird in der nachfolgenden Tabelle 1 auszugsweise der Feuchtigkeitsanspruch dieser Schädlinge dargestellt werden.

**Tabelle 1**: Feuchtigkeitsanspruch ausgewählter pilzlicher und tierischer Holzschädlinge

| *Schädling* | *Rel. Holzfeuchte Optimum* | *Rel. Holzfeuchte Minimum Überlebensbereich* |
|---|---|---|
| *Gewöhnlicher Nagekäfer* | *28 – 30 %* | *10 %* |
| *Hausbock* | *28 – 30 %* | *8 %* |
| | | |
| *Echter Hausschwamm* | *45 – 140 %* | *26,2 %* |
| *Brauner Kellerschwamm* | *36,4 – 210 %* | *21,5 %* |
| *Tannenblättling* | *40,1 – 208 %* | *21,6 %* |
| *Ausgebreiteter Hausporling* | *34,4 – 126 %* | *27 %* |
| *Weißer Porenschwamm* | *51,5 – 150 %* | *28,6 %* |

Quellen: Grosser „Pflanzliche und tierische Bau- und Werkholzschädlinge“, Huckfeldt „Hausfäule- und Bauholzpilze“

Da sich der untere Grenzwert der rel. Holzfeuchte bei tierischen und pilzlichen Schädlingen stark voneinander unterscheidet, wird im nachfolgenden zwischen diesen auch eindeutig unterschieden.

Die nachfolgenden Beispiele kommen aus der eigenen Tätigkeit bzw. sind von Fachkollegen und –innen zugearbeitet worden.

## 2 Beispiele für Schäden durch pilzliche Schädlinge

Die nachfolgend beschriebenen Schäden sind alle an Holzbauteilen entstanden, die nach o.g. Grundsätzen der DIN 68800 „eigentlich“ der GK 0 zuzuordnen wären.

Es werden zu jedem Schadensfall die Ursache benannt.

Beispiel 1:

**Bild 1 und 2:** Befall mit Echtem Hausschwamm an einer Fachwerkinnenwand eines sanierten Hauses nach 5 Monaten Standzeit
**Ursache:** eine mangelhafte Abdichtung der Schwelle gegen das feuchte Erdreich

Beispiel 2:

**Bild 3 und 4:** Schäden an einer Holzständerwand aus KVH/BSH (Neubau) mit vorgehängter Fassade durch Nassfäulepilze
**Ursache:** ein undichter Fensterbankanschluss

Beispiel 3:

**Bilder 5 und 6:** verfaulte Holzschalung unter einem Gründach mit Porenschwamm
**Ursachen:** Einbau feuchter Dämmung und fehlende Dampfbremse im Innenraum

Beispiel 4:

**Bilder 7 und 8:** Befall mit Weißem Porenschwamm im Dachraum
**Ursache:** an den Wänden undicht angeschlossene Dampfbremse und fehlende Belüftung unter der Dachschalung, auch die „grünen" Balken sind befallen

Beispiel 5:

**Bilder 9 und 10:** Braunfäule am Fachwerk aus KVH
**Ursachen:** Schwelle in Höhe OKG mit teilweisem Erdkontakt und undichte Holz-Fensterbänke

Beispiel 6:

**Bilder 11 und 12:** Hinter dem unteren Fassadenbrett liegt ungeschützt die Fußschwelle der Holzständerwand, wann sieht sie wohl so aus wie im Beispiel 5?

Beispiel 7:

**Bilder 13 und 14:** Balkenköpfe im Außenmauerwerk. Ob nun in Bitumenbahn oder noch eleganter in Schwalbenschwanzplatten eingepackt, beides nicht fach- und normgerecht, aber häufig gängige Praxis

Beispiel 8:

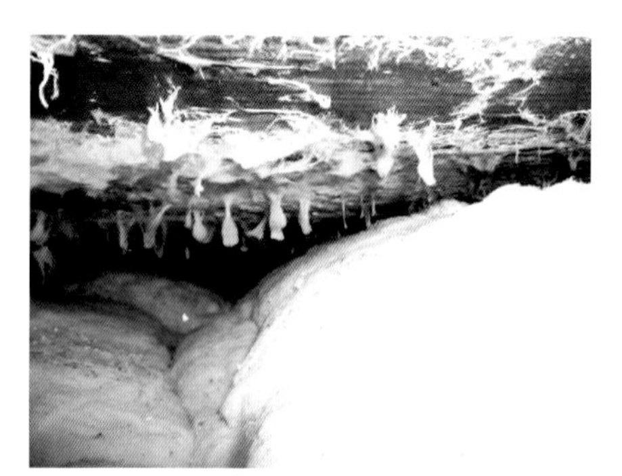

**Bilder 15 und 16:** Dachschalung und Dachtragwerk eines Flachdachs mit Pilzbefall und Braunfäuleschäden nach 5 Jahren
**Ursache:** undicht verlegte Dampfbremse

Diesen Beispielen könnten noch diverse folgen.

Aber allen ist gemeinsam: Die Einstufung der Holzbauteile in die GK 0 war richtig. Die Bedingungen für eine GK 0 waren zwar vorhanden, sind aber eindeutig durch eine mangelhafte Planung und/oder Bauausführung zunichte gemacht worden.
Schäden durch die Feuchtigkeitsbeanspruchung der Holzbauteile in diesen Größenordnungen hätten durch einen vorbeugenden chemischen Holzschutz kaum verhindert werden können.
Dieser hätte vermutlich nur das Ausmaß der Schäden reduziert.
In anderen, „leichteren“ Fällen könnte dieser jedoch zu einem längeren Schutz der Holzbauteile führen, ohne dass gravierende Schäden auftreten.

Mein Fazit nach allen Schadensfällen die mir direkt oder indirekt bekannt geworden sind lautet:

Die GK 0 bietet ausreichend Schutz gegen Holz zerstörenden Pilzen, wenn die Bedingungen bezüglich der Holzfeuchte eingehalten werden.

Jedoch habe ich nach all diesen Schadensfällen erheblichen Zweifel, dass sie in der Praxis durchsetzbar ist.

Sei es die mangelnde Erfahrung der Planer bzw. fehlende Kenntnis über die Norm DIN 68800 oder die ungenügenden Sorgfalt bei der Bauausführung, Schäden dieser Art werden nach meiner Ansicht auch zukünftig (leider) häufig auftreten.

In vielen Fällen, besonders in der Modernisierung, Renovierung und Instandsetzung, wo die Norm ausdrücklich gilt, halte ich die Realisierbarkeit einer GK 0 für fast unmöglich.

## 3 Beispiele für Schäden durch tierische Schädlinge

Vorbetrachtungen

Es wird sich mit diesem Beitrag ausschließlich auf Holzschäden durch den Gewöhnlichen Nagekäfer (Anobium punct. d.G.) und den Hausbock (Hylotrupes bajulus) konzentriert.
Holzschäden durch einen Befall mit div. Lyctusarten sind für Bauholz nicht relevant, sie spielen eine Sonderrolle.

Zur Befallswahrscheinlichkeit von technisch getrocknetem Holz (KVH) bzw. Brettschichtholz (BSH) liegen einige Untersuchungen vor.

So z.B.

- Forschungsvorhaben „Befallswahrscheinlichkeit durch Hausbock bei Brettschichtholz“ der Univ. Stuttgart, Otto-Graf-Institut, Forschungs- und Materialprüfungsanstalt für das Bauwesen, Bearbeiter: Dr. Simon Aicher, Borimir Radovic, Gerhard Folland unter Mitwirkung der Deutschen Gesellschaft für Holzforschung e.V. und des Instituts für Bautechnik Berlin, Laufzeit des Projekts 03.1993 - 01.2001

  mit den abschließenden Aussage:

*„Die Befallswahrscheinlichkeit und eine hiermit verbundene Tragfähigkeitsgefährdung ist in Nutzungsklasse 1 sowie in Nutzungsklasse 2 (innerhalb des Bereiches der Gefährdungsklasse 2) gegen Null gehend. Das Auftreten eines Befalls und einer Tragfähigkeitsgefährdung ist in Nutzungsklasse 2 (mit Bauteilabschnitten im Bereich der Gefährdungsklasse 3) in probabilistischer Hinsicht unwahrscheinlich; die Wahrscheinlichkeit liegt im Rahmen des als gesellschaftlich vertretbar angesehenen Sicherheitsrisikos von $10^{-6}$. Die in DIN 68800-3 enthaltenen restriktiven Vorschriften für BSH betreffend vereinbarter Kontrollen und zwingender Besichtigungsmöglichkeit auf mindestens 3 Trägerseitenflächen als Voraussetzung für die Annahme der Gefährdungsklasse 0 (in den Nutzungsklassen 1 und 2) und somit Verzicht auf vorbeugenden chemischen Holzschutz gegen Insektenbefall, können aufgrund der vorliegenden Erkenntnisse zurückgezogen werden."*

- „Wie findet der Hausbock zum Holz – Neues von einem altbekannten Schädling", Vortrag von Dr. Rudy Plarre, Bundesanstalt für Materialforschung und Materialprüfung (u.a. zum 22. Weiterbildungstag des DHF LV Berlin am 3.12.2011) mit den abschließenden Aussagen:
  *„Die Nadelhölzer wurden gegenüber dem Laubholz signifikant bevorzugt aufgesucht. Unter den Nadelholzvarianten wurde das Konstruktionsvollholz der Kiefer präferiert. Aufgrund dieser Ergebnisse ist davon auszugehen, dass die technische Trocknung von Kiefernholz zu Konstruktionsvollholz keine Widerstandsfähigkeit gegenüber einem Neubefall durch H. bajulus herbeiführt.*
  *Für Konstruktionsvollholz der Fichte dagegen wurde eine geringe relative Attraktivität auf Hausbockkäfermännchen festgestellt, obwohl diese Holzart prinzipiell für die Entwicklung von H. bajulus geeignet ist (Becker, 1949; Körting, 1959; 1964).*
  *Möglicherweise wurde die Attraktivität dieses zu Konstruktionsvollholz modifizierten Holztypus durch die Vorbehandlung im Zuge der Herstellung deutlich gesenkt.*
  *Flüchtige und attraktiv wirkende Substanzen wie Pinene und Carene (Becker, 1962; Fettköther et al., 2000) oder andere Inhaltsstoffe könnten durch das Verfahren der besonderen Kammertrocknung reduziert worden sein (Schmidt und Schneider, 1957), ähnlich wie dies bei einer jahrzehntelangen natürlichen Oberflächenalterung auftreten kann (Adelsberger und Petrowitz, 1976).*
  *Wie bereits oben erwähnt, ist bekannt, dass die Wahrscheinlichkeit eines Neubefalls durch Hausbockkäfer an sehr alten Nadelholzkonstruktionen deutlich sinkt (Körting, 1961).*
  *Bekannt ist aber auch, dass eine kurzfristige Erwärmung mit der damit einhergehenden Trocknung, wie sie z. B. bei Hausbocklarven bekämpfenden Sanierungen durch sogenannte „Heißluftverfahren" durchgeführt werden, keinen*

*anschließenden vorbeugenden Schutz gegen Neubefall herbeiführt (Scholles und Hinterberger, 1960).“*

Zur Entwicklung des Hausbocks in „normalem“ Bauholz liegen auch ältere Untersuchungen vor, so z.B.:

- „Ergebnisse der Hausbock-Forschung“ von Dr. Günther Becker, Materialprüfungsanstalt Berlin-Dahlem, veröffentl. Im „Anzeiger für Schädlingskunde Heft 7 Juli 1949
- „Zur Entwicklung und Schadtätigkeit des Hausbockkäfers (Hylotrupes bajulus L.) in Dachstühlen verschiedenen Alters“ von Körting A. 1961 in Anz. Schädlingskunde, 34/10, Seite 150-153
- „Wie lange dauert ein Hausbockbefall“ von Wichmand H. 1941in Anz. Schädlingskunde 17, 21-24

Diesen Untersuchungen ist die nachfolgende Tabelle 2 bzw. die Grafik 1 entnommen:

**Tabelle 2:** Entwicklung von Hausbockkäferlarven in Hölzern verschiedenen Alters

| Holzalter | Gewichtszunahme (50 – 100 mg Gewicht, Mittelgewicht | Gewichtszunahme (100 – 150 mg Gewicht, Mittelgewicht |
|---|---|---|
| 5 Jahre | 146 mg (Q=86) | 144 mg (Q=64) |
| 59 Jahre | 49 mg (Q=168) | 35 mg (Q=183) |
| 89 – 103 Jahre | 29 mg (Q=253) | 23 mg (Q=381) |
| > 360 Jahre | 32 mg (Q=390) | 10 mg (Q=388) |

Q = Quotient aus der zerstörten Holzmenge und der absoluten Gewichtszunahme

D.h., je älter das Holz, umso geringer der Nährwert, umso größer das Ausmaß des Schadens und umso länger die Entwicklungsdauer.
Die Entwicklung findet in Hölzern > 360 erfolgreich statt, die Generationenfolge ist mit ca. 8 bis 12 Jahren anzusetzen.
Die Ursache eines geringeren Befalls bei altem Holz ist die Abnahme der Attraktivität durch den Verlust flüchtiger Holzinhaltsstoffe, junge Hölzer werden bevorzugt, bei Befallsdruck erfolgt eine Eiablage auch an sehr alten Hölzern ohne Prüfung des Nährwertes der Hölzer.

**Grafik 1:** Wie lange dauert ein Hausbockbefall ?

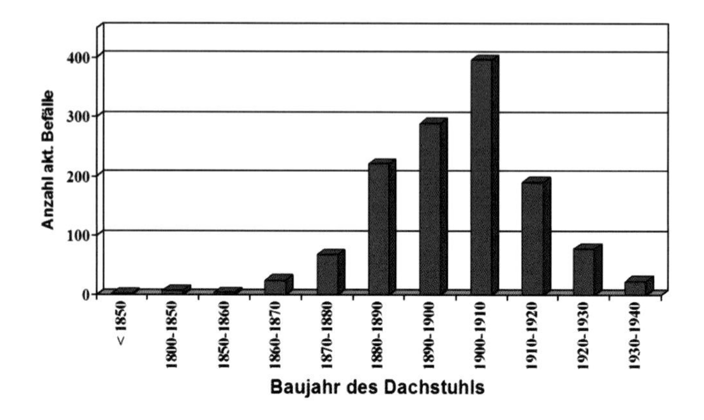


D.h., auf einem Dachstuhl, der 1995 errichtet wurde, ist ein möglicher Befall erst ca. 2005 bis 2010 erkennbar, das Maximum ist erst ab 2025 erreicht!

Wie sieht es nun in der Praxis aus?

Jeder Holzschutzsachverständige hat sicherlich schon Fraßschäden durch den Hausbock und darunter auch noch aktive Befallsbilder gesehen.

Dies aber nach meiner Erfahrung nur in Holzbauteilen, die schon mind. 20 Jahre und länger verbaut waren.

Ich selbst habe in meiner nunmehr über 20-jährigen Praxis von rd. 400 untersuchten Dachstühlen und anderen Holzbauteilen rd. 25 aktive Hausbockbefälle und rd. 40 aktive Nagekäferbefälle gesehen.
Darunter ca. 10 Hausbockbefälle in Holz, das 60 – 100 Jahre alt war.
In Holzbauteilen, die nach 1995 eingebaut wurden dagegen lediglich 2 Fälle eines aktiven Hausbockbefalls und ein Fall eines aktiven Nagekäferbefalls.

Dies waren:

- Eine frei liegende Innenfachwerkwand im Wohnraum aus massivem Kiefernholz nach 6 Jahren
- Ein Reihe sichtbarer Kehlbalken (KVH) im Wohnraum nach ca. 4 Jahren
- Befallene Dachlatten mit Nagekäfer nach ca. 10 Jahren

Eine Umfrage unter Kollegen hat lediglich einen Fall eines aktiven Befalls mit Hausbock in freiliegenden (massiven) Deckenbalken nach einer Standzeit von rd. 10 Jahren ergeben.
Nachfolgend die wenigen zur Verfügung stehenden Bilder.

**Bild 17:** Ausfluglöcher des Hausbocks in einem massiven Deckenbalken nach 10 Jahren

**Bild 18 und 19:** Hausbockbefall in KVH nach 4 Jahren (Frassgänge vom Hauseigentümer frei gelegt)

**Bild 20:** Nagekäferbefall in „grünen" Dachlatten nach 10 Jahren

Abschließend noch eine Konstruktion, für eine Einstufung in die GK 0 diskussionswürdig ist:

Ein Holzhaus-Wandsystem aus:

- Brettschichten von 20mm bis 60mm Dicke, welche innen und außen kreuzweise verlegt sind (horizontal, vertikal und diagonal) und mit einem stehenden Kern bzw. Ober und Untergurt von 40 bzw. 80mm mittels im Raster versetzter Buchendübel (ca. d = 20mm) verbunden werden. Die Außenwände sind werkseitig mit einer Lage Windpapier, das geschützt zwischen zwei Brettlagen verlegt wird, ausgestattet.
- Kein chemischer Holzschutz vorgesehen, kein Ausschluss der DIN 68800 vereinbart!

Das fertige Produkt sieht dann wie folgt aus:

**Bild 21:** Wandansicht von innen

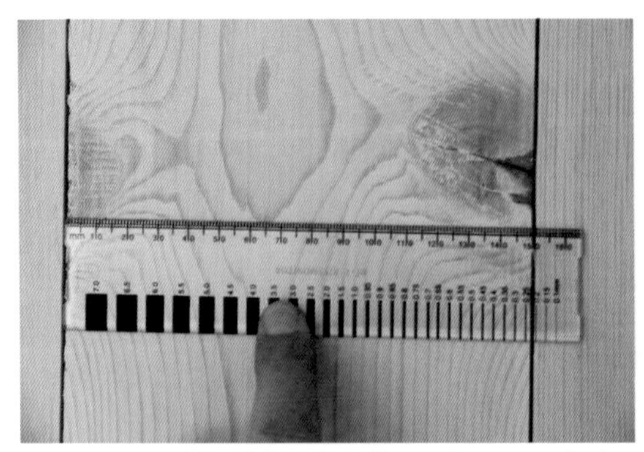

**Bild 22:** Detailansicht mit offenen Fugen zwischen den Brettern

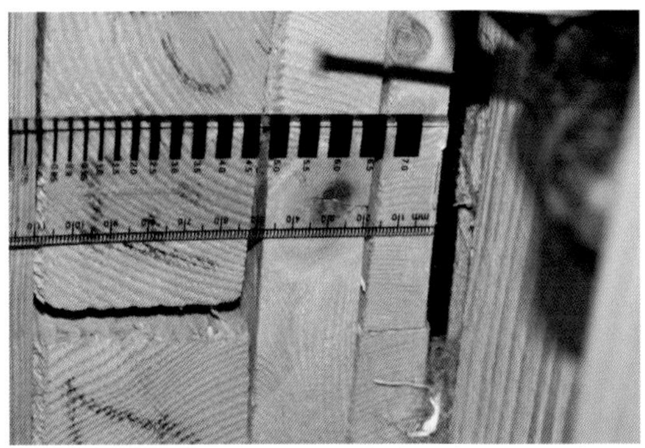

**Bild 23:** Ansicht des Querschnitts einer Wand von unten mit 3 Schichten

Frage: Warum soll dort keine Eiablage eines Hausbocks oder Nagekäfers erfolgen?

Fazit und Diskussionsgegenstand:

- Es ist bei der Gefährdung eines Befall von Holzbauteilen zu unterscheiden zwischen Hausbock und Gewöhnlichem Nagekäfer
- Es ist ebenso zu unterscheiden, welche Holzart und ob technisch getrocknetes Holz (KVH und BSH);
  da Fichte anscheinend seltener befallen wird als z.B. Kiefer und das heutige Bauholz zu rd. 95 % aus Fichte besteht, KVH und BSH im Regelfall ebenso aus Fichte gefertigt wird, ist die Befallswahrscheinlichkeit geringer als bei alten Dachstühlen (die z.B. im Mecklenburg überwiegend aus Kiefernholz errichtet wurden)
- Das Alter normalen Bauholzes und die Behandlung technisch getrockneter Hölzer scheinen mit dessen gesunkener Attraktivität zusammen zu hängen; dies gilt aber nur für den Hausbock (100 %-ig?) und keinesfalls für den Gew. Nagekäfer
- Ein Befall, ob mit Hausbock oder Gew. Nagekäfer in Gebäuden, die nach 1990 errichtet wurden, kann zwar theoretisch durch fachliche Kontrolle schon entdeckt werden, ist aber noch lange nicht auf seinem Höhepunkt angelangt
- Die heutigen Bauweisen der Dachstühle sind nach meiner Erfahrung nur in den seltensten Fällen „zuflugsicher“ für Käfer jeder Art;
  Dazu sind die Holzbauteile vom Dachraum her entweder nicht einsehbar (weil durch Dampfbremsen oder Unterspannbahnen verdeckt) oder sie befinden sich in „begehbaren“ Dachräumen, wo die nicht fachlich versierten Hauseigentümer einen Befall mit Sicherheit erst sehr spät – wenn überhaupt entdecken

Eine generelle Einordnung von fast allen Holzbauteilen aus KVH, BSH sowie aus massivem Holz in die GK 0, so wie es o.g. in der Norm vorgegeben wird, ist ein Risiko, weil die Gefahr eines Befalls mit Hausbock und/oder Gewöhnlichem Nagekäfer nicht mit Sicherheit ausgeschlossen werden kann.

Dies ist auch bei Beachtung der heutigen Holzquerschnitte, z.B. der Sparren im Eigenheimbau und anderen Neubauten zu bedenken.

Ein weiterer rechtlich zu bedenkender Aspekt ist die Aussage der Norm:

> *Das bloße Vorkommen von Organismen an Holz oder Holzwerkstoffen führt nicht zwangsläufig zu Zerstörungen in einem Ausmaß, das die Gefahr eines Bauschadens bewirkt.*

Ein Bauschaden ist die Verschlechterung des Zustandes einer Immobilie durch ein schädigendes Ereignis, z. B. durch einen Baumangel.
Ein Baumangel ist die Abweichung des Ist-Zustandes eines Bauwerks vom geschuldeten Sollzustand. (Wikipädia)
Ist denn der Anblick der Balken aus den Bildern 3 und 4 nun ein Baumangel und wenn ja, wer haftet dafür?

Dazu verweise ich nur auf das allseits bekannte Rechtsgutachten von Prof. Dr. Reinhold Thode „Zur vertragsrechtlichen Bedeutung der Regelung der GK 1 in der DIN 68800-1", das u.a. die Aussagen enthält:

*„Ein Sachmangel im Sinne des § 633 Abs. 2 BGB liegt bereits dann vor, wenn das Risiko eines Schädlingsbefalles durch die Einbauart gegeben ist. Der Schädlingsbefall ist ein Schaden, der auf dem Mangel beruht.*

*Der Hinweis des Unternehmers oder des Architekten auf das Risiko des Insektenbefalls und dessen mögliche Folgen führt nur dann zu einer Befreiung der Haftung, wenn der Besteller sich nach einer umfassenden Belehrung über die Folgen der Einbauart und über alternative Lösungen mit der risikobelasteten Einbauart einverstanden erklärt.*

*Die bauaufsichtsrechtliche Einführung der DIN 68800-1 ist für die vertragsrechtliche Rechtslage und die mögliche Haftung nach werkvertraglichen Grundsätzen rechtlich ohne Bedeutung.*

## Bildnachweis

- Detlef Krause: 1, 2, 7-10, 13-16, 18-23
- Ekkehardt Flohr: 3, 4
- Maria Dilanas: 5, 6
- Silva Ruß: 11, 12
- Andre´Peylo: 17

## Literatur

[1] DIN 68800 Holzschutz
Teil 1 „Allgemeines“ (2011-10)
Teil 2 „Vorbeugende bauliche Maßnahmen im Hochbau“ (2012-02)
Teil 3 „Vorbeugender Schutz von Holz mit Holzschutzmitteln“ (2012-02)
Teil 4 „Bekämpfungs- und Sanierungsmaßnahmen gegen Holz zerstörende Pilze und Insekten (2012-02)

[2] Grosser, D. „Pflanzliche und tierische Bau- und Werkholzschädlinge“, DRW-Verlag 1985
[3] Huckfeldt, T. „Hausfäule- und Bauholzpilze“, Rudolf Müller Verlag 2006
[4] Forschungsvorhaben „Befallswahrscheinlichkeit durch Hausbock bei Brettschichtholz“ der Univ. Stuttgart, Otto-Graf-Institut, Forschungs- und Materialprüfungsanstalt für das Bauwesen, Bearbeiter: Dr. Simon Aicher, Borimir Radovic, Gerhard Folland
[5] „Wie findet der Hausbock zum Holz – Neues von einem altbekannten Schädling“, Vortrag von Dr. Rudy Plarre, Bundesanstalt für Materialforschung und Materialprüfung
[6] „Ergebnisse der Hausbock-Forschung“ von Dr. Günther Becker, Materialprüfungsanstalt Berlin-Dahlem, veröffentl. Im „Anzeiger für Schädlingskunde Heft 7 Juli 1949
[7] „Zur Entwicklung und Schadtätigkeit des Hausbockkäfers (Hylotrupes bajulus L.) in Dachstühlen verschiedenen Alters“ von Körting A. 1961 in Anz. Schädlingskunde, 34/10, Seite 150-153
[8] „Wie lange dauert ein Hausbockbefall“ von Wichmand H. 1941in Anz. Schädlingskunde 17, 21-24
[9] Prof. Dr. Reinhold Thode „Zur vertragsrechtlichen Bedeutung der Regelung der GK 1 in der DIN 68800-1“, Rechtsgutachten im Auftrag der Deutschen Bauchemie

**24. Hanseatische Sanierungstage**
**Messen Planen Ausführen**
**Heringsdorf 2013**

# „Gebrauchsklasse 0 nach DIN 68800 - Fortschritt oder Problem?"

# GK 0 aus Sicht des Normenausschusses

**B. Radovic**
Knittlingen

## Zusammenfassung

Das Holz kann nur unter bestimmten Bedingungen von Holz zerstörenden Pilzen und Insekten befallen werden. Die primäre Aufgabe des Holzschutzes ist dafür zu sorgen, dass diese Bedingungen nicht zu Stande kommen. Dieser Aufgabe folgend, erfasst die DIN 68800-2 im Rahmen der Gebrauchsklasse GK 0 bauliche Maßnahmen, die eine Gefahr von Bauschäden an Holz und Holzwerkstoffen durch Holz zerstörende Pilze und Insekten ausschließen.
Die Palette dieser Maßnahmen ist sehr umfangreich und beinhaltet planerische, konstruktive, bauphysikalische und organisatorische Maßnahmen.

## 1 Allgemeines

Wie alle Naturprodukte unterliegt auch das Holz den Gesetzen des Stoffkreislaufes der Natur. Innerhalb dieses Kreislaufes sind bestimmte Organismen, vor allem Pilze und Insekten, bemüht, das Holz in seine Ausgangsprodukte zurück zu verwandeln. Diese Verwandlung kann jedoch nur unter bestimmten Bedingungen stattfinden.
Die Aufgabe der DIN 68800-2 ist es, das Zustandekommen solcher Bedingungen durch bauliche Maßnahmen zu verhindern. Da die europäischen Holz-schutznormen den baulichen Holzschutz nicht berücksichtigen, hat man bei der Erarbeitung der neuen DIN 68800 großen Wert darauf gelegt, diesen Schutz mit allen seinen Maßnahmen in die Norm zu verankern. Das Hauptziel dieser Maßnahmen ist die Gebrauchsklasse GK 0, d.h. sichere Verwendung des Holzes unter Dach oder Abdeckung ohne einen chemischen Holschutz. Dies ist ein sehr wichtiger Schritt in Hinblick auf die Verwendung des Holzes im Bauwesen.

## 2 Bauliche Maßnahmen

Bauliche Maßnahmen sind alle

- planerischen,
- konstruktiven,
- bauphysikalischen und
- organisatorischen Maßnahmen,

die eine Minderung der Funktionsfähigkeit von Holz und Holzwerkstoffen durch Holz zerstörende Organismen während der Gebrauchsdauer verhindern. Sie sollen darüber hinaus Schäden an Konstruktionen durch übermäßiges Quellen und Schwinden des Holzes und der Holzwerkstoffe vermeiden. Es wird unterschieden zwischen grundsätzlichen und besonderen baulichen Maßnahmen.

Grundsätzliche bauliche Maßnahmen sind stets zu beachten. Zu diesen gehören:

- rechtzeitige und sorgfältige Planung,
- Fernhaltung oder schnelle Ableitung vom Niederschlagswasser,
- Vermeidung einer unzuträglichen Erhöhung der Holzfeuchte,
- Vermeidung einer unzuträglichen Veränderung der Holzfeuchte,
- Vermeidung von Tauwasser.

In vielen Fällen reichen diese Maßnahmen alleine für sich aus, um Bauteile aus Holz und Holzwerkstoffen in die Gebrauchsklasse GK 0 einzustufen.

Besondere bauliche Maßnahmen sind zusätzliche Maßnahmen, die ermöglichen, Bauteile aus Holz oder Holzwerkstoffen in die Gebrauchsklasse GK 0 einzustufen,

wenn die grundsätzlichen baulichen Maßnahmen alleine nicht ausreichen. Die besonderen baulichen Maßnahmen müssen nachgewiesen werden. Ein solcher Nachweis wäre z.B. Anwendung der in Anhang A der Norm dargestellten Konstruktionen.
Hinsichtlich der Schadorganismen wird unterschieden zwischen

- Maßnahmen zur Vermeidung von Schäden durch Holz zerstörende Pilze und
- Maßnahmen zur Vermeidung von Schäden durch Holz zerstörende Insekten.

## 2.1 Bauliche Maßnahmen zur Vermeidung von Schäden durch Holz zerstörende Pilze

Die seit Jahrzehnten vorliegenden Erkenntnisse aus Wissenschaft und Praxis zeigen, dass sich die Holz zerstörenden Pilze erst ab einer Holzfeuchte oberhalb des Fasersättigungsbereiches entwickeln können. Bei den bei uns im Bauwesen verwendeten Holzarten kann diese Grenze bei rd. 30% angenommen werden.

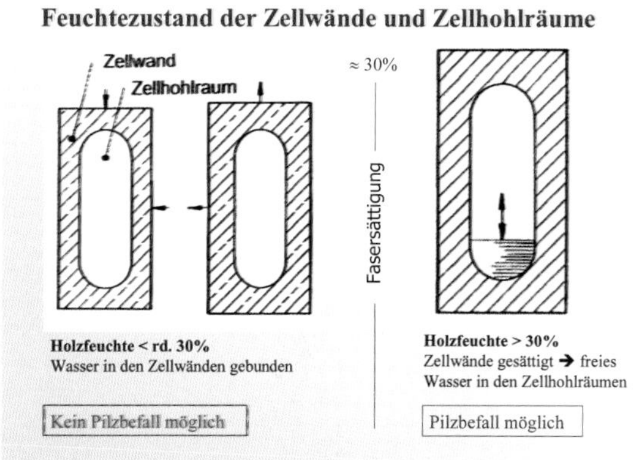

**Bild 1:** Fasersättigungsbereich

Im Rahmen der baulichen Maßnahmen ist dafür zu sorgen ist, dass diese hohe Holzfeuchte nicht zu Stande kommen kann. Folgende Maßnahmen sind dabei zu berücksichtigen:

a) Feuchteschutz während Transport, Lagerung und Montage

Hier stehen im Vordergrund Maßnahmen zur Vermeidung einer unzuträglichen Befeuchtung durch Niederschlagswasser, siehe Beispiele in den Bildern 2 und 3.

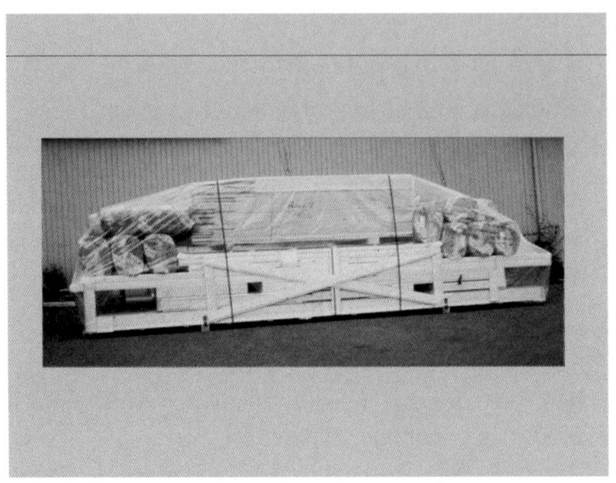

**Bild 2:** Feuchtschutz bei Transport und Lagerung

**Bild 3:** Ausreichender Schutz von Niederschlägen während der Montage

b) Wetterschutz

Durch einen dauerhaften Wetterschutz sind Niederschläge von Holz fernzuhalten oder schnell abzuleiten, siehe Beispiele in den Bildern 4 und 5.

**Bild 4:** Ausreichender Wetterschutz einer Holzkonstruktion durch Überdachung

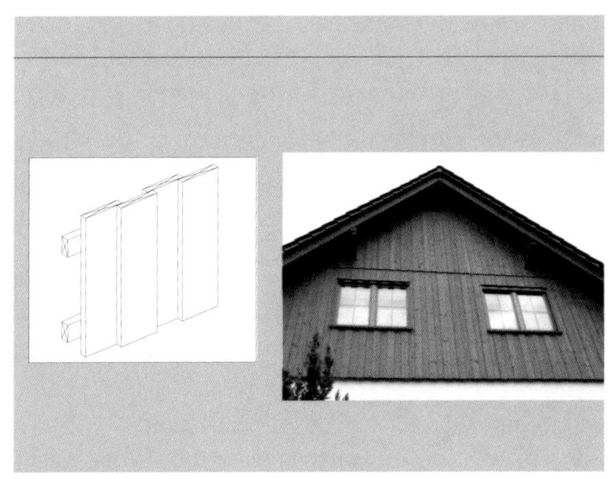

**Bild 5:** Ausreichender Wetterschutz einer Außenwand mit kleinformatiger Außenwandbekleidung, Beispiel durch Boden-Deckel- Brettschalung

c) Schutz von Nutzungsfeuchte

Grundsätzlich zählen die privaten Bäder bei der üblichen Nutzung (Heizen, Lüften) zu den Trockenräumen, siehe Bild 6.

**Bild 6:** Trockene Verhältnisse in einem privaten Bad

Nur im Bereich der Duschen gibt es einen Nassbereich, der häufig einer großen Spritzwasserbeanspruchung ausgesetzt ist. Hier müssen Wandflächen auch im Bereich von Ecken und vor allem im Armaturenbereich wasserdicht ausgebildet werden.

d) Schutz gegen Feuchteleitung aus angrenzenden Stoffen oder Bauteilen

Hier ist hauptsächlich an die Verhinderung eines Feuchteeintrags aus dauerhaft kapillar wirksamen Baustoffen gedacht, z.B. Verlegung einer Sperrbahn zwischen Sandsteinen und den benachbarten Holzbauteilen.

e) Tauwasserschutz

Hinsichtlich des Tauwasserschutzes wird unterschieden zwischen:

- Tauwasserschutz für die raumseitige Oberfläche von Außenbauteilen
- Tauwasserschutz für den Querschnitt von Außenbauteilen infolge Wasserdampfdiffusion
- Tauwasserschutz für den Querschnitt von Außenbauteilen infolge Wasserdampfkonvektion

Ein Tauwasserschutz für die raumseitige Oberfläche von Außenbauteile ist infolge ausreichender Wärmedämmung von Holzbauteilen in der Regel gegeben. Auch bezüglich des Tauwasserschutzes infolge der Wasserdampfdiffusion gab es in der Vergangenheit keine Probleme. Hier hat z.B. die Verwendung einer 0,2 mm dicken PE-Folie im Bereich der Innenseite ausreicht, um den erwähnten Tauwasserschutz zu gewährleisten. In der Zwischenzeit wurden weitere Konstruktionen entwickelt, bei welchen dieser Schutz auch ohne eine PE-Folie gegeben ist.

Wenn Schäden infolge der Tauwasserbildung auftraten, waren diese fast immer auf die Wasserdampfkonvektion zurück zu führen.

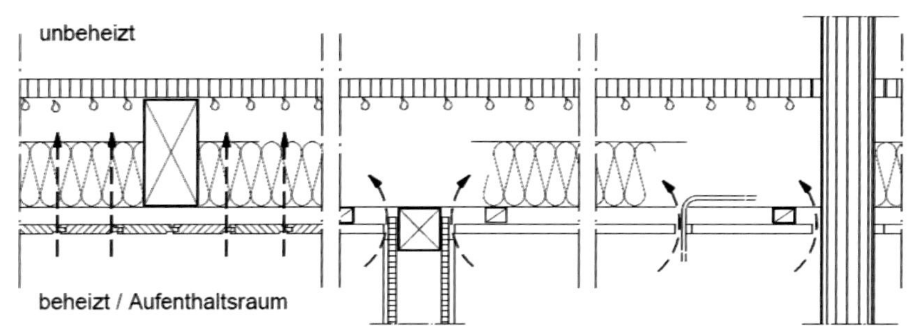


**Bild 7**: Wasserdampfkonvektion mit Tauwasserbildung bei nicht luftdicht ausgebauten Bauteilen

In der Zwischenzeit sind zahlreiche Luftdichtheitskonzepte erarbeitet worden, so dass auch Schäden infolge der Wasserdampfkonvektion in der Zukunft deutlich weniger auftreten dürften, siehe z.B. Bild 8.

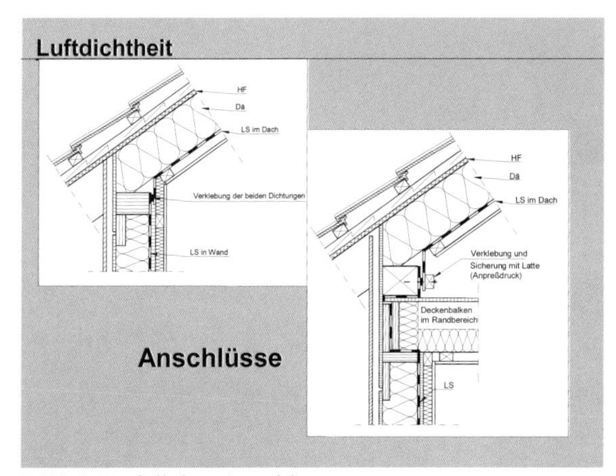


**Bild 8**: Luftdichte Anschlüsse

In Hinblick auf die Robustheit der Konstruktionen sollten die Bauteile mit möglichst niedrigeren $s_d$- Werten bevorzugt werden.
Wichtig ist es darauf hinzuweisen, dass bauphysikalische Fehler nicht durch eine Behandlung der Hölzer mit Holzschutzmitteln ausgeglichen werden können.

## 2.2 Maßnahmen zur Vermeidung eines Insektenbefalles

Umfangreiche Untersuchungen an Objekten aus Brettschichtholz in einem Alter zwischen rd. 30 und 100 Jahren sowie an Objekten aus Vollholz, keilgezinktes Vollholz und Balkenschichtholz in einem Alter zwischen rd. 10 und 25 Jahren haben eindeutig bewiesen, dass das technisch getrocknete Holz von den in unseren Breitengraden vorkommenden Insekten nicht angegriffen wird, siehe Bilder 9 und 10. Dies bedeutet, dass bei Verwendung von Brettschichtholz, Balkenschichtholz, Brettsperrholz, keilgezinktem Vollholz und anderen Produkten aus technisch getrocknetem Holz keine weiteren Schutzmaßnahmen hinsichtlich eines Insektenbefalls erforderlich sind.

**Bild 9:** Intakte Hetzerträger ohne Holzschutzmittel, Alter rd. 100 Jahre

**Bild 10:** Kein Insektenbefall bei technisch getrocknetem nicht chemisch behandeltem Holz im Innen- und Außenbereich eines rd. 20 Jahre alten Holzhauses

Auch bei einem nicht technisch getrockneten Holz ist die Gefahr eines Bauschadens durch Insekten nicht gegeben, wenn eine der nachfolgenden Bedingungen erfüllt ist:

- das Holz ist allseitig insektenundurchlässig abgedeckt,
- das Holz ist offen angeordnet, so dass es kontrollierbar ist,
- Verwendung von Farbkernhölzer mit einem Splintholzanteil unter 10% .

## 3 Schutz von Holzwerkstoffen

Die Zuordnung von Holzwerkstoffen in die Gebrauchsklasse GK 0 ist durch Anforderung an die maximal erlaubte Feuchte in eingebauten Zustand von maximal 21% gekoppelt. Durch diese Festlegung kann ein Befall durch Holz zerstörende Pilze ausgeschlossen werden. Aus diesem Grund wurden in der Norm keine mit Holzschutzmitteln behandelten Holzwerkstoffe berücksichtigt.

## 4 Konstruktionsprinzipien für Außenbauteile, bei denen die Bedingungen der GK 0 erfüllt sind

Basierend auf den vorne aufgeführten Bedingungen sind in der Norm Konstruktionsprinzipien für Außenbauteile dargestellt, bei denen die Bedingungen der GK 0 erfüllt sind, siehe Beispiel im Bild 11.

1 raumseitige Bekleidung oder Beplankung

2 Dampfbremsschicht , wenn erforderlich

3 Trockenes Holzprodukt

4 Wärmedämmung

5 äußere Bekleidung oder Beplankung

6 dauerhaft wirksamer Wetterschutz nach 5.2.1.2 der DIN 68800-2

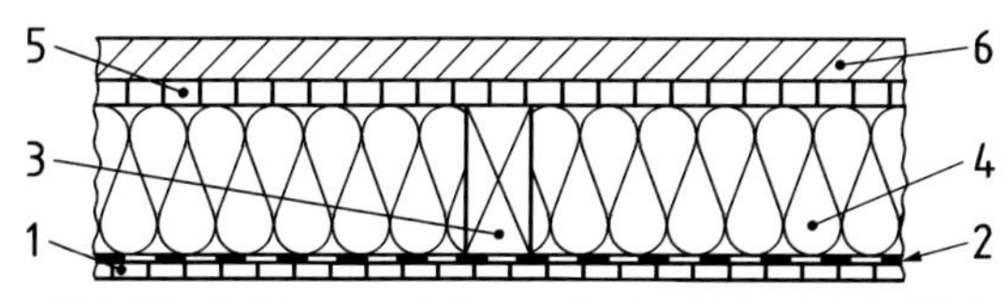


**Bild 11:** Außenwand-Querschnitt (Prinzip) in Holztafelbauart, GK 0

## 5 Anhang A der Norm 68800-2

In diesem Anhang sind Beispiele für die Konstruktionen, bei denen die Bedingungen der Gebrauchsklasse GK 0 erfüllt sind. Dieser Anhang ist wie ein Katalog zu verstehen, aus dem die Bauteile entnommen können, bei welchen bezüglich der GK 0 keine Nachweise erforderlich sind.

## 6 Schlussfolgerungen

Unter Beachtung der in der DIN 68800-2 aufgeführten Maßnahmen sind bei technisch getrocknetem Holz unter Dach oder Abdeckung die Bedingungen der Gebrauchsklasse GK 0 erfüllt, so dass bei diesem keine Bauschäden durch Holz zerstörende Pilze und Insekten zu erwarten sind.

**Bild 12:** Holz in der Gebrauchsklasse GK 0

24. Hanseatische Sanierungstage
Messen Planen Ausführen
Heringsdorf 2013

# „Gebrauchsklasse 0 nach DIN 68800 – Fortschritt oder Problem?“

## Nachweisfrei in die GK 0? Bauphysikalische Anmerkungen zum Anhang A

**R. Borsch-Laaks**
Aachen

### Zusammenfassung

Die neue DIN 68800-2 ist in vielen Punkten ein Fortschritt. Es ist ein großer Erfolg des Holzbaus im Ringen mit der chemischen Industrie, dass nun praktischer alle Tragwerksbestandteile in die Gebrauchsklasse 0 (früher Gefährdungsklasse) eingestuft werden können, wenn die „besonderen baulichen Maßnahmen“ der Norm beachtet werden. Die Verankerung einer Trocknungsreserve für unvermeidliche Feuchtebelastungen aus Wasserdampfkonvektion ist eine wichtige Vorlage für die aktuell anstehende Novellierung der Feuchteschutznorm DIN 4108-3.
Die Differenzierung der geforderten Höhe der nachzuweisenden Reserve nach Bauteilen (Dach, Wand, Decke) ist jedoch bauphysikalisch teilweise nicht nachvollziehbar. Hier wäre allenfalls eine Kopplung des Anforderungsniveaus an die messtechnisch über eine BlowerDoor- Prüfung zu erfassende Luftdurchlässigkeit der Gebäudehülle sinnvoll gewesen.
Im Bereich der normativen Beispiele im Anhang A sind in der Endphase des mehrjährigen Normungsprozesses bestimmten Brancheninteressen folgend Konstruktionen nachweisfreien gestellt worden, die eine geringe feuchtetechnische Fehlertoleranz aufweisen und in Widerspruch stehen zu dem, was den neuen „Geist der Holzschutznorm“ ausmacht. Dies mag den (Holz)Bauphysiker nicht befriedigen. Im Gegenteil: Die Sonderregelungen für „vorgefertigte Elemente“ sind weder durch die „Holztafelbaurichtlinie“ und deren Prüf- und Überwachungskriterien gedeckt noch spiegeln sie den aktuellen Stand der bauphysikalischen Forschung und die Erfahrungen aus der gutachterlichen Schadensanalyse wider. Dass Brancheninteressen, die keineswegs die übliche und wahrscheinlich noch nicht mal die vorherrschende die Praxis des Holzbaus darstellen, in solch starkem Maße die nachweisfreien Konstruktionen im normativen Anhang dominieren, ist enttäuschend.

Somit bleibt es dabei: Sachverstand kann nicht durch Normung ersetzt werden!

## 1 Einleitung: Holzbaukonstruktionen brauchen eine Trocknungsreserve!

Was in anderen Ländern mit großer Erfahrung im Holzrahmenbau (z.B. Skandinavien) schon vor 30 Jahren in der Fachöffentlichkeit intensiv diskutiert wurde [1] und vom Autor für moderne Holzbauweisen in Deutschland vor über 20 Jahren gefordert wurde [2] hatte Hartwig M. Künzel vom Fraunhofer-Institut für Bauphysik Ende der 90er quantitativ auf den Punkt gebracht [3]: Um dem „Restrisiko" der Feuchtebelastung aus Dampfkonvektion (Wasserdampfmitnahme über Luftströmung durch unvermeidliche Leckagen) zu begegnen, brauchen Holzbauteile „Trockungsreserven" für diese „außerplanmäßigen Befeuchtungen" (Horst Schulze). Künzel empfahl nach Auswertung von amerikanischen Untersuchungen hierfür in der Dampfdiffusionsbilanz nach dem Glaserverfahren, nicht nur darauf zu achten, dass winterliches (Diffusions)Tauwasser im Sommer restlos wieder austrocknen kann, sondern das Verdunstungspotential so zu bemessen, dass ein jährlicher Trocknungsüberschuss von 250 $g/m^2$ für das (Konvektions-) Tauwasser zur Verfügung steht.

Nun haben bekanntermaßen alte Regeln ein großes Beharrungsvermögen, auch wenn sie längst nicht mehr in der Lage sind, den Planern und Ausführenden einen Weg des Nachweises und der Bemessung zu weisen, der die immer wieder auftretenden Schadensfälle verhindert. Neue Erkenntnisse müssen gerade dann, wenn sie nicht nur Allgemeinplätze formulieren („Wir müssen luftdicht bauen!") große Widerstände überwinden, bis sie verstanden werden und in Neufassungen von Normen und Fachregeln Eingang finden. Dabei kann es durchaus passieren, dass die spezifischen Interessen der sog. „interessierten Kreise" und die – in unserem Fall die bauphysikalische - Wahrheit miteinander in Konflikt geraten. Dafür ist (leider) auch die neue DIN 68800-2:2012 ein wenig rühmliches Beispiel.

## 2 Zwei Schritte vor und einen zurück: Der Abschnitt 5.2.4 Tauwasser

Es ist ein großes Verdienst der Kollegen, die in den langwierigen Beratungen die Aufnahme der Trocknungsreserve in den aus der Sicht der Holzbauphysik zentralen Abschnitt „Tauwasser" konsensfähig machten. So hieß es am Ende im Entwurf von 2011 schlicht und klar:

*„Der ausreichende Schutz beidseitig geschlossener Bauteile gegen das Auftreten und Eindringen unzulässiger Feuchte durch Diffusion oder Konvektion ist sicherzustellen. Dazu ist für allseitig geschlossene Bauteile nach DIN 4108-3 oder DIN EN 15026 eine zusätzliche rechnerische Trocknungsreserve von $\geq 250\ g/m^2$ nachzuweisen."*

Ein erster, ganz wichtiger Schritt. Da nur in der Minderheit der Fälle im Holzbau erfahrene Bauphysiker bei der Planung hinzugezogen werden, wurde vom Autor vorgeschlagen einen zweiten zu tun. Die „Tauwasserschutz- Norm" [DIN 4108-3] enthält seit 2001 eine einfache, und deshalb wohlbekannte Tabelle, die nachweisfreie Konstruktionen über die inneren und äußeren $s_d$-Werte definiert. Dieser höchst praktikable Ansatz bedurfte allerdings nach gut 10 Jahren der Entwicklung der Holzbaupraxis der Entrümpelung und der Aktualisierung.

Die erste Zeile dieser Tabelle wurde damals aus der alten [DIN 68800-2:1996] übernommen und stammt noch aus der Zeit, als vielfach mit halbtrockenem Holz gebaut wurde. Aus der (berechtigten) Sorge des damaligen Obmanns des Holzschutz-NA (Horst Schulze), dass die damit eingeschlossene Feuchte nicht schnell genug wegtrocknen könnte, wurden diese (auch innenseitig) extrem diffusionsoffenen Aufbauten über die Nachweisbefreiung quasi empfohlen. Aus Sicht der Bauphysik war dies eine Balance auf sehr schmalem Grat, vgl. [4]. Innere Sperrwerte von nur 1,0 m lassen im Normwinter einen Diffusionsstrom rund 800 g/m² bis zur Tauwasserebene zu. Ob der ausreichend gebremst ist, wenn die äußeren $s_d$-Werte aufgrund von baulichen Gegebenheiten (z.B. Überlappungen von Unterspannungen), Unsicherheiten bei der Messung der μ- Werte der Bahnen (vgl. [5]) und Alterungsprozessen (Verstopfung von Mikroporen) die Punktlandung bei $s_{d,e}$= 0,1 m nicht erreicht wird, wurde auch vom Autor in einem Beitrag für die Zeitschrift HOLZBAU – die neue quadriga bezweifelt [6].
Da wir heute mit technisch getrocknetem Holz bauen, kann die Zeile 1 der Tab. 1 als verzichtbar eingestuft werden.

**Tabelle 1:** Nachweisfreie Holzbaukonstruktionen nach DIN 4108-3:2001 und ihre Bewertung aus heutiger Sicht

| außen $s_{d,e}$ [m] | innen $s_{d,i}$ [m] | Bewertung nach aktuellem Stand der Technik |
|---|---|---|
| ≤ 0,1 | ≥ 1,0 | verzichtbar |
| ≤ 0,3 | ≥ 2,0 | wichtig |
| > 0,3 | $s_{d,i} \geq 6 * s_{d,e}$ | ergänzungsbedürftig |

Von großer Wichtigkeit und in der Praxis bestens bewährt ist die zweite Zeile der Tab.1. Bei einem inneren Mindest $s_d$-Wert von 2,0 m wird der raumseitige Diffusionsstrom im Normwinter auch bei hohen Dämmdicken sicher unter 500 g/m² gehalten. Abweichend von der generellen normativen Einstufung von Schichten mit $s_d \leq$ 0,5 m als „diffusionsoffen" sorgt die Grenze nach [DIN 4108-3:2001] $s_{d,e} \leq 0,3$ m für die nötigen Sicherheiten schon beim winterlichen Verdunstungspotential, vgl. [7]. Nimmt man das Trocknungspotential solcher außenseitig diffusionsoffener Konstruktionen mit hinzu, dann braucht man sich um Feuchteeinträge aus Dampfkonvektion über Restleckagen wahrlich keine Sorgen mehr machen.

Das sollte allerdings nicht dazu verleiten, die notwendige Sorgfalt bei der Ausführung der luftdichten Ebene nun nicht mehr so ernst zu nehmen. Dumme Fehler in Teilbereichen können – auch bei gutem $n_{50}$- Wert aus der BlowerDoor- Prüfung auch diffusionsoffene Dächer überfordern, vgl. [8] und [9]

Die alte Bauphysik- Regel (innen dichter als außen) wie sie in Zeile 3 von Tab. 1 formuliert ist bedarf allerdings der dringenden Ergänzung. Was es für die erreichbare Trocknungsreserve (TR) bedeutet, wenn man bei höheren äußeren $s_d$- Werten (> 0,3 m) der Formel $s_{d,i} \geq 6 * s_{d,e}$ folgt, zeigt Abb. 1. Mit steigender äußerer Dichtheit sinkt die TR schnell ab, weil auch der innere Sperrwert drastisch steigt, und erreicht bei $s_{d,e}$ = 2,5 m die Grenze der empfohlenen 250 g/m² (rote Pfeile).

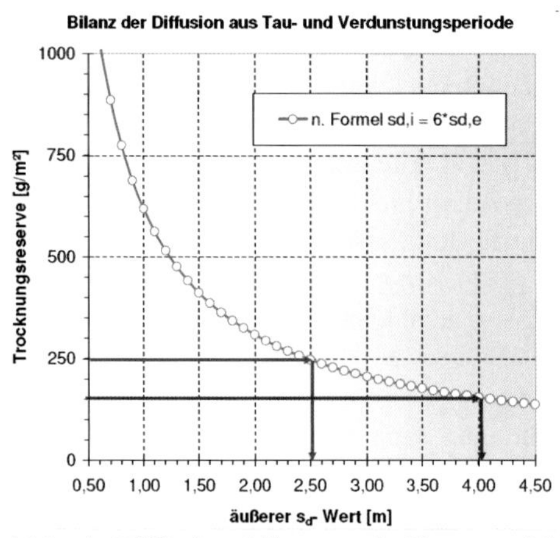


**Abb. 1:** Diffusionsbilanz nach Glaserverfahren gem. [DIN 4108-3:2001] zur Ermittlung der Trocknungsreserve in Abhängigkeit vom äußeren $s_d$-Wert

Lange Zeit sah es in den Beratungen zur DIN 68800-2 tatsächlich so aus, als ob diese vom Autor zusammen mit den Kollegen vom IBP Holzkirchen vorgeschlagene Begrenzung der Anwendbarkeit der alten Formel (vgl. [10]) in die Holzschutznorm übernommen wird.
Bei der Einspruchssitzung setzten allerdings die Fertigbauverbände eine Variante durch, die der näheren Betrachtung bedarf. In der verabschiedeten Form wird die Grenze der Gültigkeit der Formel auf $s_{d,e} \leq 4{,}0$ m angehoben und auf die werkseitige Vorfertigung nach Holztafelbaurichtlinie beschränkt (Tabelle 1 der Norm).
Damit wurde für alle Holzbauteile, die nicht Holztafelbauelemente gem. Richtlinie sind, eine vernünftige Nachweisbefreiung versagt – und damit auch all jenen, die solche „klassisch“ zimmermannsmäßig fertigen. Mehr noch: Die Anhebung der Grenze für die äußere Dampfdichtheit bedeutet implizit, dass die erforderliche TR auf 150 g/m² abgesenkt wird (s. Abb. 1 blaue Pfeile).

Es fehlt jedoch jeglicher Verweis auf die hierfür erforderliche Verringerung der konvektiven Belastung, die z.B. nachgewiesen durch eine Prüfung der Gebäudedichtheit. Wie schon in verschiedenen Fachpublikationen vorgeschlagen, wäre dies dann gerechtfertigt, wenn ein $q_{50}$-Wert von $\leq 3{,}0\ m^3/m^2h$ garantiert wird, vgl. z.B. [11]. Mit dieser Definition hätte man eine überzeugende Begründung für die neue Grenzziehung in 3. Zeile von Tab. 1 liefern können.
Die Kopplung dieser Regelung an ein bestimmtes Produktionsverfahren („werkseitige Vorfertigung nach Holztafelbaurichtlinie") ist nicht nachvollziehbar. Auch in handwerklicher Holzbauweise sind erfahrungsgemäß hohe Gebäudedichtheit, trockenes Bauholz etc. heute eine Selbstverständlichkeit. BlowerDoor-Messungen zur Dichtheitsprüfung sind hier mindestens so weit verbreitet wie im Fertigbau.
Auch liefert die „Holztafelbaurichtlinie" keinen Grund, warum die vorgefertigte Konstruktion per se von einem bauphysikalischen Nachweis, der eine geringere TR erlaubt, befreit werden sollten. Denn die Prüfung der Luftdichtheit der Elemente gehört nicht zur Güteüberwachung im Rahmen der Holztafelbaurichtlinie.

> Textauszug DIN 68800-2, Abschnitt 5.2.4:
>
> *„Für beidseitig geschlossene Bauteile der Gebäudehülle ist bei der Berechnung mit den Verfahren nach DIN 4108-3 (Glaser-Verfahren) zur Berücksichtigung eines konvektiven Feuchteeintrages und von Anfangsfeuchten eine zusätzliche rechnerische Trocknungsreserve ≥ 250 g/(m²a) bei Dächern und ≥ 100 g/(m²a) bei Wänden und Decken nachzuweisen.*
>
> *Beim Nachweis mit numerischen Simulationsverfahren nach DIN EN 15026 ist der konvektive Feuchteeintrag entsprechend der geplanten Luftdurchlässigkeit mit dem $q_{50}$-Wert nach DIN 4108-7 in Rechnung zu stellen"*

Mit dieser erfolgreichen Durchsetzung von Brancheninteressen korrespondiert, eine Abschwächung der Anforderung an die erforderliche TR im Textteil der Norm. Unter Punkt 5.2.4 gibt es auf Initiative der gleichen Einsprecher eine Differenzierung der TR- Anforderungen nach Bauteilen (s. nebenstehenden Textkasten). Die allgemeine Forderung nach einer TR von 250 g/m² wird seit 1999 vom Fraunhofer Institut für Bauphysik für Holzbauteile empfohlen, und zwar ausdrücklich auch für Holzbauwände.
Eine Differenzierung der TR nach Bauteiltypen macht keinen Sinn und ist - insbesondere dann, wenn Decken in die vergünstigte Klasse (TR = 100 g/m²) eingestuft werden sollen, bauphysikalisch nicht begründbar.
Decken, die beheizte Räume gegenüber unbeheizten Dach- und Spitzböden trennen, liegen am höchsten Punkt des vertikalen Gebäudeschnittes und sind die Bauteile, die von konvektiven Befeuchtungsrisiken am meisten betroffen sind, vgl. Abb. 2. Das zeigen unzählige Schadensfälle. Holzbauwände mögen zwar diesbezüglich weniger anfällig sein, solange nur ein- bis zweigeschossig gebaut wird, weil sie dann größtenteils in der Unterdruckzone liegen. Aber spätestens bei drei- und mehrgeschossigen

Holzbauten befinden sich die Wände der oberen Geschosse i.d.R. komplett in der feuchtetechnisch kritischen Überdruckzone.

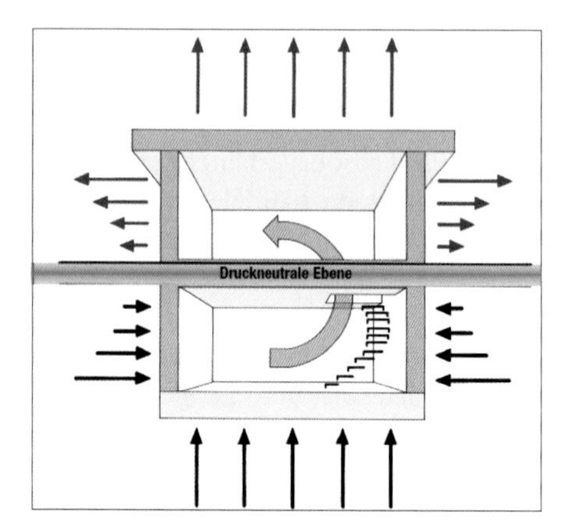


**Abb. 2:** Druckdifferenzen über der Gebäudehülle infolge von thermischen Auftriebskräften. Quelle: [11]

Wie gesagt, eine Reduzierung der Anforderung an die TR ist möglich und sinnvoll bei Nachweis der entsprechenden Gebäudedichtheit. Sie kann aber keine Regel sein, die an Bauteiltypen gekoppelt wird. Es ist wahrscheinlich, dass den meisten Mitgliedern des Normenausschusses die Tragweite dieser Textänderung nicht klar war. Anders lässt sich folgender implizite Widerspruch nicht verstehen:

Im nachfolgenden, zweiten Absatz des obigen Textauszugs wird unter Bezugnahme auf das Nachweisverfahren mittels hygrothermischer Simulation n. DIN EN 15026 die Bemessung des konvektiven Feuchteintrags explizit mit der Luftdurchlässigkeit ($q_{50}$-Wert nach [DIN 4108-7]) verknüpft.
Welchen bauphysikalischen Grund soll es dafür geben, die über den vereinfachten (und damit naturgemäß ungenaueren) Glasernachweis bestimmte TR nicht nach den gleichen physikalischen Gesetzmäßigkeiten zu differenzieren?

## 3 Fallstricke bei den nachweisfreien Konstruktionen im Anhang A

Ein ganz wesentlicher Fortschritt bei der neuen Norm zum baulichen Holzschutz ist der normative Anhang A mit 23 Regelkonstruktiven, bei denen allesamt das Tragwerk in die Gebrauchsklasse 0 (GK 0) eingestuft werden kann und für deren Tauwasserschutz keine besonderen Nachweise erforderlich sind. Leider wiederholen sich hier die zuvor angedeuteten Widersprüche und Ungereimtheiten. Der Reihe nach:

### 3.1 Holzbauwände und ihre bauphysikalische Konstruktionsphilosophie

Bei der Konstruktion von Holzbauwänden lassen sich aus bauphysikalischer Sicht zwei gängige Typen unterscheiden:

- Holzrahmenbauwände mit innen liegender Aussteifung durch Holzwerkstoffplatten (meist OSB) und diffusionsoffener äußerer Bekleidung ($s_d < 0{,}2$ m), oft auch als diffusionsoffenes Holzfaser-WDVS ausgeführt.
- Holztafelbauwände mit außen liegender, aussteifender Beplankung (relativ diffusionsdicht, $s_d$ meist > 2 m), vielfach mit EPS- WDVS ($s_d$ oft > 6 m) und einer inneren Dampfbremse ($s_d$ > 20 m).

Beide Typen finden sich im Anhang A wieder, d.h. ihre feuchtetechnische Robustheit wird als so sicher erachtet, dass kein chemischer Holzschutz oder Hölzer mit hoher Resistenzklasse erforderlich sind. Führt man allerdings jene Tauwasserberechnungen nach Glaser durch, auf denen diese Bewertung beruht, so kommen deutliche Unterschiede zwischen den Varianten zum Vorschein.

Zunächst ist allen Konstruktionen des Anhang A gemeinsam, dass sie die Anforderungen an die Begrenzung der winterlichen Tauwassermenge mit genügenden Sicherheiten erfüllen. Aber beim Trocknungspotenzial erweisen sich nur die diffusionsoffenen Holzbauwände als völlig problemlos.

Wie Tab. 2 zeigt, bestehen hier Trocknungsreserven von 1.000 – 3.000 g/m² in der Jahresbilanz aus Tau- und Verdunstungsperiode nach Glaser.

**Tabelle 2:** Trocknungsreserven berechnet nach [DIN 4108-3:2011] für verschiedene Wandkonstruktionen gem. Anhang zur [DIN 68800-2:2012]

| Nr. Anhang DIN 68800-2 | Wetterschutz | Dämmdicke | | Diffusionskennwerte | | | | Feuchtebilanz | | |
|---|---|---|---|---|---|---|---|---|---|---|
| | | Tragwerks-ebene | außen | $s_{d,i}$ | $\mu_{WDVS}$ | $s_{d,e\ Bepl.}$ | $s_{d,e\ Rest}$ | Tauwasser | Verdunstung | Trocknungs-reserve |
| | | [mm] | [mm] | [m] | [-] | [m] | [m] | [g/m²] | [g/m²] | [g/m²] |
| A.3 | Vorhangfassade vor diff.offener Bekleidung | 240 | 0 | 2,0 | - | 0,3 | 0,3 | 275 | 1281 | **1006** |
| A.5 | WDVS, Mineralfaser auf Gipsfaserbeplankung | 240 | 60 | 20,0 | 1 | 0,2 | 0,10 | 0 | 2123 | **2123** |
| A.6 | WDVS, Holzfaserdämmplatten direkt auf Tragwerk | 240 | 60 | 2,0 | 5 | - | 0,10 | 0 | 2911 | **2911** |
| A.3 S | Vorhangfassade vor diff.dichter Holzwerkstoff-beplankung | 240 | 0 | 50,0 | - | 4,0 | - | 1 | 164 | **163** |

### 3.2 Holztafelbau an der Grenze des Machbaren

Bei mehreren der neun verschiedenen Wandtypen, die im Anhang A der Norm aufgeführt sind, findet sich am Ende der Legende eine Sonderregelung für Konstruktionen, die gemäß der Holztafelbaurichtlinie gefertigt werden. Dort heißt es:

*„Bei beidseitig bekleideten oder beplankten, werkseitig hergestellten Elementen auch zulässige Kombinationen: ... Dampfbremsschicht 20 m $\leq s_d \leq$ 50 m in Verbindung mit ...äußerer Bekleidung oder Beplankung $s_d \leq$ 4 m".*

Diese Sonderregel, die seitens der Fertighausindustrie im Rahmen der Einspruchssitzung zum Normentwurf eingebracht wurde, korrespondiert mit der oben beschriebenen Absenkung der Mindestanforderung an die TR von 250 g/m² auf 100 g/m². Dies soll die besondere Sicherheit beim Konstruieren von beidseitig geschlossenen, luftdichten Holzbaugefachen durch werkseitige, güteüberwachte Vorfertigung abbilden.

Im Fall der Konstruktion A.3 S (nicht belüftete Vorhangfassade) reduziert der Einsatz von Bekleidungen mit den o. g. Diffusionssperrwerten die Trocknungsreserve auf ca. 160 g/m² (Tab. 3, letzte Zeile). Dies bleibt noch im Rahmen der (reduzierten) Anforderung, ist aber auch nur ein kleiner Bruchteil dessen, was die außenseitig diffusionsoffene Lösung einer gleichartigen Wand bereitstellen kann.

Für die häufigste Bauweise im industriellen Holzfertigbau (Konstruktion A.5 der Norm mit einem WDVS aus EPS) sind die Ergebnisse der Tauwasserberechnung in vielen Fällen deutlich ungünstiger. Abb. 3 zeigt, dass der hohe Diffusionswiderstand der Außendämmung ($\mu_{EPS}$ = 100) nur dann eine Trocknungsreserve oberhalb der 100 g/m²-Grenze zulässt, wenn die Dämmschichten nicht dicker als 30 mm werden.

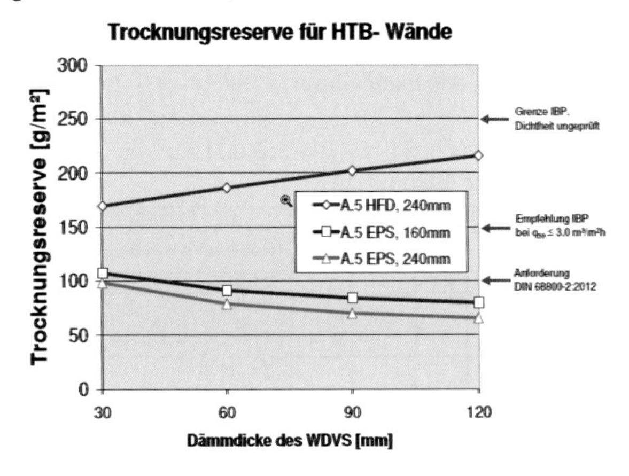


**Abb. 4:** Trocknungsreserve für vorgefertigte Holztafelbauwände nach A.5 im Anhang der [DIN 68800-2:2012] in Abhängigkeit von der Dämmdicke eines äußeren WDV-Systems. Randbedingungen: $s_{d,e}$ der äußeren Beplankung 4 m. Innere Dampfsperre mit $s_{d,i}$= 50m. Dämmung in der Tragwerksebene: 160 bzw. 240 mm Faserdämmstoff ($\mu$= 1, $\lambda$= 0,04 W/mK). Daten des WDVS: $\lambda_D$= 0,04 W/mK, $\mu_{EPS}$= 100, $\mu_{HFD}$= 5, $s_{d,Putz}$= 0,10 m.

Obwohl höhere Dämmdicken die Temperatur an der kritischen Grenze zwischen Dämmung und Beplankung anheben, sinken die Trocknungspotenziale weiter ab, da der Dampfsperrwert des WDVS die Austrocknung nach außen stark behindert. Die Rücktrocknung nach innen beträgt sowieso nur wenige g/m², weil die innere Dampfbremse eine Umkehrdiffusion in diese Richtung weitgehend ausschließt.

Insofern stehen die Befreiungsregelungen für diese Gruppe von Holzbausystemen im Widerspruch zu dem, was sich mit der Glaserberechnung ermitteln lässt. Eigentlich ist es im Normenwesen üblich, dass nachweisfreie Konstruktionen immer zusätzliche Sicherheiten enthalten. Hier ist es umgekehrt! Die Standardbauweise des industriellen Fertigbaus, die durch die abgesenkte TR- Grenze „legalisiert" werden sollte, erreicht in den meisten Fällen nicht einmal diese Anforderungen.

Einzig die Variante von Konstruktion A.5, die mit einer Holzfaserdämmung auf der Holzwerkstoffplatte konstruiert wird (obere Kurve in Abb. 3), bringt es auf eine TR oberhalb von 100 g/m². Ihre Diffusionsoffenheit lässt auch bei wachsenden Dämmdicken den Effekt der Tauwasserminimierung durch erhöhte Temperaturen an der kritischen Schicht zum Tragen kommen.

Die Liste der Ungereimtheiten und Überraschungen, die beim Versuch zu Tage treten, die vielen Varianten der Anhang A – Wände mit den Anforderungen im Tauwasserabschnitt der Norm zur Deckung zubringen, ließe sich fortsetzen. Das jüngst vom condetti- Team der Zeitschrift HOLZBAU publizierte Beispiel einer Holztafelbauwand mit EPS Außendämmung und Vormauerschale zeigt (gem. Anhang A.9), dass sich das Anbringen von zusätzlichen Dampfbremsfolien auch bei Wänden als kontraproduktiv erweisen kann (Reduzierung der TR von 144 auf 74 g/m²), [16] Detail 09.10, Heft 01-2013.

### 3.3 Oberste Geschossdecken unter unbeheizten Dachräumen

Die Konstruktion in Bild A.21 (Decke unter nicht ausgebauten Dachräumen), die in jedem Haus mit Spitzboden vorkommt, kann ebenfalls sehr verschiedene Ausführungsvarianten haben. Eine kleine Parameterstudie des Stv. Obmanns (Hans Schmidt) führte zu einer Lösung, wie sie im Grundkonzept vom Entwurf bis zur Endfassung erhalten blieb (s. Abb. 4).
Entscheidend für die hier erreichbare TR ist der Dampfbremswert der oberen Beplankung. Bei einer Holzdielung ($s_d$ 0,8 bis 1,0 m) bestehen Trocknungsreserven, die beim doppelten bis dreifachen der Anforderung für Dächer liegen. Geht man an die Grenze gem. Punkt 5 der Legende ($s_{d,e}$ = 2,0 m, z.B. 20 mm Spanplatte, $\mu$= 100) besteht nur noch eine Reserve die etwa 10% unter der Anforderung liegt. Dies ist jedoch vertretbar, da die klimatischen Verhältnisse in den Dachgeschossen in Folge

von solarer Erwärmung der Eindeckung günstiger sind als bei der Glaserberechnung (gegen Außenluft) angesetzt wird [12].

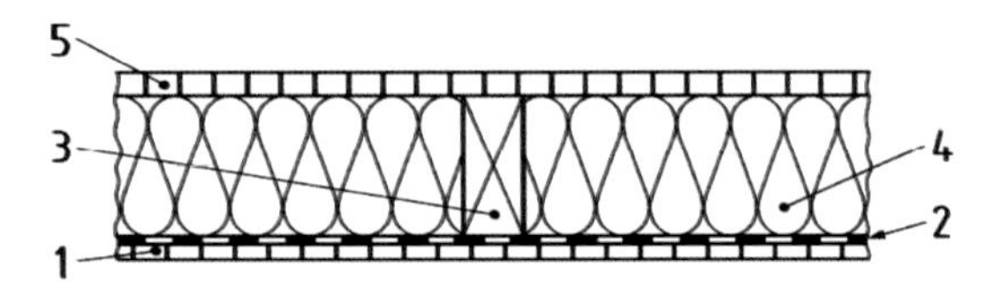


**Legende**

1 unterseitige Bekleidung ohne oder mit Lattung oder Beplankung
2 Dampfbremsschicht, $s_d \geq 2$ m in Verbindung mit Schicht 1
3 trockenes Holzprodukt
4 mineralischer Faserdämmstoff nach DIN EN 13162, Holzfaserdämmstoff nach DIN EN 13171 oder Dämmstoff, dessen Verwendbarkeit für diesen Anwendungsfall durch einen bauaufsichtlichen Verwendbarkeitsnachweis nachgewiesen ist
5 obere Schalung oder Beplankung mit einem $s_d$-Wert $\leq 2$ m, z. B. Vollholzdielung oder Spanplatten

**Abb. 4:** Oberste Geschossdecke unter unbeheizten Dachräumen.
Quelle: [DIN 68800-2:2012] Bild A. 21

Aber auch dieses Detail erlaubt bei werkseitiger Vorfertigung einen äußeren $s_d$-Wert von bis zu 4,0 m (z.B. OSB- Platten). Je nach der dann verwendeten Dampfbremse beträgt die TR nur noch ca. 150 bis 160 g/m². Die von der Fertighausbranche gewünschte Freigabe von solchen Decken, die oberseitig mit relativ dampfdichten Holzwerkstoffplatten beplankt sind, war vermutlich auch der Grund für deren Forderung die TR auch für Decken im Abschnitt 5.2.4 generell auf 100 g/m² zu reduzieren.

Doch auch dies ist in sich widersprüchlich: Denn das immer wieder ins Feld geführte Argument, dass im Fertigbau stets vorgefertigte, werkseitig beidseitig geschlossene und güteüberwachte Elemente auf die Baustelle geliefert würden, entspricht gerade bei diesen Bauteilen nicht der ausschließlichen, wahrscheinlich noch nicht mal der vorherrschenden Praxis.

Es ist auch in der Fertigbaubranche durchaus üblich, diese Art Decken erst auf der Baustelle unterseitig zu schließen. Oft besteht die „unterseitige Bekleidung" ab Werk allenfalls aus einer Folie mit Lattung. Und das ist auch gut so! Denn nur dann können Installationsdurchdringungen z.B. für Fallrohrbelüftungen, Lüftungs- und Solartechnik, Satellitenanlagen etc. beim weiteren Ausbau einfach an die Dichtungsfolie angeschlossen werden. Dies ist praktisch sinnvoll, aber damit entfällt aber gleichzeitig die Sonderbehandlung als nachweisfreie Konstruktion.
Allenfalls bei Deckenelementen, die beidseitig unmittelbar auf den Deckenbalken beplankt, also wirklich „geschlossen" geliefert werden, wäre eine Sonderrolle zu rechtfertigen. Dazu müssten sie aber auch luftdichte Einhausungen für Installationen aufweisen, wie sie z.B. die Holzforschung Austria für elementierte Flachdächer for-

dert oder es muss die Möglichkeit gegeben sein, unmittelbar auf der unteren Beplankung die Anschlussabdichtung für die Durchdringungen vornehmen zu können. Dazu darf allerdings die raumseitige Bekleidung ebenfalls erst vor Ort montiert werden.

Es gibt also verschiedene gangbare Wege den waagerechten oberen Abschluss der thermischen Gebäudehülle mit gutem Tauwasserschutz auszustatten.

Ein sinnvoller Kompromiss hätte sein können, den Einsatz von Holzwerkstoffplatten mit höherer Dampfdichtheit dann freizugeben, wenn ein Nachweis der Luftdichtheit erfolgt.

Diese Prüfung sollte immer durchgeführt werden, bevor die innere Bekleidung angebracht wird, um nach Ortung der Leckagen noch Nachbesserungen vornehmen zu können.

## 4 DIN 68800-2 am Ende eine „Lex Fertigbau“?

Die Tendenz, dass die DIN 68880-2 zu einer „Lex Fertigbau“ mutiert wurde schon vom ehemaligen 2. Vorsitzenden des Ausschusses (Hans Schmidt) heftig kritisiert und führte zu dessen bedauerlichem Ausscheiden aus dem weiteren Normungsprozess. Hierbei trieb vor allem die Sonderbehandlung von „kleinen Balkonen/ Terrassen“ (Abb. 5) in einer im Fertigbau angeblich bewährten Form besondere Stilblüten. Diese Variante war im Entwurf nicht vorhanden, da sie von niemandem im Ausschuss für relevant erachtet wurde.

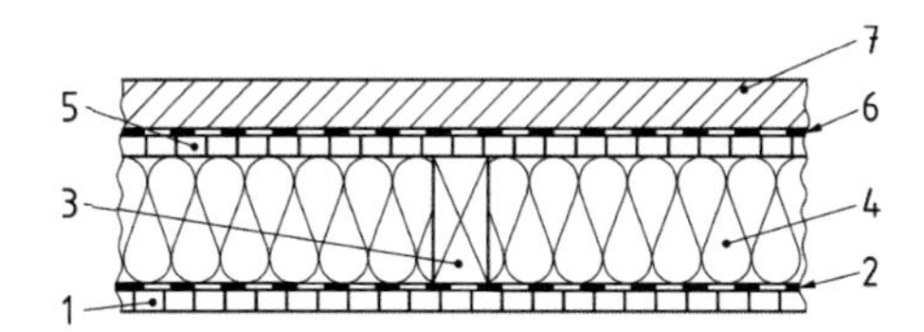


**Legende**
1 Bekleidung ohne oder mit Lattung oder Beplankung
2 Dampfbremsschicht 50 m $\leq s_d \leq$ 100 m
3 technisch getrocknetes Holzprodukt ($u \leq$ 15 %)
4 mineralischer Faserdämmstoff nach DIN EN 13162
5 Beplankung (Dachneigung $\geq$ 0°)
6 Abdichtung
7 Balkonbelag

**Abb. 5:** Kleinflächige (max. 10 m²) Balkone/ Terrassen über Wohnraum aus werkseitig vorgefertigten Elementen. Quelle: [DIN 68800-2:2012] Bild A.23

Erst durch den vehementen Einsatz der Einsprecher des Fertigbaus kam diese umstrittene Konstruktion in den Norm- Anhang – allerdings mit nur der doppelt erwähnten Einschränkung (in 5.2.4 und 6.1), dass hierfür *„zusätzlich ein Tauwasserschutznach-*

*weis*“ erforderlich ist. Und hier liegt das bislang unerkannte Problem: Dieser Nachweis ist mit den herkömmlichen Mitteln der Diffusionsberechnung aus mehreren Gründen überhaupt nicht zu führen.

Für außenseitig dampfdichte Konstruktionen, deren Diffusionsbilanz man mit einer inneren Dampfsperre ($s_d$ bis 100 m) diffusorisch zu beherrschen versucht, gelingt zwar der Nachweis mit normalem Glaser-Blockklima ganz knapp, aber nur mit einer TR von wenigen Gramm pro m².

Selbst dann, wenn man diesem Bauteil eine erhöhte Temperatur der Außenoberfläche gemäß dem DIN- Ansatz für (flach geneigte) Dächer zugestehen würde, bliebe im Regelfall (z.B. $s_{d,Abdichtung}$= 200 m und $s_{d,i}$= 100 m) nur TR von ganzen 20 g/m². Da es sich bei diesem Bauteil nicht um eine oberste Geschossdecke wie bei A.21 handelt, sondern im Prinzip um ein Flachdach, wäre eine TR von 250 g/m² nachzuweisen!

Also haben wir jetzt in Anhang A der „nachweisfreien Konstruktionen“ mit Nr. 23 eine Konstruktion, die doch dem rechnerischen Nachweis unterliegt, dieser aber mit den üblichen Randbedingungen gar nicht geführt werden kann. Ist doch irgendwie mehrfach verkehrte Welt, oder?

Es gibt überdies zwei weitere Gründe, die dringend dagegen sprechen, sich diese Decken unter Balkonen „schön zu rechnen“.

1. Schon 1999 hatte H.M. Künzel in [3] darauf hingewiesen, dass der Ansatz der erhöhten Umkehrdiffusion nach DIN 4108-3 durch die 20°C Bedingung für die Oberflächentemperatur auf unverschattete Flachdächer begrenzt werden sollte. Da Balkone i.d.R. durch Brüstungen, Geländer, Dächer oder angrenzende Wände zumindest teilweise verschattet werden, entspricht eine Berechnung als „Dach“ gem. DIN 4108-3 nicht den Regeln der Technik.

2. In der DIN 4108-3 heißt es unter: *„A.2.1 Angaben zum Berechnungsverfahren: Dieses Verfahren ist nicht anwendbar bei begrünten Dachkonstruktionen...Für solche Fälle wird auf die Literaturhinweise [8], [9], [10] und [11] verwiesen.“*
Die Literaturverweise beziehen sich auf die seit den 90er Jahren bekannten Verfahren zur hygrothermischen Simulation, nach denen Deckschichten wie Gründächer über Abdichtungen sich ungünstig auf die sommerliche Umkehrdiffusion und damit auf die TR auswirken. Dies gilt nach einhelliger Auffassung aller zitierten Forschungsinstitute auch für Bekiesungen und Terrassenbeläge jeglicher Art.

- Kurzum: Der Versuch die Konstruktion nach A.23 über eine Tauwasserberechnung gem. DIN 4108-3 abzusichern, scheitert auch an der Unzulässigkeit des Verfahrens für diesen Anwendungsfall.

Bliebe theoretisch die Möglichkeit einer Simulation nach DIN EN 15026. Solche sprechen allerdings eine ganz andere Sprache (vgl. das entsprechende condetti- Detail der Zeitschrift HOLZBAU, [16] Detail 17.04, Heft 02-2011). Die dortige Empfehlung, zur Vergrößerung der feuchtetechnischen Sicherheit eine Zusatzdämmung auf der oberseitigen Beplankung vorzusehen, wird im übrigen als Mitautor auch von E. U. Köhnke mitgetragen, dem langjährigen Güteprüfer des Fertigbaus.

In Bild A.23 wird die veraltete Bauphilosophie, dass hohe Dampfsperrwerte hohe Sicherheit erzeugen würden, wieder aufgewärmt, obwohl dies heute nicht mehr Stand der Technik ist, sondern Ursache vieler Schadensfälle, vgl. dazu den Beitrag des Autors bei den Hanseatischen Sanierungstagen 2012, sowie [13] und [14].

Die Vermutung, dass geschlossene Deckenelemente bei einer unterseitigen Beplankung eine hervorragende Luftdichtheit aufweisen können, ist einerseits nachvollziehbar. Da aber andererseits die Legende zu A.23 auch die Ausführung mit Lattung und Folie erlaubt, bestehen berechtigte Zweifel, dass dies sich in diesem Fall selbstverständlich einstellt.

Es mag durchaus sein, dass die Fertigbaubranche eine Vielzahl solcher kleinflächigen Balkone und Terrassen bislang schadensfrei ausgeführt hat. Der bauphysikalische Grund hierfür, ist aber wahrscheinlich ein ganz anderer als von den interessierten Kreisen angenommen wird. Da solche Decken üblicherweise bei maximal zweigeschossigen Häusern zum Einsatz kommen, liegen sie i.d.R. im Bereich der druckneutralen Ebene (vgl. Abb. 2). Es bestehen daher keine oder nur geringe Antriebskräfte für die Dampfkonvektion. Will man diese Konstruktion aber generell und ohne Einschränkungen freigeben (z.B. auch für Loggien und Balkone oberhalb des ersten OG), so gerät die Hoffnung auf geringe konvektive Antriebskräfte schnell zu einem Lotteriespiel um eine „passende" Verteilung der Leckagen in der Gebäudehülle (vgl. [8]).

Wenn die interessierten Kreise diese Konstruktionsweise für sich akzeptieren und bislang dafür auch gerade gestanden haben, dies schadensfrei auszuführen zu können, stellt sich die Frage: Warum sollte dies nicht weiter so geschehen? Sie war bisher nicht Bestandteil der DIN 68 800-2, warum soll Sie trotz der unklaren Randbedingungen und dem ungesicherten Glaser-Nachweis aufgenommen werden? Die Botschaft, die jedenfalls von dieser Befreiung ausgeht, ist für das Anliegen der Norm, einen feuchtetechnisch robusten und bauphysikalisch nachweisbaren Holzschutz zu gewährleisten, äußerst kontraproduktiv.

Am Ende könnte sich allerdings die Aufnahme von A.23 für deren Protagonisten zum Bumerang entwickeln. Jetzt sind „schlafende Hunde" geweckt, und das Fehlen eines

Tauwassernachweises (oder auch ein falscher ohne ausreichende TR) ist nun ein Verstoß gegen explizite Aussagen einer bauaufsichtlich eingeführten Norm.

## 5 Was sonst noch fragwürdig ist

Die Liste der Ungereimtheiten und Widersprüche in den Beispielen des Anhangs der neuen Holzschutznorm lässt sich noch erheblich verlängern, wenn man die Details zum Sockelpunkt genauer betrachtet. Da dies den Rahmen dieses Beitrags sprengen würde, sei auf diesbezügliche Veröffentlichungen verweisen, an denen der Autor beteiligt war, vgl. [15] und [16] Detail 01.07, Heft 05-2012.

Und noch etwas: Bei den Aachener Bausachverständigentagen 2012 wies Géraldine Liebert vom AIBau bei ihrem Vortrag über aktuelle Normen darauf hin, dass ein wichtiger Satz aus dem Entwurf der DIN 68800-2 in der Endfassung fehlt, und zwar die Anmerkung im Tauwasser- Abschnitt:

*„Konstruktionen, die auf der Außenseite dampfdiffusionstechnisch offene Schichten haben, sollten bevorzugt werden“.*

Die grundlegende Erkenntnis aus den letzten gut 20 Jahren der Entwicklung des Holzrahmenbaus, dass diffusionsoffene Bauweisen die bauphysikalisch robustesten und in Folge ihrer hohen Trocknungsreserve die fehlertolerantesten sind, wäre es in der Tat Wert gewesen als Empfehlung gewürdigt zu werden. Aber in einem Einspruch wurde argumentiert:

*„Die Anmerkung ist zu streichen: Die Anmerkung spricht sich einseitig für ein Konstruktionsprinzip aus, welches aber nicht für jeden Anwendungsfall Gültigkeit hat (sh. Künzel)“.*

Der Leser mag ahnen, woher dieser Einspruch kam. Die großen Fertighaushersteller, die im BDF organisiert sind, wehren sich seit Jahr und Tag dagegen, ihre tradierte Bauweise den Erkenntnissen der Bauphysik anzupassen, denen der handwerklich orientierte Holzbau längst gefolgt ist.

Womit der Einwender den Verweis („sh. Künzel“) begründete, entzieht sich der Kenntnis des Autors. Das ist sicher taktisch klug gewesen, aber physikalisch und bezogen auf den genannten Wissenschaftler sicher falsch! Denn Dr. H.M. Künzel vom IBP Holzkirchen ist ein entschiedener Verfechter des diffusionsoffenen Konstruierens im Holzbau, wie aus angegebenen Quellen und vielen anderen Veröffentlichungen des IBP bekannt ist. Leider folgte der Ausschuss dem Streichungsvorschlag – aus welchen Gründen auch immer.

## Literatur und Quellen

[1] Björn Carlsson, Arne Elmroth u. Per-Ake Engvall: Airtightness and thermal insolation. Byggforsknigsradet. Stockholm D 37:198.0

[2] Borsch-Laaks, Robert: Moderne Holzbauweisen sind anders. In: EUZ (Hrsg.): Niedrig-Energie-Häuser, EUZ-Baufachtagung Juni 1991, Springe - Eldagsen.

[3] Künzel, H.M.: Dampfdiffusionsberechnung nach Glaser – Quo vadis?, IBP Mitteilungen 355, Fraunhofer Institut für Bauphysik, Stuttgart/Holzkirchen, 1999

[4] Hartwig M. Künzel: Kann bei voll gedämmten, nach außen diffusionsoffenen Steildachkonstruktionen auf eine Dampfsperre verzichtet werden? in: Bauphysik 1/ 1996

[5] Nusser, B., Krus. M. & Fitz, C.: Luftbewegung bei der Diffusionsmessung. IBP-Mitteilung 33 (2006), Nr. 476.

[6] Robert Borsch-Laaks: Holzbaudächer in GK0. Was ist diffusionsoffen genug? In: HOLZBAU - die neue quadriga, Heft 5- 2008, S. 14 ff.

[7] Robert Borsch-Laaks: Belüftung von Holzbauteilen. Möglichkeiten und Grenzen beim Tauwasserschutz. In: HOLZBAU - die neue quadriga, Heft 1- 2011, S. 36.

[8] Robert Borsch-Laaks: Risiko Dampfkonvektion. Wann gibt es wirklich Schäden? In: HOLZBAU, Heft 3/ 2006

[9] Robert Borsch-Laaks und Axel Eisenblätter: Tauwasserschäden durch Luftströmung. In: HOLZBAU, Heft 3/ 2009

[10] Robert Borsch-Laaks, Daniel Zirkelbach, Hartwig M. Künzel, Beate Schafaczek: Trocknungsreserven schaffen. In: Tagungsband zur AIVC/ BUILDAIR - Konferenz, 1./ 2.10 2009 in Berlin.

[11] Hartwig M. Künzel, Daniel Zirkelbach, Beate Schafaczek: Berücksichtigung der Wasserdampfkonvektion bei der Feuchtschutzbeurteilung von Holzkonstruktionen, In: wksb 65 (55. Jahrgang), Mai 2010

[12] Jürgen Küllmer: Dämmung oberster Geschossdecken. In: HOLZBAU - die neue quadriga, Heft 3/ 2011, S. 30 ff

[13] Holzschutz und Bauphysik. Tagungsband zum 2. int. Holz[Bau]Physik- Kongress, 10./11.2.2011 in Leipzig. (Eigenverlag) Aachen, ISBN 978-3-00-037247-6. (Bezug: www.holzbauphysik-kongress.eu )

[14] Robert Borsch-Laaks: Bauphysik für Fortgeschrittene. Bemessungsregeln für flach geneigte Dächer. In: HOLZBAU Heft 5/2011

[15] Robert Borsch-Laaks: Besonderheiten der neuen DIN 68800 Holzschutz Teil 2, Tagungsband zur Sachverständigentagung von Holzbau Deutschland, 12./13.04.2013 in Rohrdorf/ Rosenheim.

[16] Condetti-Team (Borsch-Laaks, Köhnke, Schopbach, Wagner, Zeitter): condetti-Regeldetails für den Holzhausbau. Periodische Veröffentlichung in der Zeitschrift HOLZBAU – die neue quadriga, Verlag Kastner, Wolnzach.

**24. Hanseatische Sanierungstage**
**Messen Planen Ausführen**
**Heringsdorf 2013**

# Groß Miltzow – Eine Schlossanlage im Wandel der Zeiten

**M. Rohr/D. Krause**
Groß Miltzow/Groß Belitz

## Zusammenfassung

Die Geschichte der aus mehreren Gebäuden unterschiedlicher Bauzeiten bestehenden Schlossanlage ist bis ca.1725 zurück zu verfolgen und charakterisiert wie kaum ein anderes Ensemble die wechselvolle (Bau)-geschichte Mecklenburg-Vorpommerns.
Vom Spätbarock über die französische Neorenaissance, vom Fachwerkbau über profane Stallanlagen bis hin zum beeindruckenden Bogenbohlendach der Reithalle kann man hier alles entdecken.
Nicht zuletzt ist der ausgedehnte Schlosspark einen Besuch wert.
Die gesamte Anlage wird seit einigen Jahren abschnittsweise liebevoll und denkmalgerecht instandgesetzt und so es wird wohl noch einige Zeit dauern, bis Groß Miltzow vollständig wieder im Glanz alter Zeiten erstrahlt.

Da Anlage ist für Besucher nicht öffentlich zugänglich, im Rahmen der 24. Hanseatischen Sanierungstage erfolgte eine Sonderführung.

## 1 Einleitung

Groß Miltzow ist eine Gemeinde im Osten des Landkreises Mecklenburgische Seenplatte im Südosten Mecklenburg-Vorpommerns und liegt etwa 20 Kilometer östlich von Neubrandenburg.

Auf der Karte ist recht gut zu erkennen, dass das Gutsensemble um 1884 wesentlich mehr Gebäude umfasste, als gegenwärtig. Unter anderem existierten noch eine Mühle und ein heute trockener Teich. Die Fläche zwischen Herrenhaus und See war mit Parkbäumen bestanden, das parkartige Gelände zog sich auch an beiden Ufern des Vorderen Sees entlang.

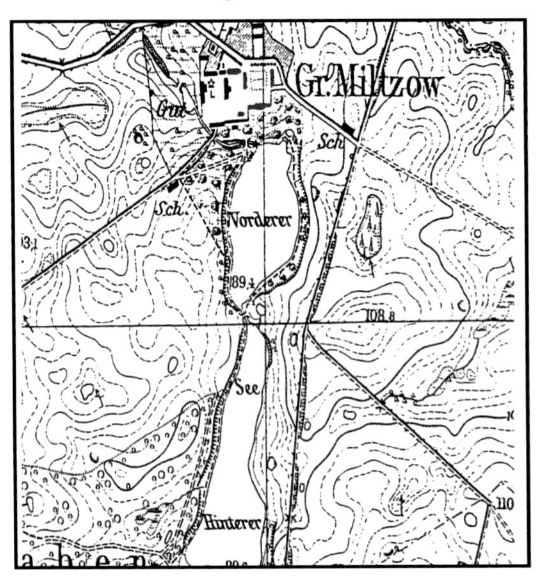


**Bild 1:** Karte der Preußischen Landvermessung 1884,
die noch heute existierenden Gebäude sind rot gekennzeichnet

Die noch existierenden Gebäude sind:

- das repräsentative Haupthaus
- das sog. Luisenhaus
- die ehemalige Reithalle
- die sog. Remise
- ein Pferde- und ein Schafstall

Heute bietet die Anlage aus der Vogelperspektive folgenden Anblick:

**Bild 2:** Ansicht der Schlossanlage aus der Luft

Ausschnitte aus der Chronik des Gutes:

- 1298 schenkte Markgraf Albrecht dem Kloster Wanzka Hebungen in Groß und Klein Miltzow
- 1450 saß Dicko Söneke auf Groß Miltzow
- 1471 verkaufte Wedige Söneke den gesamten Familienbesitz zu Groß und Klein Miltzow an Engelke von Dewitz auf Holzendorf. Seitdem verblieb Miltzow bis auf eine kurze Unterbrechung für fast 450 Jahre in Dewitzschem Besitz
- 1471 Engelke von Dewitz
- 1498/1543 Vicke von Dewitz
- 1557 Hans von Dewitz und Werner von Dewitz
- 1649 Oberst Georg von Dewitz, danach durch Erbgang dessen Frau Anna, gefolgt von der Tochter Sophia Juliane von Dewitz. Diese war mit dem Landrat Vincent von Blücher verheiratet. Die Blücher verkauften Groß Miltzow 1701 für 13.200 Reichstaler
- 1701 Jochim Berend von der Osten
- 1707 Rückerwerbung für 16.000 Taler durch den Dänischen Generalleutnant Ulrich Otto II. von Dewitz
- Ulrich Otto II baute ca. 1725 das sog. Luisenhaus, das heute älteste Gebäude der Gutsanlage, im barocken Stil zum Wohnsitz aus
- Ulrich Otto III auf Groß Miltzow wurde 1794 (bis 1800) Geheimratspräsident des Fürstenhauses von Mecklenburg-Strelitz

- 1785 wurde das Herrenhaus durch Ulrich Otto III um ein Stockwerk ergänzt und klassizistisch umgestaltet. In die erweiterte Eingangshalle wurde eine höchst herrschaftliche barocke Wendeltreppe eingebaut.
- 1828 erbt Ulrich Otto IV (als Enkel Ulrich Otto III) die Güter Groß Miltzow
- Ulrich Otto IV war als Pferdezüchter und Hindernisreiter einc international bckannte Persönlichkeit im Pferdesport. Er war angetan von der englischen Pferdezucht, den Jagden zu Pferde und der englischen Gartenkunst.
- Die Reithalle wurde etwa um 1810 im Zusammenhang mit dem Ausbau zum Pferdezuchtbetrieb errichtet. Sie verfügt über ein sehr beeindruckendes Tonnengewölbe mit angrenzenden Stallungen.
- Ab 1844 mit der Hochzeit Ulrich Ottos IV und Wilhelmine Charlotte Hedwig von Maltzahn beginnt wiederum eine rege Umbautätigkeit im Stil der Neorenaissance. Das Luisenhaus wird durch einen Verbindungstrakt an das Haupthaus angebunden. Der Bibliotheksflügel errichtet
- Das aus Fachwerk errichtete malerische Geflügelhaus wird gebaut.
- 1882 übernahm Ulrich Otto VI die Bewirtschaftung von Groß Miltzow, führte Zuckerrübenanbau ein und stockte den Viehbestand auf.
- 1905 verkaufte Ulrich Groß Miltzow mit seinen Vorwerken Holzendorf, und Ulrichshof für 2. 500 000 M an den Freiherrn v. Bodenhausen
- Ulrich Otto VI blieb unverheiratet, letzter Dewitz auf Groß Miltzow.
- Dr. Hans Bodo Freiherr von Bodenhausen modernisierte das Gebäude ab 1905 grundlegend. So baute er z.B. eine Zentralheizung und neue Kamine ein, einen separaten Dienstbotenaufgang, Bäder, Wirtschaftsräume, baute Kammern im Dachgeschoß aus und versah diese mit Öfen, verlegte neue Bodenplatten, gestaltete die Terrasse im Jugendstil usw.
- Von 1942 bis 1945 im Besitz der Familie Schwerin
- Nach 1945 Nutzung als Verwaltungsgebäude
- Nach 1990 für eine Hotelnutzung geplant
- 1999 Übernahme der Anlage durch den jetzigen Besitzer

Nachfolgend zu den interessanten Gebäuden Haupthaus, dem sog. Luisenhaus und der ehemalige Reithalle einige Darstellungen zur Historie und zur Sanierung.

Alle 3 Gebäude befinden sich noch immer in der Sanierung.

## 2 Herrenhaus

Die Bauarbeiten zum Herrenhaus Groß Miltzow begannen Mitte des 18. Jahrhunderts, als für die Familie von Dewitz ein Haus mit Mittelrisalit entstand.
Wer sich das heutige Schloss betrachtet, wird dieses Haus in seinen Grundzügen noch immer vorfinden.

1785 fand ein Umbau des Haupthauses in ein zweigeschossiges Herrenhaus mit reichhaltiger Innenausstattung im barocken Stil statt.
Nach 1860 wurde das Haupthaus Mittelrisalit im Stil der französischen Neorenaissance.

**Bild 3**: Ansicht der Parkseite des Herrenhauses auf einem Stich nach Lisch 1860 – 1862, rechts das noch separat stehende Luisenhaus

**Bild 4:** Ansicht Hofseite 1968

Nach der Übernahme des Schlosses und der gesamten Gutsanlage durch den jetzigen Besitzer begann die Bestandsaufnahme und schrittweise, behutsame und denkmalgerechte Sanierung des Schlosses.

**Bild 5 und 6:** Hof- und Gartenseite 2007

Die nachfolgenden Bilder zeigen Details der umfangreichen, noch nicht abgeschlossenen Sanierung und geben einen Eindruck der bisher geleisteten Aufwendungen und der schönen Seiten des Schlosses.

**Bild 7 und 8**: Aufnahmen der Gartenseite 2012 und der Hofseite 2008

**Bild 9 und 10:** Zustand des Giebels und der Gauben

**Bild 11und 12:** stark geschädigte Schmuckelemente der Fassade

**Bild 13 und 14:** Dachsanierung

**Bild 15 und 16:** Arbeiten in den Innenräumen

**Bild 17 und 18:** ................es gibt noch viel zu tun

**Bild 19 und 20:** Das Parkett wird aufgearbeitet

**Bild 21 und 22**: Manche Schäden waren gravierend für die Bausubstanz

**Bild 23 und 24:** Details der barocken Treppenanlage

**Bild 25 und 26:** Wiederhergestellte Stuckdecken

**Bild 27 und 28**: Während die Hofseite schon im alten Glanz erstrahlt, wartet die Gartenseite noch auf die letzten Fassadenarbeiten

## 3 Luisenhaus

Das sogenannte Luisenhaus ist unter Ulrich Otto II. von Dewitz um 1725 – 1730 errichtet bzw. ausgebaut worden und ein typischer Bau des 18. Jahrhunderts. Es ist der älteste Teil der Gutsanlage Groß Miltzow.
Die Bezeichnung „Luisenhaus" hat das Gebäude, weil hier vernehmlich die Königin Luise von Preußen zeitweise als Gast weilte.

Das Luisenhaus wurde Mitte des 19. Jh. mit dem Hauptgebäude verbunden. Bis dahin existierte es freistehend neben dem Haupthaus.
Der siebenachsige Bau mit Mansarddach blieb eingeschossig. Ein dreiachsiger von Ecklisenen gezierter Mittelrisalit betont die Fassade. Er wird durch einen Rundbogengiebel (Frontispiz) bekrönt. Die geohrten Fensterrahmungen sind ein Zeugnis traditioneller barocker Schmuckformen. Unterhalb der Fenster im Obergeschoß des Mittelrisaliten finden sich Fensterkartuschen.

In Bild 3 (weiter oben) ist rechts die älteste Abbildung des Hauses zu erkennen.
Es zeigt den südlichen zweigeschossigen Mittelrisaliten des Luisenhauses mit Schildgiebel und einem halbovalen Giebelfenster. Es ist keine zusätzliche Geschoßgliederung erkennbar. Im oberen sowie im unteren Geschoß befinden sich jeweils 3 Fenster, wobei die oberen Fenster kleiner sind.
Heute besitzt der Mittelrisalit einen runden Giebelabschluß mit ebenfalls rundem Fenster.
Dieses runde Fenster ist mit farbigen Gläsern in Form eines Sechssternes mit roten und blauen Zacken geschmückt. Das Fenster stammt vermutlich aus der letzten Umbauphase um etwa 1905.
Zur Südseite weist die eingeschossige Fassade mit Mansardendach heute 9 Achsen auf. Wenn angenommen wird, dass die Südfassade bereits ursprünglich den dreiachsigen zweigeschossigen Mittelrisaliten besaß, wird sie bis Mitte des 19. Jh. siebenachsig gewesen sein (so wie es die Hoffront noch immer ist.) Eine Achse (West) wurde als Verbindung zum Haupthaus hinzugefügt und aus Symmetriegründen sicher auch eine auf der Ostseite.
Das Luisenhaus trägt ein Mansarddach mit 3 Gauben.

Die Instandsetzung des Luisenhauses begann 2010, abgeschlossen ist die Erneuerung des Daches, des Dachstuhls, der Decke über OG und der Gauben. Der weitere Ausbau des Dachgeschosses ist geplant.

Nachfolgend Impressionen der Sanierungsarbeiten 2010-13.

**Bild 29 und 30**: Das Luisenhaus 1968

**Bild 31 und 32:** Beginn der Sanierung 2010

**Bild 33 und 34:** umfangreiche Instandsetzungen am, Dachstuhl

**Bild 35 und 36:** starke Mauerwerksschäden an Gesims und Fundament

**Bild 37 und 38:** umfangreiche Instandsetzungsarbeiten im OG

**Bild 39 und 40:** aufwendige Instandsetzung der Süd-Mansarde und der Gauben (Frauchen´s Jacki immer dabei)

**Bild 41 und 42:** auch auf der Nordseite viel geschädigtes Holz

**Bild 43 und 44:** auch wenn innen noch Baustelle ist, außen erstrahlt es schon wieder im alten Glanz (2013)

## 4 Reithalle

Die zu Beginn des 19. Jh. errichtete Reithalle, äußerlich an einem Mansarddach erkennbar, birgt im Inneren eine Besonderheit der Holzbaukunst.

Unter einem aufgesetzten Kehlbalkendach befindet sich die ursprüngliche Dachkonstruktion in Form eine Bogenbohlendachs.

Bogenbohlendächer sind eine spezielle Holzbauweise, die im 16. Jahrhundert in Frankreich entwickelt wurde.
Bogenbohlendächer sind frei tragende Konstruktionen und bestehen aus mehrfach nebeneinanderliegenden und aneinandergefügten bogenförmigen Holzbohlen.

Berühmt für diese Bauweise Mitte des 16. Jahrhunderets war der französische Architekt Philibert de L´Orme. Mit seinem Tode 1577 geriet diese Bauweise in Vergessenheit und wurde erst 200 Jahre später „wieder" entdeckt,
In Deutschland fand diese Bauweise Anwendung von 1790 bis ca. 1845, nachdem sie in Frankreich wieder Verbreitung befunden hatte.
Weiterführende Literatur unter [4].

**Bild 45:** Ansicht von West aus 2007

**Bild 46:** Innenansicht der Bogenkonstruktion

Die nachfolgende Skizze verdeutlicht die Konstruktion der Reithalle.

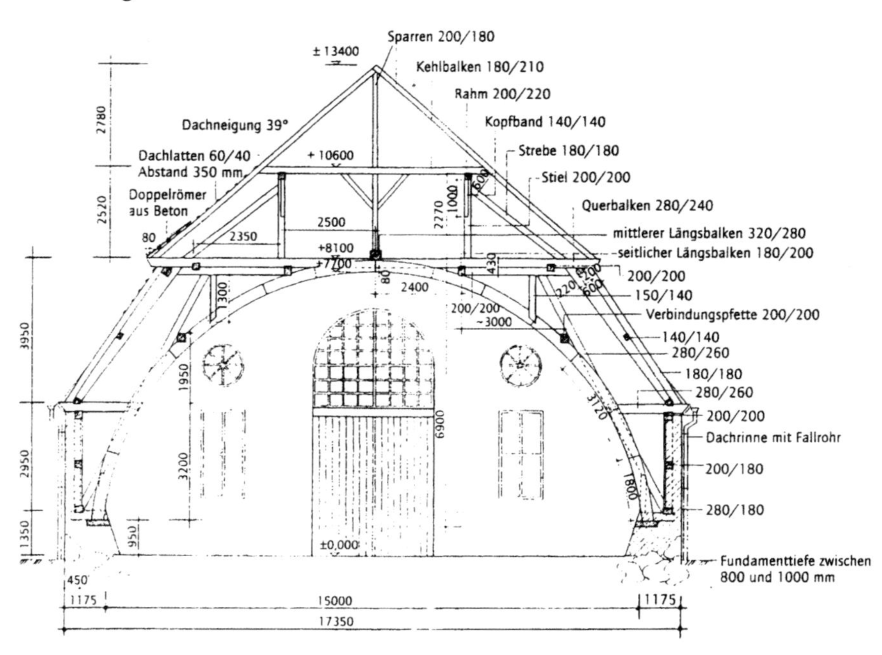


**Bild 47:** Aufriss Reitstall, aus [4]

Nach den ersten Sanierungsarbeiten an der Fassade und dem Einbau neuer Fenster im Jahre 2008 wurde 2012/13 das hölzerne Dachtragwerk instand gesetzt.
Dabei zeigten sich insbesondere die Fußschwellen und Füße der Bogenbinder in einem stark geschädigten Zustand.

**Bild 48 – 52:** Zustand der Bogenbinder und der Auflager vor der Sanierung

Die Instandsetzung erfolgte nach historischem Vorbild, so wurden z.B. klassische Zimmermannsverbindungen gewählt und die Ersatz-Stützenfüße mit Holznägeln befestigt.

**Bild 53 – 56:** erfolgreiche Instandsetzung

## Bildnachweis

Michaela Rohr: alle außer
Detlef Krause 15, 16, 17, 20, 23, 28, 31, 32, 39, 40, 43, 44, 46, 53-56

## Literatur

[1] Detlef Krause, Holzschutzgutachten Schloß Groß Miltzow – Detail: Luisenhaus, 18. Juni 2010 ff.
[2] Michaela Rohr, Geschichtliches über Herrenhaus, Gutshof und Park von Groß Miltzow (unveröffentlicht)
[3] Michaela Rohr, Denkmalpflegerische Zielstellung Luisenhaus
[4] Klaus Erler, Kuppeln und Bogendächer aus Holz, Fraunhofer IRB Verlag 2013

Prof. Dr.-Ing. **Ackermann**, Thomas
Fachhochschule Bielefeld
Artilleriestraße 9, 32427 Minden
Tel. 0571 8385111
E-Mail: thomas.ackermann@fh-bielefeld.de

Dr. **Aicher**, Simon
MPA Stuttgart Otto-Graf-Institut
Postfach 801140, 70511 Stuttgart
Tel. 0711 685 62287
E-Mail:
simon.aicher@mpa.uni-stuttgart.de

Prof. Dr. **Balak**, Michael
OFI Österreichisches Forschungsinstitut f. Chemie u. Technik
F.-Grill-Str.5, A-1030 Wien
Tel. 0043 1 7981601600
Fax 0043 1 7981601530
E-Mail: michael.balak@ofi.at

Dr. **Boos**, Markus
Remmers Baustofftechnik GmbH
F & E Bauten- und Fassadenschutz I
Bernhard-Remmers-Straße 13
49624 Löningen
Tel.: 05432 83 228, Fax: 05432 83 718,
Mobil: 0160 8972081
E-Mail: MBoos@remmers.de

Dipl.-Ing. **Borsch-Laaks**, Robert
Büro für Bauphysik
Drei Rosen Str. 32, 52066 Aachen
E-Mail: rbl-ac@gmx.de
www.holzbauphysik.de

Dipl.-Ing. **Bredemeyer**, Jan,
TU Berlin, Fakultät IV, Institut für Bauingenieurwesen, FG Bauphysik & Baukonstruktionen
Ingenieure für das Bauwesen Prof. Vogdt & Oster Partnergesellschaft
Gardeschützenweg 142, 12203 Berlin
Tel. 030 86 39 10 61
Fax: 030 86 39 10 62
E-Mail: bredemeyer@ifdb-berlin.de
www.ifdb-berlin.de

Dr. **Fleischer**, Günther
OFI Österreichisches Forschungsinstitut f. Chemie u. Technik
F.-Grill-Str.5, A-1030 Wien
Tel. 0043 1 7981601320
Fax 0043 1 7981601530
E-Mail: guenther.fleischer@ofi.at

Dr. **Friese**, Peter
FEAD GmbH
Königsheideweg 291, 12487 Berlin
E-Mail: mail@fead-gmbh.de
www.fead-gmbh.de

Univ.-Prof. Dr.-Ing. **Fouad**, Nabil A.
Institut für Bauphysik
Leibniz Universität Hannover
Appelstraße 9A, 30167 Hannover
E-Mail: fouad@ifbp.Uni-Hannover.de
www.ifbp.uni-hannover.de
CRP Ingenieurgemeinschaft Cziesielski, Ruhnau & Partner GmbH
Max-Dohrn-Straße 10, 10589 Berlin
E-Mail: nabil.fouad@crp-hannover.de
www.crp-bauingenieure.de

Dipl.-Ing. **Gänßmantel**, Jürgen
Ingenieur- und Sachverständigenbüro
Silcherstr. 9, 72358 Dormettingen
E-Mail.:buero@gaenssmantel.de
www.gaenssmantel.de

| | |
|---|---|
| Rechtsanwältin **Kohls**, Ulrike<br>Kanzlei Kohls und Schmitz<br>Ostendorpstr. 15<br>28203 Bremen<br>Tel. 0421 79282802<br>E-Mail: info@kanzlei-ks.de<br><br>Dr. **Kollmann**, Helmut<br>Fa. epasit GmbH, Forschung und Entwicklung<br>Sandweg 12 – 14, 72119 Ammerbuch<br>Tel.: 07032/201522, Fax: 07032/2015134, Mobil: 0173/6687537<br>helmut.kollmann@epasit.de<br><br>Dipl.-Kfm. **Kornmacher**, Nils<br>CKP Bau- und Brandsanierung GmbH<br>Grandkuhlenweg 3<br>22549 Hamburg<br>Tel. 040 8891660<br>E-Mail: nk@ckp-hamburg.de<br>www.ckp-hamburg.de<br><br>Dipl.-Ing. (FH) **Krause**, Detlef<br>ö.b.u.v. Sachverständiger für Holz- und Bautenschutz<br>Dorfstr. 5<br>18246 Groß Belitz<br>Tel. 038466 20591<br>Fax 038466 20592<br>Mobil 0173 2032827<br>E-Mail: post@ingkrause.de<br>www.ingkrause.de<br><br>Prof. Dr. rer. nat. **von Laar**, Claudia<br>Hochschule Wismar<br>Fakultät für Ingenieurwissenschaften<br>Bereich Bauingenieurwesen<br>PF 1210, 23952 Wismar<br>E-Mail: claudia.von_laar@hs-wismar.de | M.Sc. **Münster**, Judith<br>Goethestr. 21<br>15806 Zossen<br>Mobil 0172 7126231<br>E-Mail: judith.muenster@gmx.de<br><br>Prof. **Oswald**, Rainer<br>AIBau gGmbH<br>Theresienstr. 19, 52072 Aachen<br>E-Mail: info@aibau.de<br>www.aibau.de<br><br>Dr. **Pallaske**, Michael<br>Kurt Obermeier GmbH & Co. KG<br>Berghäuser Straße 70<br>57319 Bad Berleburg<br>Tel. 02751 – 524 203<br>Fax 02751 – 5041<br>E-Mail: dr.pallaske@obermeier.de<br>www.kora-holzschutz.de<br><br>Dipl.-Ing. **Radovic**, Borimir<br>Akademischer Direktor i.R.<br>Bahnhofstraße 27<br>75438 Knittlingen<br><br>Dr.-Ing. **Richter**, Torsten<br>Leibniz Universität Hannover<br>Institut für Bauphysik<br>Appelstraße 9A, 30167 Hannover<br>E-Mail: richter@ifbp.Uni-Hannover.de<br>www.ifbp.uni-hannover.de<br>CRP Ingenieurgemeinschaft Cziesielski, Ruhnau & Partner GmbH<br>Adresse: Max-Dohrn-Straße 10, 10589 Berlin<br>E-Mail: torsten.richter@crp-hannover.de<br>www.crp-bauingenieure.de<br><br>**Rohr**, Michaela<br>Dorfstr. 20<br>17349 Groß Miltzow<br>Tel. 039674 617827<br>E-Mail: rohr@fww-gmbh.de |

| | |
|---|---|
| Rechtsanwältin **Schmitz**, Elke<br>Kanzlei Kohls und Schmitz<br>Ostendorpstr. 15<br>28203 Bremen<br>Tel. 0421 79282802<br>E-Mail: info@kanzlei-ks.de<br><br>Dipl.-Ing. Bauphysik (FH) **Stahl**, Thomas<br>EMPA, Swiss Federal Laboratories for Materials Science and Technology<br>Laboratory for Building Science and Technology<br>Überlandstrasse 129,<br>CH – 8600 Dübendorf<br>Tel. 0041 58 765 4626<br>E-Mail: thomas.stahl@empa.ch<br>www.empa.ch | Dipl. -Ing (FH) **Stelzmann**, Mario<br>Hochschule für Technik, Wirtschaft und Kultur Leipzig Institut für Hochbau, Baukonstruktion und Bauphysik Karl-Liebknecht-Str. 132,<br>04277 Leipzig<br>Tel. 0341 3076 6284<br>Fax: 0341 3076 7044<br>E-Mail:<br>stelzmann@fb.htwk-leipzig.de<br>www.htwk-leipzig.de<br>Technische Universität Dresden Institut für Bauklimatik<br>Zellescher Weg 17, 01069 Dresden<br>Tel. 0351 463 35259<br>Fax: 0351463 32627<br>www.tu-dresden.de<br><br>Dipl.-Phys. **Zeller**, Joachim<br>Ingenieurbüro Zeller<br>Am Schnellbäumle 16<br>88400 Biberach<br>Tel. 07351 147 83<br>Fax: 07351 199 71 70<br>E-Mail: joachim.zeller@t-online.de |

## I - Forschung / Lehre

| | |
|---|---|
| **Prof. Axel C. Rahn**<br>Ingenieurbüro Axel C. Rahn GmbH –<br>Die Bauphysiker<br><br>Lützowstr. 70, 10785 Berlin<br>Tel.: 030/8977470, Fax: 030/89774799<br>mail@ib-rahn.de<br>www.ib-rahn.de | |

## II – Planer

| | |
|---|---|
| **Dipl.-Ing. Michael Müller**<br>Ingenieurbüro A.C. Rahn GmbH<br><br>Lützowstr. 70, 10785 Berlin<br>Tel.: 030 8977470<br>Fax: 030 89774799<br>mail@ib-rahn.de<br>www.ib-rahn.de | **Frank Deitschun**<br>Deitschun & Partner<br>ö.b.u.v. SV für Schäden an Gebäuden von der Handelskammer Bremen<br><br>Hermann-Böse-Str.17, 28209 Bremen<br>Tel.: 0421 8350160, Fax: 0421 83501690<br>zentrale@deitschun.info<br>www.deitschun.info |
| **Dipl.-Ing. Hans-Ulli Fröba**<br>Planungs- u. Ingenieurbüro Fröba<br><br>Bebelstr. 14, 08209 Auerbach<br>Tel.: 03744 82650, Fax: 03744 826599<br>Mobil: 0172 3683324<br>info@pb-froeba.de<br>www.pb-froeba.de | **Prof. Axel C. Rahn**<br>Ingenieurbüro Axel C. Rahn GmbH –<br>Die Bauphysiker<br><br>Lützowstr. 70, 10785 Berlin<br>Tel.: 030 8977470, Fax: 030 89774799<br>mail@ib-rahn.de<br>www.ib-rahn.de |
| **Dipl.-Ing.Architekt Klaus Breitenbach**<br>ö.b.u.v. Sachverst. f. Schäden an Gebäuden IHK<br><br>Dingelstedtwall 7, 31737 Rinteln<br>Tel 1: 05751 96270,<br>Tel 2: 0800 BREITENBACH,<br>Fax: 05751 962715<br>Mobil: 0171 6404935<br>breitenbach-architekt@t-online.de<br>www.breitenbach-architektur.de | **Dipl.-Ing. Rolf Meyer**<br>Ingenieurbüro R. Meyer<br>ö.b.u.v. SV für Holz- und Bautenschutz der HWK Potsdam<br><br>Ahornstr. 28 - 32, MH 55, 14482 Potsdam<br>Tel.: 0331 747740, Fax: 0331 7477470<br>Mobil: 0172 3103926<br>info@bau-sv-meyer.de<br>www.bau-sv-meyer.de |
| **Dipl.-Ing. Franz-Josef Hölzen**<br>Ing.-Büro für Bauwerksabdichtung und Instandsetzung, ö.b.u.v. SV f. Holz- und Bautenschutz HWK Oldenburg<br><br>Richardstr. 19, 49624 Löningen<br>Tel.: 05432 1665, Fax: 05432 904501<br>Mobil: 0170 9245290<br>hoelzensv@t-online.de | |

**III – Sachverständige**

| | |
|---|---|
| **Dipl.-Ing. Hans-Ulli Fröba**<br>Planungs- u. Ingenieurbüro Fröba<br><br>Bebelstr. 14, 08209 Auerbach<br>Tel.: 03744 82650, Fax: 03744 826599<br>Mobil: 0172 3683324<br>info@pb-froeba.de<br>www.pb-froeba.de | **Dipl.-Ing.Architekt Klaus Breitenbach**<br>ö.b.u.v. Sachverst. f. Schäden an Gebäuden IHK<br><br>Dingelstedtwall 7, 31737 Rinteln<br>Tel.: 05751 96270 / 0800 BREITENBACH,<br>Fax: 05751 962715<br>Mobil: 0171/6404935<br>breitenbach-architekt@t-online.de<br>www.breitenbach-architektur.de |
| **Frank Deitschun**<br>ö.b.u.v. SV für Schäden an Gebäuden<br>von der Handelskammer Bremen<br>in Deitschun und Partner Architektur- Ingenieur- und Sachverständigenbüro<br><br>Hermann-Böse-Str.17, 28209 Bremen<br>Tel.: 0421 8350160, Fax 0421 83501690<br>zentrale@deitschun.info<br>www.deitschun.info | **Dipl.-Ing. Franz-Josef Hölzen**<br>Ing.-Büro für Bauwerksabdichtung und Instandsetzung<br>ö.b.u.v. SV f. Holz- und Bautenschutz HWK Oldenburg<br><br>Richardstr. 19, 49624 Löningen<br>Tel.: 05432 1665, Fax: 05432 904501<br>Mobil: 0170 9245290<br>hoelzensv@t-online.de |
| **Dipl.-Ing. (FH) Detlef Krause**<br>Sachverständigenbüro für Holz- und Feuchteschäden<br>ö.b.u.v. SV f. Holz- und Bautenschutz HWK Ostmecklenburg-Vorpommern<br><br>Dorfstr. 5, 18246 Groß Belitz<br>Tel.: 038466 20591, Fax: 038466 20592<br>Mobil: 0173 2032827<br>post@ingkrause.de<br>www.ingkrause.de | **Dipl.-Ing. Rolf Meyer**<br>Ingenieurbüro R. Meyer<br>ö.b.u.v. SV für Holz- und Bautenschutz der HWK Potsdam<br><br>Ahornstr. 28 - 32, MH 55, 14482 Potsdam<br>Tel.: 0331 747740, Fax: 0331 7477470<br>Mobil: 0172 3103926<br>info@bau-sv-meyer.de<br>www.bau-sv-meyer.de |
| **Frank Dressler**<br>BWD Bauwerksabdichtung Dressler<br><br>Warnower Str.34, 18249 Zernin<br>Tel.: 038462/20346, Fax: 038462/33343<br>Mobil: 0171/7735224<br>bwd-dressler@web.de | **Dipl.-Ing. Michael Müller**<br>Ingenieurbüro A.C. Rahn GmbH<br><br>Lützowstr. 70, 10785 Berlin<br>Tel.: 030-897747-0, Fax: 030-89774799<br>mail@ib-rahn.de<br>www.ib-rahn.de |
| **Prof. Axel C. Rahn**<br>Ingenieurbüro Axel C. Rahn GmbH – Die Bauphysiker<br><br>Lützowstr. 70, 10785 Berlin<br>Tel.: 030 8977470, Fax: 030 89774799<br>mail@ib-rahn.de<br>www.ib-rahn.de | **Dipl.-Ing. Klaus-Dieter Weber**<br>ö.b.u.v. Sachverst. f. Holz- u. Bautenschutz HWK Berlin<br><br>Blumberger Damm 157, 12685 Berlin<br>Tel: 030 9826263, Fax: 030 22496150<br>Mobil: 0176 34454272<br>weber@telecolumbus.net |

<table>
<tr><td>Michael Schmechtig<br>ö.b.u.v. SV f. Holz- und Bautenschutz HWK Magdeburg<br><br>Steindamm 16, 39326 Gutenswegen<br>Tel. 1: 039202 8756, Tel. 2: 039202 6363<br>Fax: 039202 87589, Mobil: 0171 4445096<br>info@schmechtig.de<br>www.schmechtig.de</td><td>Dipl.-Ing. Karsten Salewski<br>Bausachverständiger BBauSV<br>Energieberater (TÜV)<br><br>Markt 6, 16278 Angermünde<br>Tel.: 03331 296716, Fax: 03331 296719<br>Mobil: 0172 9079038<br>salewski-beratung@t-online.de<br>www.salewski-beratung.de</td></tr>
<tr><td>Dipl.-Ing. Martin Kapfinger<br>Beratender Ingenieur f. Bauwesen<br><br>Klenzestr. 13, 80469 München<br>Tel.: 089 2289457, Fax: 089 2289415<br>Mobil: 0176 10062189<br>mail@kapfinger.org</td><td>Dipl.-Ing. Hans-Ulli Fröba<br>Planungs- u. Ingenieurbüro Fröba<br><br>Bebelstr. 14, 08209 Auerbach<br>Tel.: 03744 82650, Fax: 03744 826599<br>Mobil: 0172 3683324<br>info@pb-froeba.de<br>www.pb-froeba.de</td></tr>
<tr><td>Dipl.-Ing. Heinz-Josef van Aaken<br>Holzbau van Aaken GmbH & Co.KG<br><br>Gelderner Str. 239, 47623 Kevelaer<br>Tel. : 02832 2090, Fax : 02832 1694<br>h.j.van-aaken@van-aaken.de<br>www.van-aaken.de</td><td>Michael Wiemeier<br>Maurermeister, Sachverständiger<br><br>Segeberger Landstr. 181, 24145 Kiel<br>Tel.: 0431 722411, Fax: 0431 26092100<br>Mobil: 0160 5050136<br>saver@michael-wiemeier.de<br>www.michael-wiemeier.de</td></tr>
<tr><td>Dipl.-Ing. Wolfgang Dubil<br>Sachverständigenbüro Dipl.-Ing. Wolfgang Dubil<br><br>Wiesbadener Str. 5, 12161 Berlin<br>Tel.: 030 21966889, Fax: 030 85079549<br>Mobil: 0163 6911136<br>gutachten@dubil.de<br>www.dubil.de</td><td></td></tr>
</table>

## IV- Ausführende

<table>
<tr><td>Michael Wiemeier<br>Maurermeister, Sachverständiger<br><br>Segeberger Landstr. 181, 24145 Kiel<br>Tel.: 0431 722411, Fax: 0431 26092100<br>Mobil: 0160 5050136<br>saver@michael-wiemeier.de<br>www.michael-wiemeier.de</td><td>Michael Schmechtig<br>AMS GmbH - Ingenieurfachbetrieb für Abdichtungen<br><br>Steindamm 16, 39326 Gutenswegen<br>Tel. 1: 039202 8756, Tel. 2: 039202 6363<br>Fax: 039202 87589, Mobil: 0171 4445096<br>info@schmechtig.de<br>www.schmechtig.de</td></tr>
</table>

<table>
<tr><td>Michael Seemann<br>Bauwerksanalytik<br><br>Oberhäger Str. 2 a, 18182 Rövershagen<br>Tel.: 038202 44303, Fax: 038202 44304<br>Mobil: 0171 3853484<br>seemann@bronzel.de<br>www.bronzel.de</td><td>Frank Dressler<br>BWD Bauwerksabdichtung Dressler<br><br>Warnower Str.34, 18249 Zernin<br>Tel.: 038462 20346,<br>Fax: 038462 33346<br>Mobil: 0171 7735224<br>bwd-dressler@web.de</td></tr>
<tr><td>Michael Graser<br>SB Bautechnik GmbH<br><br>Löwenbrucher Ring 16, 14974 Ludwigsfelde<br>Tel. : 03378 899600, Fax : 03378 899 666<br>Mobil : 0170 2035980<br>info@sb-bautechnik.de<br>www.sb-bautechnik.de</td><td>Michael Will<br>Will Trocknungstechnik GmbH&Co.KG<br><br>Berliner Str. 71, 24837 Schleswig<br>Tel.: 04621 9787620, Fax: 04621 9787619<br>Mobil: 0170 5768226<br>trocknungstechnik-will@t-online.de</td></tr>
<tr><td>Dipl.-Ing. Rolf Meyer<br>MHT – Bau GmbH<br><br>Ahornstr. 28 – 32, 14482 Potsdam<br>Tel.: 0331 747740 747712, Fax 0331 7477470,<br>info@bau-sv-meyer.de<br>www.bau-sv-meyer.de</td><td>Dipl.-Ing. Heinz-Josef van Aaken<br>Holzbau van Aaken GmbH & Co.KG<br><br>Gelderner Str. 239, 47623 Kevelaer<br>Tel. : 02832 2090, Fax : 02832 1694<br>h.j.van-aaken@van-aaken.de<br>www.van-aaken.de</td></tr>
<tr><td></td><td>Benedikt Kabrede<br>KaSaTech Sanierungswerkstatt<br><br>In der Grafschaft 3, 46414 Rhede<br>Tel. : 02872 949602, Fax : 02872 6019<br>Mobil : 0177 3922387<br>info@sanierungswerkstatt.de<br>www.sanierungswerkstatt.de</td></tr>
</table>

**V – Hersteller / Lieferanten**

<table>
<tr><td>Desoi GmbH<br>Hersteller f. Injektionstechnik<br><br>Gewerbestr. 16, 36148 Kalbach<br>Tel.: 06655 96360, Fax: 06655 96366666<br>info@desoi.de<br>www.desoi.de</td><td>Uwe Neisius<br>Neisius Bautenschutzprodukte<br><br>Alte Gärtnerei 29, 18225 Kühlungsborn<br>Tel.: 038293 433030, Fax: 038293 433032<br>Mobil: 0171 4128460<br>neisius@t-online.de<br>www.cavastop.com</td></tr>
</table>

<table>
<tr><td>Köster Bauchemie AG<br><br>Dieselstr. 3-10, 26607 Aurich<br>Tel.: 04941 97090, Fax: 04941 970940<br>info@koester.eu<br>www.koester.eu</td><td>WEBAC Chemie GmbH<br><br>Fahrenberg 22, 22885 Barsbüttel<br>Tel. 040 /670570, Fax: 040 6703227<br>info@webac.de<br>www.webac.de</td></tr>
<tr><td>Dipl.-Ing. Heinz-Josef van Aaken<br>Holzbau van Aaken GmbH & Co.KG<br><br>Gelderner Str. 239, 47623 Kevelaer<br>Tel. : 02832 2090, Fax : 02832 1694<br>h.j.van-aaken@van-aaken.de<br>www.van-aaken.de</td><td>Michael Graser<br>SB Bautechnik GmbH<br><br>Löwenbrucher Ring 16, 14974 Ludwigsfelde<br>Tel. : 03378 899600, Fax : 03378 899 666<br>Mobil : 0170 2035980<br>info@sb-bautechnik.de<br>www.sb-bautechnik.de</td></tr>
<tr><td>Holger Eweler<br>Schomburg GmbH<br><br>Aquafinstr. 2 – 8, 32760 Detmold<br>Tel.: 05231 953167, Fax: 05231 953333<br>Mobil: 0171 5887215<br>holger.eweler@schomburg.de<br>www.schomburg.de</td><td></td></tr>
</table>

# Inserentenverzeichnis

Die inserierenden Firmen und die Aussagen in Inseraten stehen nicht notwendigerweise in einem Zusammenhang mit den in diesem Buch abgedruckten Normen. Aus dem Nebeneinander von Inseraten und redaktionellem Teil kann weder auf die Normgerechtheit der beworbenen Produkte oder Verfahren geschlossen werden, noch stehen die Inserenten notwendigerweise in einem besonderen Zusammenhang mit den wiedergegebenen Normen. Die Inserenten dieses Buches müssen auch nicht Mitarbeiter eines Normenausschusses oder Mitglied des DIN sein. Inhalt und Gestaltung der Inserate liegen außerhalb der Verantwortung des DIN.



Zuschriften bezüglich des Anzeigenteils werden erbeten an:

Beuth Verlag GmbH
Anzeigenverkauf
Burggrafenstraße 6
10787 Berlin

**Altbausanierung 8 – Messen · Planen · Ausführen**

# Jetzt diesen Titel zusätzlich als E-Book downloaden und 70 % sparen!

Als Käufer dieses Buchtitels haben Sie Anspruch auf ein besonderes Kombi-Angebot: Sie können den Titel zusätzlich zum Ihnen vorliegenden gedruckten Exemplar für nur 30 % des Normalpreises als E-Book beziehen.

**Der BESONDERE VORTEIL:** Im E-Book recherchieren Sie in Sekundenschnelle die gewünschten Themen und Textpassagen. Denn die E-Book-Variante ist mit einer komfortablen Volltextsuche ausgestattet!

**Deshalb: Zögern Sie nicht. Laden Sie sich am besten gleich Ihre persönliche E-Book-Ausgabe dieses Titels herunter.**

## In 3 einfachen Schritten zum E-Book:

1. Rufen Sie die Website **www.beuth.de/e-book** auf.

2. Geben Sie hier Ihren persönlichen, nur einmal verwendbaren E-Book-Code ein:

   **2401042721A504A**

3. Klicken Sie das „Download-Feld" an und gehen dann weiter zum Warenkorb. Führen Sie den normalen Bestellprozess aus.

Hinweis: Der E-Book-Code wurde individuell für Sie als Erwerber dieses Buches erzeugt und darf nicht an Dritte weitergegeben werden. Mit Zurückziehung dieses Buches wird auch der damit verbundene E-Book-Code für den Download ungültig.